国家示范性高等职业教育规划教材

液压与气压传动技术

主　编　符林芳　李稳贤
副主编　高　凯　赵东辉

北京理工大学出版社
BEIJING INSTITUTE OF TECHNOLOGY PRESS

内容简介

本书主要内容包括：液压传动概述，液压传动流体力学基础，液压泵和液压马达，液压缸，液压控制阀，液压传动辅助元件，液压传动系统基本回路，典型的液压传动系统，液压传动系统的设计与计算，液压系统的安装和使用及常见故障，气压传动。

本书既可作为高等职业院校机械类及近机类相关专业的教材，也可供广大工程技术人员参考使用。

图书在版编目（CIP）数据

液压与气压传动技术/符林芳，李稳贤主编．—北京：北京理工大学出版社，2010.8

ISBN 978-7-5640-3695-9

Ⅰ.①液…　Ⅱ.①符…　②李…　Ⅲ.①液压传动-高等学校：技术学校-教材　②气压传动-高等学校：技术学校-教材　Ⅳ.①TH137②TH138

中国版本图书馆 CIP 数据核字（2010）第 160831 号

出版发行／北京理工大学出版社
社　　址／北京市海淀区中关村南大街 5 号
邮　　编／100081
电　　话／(010)68914775(办公室)　68944990(批销中心)　68911084(读者服务部)
网　　址／http：//www. bitpress. com. cn
经　　销／全国各地新华书店
印　　刷／北京慧美印刷有限公司
开　　本／710 毫米×1000 毫米　1/16
印　　张／20
字　　数／374 千字
版　　次／2010 年 7 月第 1 版　2010 年 8 月第 2 次印刷　　责任编辑／赵　岩　王叶楠
印　　数／1501～4000 册　　责任校对／陈玉梅
定　　价／35.00 元　　责任印制／边心超

国家示范性高等职业教育规划教材·机电系列编委会

前　言

本书为高等职业院校机械工程类及近机械类专业液压与气压传动课程的教材。在全面介绍元件的基础上，将其与基本回路有机地结合起来，对典型的液压系统进行了综合分析，并对液压、气动元件在实际工作中出现故障的原因、排除方法做了详细介绍，同时对系统的一般设计方法做简单阐述。全书着重培养学生分析液压与气动基本回路的能力，安装、调试、使用、维护液压与气动系统的能力以及诊断和排除液压与气动系统故障的能力。为了拓宽学生知识面，本书在每个项目后增加了拓展知识部分。

本书把液压传动技术和气压传动技术的内容有机结合起来，从传动原理、元器件特性到系统设计与控制、典型系统分析均由浅入深地加以叙述。本书的内容实用，取材新颖，图文并茂，不仅便于教学，而且还便于学生自己研修，以培养学生的自学能力，尤其适合当前课堂学时少的学习要求。

本教材由具有丰富教学经验的一线教师和行业专家参与讨论编写，所选项目做到理论与实践相结合的原则，紧密结合液压与气动技术的最新成果，在讲清基本概念与原理的同时，突出应用，有利于实现工学结合的人才培养模式。教材中还附有相当数量的习题，以便于学生复习与思考，且所附习题题型有填空、选择、问答、计算等，避免了单一的问答或计算现象，加深学生对课堂所学概念、原理的全面理解。

本教材在编写过程中主要突出以下特色：

1. 采用项目化教学思路。本教材每个项目都有明确的学习性工作任务，通过工作任务制定学习目标和内容，根据所学知识制定项目实施计划。

2. 理论与实践技能相结合。在教学内容上更贴近当前高职教育教学改革的实际，更贴近高职教育的培养目标，更注重技术应用能力的培养，突出实用技术应用的训练，同时力求反映我国液压与气动技术发展的最新动态。考虑高职教育人才的岗位（群）特点，增加了一些贴近工程实际的案例。

3. 本教材中的液压气动图形符号严格执行最新国家标准。

全书共 11 个项目，分液压传动和气压传动两部分。分别是液压传动概述；液压传动流体力学基础；液压泵和液压马达；液压执行元件；液压控制元件；液压辅助元件；液压基本回路；典型液压传动系统；液压系统的设计与计算；液压系统的安装与维护；气压传动。另外，本教材后配有附录，可供查找相关标准。

本教材由符林芳、李稳贤担任主编并负责全书的统稿工作，高凯、赵东辉为副主编。

在参编的老师中，西安职业技术学院符林芳老师编写项目五、六，李稳贤、王颖娴老师编写前言、项目一、附录，高凯老师编写项目二、三、七，郑州职业技术学院赵东辉老师编写项目十、十一，宝鸡职业技术学院冶君妮老师编写项目八、九，安阳工学院徐铭老师编写项目四。参与编写工作的还有吉林电子信息职业技术学校刘凯、安庆职业技术学院马希云、西安专用机床厂高级工程师庞应周、西安职业技术学院宗一妮、赵斌、代美泉等。为了尽量将其编写得完善，本书不仅吸收了最新的科研成果，而且还广泛参考了有关院校其他同类教材，注意吸收同类教材的优点和企业工程实际的案例。在此，对所有给予本书以直接或间接帮助的人表示衷心感谢。

尽管我们在探索教材建设的特色方面做出了许多努力，但由于编者水平有限，书中仍可能存在一些疏漏和不妥之处，恳请各教学单位和读者在使用本书时多提一些宝贵意见和建议。

编　者

目 录

项目一 液压传动概述

学习目标

1. 掌握液压传动的工作原理；
2. 掌握液压传动系统的组成；
3. 熟悉液压传动结构图与符号图的转换关系；
4. 了解液压传动的优缺点、应用范围和发展趋势。

课时分配　2 h

课题一　液压传动系统的工作原理和组成　1.5 h

课题二　液压传动的特点　0.5 h

课题一　液压传动系统的工作原理和组成

学习目标

1. 掌握液压传动的含义。
2. 掌握液压传动系统的工作原理和组成。

知识学习

一、液压传动系统的工作原理

液压传动是以液体为工作介质，并以压力能进行动力（或能量）传递、转换与控制的一种传动形式。现以如图 1－1 所示的液压千斤顶为例，说明液压传动系统的工作原理。

提起杠杆 1，小活塞 3 上升，小油缸 2 下腔的工作容积增大，形成局部真空，于是油箱 8 中的油液在大气压力的作用下，推开单向阀 4 进入油缸 2 的下腔（此时单向阀 7 关闭）；当压下杠杆 1 时，活塞 3 下降，油缸 2 下腔的容积缩小，油液的压力升高，打开单向阀 7（此时单向阀 4 关闭），小油缸 2 下腔的油液进入大油缸 12 的下腔（此时截止阀 9 关闭），使大活塞 11 向上运动，将重物顶起一段距离。如此反复提压杠杆 1，就可以使重物不断上升，达到顶起重物的目的。工作完毕，打开截止阀 9，使大油缸 12 下腔的油液通过管路直接流回油箱，大活塞 11 在外力和自重的作用下实现回程。这就是液压千斤顶的工作原理。

图 1－1 中，小油缸 2 的活塞面积为 A_1，驱动力为 F_1，液体压力为 p_1，大油

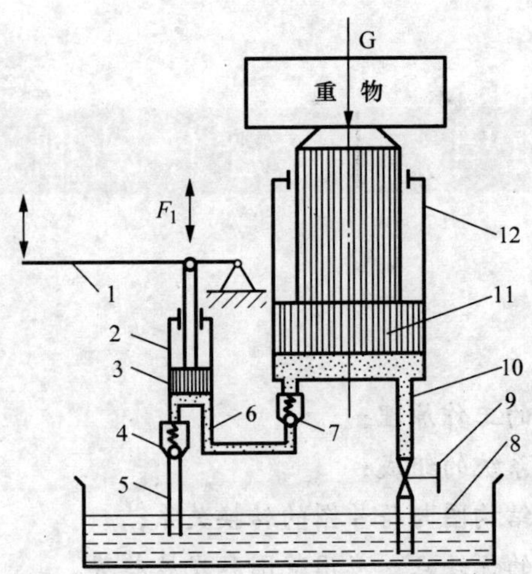

图 1-1　液压千斤顶的工作原理图

1—杠杆；2—小油缸；3—小活塞；4、7—单向阀；
5—吸油管；6、10—管道；8—油箱；9—截止阀；
11—大活塞；12—大油缸

缸 12 的活塞面积为 A_2，负载力为 G，液体压力为 p_2。

稳态时，小油缸 2 的活塞和大油缸 12 的活塞静压力平衡方程式分别为

$$\begin{cases} F_1 = p_1 A_1 \\ G = p_2 A_2 \end{cases}$$

如不考虑管道的压力损失，则 $p_1 = p_2$

于是输出力，即所能克服的外负载为

$$G = p_2 A_2 = p_1 A_2$$

由此可知

$$p_1 = G/A_2 = p_2$$

从以上分析可知，液压传动的基本工作原理如下。

(1) 液压传动中的液体是传递能量的工作介质；

(2) 液压传动必须在密闭的系统中进行，且密封的容积必须发生变化；

(3) 液压传动系统是一种能量转换装置，而且有两次能量转换过程；

(4) 工作液体只能承受压力，不能承受其他应力，所以这种传动是通过静压力进行能量传递的。

二、液压传动装置的组成

1. 机床工作台液压系统的工作过程

如图 1-2 所示为机床工作台液压系统的示意图。当液压泵 3 由电动机驱动旋转时，从油箱 1 经过过滤器 2 吸油。经换向阀 7 和管路 11 进入液压缸 9 的左腔，推动活塞杆及工作台 10 向右运动。液压缸 9 右腔的油液经管路 8、换向阀 7

和管路6、4排回油箱，通过扳动换向手柄12切换换向阀7的阀芯，使其处于左端的工作位置，则液压缸活塞作反向运动；切换换向阀7的阀芯的工作位置，使其处于中间位置，则液压缸9在任意位置停止运动。

调节和改变流量控制阀5的开度大小，可以调节进入液压缸9的流量，从而调节液压缸活塞及工作台的运动速度。液压泵3排除的多余油液经管路15、溢流阀16和管路17流回油箱1。液压缸9的工作压力取决于负载。液压泵3的最大工作压力由溢流阀16调定，其调定值应为液压缸的最大工作压力及液压系统中油液经各类阀和管路的压力损失之和。因此，液压系统的工作压力不会超过溢流阀的调定值，溢流阀对液压系统还有超载保护作用。

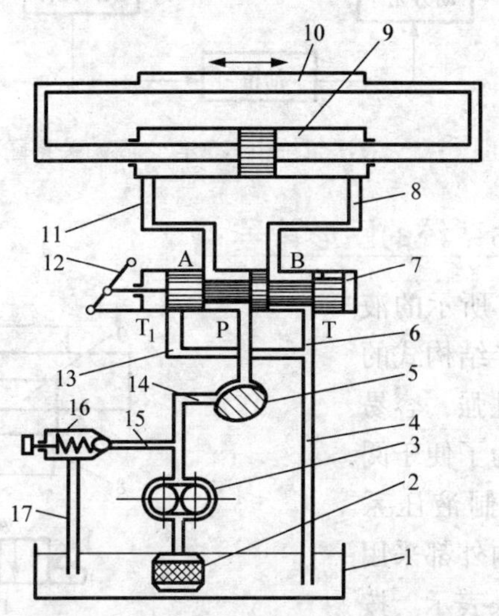

图1-2　机床工作台液压系统的示意图

1—油箱；2—过滤器；3—液压泵；4、6、8、11、13、14、15、17—管路；5—流量控制阀；7—换向阀；9—液压缸；10—工作台；12—换向手柄；16—溢流阀

2. 液压传动装置的组成

从机床工作台液压系统的工作过程可以看出，一个完整的、能够正常工作的液压系统，应该由以下几个主要部分组成。

（1）动力元件。动力元件供给液压系统压力油，把原动机的机械能转化成液压能。常见的是液压泵。

（2）执行元件。执行元件是把液压能转换为机械能的装置。其形式有做直线运动的液压缸，有做旋转运动的液压马达。

（3）控制调节元件。控制调节元件完成对液压系统中工作液体的压力、流量和流动方向的控制和调节。这类元件主要包括各种液压阀，如溢流阀、节流阀以及换向阀等。

（4）辅助元件。辅助元件是指油箱、蓄能器、油管、管接头、滤油器、压力表以及流量计等。这些元件分别起散热、储油、蓄能、输油、连接、过滤、测量压力和测量流量等作用，以保证系统能正常工作，是液压传动系统不可缺少的组成部分。

(5) 工作介质。工作介质在液压传动及控制中起传递运动、动力及信号的作用，包括液压油或其他合成液体，工作介质直接影响液压系统的工作性能。液压系统中各元件之间的关系如图 1－3 所示。

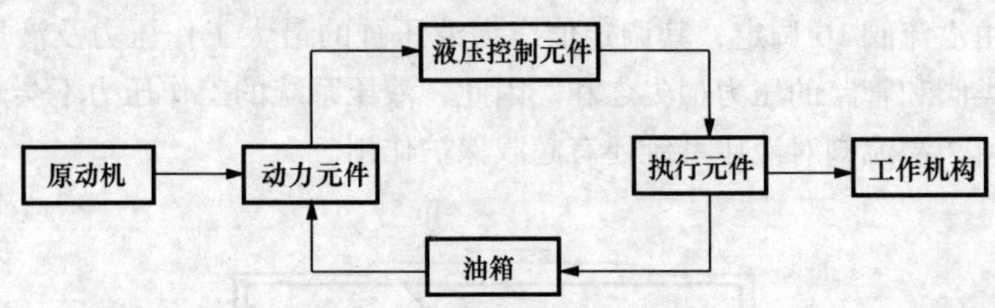

图 1－3　液压系统中各元件之间的关系图

三、液压传动系统的图形符号

图 1－1、图 1－2 所示的液压传动系统图是一种半结构式的工作原理图，其直观性强，容易理解，但难于绘制。为了便于阅读、分析、设计和绘制液压系统，工程实际中，国内外都采用液压元件的图形符号来表示。按照规定，这些图形符号只表示元件的功能，不表示元件的结构和参数，并以元件的静止状态或零位状态来表示。若液压元件无法用图形符号表述时，仍允许采用半结构原理图表示。我国制订有液压与气动元件图形符号标准 GB/T 786.1—1993《液压气动图形符号》，在液压系统设计中，要严格执行这一标准。

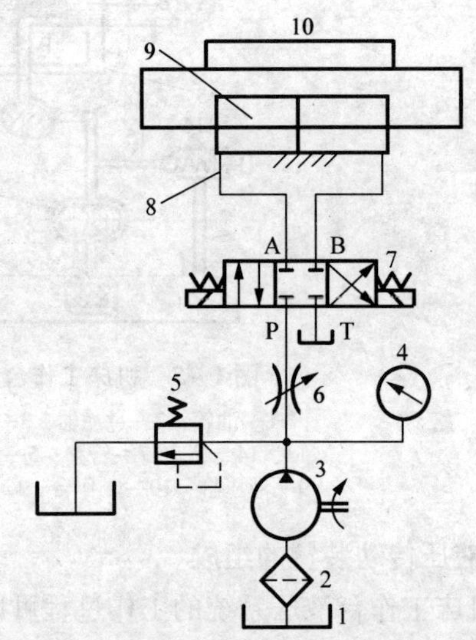

图 1－4　机床工作台液压系统的图形符号图

1—油箱；2—过滤器；3—液压泵；4—压力计；5—溢流阀；6—可调节流阀；7—换向阀；8—油管；9—液压缸；10—工作台

如图 1－4 所示为用图形符号表达的图 1－2 所示的机床往复运动工作台液压传动系统的工作原理图。

课题二　液压传动的特点

学习目标

了解液压传动的特点。

知识学习

液压传动与机械传动、电气传动等其他传动方式相比，具有下述特点。

一、液压传动的优点

（1）液压传动的各种元件，可根据需要方便、灵活地布置。

（2）单位功率的质量轻，体积小，传动惯性小，反应速度快。

（3）液压传动装置的控制调节比较简单，操纵方便、省力，可实现大范围的无级调速（调速比可达2 000），当机、电、液配合使用时，易于实现自动化工作循环。

（4）能比较方便地实现系统的自动过载保护。

（5）一般采用矿物油为工作介质，完成相对运动部件润滑，能延长零部件的使用寿命。

（6）很容易实现工作机构的直线运动或旋转运动。

（7）当采用电液联合控制后，容易实现机器的自动化控制，可实现更高程度的自动控制和遥控。

（8）由于液压元件已实现标准化、系列化和通用化，所以液压系统的设计、制造和使用都比较方便。

二、液压传动的主要缺点

（1）由于液体流动的阻力损失和泄漏较大，所以液压传动的效率较低。如果处理不当，泄漏不仅污染场地，而且还可能引起火灾和爆炸事故。

（2）工作性能易受温度变化的影响，因此不宜在很高的温度或者很低的温度条件下工作。

（3）液压元件的制造精度要求很高，因而价格较贵。

（4）由于液体介质的泄露及可压缩性，不能得到严格的定比传动；液压传动出故障时不易找出原因，要求具有较高的使用和维护技术水平。

（5）在高压、高速、大流量的环境下工作时，液压元件和液压系统的噪声较大。

总之，随着科学技术的不断进步，液压传动的缺点会得到克服，液压技术会日臻完善，液压技术与电子技术及其他传动技术的相互配合会更加紧密，其发展前途很大。

拓展知识　液压传动的应用与发展

液压传动以其独特的优势成为现代机械工程、机电一体化技术中的基本构成技术和现代控制工程中的基本技术要素，在国民经济的各个行业中得到了广泛的应用。如图 1－5 和表 1－1 所示，列举了液压传动在机械工程设备中的一些应用。

我国的液压传动技术是在新中国成立后发展起来的，最初只应用于机床和锻压设备上。50 多年来，我国的液压传动技术从无到有，发展很快，从最初的引进国外技术到现在进行产品自主研制、开发国产液压新产品，并在性能、种类和规格上与国际先进产品的水平接近。

(a)

(b)

图 1－5　液压传动的应用

(a) 油压机；(b) 汽车吊

随着世界工业水平的不断提高，各类液压产品的标准化、系列化和通用化也使液压传动技术得到了迅速发展，液压传动技术开始向高压、高速、大功率、高效率、低噪声、低能耗、长寿命、高度集成化等方向发展；同时，新型液压元件和液压系统的计算机辅助设计（CAD）、计算机辅助测试（CAT）、计算机直接控制（CDC）、机电一体化技术、计算机仿真技术和优化设计技术、可靠性技术等方面也在不断发展和研究。可以预见，液压传动技术将在现代化生产中发挥越来越重要的作用。

表 1－1　液压传动在机械工程中的应用

行业名称	应用场所举例
数控加工机械	数控车床、数控刨床、数控磨床、数控铣床、数控镗床、数控加工中心
起重运输机械	汽车吊、港口龙门吊、叉车、装卸机械、带式运输机等
工程机械	挖掘机、装载机、推土机、压路机、铲运机等

续表

行业名称	应用场所举例
建筑机械	打桩机、液压千斤顶、平地机、塔吊等
农业机械	联合收割机、拖拉机、农具悬挂系统等
冶金机械	电炉炉顶及电极升降机、轧钢机、压力机等
轻工机械	打包机、注塑机、校直机、橡胶硫化机、造纸机等
矿山机械	凿岩机、开掘机、开采机、破碎机、提升机、液压支架等
智能机械	折臂式小汽车装卸器、数字式体育锻炼机、模拟驾驶舱、机器人等
汽车工业	自卸式汽车、汽车吊、高空作业车、汽车转向器、减振器等
国防工业	飞机、坦克、舰艇、火炮、导弹发射架、雷达、大型液压机等
造船工业	船舶转向机、液压提升机、气象雷达、液压切割机、液压自动焊机等

课后习题

一、填空题

1. 液体传动是主要利用__________为工作介质来实现能量传递的传动方式。

2. 液压传动主要是利用__________系统中的受压液体来传递运动和动力的传动方式。

3. 液压传动的工作原理是：以______作为工作介质，通过密封容积的变化来传递________，通过油液内部的压力来传递________。

4. 液压传动装置实质上是一种______转换装置，是将______能转换为便于输送的液压能，随后将______能转换为机械能。

5. 液压传动系统由五部分组成，即__________、__________、__________、________、______________。其中，__________和__________是能量转换装置。

6. 液压系统中的压力取决于________。

二、选择题

1. 液压系统中，液压缸属于（　　），液压泵属于（　　）。

   A. 动力部分　　B. 执行部分　　C. 控制部分

2. 下列液压元件中，（　　）属于控制部分，（　　）属于辅助部分。

   A. 油箱　　B. 液压马达　　C. 单向阀

三、判断题

1. 液压元件易于实现系列化、标准化、通用化。（　　）

2. 辅助元件在液压系统中可有可无。(　　)

3. 液压传动存在冲击，传动不平稳。(　　)

4. 液压元件的制造精度一般要求较高。(　　)

5. 液压元件用图形符号表示绘制的液压系统原理图，方便、清晰。(　　)

四、简答题

1. 什么是液压传动？液压传动的基本工作原理是什么？

2. 液压传动系统由哪几部分组成？各部分的作用是什么？

3. 简述液压传动的优缺点。

项目二　液压传动流体力学基础

学习目标

1. 掌握液压油的物理性质。
2. 掌握液体静力学和动力学的相关知识。
3. 了解液流在管道中的能量损失以及液体流经孔口的压力流量特性。

课时分配　10 h

课题一　液压系统工作液体　2 h

课题二　液体静力学　2h

课题三　液体动力学　2h

课题四　管道中液流能量的损失　2h

课题五　液体流经孔口的压力流量特性　2h

课题一　液压系统的工作介质

液压油是液压传动系统中的工作介质，而且还对液压装置的机构、零件起着润滑、冷却和防锈作用。液压传动系统的压力、温度和流速在很大的范围内变化，因此液压油的质量优劣直接影响液压系统的工作性能。故此，合理地选用液压油也是很重要的。

学习目标

1. 掌握液压油的特性。
2. 掌握液压油的类型、选择和使用。
3. 了解液压油的污染与防护。

知识学习

一、液压油的特性

(一) 液压油的物理特性

1. 密度和重度

单位体积的液体具有的质量称为密度，通常用符号 ρ 表示，即

$$\rho = m/V \tag{2-1}$$

单位体积液体的质量称为重度，通常用符号 γ 表示，即

$$\gamma = G/V \tag{2-2}$$

式中：ρ——液体的密度，kg/ m³；

γ——液体的重度，N/ m³，$\gamma=\rho g$；

m——液体的质量，kg；

V——液体的体积，m³；

G——液体的质量，N，$G=mg$；

g——重力加速度，N/kg，一般取 $g=9.80$ N/kg；

同一种液压油的密度和重度随压力和温度的变化而变化，压力增高，密度和重度增大；温度升高，密度和重度减小。由于液压系统中的工作压力变化不太大，液压油的温度又是在控制范围内，所以由压力和温度引起的密度和重度的变化甚微，在实际应用中，液压油的密度和重度可近似地视为常数。计算时可取密度 $\rho=900$ kg/m³或重度 $\gamma=8.8\times10^3$ N/ m³。

2. 黏性和黏度

1）黏性

液体在外力作用下流动时，因液体分子间互相吸引的内聚力阻碍其分子之间相对运动，而在液体内部产生一种内摩擦力的现象，称为液体的黏性。但是，静止液体不呈现黏性。黏性是液体的重要物理性质，也是选择液压油的主要依据之一。

液体流动时，由于液体的黏性以及液体和固体壁面间的附着力，会使液体内部各液层之间的流动速度大小不同。如图 2－1 所示，两平行平板间充满液体，下平板固定，上平板以速度 u_0向右平移。由于黏性和附着力的作用，紧贴上平板表面的这层流体将与上平板以相同的速度 u_0向右运动，紧贴下平板表面的这层流体则保持不动，而中间各层流体的运动速度则根据其与下平板间的距离大小呈线性规律分布。这种流动可以看成是许多无限薄的流体层在运动，当运动较快的流体层在运动较慢的流体层上滑过时，两流体层间由于黏性就产生内摩擦力的作用。根据实际测定的数据所知，相邻两流体层间的内摩擦力 F_f与流体层的接触面积 A 及流体层的相对流速 du 成正比，而与此二流体层间的距离 dy 成反比，即

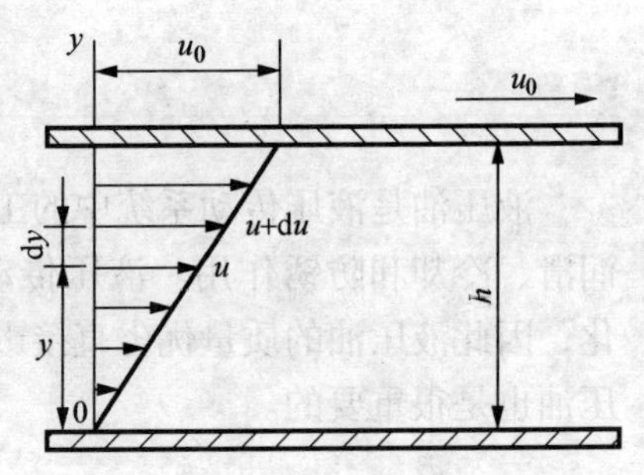

图 2－1　液体的黏性示意图

$$F_f=\mu A\frac{du}{dy} \tag{2-3}$$

或

$$\tau=\mu\frac{du}{dy} \tag{2-4}$$

式中：μ——液体的动力黏度，也可称为液体内摩擦系数，Pa · s（帕 · 秒）；

τ——单位面积上的摩擦力，Pa（帕斯卡）；

$\frac{du}{dy}$——液层间相对速度对液层距离的变化率，即速度梯度，1/s（1/秒）

上式是液体内摩擦定律的数学表达式。当速度梯度变化时，μ 为不变常数的流体称为牛顿流体，μ 为变数的流体称为非牛顿流体。液压油一般均可看作是牛顿流体。

2）黏度

液体黏性的大小用黏度来衡量。工程中黏度的表示方法有以下几种：

（1）动力黏度。液体的动力黏度又称绝对黏度，直接表示流体的黏性即内摩擦力的大小，用符号 μ 表示。

动力黏度 μ 的物理意义是：液体在单位速度梯度下流动时，单位面积上产生的内摩擦力，即

$$\mu = \frac{\tau}{\frac{du}{dy}} \tag{2-5}$$

动力黏度 μ 的法定单位为 Pa · s（帕 · 秒）或 N · s/m^2（牛 · 秒/米^2）。

（2）运动黏度。液体的运动黏度是其绝对黏度 μ 与密度 ρ 的比值，用符号 v 表示，即

$$v = \frac{\mu}{\rho} \tag{2-6}$$

运动黏度 v 没有明确的物理意义，因为在其单位中只含有运动学量纲（长度和时间），故称为运动黏度。运动黏度的法定单位为 m^2/s（米^2/秒），常用单位有 cm^2/s（厘米^2/秒），通常又称为 S_t（斯）；mm^2/s（毫米^2/秒），通常又称为 cS_t（厘斯）。它们之间的换算关系为

$$1\ m^2/s = 10^4\ cm^2/s\ (S_t) = 10^6\ mm^2/s\ (cS_t)。$$

我国液压油的牌号均以其在 40℃ 运动黏度（以 mm^2/s 为单位）的平均值来标注。例如，N32 号液压油表示这种液压油在 40℃ 时运动黏度的平均值为32 mm^2/s。

（3）相对黏度。相对黏度又称条件黏度，是以相对于蒸馏水的黏性的大小来表示某种液体的黏度，并采用特定的黏度计在规定的条件下测得。由于测量条件不同，各国采用的相对黏度也有所不同。美国采用赛氏黏度，英国采用雷氏黏度，我国、德国和俄罗斯均采用恩氏黏度。

恩氏黏度采用如图 2-2 所示的恩氏黏度计测定。恩氏黏度计的底部带有锥管 3（其出口小孔直径为 ϕ2. 8 mm）的储液器 1 放置在水槽 2 中，被测液体自储液器小孔引出。温度为 t℃ 的 200 cm^3 的被测液体在自重作用下流过恩氏黏度计中小孔所需的时间 t_1，与温度为 20℃ 的 200 cm^3 的蒸馏水在流过上述小孔所需的时间 t_2（t_2 = 50 ~ 52 s，通常取 51 s）的比值，称为该被测液体在温度 t℃ 时的恩氏

黏度，用符号$°E_t$表示，是一个无量纲数。即

$$°E_t = \frac{t_1}{t_2} \tag{2-7}$$

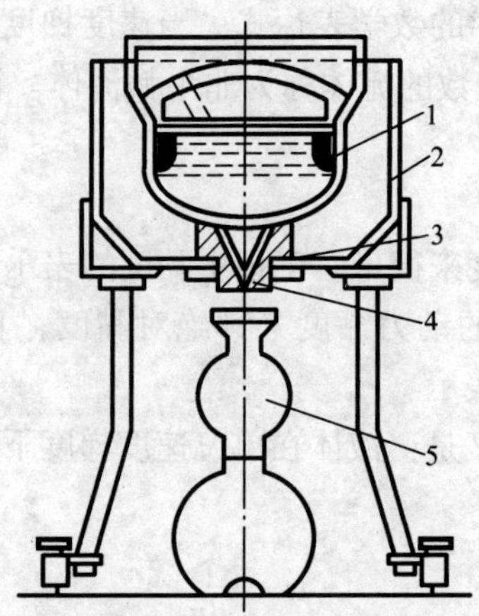

图2-2 恩氏黏度计

1—储液器；2—水槽；3—锥管；4—出口小孔；5—量筒

相对黏度与运动黏度的换算关系为

$$v = \left(7.31°E_t - \frac{6.31}{°E}\right) \times 10^{-6} \tag{2-8}$$

式（2-8）中运动黏度v的单位为m^2/s（米²/秒）。

例2-1 200 mL的蒸馏水在20℃时流过恩氏黏度计的时间为51 s，200 mL的某种液压油（密度$\rho = 900\ kg/m^3$）在50℃时流过恩氏黏度计的时间为229.5 s。试求该液压油在50℃时的恩氏黏度$°E_{50}$、运动黏度v和动力黏度μ。

解：恩氏黏度为$°E_{50} = \frac{t_1}{t_2} = \frac{229.5}{51} = 4.5$

运动黏度为

$$v = \left(7.31°E_t - \frac{6.31}{°E}\right) \times 10^{-6} = \left(7.31 \times 4.5 - \frac{6.31}{4.5}\right) \times 10^{-6}$$

$$= 31.5 \times 10^{-6}\ (m^2 \cdot s^{-1})$$

动力黏度为$\mu = v\rho = 31.5 \times 10^{-6} \times 900 = 0.028\ (Pa \cdot s)$

即为所求。

3. 可压缩性

液体因所受压力增大而发生体积缩小的性质称为液体的可压缩性，用体积压缩系数k表示。其物理意义是单位压力变化下的液体体积相对变化量，即

$$k = -\frac{1}{\Delta P}\frac{\Delta V}{V_0} \tag{2-9}$$

式中：k——体积压缩系数，1/Pa；

ΔV——液体的体积变化量，m^3；

V_0——液体的初始体积，m^3；

Δp——液体的压力变化量，Pa；因为压力增大，即 $\Delta p>0$ 时，液体体积减小，即 $\Delta V<0$，为使 k 取正值，故在上式右端加一负号。常用矿物油型液压油的体积压缩系数值为（5～7）$\times 10^{-10}Pa^{-1}$。

液体体积压缩系数 k 的倒数称为体积弹性模量 K，即

$$K=\frac{1}{k}=-\Delta p\frac{V}{\Delta V} \tag{2-10}$$

K 表示产生单位体积相对变化量所需的压力增量，法定单位为 Pa（帕）。在实际应用中，常用体积弹性模量 K 值来说明液体抗压缩能力的大小。在常温下，纯净液压油液的体积弹性模量 $K=(1.4\sim2.0)\times10^9$ Pa，数值很大，故一般可认为液压油液是不可压缩的。

例 2－2　压力为 3 500 Pa 时，水的体积 $V_1=1\ m^3$。当压力增加到 24 kPa 时，水的体积减小为 0.99 m^3。问：当压力增加到 7 kPa 时，水的体积 V_2＝？

解：$k=-\frac{1}{\Delta p}\frac{\Delta V}{V_0}=-\frac{1}{24\ 000-3\ 500}\times\frac{0.99-1}{1}=\frac{1}{2.05\times10^6}\ (Pa^{-1})$

$$\Delta V=-kV\Delta p=-\frac{1}{2.05\times10^6}\times(7\ 000-3\ 500)=-0.017\ (m^3)$$

$$V_2=V_1+\Delta V=1-0.017=0.983\ (m^3)$$

（二）黏度与压力的关系

液体所受的压力增加时，其分子间的距离将减小，其内聚力增加，黏度也随之增大。液体的黏度与压力的关系可表示为

$$\nu_p=\nu(1+0.003p) \tag{2-11}$$

式中：ν_p——压力为 p 时液体的运动黏度；

ν——压力为 101.33 kPa（1 个大气压）时液体的运动黏度；

p——液体所受的压力。

由上式可知，对于液压油，在中低压液压系统内，压力变化很小，因而对黏度的影响较小，可以忽略不计；当压力较高（大于 10 MPa）或压力变化较大时，则需要考虑压力对黏度的影响。

（三）黏度与温度的关系

黏度对温度的变化是十分敏感的，当温度升高时，液体分子间的内聚力减小，黏度就随之降低，这一特性称为黏温特性。

不同种类的液压油有不同的黏温特性，如图 2－3 所示为几种典型液压油的黏温特性曲线图。

对于一般常用的液压油，当运动黏度不超过 76 mm^2/s，温度为 30℃～150℃内时，可用下述近似公式计算其温度为 t℃的运动黏度，即

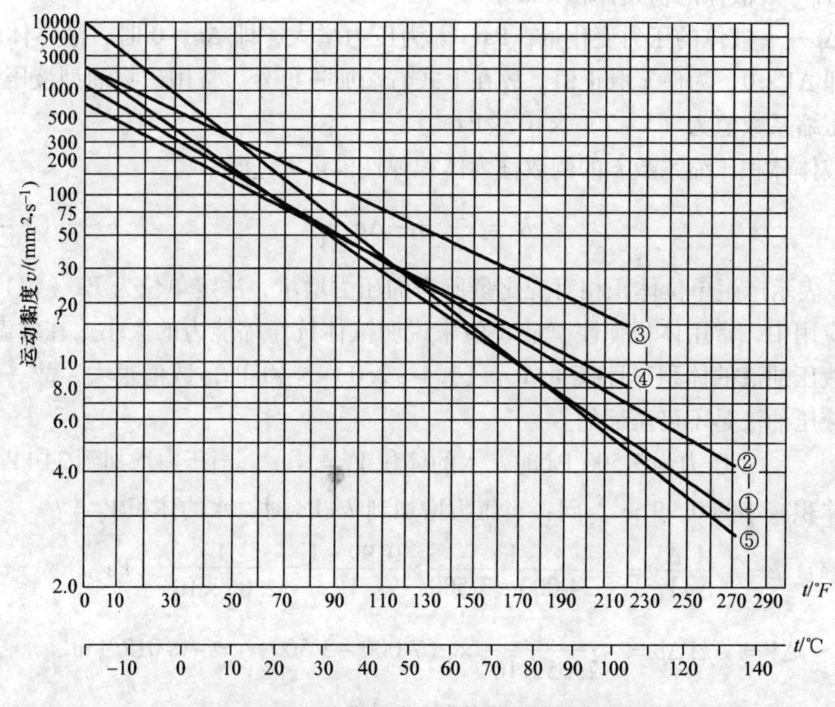

图2-3　几种典型液压油的黏温特性曲线图

①—矿物型普通液压油；②—矿物型高黏度指数液压油；
③—水包油乳化液；④—水-乙二醇液；⑤—磷酸酯液

$$\nu_t = \nu_{50}\left(\frac{50}{t}\right)^n \tag{2-12}$$

式中：ν_t——温度为 t℃时液压油的运动黏度；

ν_{50}——温度为50℃时液压油的运动黏度；

n——随液压油黏度ν_{50}变化的特性指数，其值见表2-1。

表2-1　液压油运动黏度与特性指数的关系

ν_{50} (mm^2·s^{-1})	2.5	6.5	9.5	12	21	30
n	1.39	1.59	1.72	1.79	1.99	2.13
ν_{50} (mm^2·s^{-1})	38	45	52	60	38	45
n	2.24	2.32	2.42	2.49	2.24	2.32

二、液压油的类型、选择与使用

1. 对液压传动工作介质的要求

在液压传动系统中，液压油既是用来传递能量的工作介质，还起着润滑运动部件和保护金属不被锈蚀的作用，因此对其有较高的要求。具体要求大致可概括如下。

(1) 适宜的黏度和良好的黏温性能。一般液压系统所用的液压油的黏度范围为 $\nu = 11.5 \times 10^{-6} \sim 35.3 \times 10^{-6}$ (m^2/s)。

(2) 良好的润滑性能。在液压传动机械设备中，除液压元件外，其他一些有相对滑动的零件也要用液压油来润滑，因此，液压油应具有良好的润滑性能。

(3) 良好的化学稳定性。具体包括液压油液的热稳定性、氧化稳定性、水解稳定性、剪切稳定性，即液压油液在高温下长期与空气接触（抗氧化）以及在高速下通过缝隙或小孔（抗剪切）后仍能保持其原有的化学性质不变的性质。

(4) 质地纯净、不含腐蚀性物质等杂质。

(5) 抗泡沫性和抗乳化性好，对金属和密封件材料具有良好的相容性。

(6) 比热容和热传导率大，热膨胀系数小。

(7) 流动点和凝固点低，闪点和燃点高。

(8) 对人畜无害，价格低廉。

(9) 可滤性好，即液压油液中的颗粒污染物容易通过滤网过滤，以保证较高的清洁度。

2. 液压油的类型

液压油的品种很多，主要可分为三大类：矿油型、合成型和乳化型液压油。

矿油型液压油是以机械油为原料，经精炼后按需要加入适当添加剂而成的液压油。这类液压油在液压系统中最常用，各项性能都优于其他品种，润滑性能好，但抗燃性较差。

在一些高温、易燃、易爆的工作场合，为了安全起见，应该在液压系统中使用磷酸酯、水-乙二醇等合成型液压油和油包水、水包油等乳化型液压油。液压油的主要品种及其特性和用途见表 2-2。

表 2-2　液压油的主要品种、特性和用途

类型	名称	ISO 代号	特性和用途
矿油型	通用液压油	L-HL	精制矿油加添加剂，提高抗氧化和防锈性能，适用于室内一般设备的中低压系统
	抗磨型液压油	L-HM	L-HL 油加添加剂，改善抗磨性能，适用于工程机械、车辆液压系统

续表

类型	名称	ISO 代号	特性和用途
矿油型	低温液压油	L-HV	可用于环境温度为 -40℃ ~ -20℃的高压系统
	高黏度指数液压油	L-HR	L-HL 油加添加剂，改善黏温特性，VI 值达 175 以上，适用于对黏温特性有特殊要求的低压系统，如数控机床液压系统
	液压导轨油	L-HG	L-HM 油加添加剂，改善黏温特性，适用于机床中液压和导轨润滑合用的系统
	全损耗系统用油	L-HH	浅度精制矿油，抗氧化性、抗泡沫性较差，主要用于机械润滑，可作液压代用油，用于要求不高的低压系统
	汽轮机油	L-TSA	深度精制矿油加添加剂，改善抗氧化性、抗泡沫性能，为汽轮机专用油，可作液压代用油，用于一般液压系统
乳化型	水包油乳化液	L-HFA	难燃、黏温特性好，有一定的防锈能力，润滑性差，易泄漏，适用于有抗燃要求、油液用量大且泄漏严重的系统
	油包水乳化液	L-HFB	既具有矿油型液压油的抗磨、防锈性能，又具有抗燃性，适用于有抗燃要求的中压系统
合成型	水-乙二醇液	L-HFC	难燃，黏温特性和抗蚀性好，能在 -30℃ ~60℃温度下使用，适用于有抗燃要求的中低压系统
	磷酸酯液	L-HFDR	难燃，润滑抗磨性能和抗氧化性能良好，能在 -54℃ ~135℃温度范围内使用，缺点是有毒。适用于有抗燃要求的高压精密系统

3. 液压油的选择和使用

正确而合理地选用液压油，是保证液压系统正常和高效工作的前提。选用液压油时常常采用两种方法，一种是根据液压元件生产厂的样本或说明书推荐的油类品种和规格，选用液压油；另一种是根据液压系统的具体情况，如工作压力、工作温度、运动速度、液压元件种类及经济性等因素，全面地考虑来选用液压油。在选用液压油时，要做的主要工作包括确定液压油的黏度范围；选择合适的液压油品种；满足液压系统工作时的特殊需要。通常根据以下几方面进行选用液压油品种和黏度。

1）根据工作机械的不同要求选用

精密机械与一般机械对黏度的要求不同。为了避免温度升高而引起机件变形，影响工作精度，精密机械宜采用黏度较低的液压油。例如机床的液压伺服系统，为保证伺服机构动作的灵敏性，宜采用黏度较低的液压油。

2）根据液压泵的类型选用

液压泵的类型较多，如齿轮泵、叶片泵、柱塞泵等，是液压系统的重要元件，在系统中液压泵的运动速度、压力和温度都较高，工作时间又长，因而对黏度要求较严格，所以选择黏度时应先考虑到液压泵的类型。在一般情况下，可将液压泵要求液压油的黏度作为选择液压油的基准，见表2－3。

表2－3　按液压泵的类型选用的液压油的黏度

液压泵类型	压力/MPa	40℃时的运动黏度 ν/（$mm^2 \cdot s^{-1}$）		适用品种和黏度等级
		5℃～40℃	40℃～80℃	
叶片泵	<7 >7	30～50 50～70	40～75 55～90	HM油，32、46、68 HM油，46、68、100
螺杆泵		30～50	40～80	HL油，32、46、68
齿轮泵		30～70	95～165	HL油，（中、高压用HM），32、46、68、100、150
径向柱塞泵		30～50	65～240	HL油，（高压用HM），32、46、68、100、150
轴向柱塞泵		40	70～150	HL油，（高压用HM），32、46、68、100、150

3）根据液压系统的工作压力选用

通常，当工作压力较高时，宜采用黏度较高的液压油，以免系统泄漏过多，效率过低；当工作压力较低时，宜采用黏度较低的液压油，这样可以减少压力损失，见表2－4。例如，机床液压传动的工作压力一般低于6.3 MPa，采用20～60 mm^2/s的液压油；工作机械的液压系统，其工作压力属于高压，多采用黏度较高的液压油。

表2－4　根据工作环境和使用工况选择液压油的品种

环境 \ 工况	压力7 MPa以下 温度50℃以下	压力7～14 MPa 温度50℃以下	压力7～14 MPa 温度50℃～80℃	压力14 MPa以上 温度80℃～100℃
室内固定液压设备	HL	HL或HM	HM	HM
寒天寒区或严寒区	HR	HV或HS	HV或HS	HV或HS
地下水上	HL	HL或HM	HM	HM
高温热源 明火附近	HFAE HFAS	HFB HFC	HFDR	HFDR

4）根据液压系统的环境温度选用

矿物油的黏度由于温度的影响变化很大，为保证在工作温度时有较适宜的黏度，还必须考虑周围环境温度的影响。当周围温度高时，宜采用黏度较高的液压油；当周围温度低时，宜采用黏度较低的液压油，见表2-4。

5）根据工作部件的运动速度选用

当液压系统中工作部件的运动速度很高时，液压油的流速也高，液压损失随着增大，而泄漏相对减少，因此宜用黏度较低的液压油液；反之，当液压系统中工作部件的运动速度较低时，每分钟所需的液压油量很小，泄漏相对较大，对系统的运动速度影响也较大，所以宜选用黏度较高的液压油。

三、液压油的污染与防护

液压油是否清洁，不仅影响液压系统的工作性能和液压元件的使用寿命，而且直接关系到液压系统是否能正常工作。液压系统中的多数故障与液压油受到污染有关，因此控制液压油的污染是十分重要的。

1. 液压油被污染的原因

（1）液压系统的管道及液压元件内的型砂、切屑、磨料、焊渣、锈片以及灰尘等污垢在系统使用前未被洗干净，在液压系统工作时，这些污垢就进入到液压油里。

（2）外界的灰尘、砂粒等，在液压系统工作过程中，通过往复伸缩的活塞杆、流回油箱的漏油等进入液压油。另外在检修时，稍不注意也会使灰尘、棉绒等进入液压油。

（3）液压系统本身也不断地产生污垢，而直接进入液压油，如金属和密封材料的磨损颗粒，过滤材料脱落的颗粒或纤维及油液因油温升高氧化变质而生成的胶状物等。

2. 液压油污染的危害

液压油污染严重时，直接影响液压系统的工作性能，使液压系统经常发生故障，液压元件的使用寿命缩短。造成这些危害的原因主要是污垢中的颗粒。对于液压元件来说，由于这些固体颗粒进入到元件，会使元件的滑动部分磨损加剧，并可能堵塞节流孔、阻尼孔，或使阀芯卡死，从而造成液压系统的故障。水分和空气的混入使液压油的润滑能力降低并使其加速氧化变质，产生气蚀，使液压元件加速腐蚀，使液压系统出现振动、爬行等。

3. 防止液压油污染的措施

造成液压油污染的原因多而复杂，液压油自身又在不断地产生脏物，因此要彻底解决液压油的污染问题是很困难的。为了延长液压元件的使用寿命，保证液压系统可靠地工作，将液压油的污染度控制在某一限度内是较为切实可行的办法。对液压油的污染控制工作主要是从两个方面着手：一是防止污物侵入液压系统；二是把已经侵入的污物从系统中清除出去。污染控制要贯穿于整个液压装置的设计、制造、安装、使用、维护和修理等各个阶段。为防止油液污染，在实际工作中应采取如下措施。

(1) 液压油在使用前要保持清洁。液压油在运输和保管过程中都会受到外界污染，新买来的液压油看上去很清洁，其实很“脏”，必须将其静放数天过滤后再加入液压系统中使用。

(2) 液压系统在装配后、运转前要保持清洁。液压元件在加工和装配过程中必须清洗干净，液压系统在装配后、运转前应彻底进行清洗，最好用系统工作中使用的油液清洗，清洗时油箱除通气孔（加防尘罩）外必须全部密封，密封件不可有飞边、毛刺。

(3) 使液压油在工作中保持清洁。液压油在工作过程中会受到环境污染，因此应尽量防止空气和水分的侵入，为完全消除水、气和污物的侵入，采用密封油箱，通气孔上加空气滤清器，防止尘土、磨料和冷却液侵入，经常检查并定期更换密封件和蓄能器中的胶囊。

(4) 采用合适的滤油器。这是控制液压油污染的重要手段。应根据设备的要求，在液压系统中选用不同的过滤方式，不同的精度和不同结构的滤油器，并要定期检查和清洗滤油器和油箱。

(5) 定期更换液压油。更换新油前，油箱必须先清洗一次，系统较脏时，可用煤油清洗，排尽后注入新油。

(6) 控制液压油的工作温度。液压油的工作温度过高对液压装置不利，液压油本身也会加速氧化变质，产生各种生成物，缩短使用期限，一般液压系统的工作温度最好控制在65℃以下，机床液压系统则应控制在55℃以下。

课题二　液压流体静力学

液压传动是以液体作为工作介质进行能量传递的，因此要研究液体处于相对平衡状态下的力学规律及其实际应用。所谓相对平衡是指液体内部各个质点之间没有相对运动，液体本身完全可以和容器一起如同刚体一样做各种运动。本课题主要讨论液体的平衡规律和压强分布规律以及液体对固体壁面的作用力。

学习目标

1. 掌握液体静力学及其特性。
2. 掌握液体静压力基本方程。
3. 掌握压力的表示方法。
4. 掌握帕斯卡原理。
5. 会计算液体静压力对固体壁面的总作用力。

知识学习

一、液体静力学及其特性

1. 液体静压力

作用在液体上的力有两种，一种是质量力，另一种是表面力。

质量力作用在液体所有的质点上，其大小与质量成正比，属于这种力的有重力、惯性力等。单位质量液体受到的质量力称为单位质量力，在数值上等于重力加速度。

表面力作用于所研究液体的表面上，如法向力、切向力。表面力可以是其他物体（例如活塞、大气层）作用在液体上的力；也可以是一部分液体作用在另一部分液体上的力。对于液体整体来说，其他物体作用在液体上的力属于外力，而液体间的作用力属于内力。由于理想液体质点间的内聚力很小，液体不能抵抗拉力或切向力，即使是微小的拉力或切向力都会使液体发生流动。因为静止液体不存在质点间的相对运动，也就不存在拉力或切向力，所以静止液体只能承受压力。

静止液体单位面积上所受的法向力称为液体静压力，简称压力，用符号 p 表示。在物理学中液体静压力称为压强。即

$$p = \frac{F}{A} \tag{2-13}$$

式中：A——液体有效作用面积；

F——液体有效作用面积 A 上所受的法向力。

液体静压力的法定单位为 N/m^2（牛/米^2）或 Pa（帕斯卡），工程中常用单位为 kPa（千帕）和 MPa（兆帕），其中 $1\ MPa = 10^3\ kPa = 10^6\ Pa$。

当液体受到外负载作用时，就形成液体的静压力，如图 2－4 所示。

2. 液体静压力的特性

(1) 液体静压力沿着内法线方向作用于其承压面，即静止液体承受的只是法向压力，而不承受剪切力和拉力。

(2) 静止液体内任一点所受到的静压力在各个方向都相等。

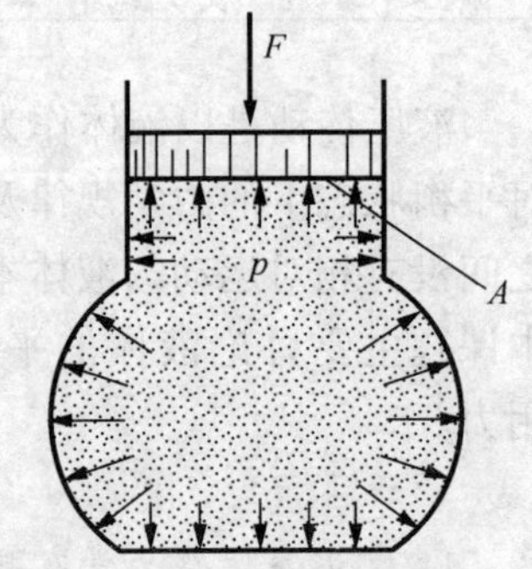

图 2－4　外力作用下形成的液体静压力

二、液体静压力基本方程

如图 2－5 所示，密度为 ρ 的液体在容器内处于静止状态，作用在液体液面上的压力为 p_0。为了求得液体中距离液面深度为 h 的任意一点 A 的压力 p，可以假想从液面往下切取高度为 h、底面积为 ΔA 的一个小液柱为研究

对象。这个液柱在重力及周围液体的作用下处于平衡状态，作用于液柱上的各作用力在各方向都呈平衡。小液柱顶面上所受的作用力为 $p_0\mathrm{d}A$（方向向下），小液柱本身的重力 $G=\rho gh\mathrm{d}A$（方向向下），小液柱底面所受的作用力为 $p\mathrm{d}A$（方向向上），则小液柱在 Z 方向的平衡方程为

$$p\mathrm{d}A=p_0\mathrm{d}A+\rho gh\mathrm{d}A$$

化简后得

$$p=p_0+\rho gh \tag{2-14}$$

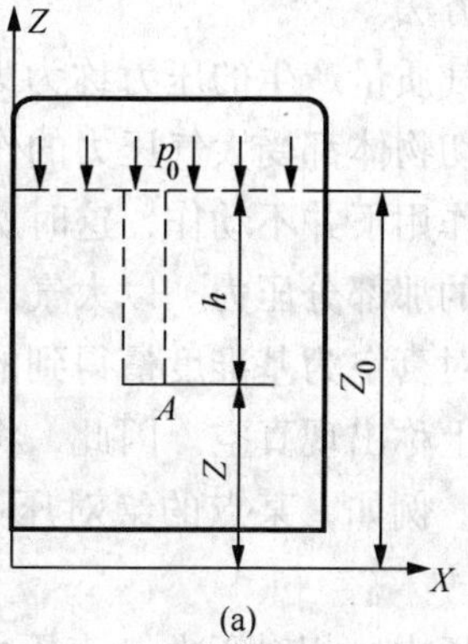

图 2-5　静压力的分布规律

上式称为液体静力学基本方程。它表明

(1) 静止液体中任一点的静压力均由两部分组成，即液面上的外力产生的压力 p_0 和该点以上液体自重所产生的压力 ρgh 之和。

(2) 静止液体中任一点的静压力随液体距液面的深度呈线性变化规律分布，且在同一深度上各点的压力相等。

在静止液体中，静压力相等的所有点组成的面称为等压面。显然，在重力作用下静止液体的等压面为一个平面。

(3) 可通过以下 3 种方式使液面产生压力 p_0。

①通过固体壁面（如活塞）使液面产生压力；

②通过气体使液面产生压力；

③通过不同的液体使液面产生压力。

例 2-3　如图 2-6 所示，有一直径为 d，质量为 G 的柱塞浸没在液体中，并在力 F 作用下处于静止状态。若液体的密度为 ρ，柱塞浸入液体的深度为 h，试确定液体在测压管内上升的高度 x。

解：设柱塞侵入液体深度 h 处为等压面，即有

$$\frac{F+G}{\frac{1}{4}\pi d^2}=\rho g(h+x)$$

化简得 $x=\dfrac{4(F+G)}{\rho g\pi d^2}-h$

即为所求。

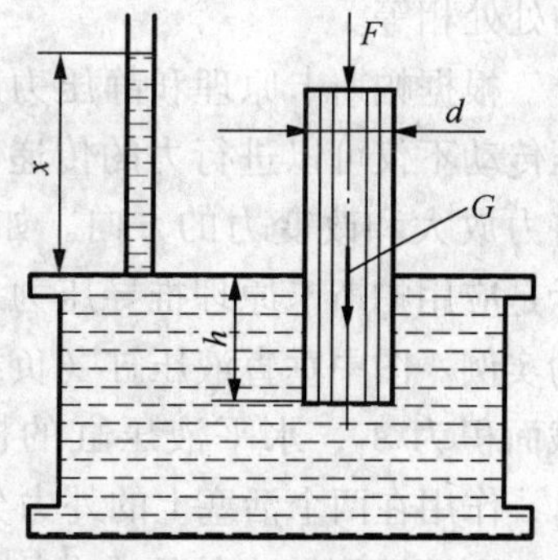

图 2-6　例 2-3 示意图

三、压力的表示方法

液压系统中的压力就是指压强，液体压力通常有绝对压力、相对压力（表压力）、真空度

三种表示方法。

由空气质量产生的压力称为大气压力，简称为大气压，用 Pa 表示。在地球表面，一切物体都受大气压力的作用，而且是自成平衡的，即大多数测压仪表在大气压的作用下并不动作，这时所表示的压力值为零，因此，测出的压力是高于大气压力的那部分压力。以大气压为基准度量得到的压力，称为相对压力或表压力；以绝对真空为基准度量得到的压力，称为绝对压力。当绝对压力低于大气压时，习惯上称出现真空。因此，将绝对压力比大气压力小的那部分压力数值，称为真空度。例如，某点的绝对压力为 0.4 大气压时，则该点的真空度为 0.6 大气压。

绝对压力、相对压力（表压力）和真空度的关系如图 2－7 所示。

由图 2－7 可知，绝对压力总是正值，相对压力（表压力）则可正可负，负的相对压力（表压力）就是真空度，如真空度为 0.4 大气压，其相对压力（表压力）为 -0.4 大气压。根据上述归纳如下：

（1）绝对压力 = 大气压力 + 相对压力（表压力）

（2）相对压力（表压力）= 绝对压力 - 大气压力

（3）真空度 = 大气压力 - 绝对压力

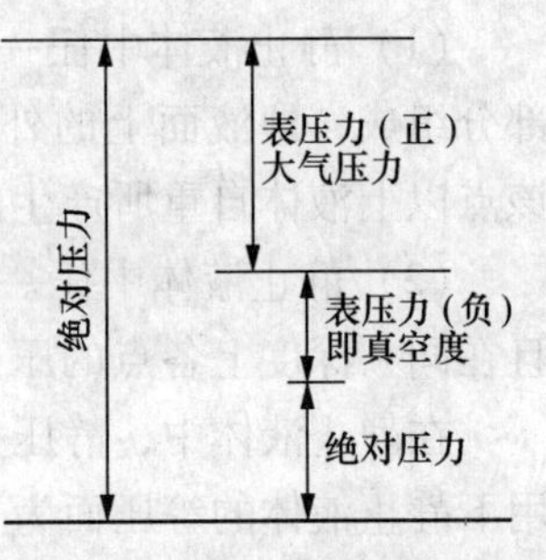

图 2－7　绝对压力、相对压力和真空度

四、帕斯卡原理

密封容器内的静止液体，当边界上的压力 p_0 发生变化时，例如增加 Δp，则容器内任意一点的压力将增加同一数值 Δp_0 也就是说，在密封容器内施加于静止液体任一点的压力将以等值传递到液体各点。这就是帕斯卡原理或静压传递原理。

在液压传动系统中，通常由外力产生的压力要比液体自重所产生的压力大得多。因此可把式 $p=p_0+\rho gh$ 中的 ρgh 项忽略，从而可认为静止液体内部各点的压力处处相等。

根据帕斯卡原理和静压力的特性，液压传动不仅可以进行力的传递，而且还能将力放大和改变力的方向。如图 2－8 所示是应用帕斯卡原理推导压力与负载关系的实例。图中垂直液压缸（负载缸）的横截面积为 A_1，水平液压缸的横截面积为 A_2，作用在两个活塞上的外力分别为 F_1 和 F_2，则两液压缸内的压力分别为 $p_1=F_1/A_1$ 和 $p_2=F_2/A_2$。由于两液压缸充满液体且互相连接，根据帕斯卡原理有 $p_1=p_2$。

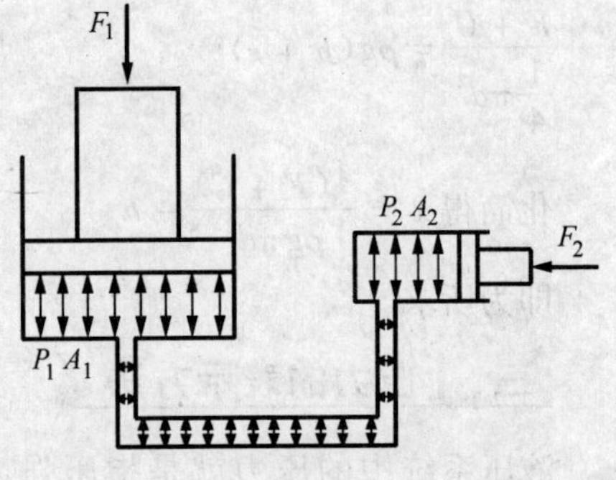

图 2－8　静压传递原理应用实例

因此有：

$$F_1 = F_2 A_1 / A_2 \tag{2-15}$$

上式表明，只要 A_1/A_2 足够大，用很小的力 F_2 就可产生很大的力 F_1，这说明液压系统具有力的放大的作用。根据这个原理，就制成了液压千斤顶和液压压力机。

如果垂直液压缸的活塞上没有负载，即当 $F_1 = 0$ 时，忽略活塞的质量及其他阻力，无论怎样推动水平液压缸的活塞，也不能在液体中形成压力。这说明液压系统中的压力是由外界负载决定的，这是液压传动的一个基本概念。

五、液体静压力对固体壁面的总作用力

在液压传动中，忽略液体自重产生的压力，液体中各点的静压力是均匀分布的，且垂直作用于受压表面。当固体壁面与具有一定压力的液体接触时，固体壁面上各点在某一方向上所受静压力的总和即是液体在该方向上作用于固体壁面上的力。下面分两种情况计算液体静压力作用在固体壁面上的总作用力。

1. 液体静压力作用在平面上的总作用力

当承受压力作用的表面为平面时，液体作用于该平面上各点压力的方向是互相平行、大小相等。所以液体对该平面的总作用力 F 等于液体的压力 p 与受压平面面积 A 的乘积，即

$$F = pA \tag{2-16}$$

如图 2-9 所示的液压缸，压力油作用活塞上的总作用力为

$$F = pA = p\frac{\pi D^2}{4}$$

总作用力 F 的方向与液压油的压力 p 的方向相同，水平向右。

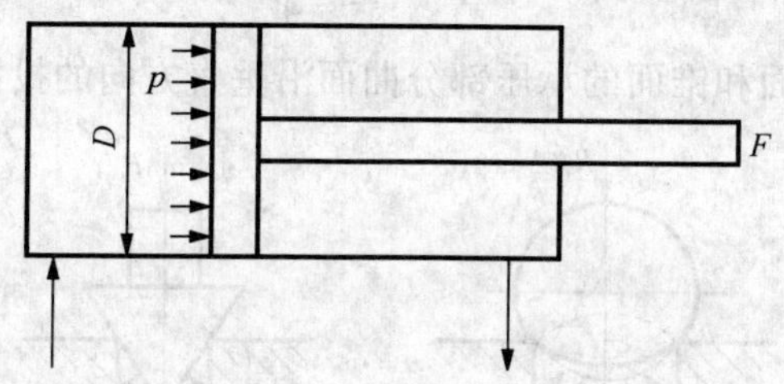

图 2-9　液体静压力作用在平面上

2. 液体静压力作用在曲面上的总作用力

当承受压力作用的表面为曲面时，由于液体作用于该曲面上各点的压力总是垂直于曲面，所以作用在曲面上各点的作用力不平行但大小相等。要计算液体静压力作用在曲面上的总作用力，必须明确要计算哪个方向上的力。

例 2-4　如图 2-10 所示为液压缸筒受力分析图。已知液压缸的缸筒半径为 r，长度为 l，求液压油作用在缸筒右半壁上的总作用力在 x 方向的分力 F_x。

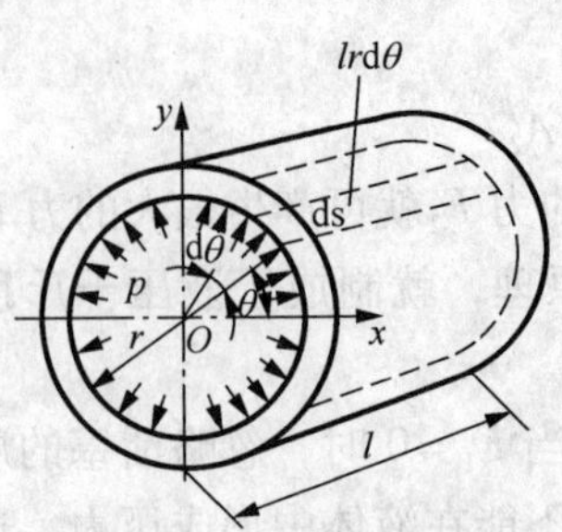

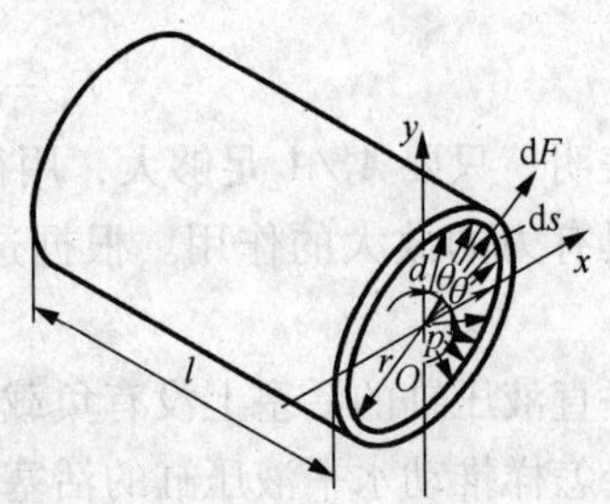

图 2-10　液体对固体壁面的作用力

解：在缸筒右半壁面上任取一微小窄条，其面积 dA 为 $dA = l\mathrm{d}s = lr\mathrm{d}\theta$，液压油作用在这微小面积上的力 dF 在 x 方向的分力 dFx 为

$$\mathrm{d}F_x = l\mathrm{d}s = lr\mathrm{d}\theta$$

液压油作用在缸筒右半壁上的总作用力在 x 方向的分力 F_x 为

$$F_x = \int_{-\frac{\pi}{2}}^{\frac{\pi}{2}} \mathrm{d}F_x = \int_{-\frac{\pi}{2}}^{\frac{\pi}{2}} pl\cos\theta\mathrm{d}\theta = 2lrp$$

式中：$2lr$——缸筒右半壁曲面在 x 方向上的投影面积。

由此可得出结论，液体静压力作用在曲面上的总作用力在某一方向上的分力等于液体静压力与该曲面在该方向上投影面积的乘积。这一结论对任意曲面都适用，在计算时可直接应用。

如图 2-11 所示的球面和锥面，液体静压力 p 沿垂直方向作用在球面和锥面上的作用力 F，等于受静压力 p 作用的那部分曲面沿垂直方向的投影面积 A 与液体静压力 p 的乘积，其作用点通过投影圆的圆心。即

$$F = pA = p\frac{\pi d^2}{4}$$

式中：d——球面和锥面的承压部分曲面沿垂直方向的投影圆的直径。

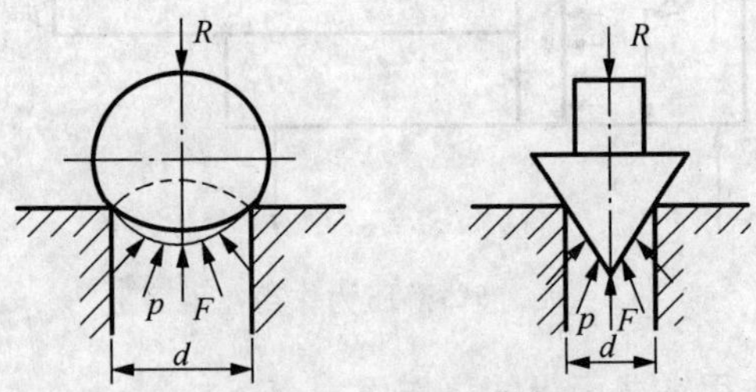

图 2-11　液体静压力作用在固体曲面上

课题三　液压流体动力学

在液压传动系统中，液压油总是在不断地流动中，因此要研究液体在外力作

用下的运动规律及作用在流体上的力及这些力和流体运动特性之间的关系。

学习目标

1. 掌握液压流体动力学中的连续性方程、伯努利方程和动量方程。

2. 会利用液压流体动力学的知识解决实际问题。

知识学习

一、基本概念

1. 理想液体和恒定流动

由于液体实际流动时，不仅具有黏性，而且在压力变化时体积会发生变化，因此研究液体流动时的运动规律必须考虑其黏性和可压缩性，从而使对流动液体的研究变得非常困难，因此引入理想液体的概念。理想液体就是指既无黏性又不可压缩的液体。首先对理想液体进行研究，然后再通过实验验证的方法对所得的结论进行补充和修正。这样，不仅使问题简单化，而且得到的结论在实际应用中具有足够的精确性。而既具有黏性又可压缩的液体称为实际液体。

液体流动时，若液体中任一点的压力、速度及密度都不随时间而变化，则称液体的这种运动称为恒定流动或定常流动。但只要压力、速度及密度中有一个随时间而变化，则液体流动就是非恒定流动或非定常流动。如图 2-12 所示，图（a）为恒定流动，图（b）为非恒定流动。

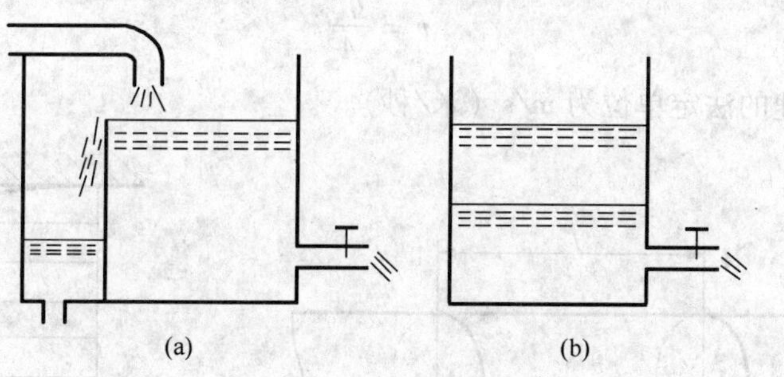

图 2-12 恒定流动与非恒定流动

（a）恒定流动；（b）非恒定流动

2. 通流截面、平均流速和流量

（1）通流截面。液体流动时，垂直于液体流动方向的截面称为通流截面或过流断面。通流截面可能是平面，也可能是曲面。如图 2-13 所示，截面 $A—A$ 和截面 $B—B$ 均为通流截面。

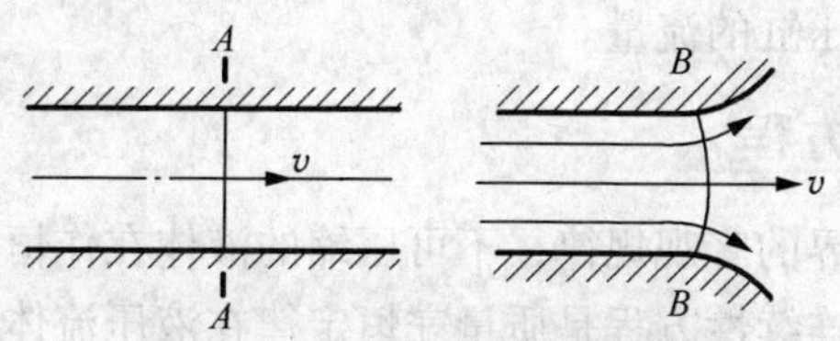

图 2-13 流动液体的通流截面

（2）流量。单位时间内通过某一通流截面的液体体积称为体积流量，简称流量，用 q_v 或 q 表示。流量的法定单位为 m^3/s（米^3/秒），工程中常用的单位为 L/min（升/分）或 mL/s（毫升/秒）。$1\ L=10^3\ mL=10^{-3}\ m^3=10^3\ cm^3=10^6\ mm^3$

$$1\ m^3/s=\frac{1\ 000\ L}{\frac{1}{60}min}=6\times10^4\ L/min;\ 1\ m^3/s=\frac{10^6\ mL}{1\ s}=10^6\ mL/s$$

如图 2－14 所示，假设理想液体在一直管内作恒定流动。液体流动的通流截面面积即为管道横截面的面积 A，液流在各通流截面上各点的流速皆相等，用符号 v 表示。流过通流截面Ⅰ—Ⅰ的液体经过时间 t 后到达通流截面Ⅱ—Ⅱ处，所流过的距离为 l，所流过的液体体积为 $V=Al$，因此流量即为

$$q_v=\frac{V}{t}=\frac{Al}{t}=Av \tag{2-17}$$

（3）平均流速。在实际液体的流动中，由于黏性内摩擦力的作用，通流截面上各点的流速并不相等，因此引入平均流速的概念。即可认为通流截面上各点的流速均为平均流速，用 v 来表示，如图 2－15 所示。液体在管道中的流速一般均指平均流速。液体流动时，通过某一通流截面的流量 q_v 就等于平均流速 v 和通流截面的面积 A 乘积，即 $q_v=vA$

因此该通流截面的平均流速 v 为

$$v=\frac{q_v}{A} \tag{2-18}$$

平均流速的法定单位为 m/s（米/秒）。

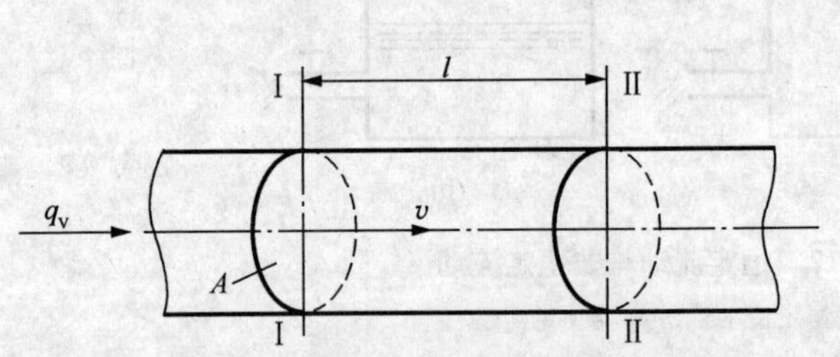

图 2－14　理想液体在直管内作恒定流动

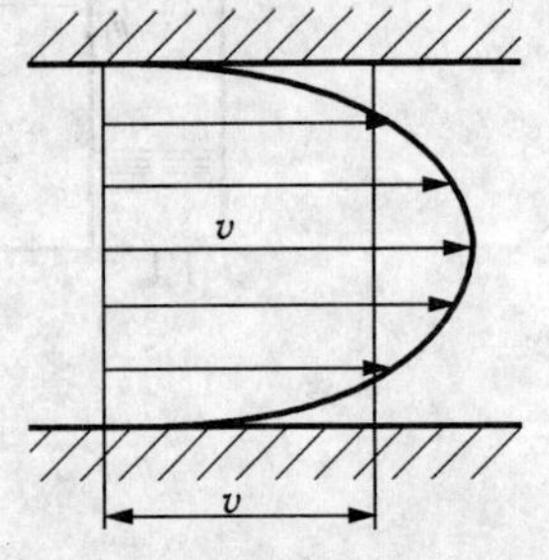

图 2－15　液体的平均流速

在实际工程中，只有平均流速 v 才具有应用价值。液压缸工作时，活塞运动的速度就等于液压缸内液体的平均流速。当液压缸的有效面积一定时，活塞运动的速度取决于输入液压缸的流量。

二、连续性方程

质量守恒是自然界的客观规律，不可压缩的液体在作恒定流动的过程中同样遵守质量守恒定律。连续性方程是质量守恒定律在液压流体动力学中的一种数学

表达形式。

如图 2－16 所示，任取一流管，两端通流截面为 A_1、A_2，在流管中取一微小流束，流速两端的截面面积分别为 dA_1 和 dA_2，在同一微小截面上各点的流速可认为是相等的且分别为 v_1，v_2。根据质量守恒定律，在 dt 时间内流入液体的质量应恒等于流出液体的质量，即

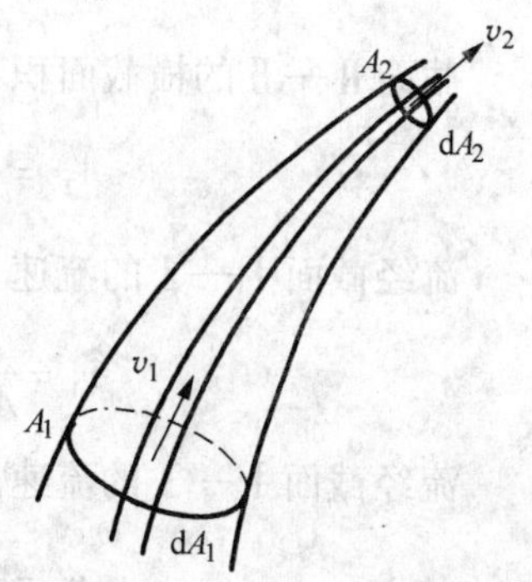

图 2－16　连续性方程示意图

$$\rho v_1 dA_1 dt = \rho v_2 dA_2 dt$$

化简得

$$v_1 dA_1 = v_2 dA_2$$

对于整个流管，则有

$$\int_{A_1} v_1 dA_1 = \int_{A_2} v_2 dA_2$$

即

$$q_1 = q_2$$

如用流管两通流截面 A_1 和 A_2 上的平均流速 v_1 和 v_2 表示，则有

$$v_1 A_1 = v_2 A_2 \tag{2-19}$$

由于两通流截面是任意取的，则有

$$q = vA = 常数 \tag{2-20}$$

各式中：v_1，v_2——两通流截面的平均流速；

A_1，A_2——两通流截面的面积；

q_1，q_2——两通流截面的流量；

q——通流截面的流量；

v——通流截面的平均流速；

A——通流截面的面积。

式（2－20）称液体流动的连续性方程，表明在恒定流动的条件下，流过各个通流截面上的液体流量是相等的（即流量是连续的），是质量守恒定律的具体体现。

当流量一定时，任一通流截面上的通流面积与其流速成反比，则有任一通流截面上的平均流速为

$$v_i = \frac{q_V}{A_i} \tag{2-21}$$

例 2－5　如图 2－17 所示，管道截面Ⅰ—Ⅰ和截面Ⅱ—Ⅱ的内径 d_1 和 d_2 分别 20 mm和 10 mm，流经截面Ⅰ—Ⅰ的流量为 10 L/min，求截面Ⅰ—Ⅰ和截面Ⅱ—Ⅱ处的流速各是多少？

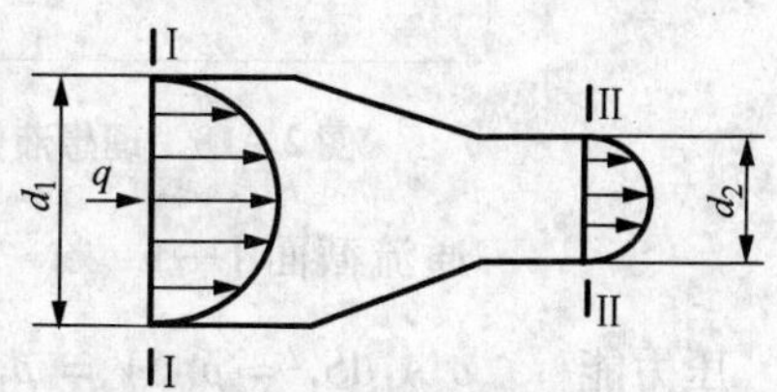

图 2－17　例 2－5 示意图

解：截面Ⅰ—Ⅰ的横截面积 A_1 为

$$A_1 = \frac{\pi}{4}d_1^2 = \frac{\pi}{4} \times 2^2 \text{cm}^2 = 3.14\text{cm}^2$$

截面Ⅱ—Ⅱ的横截面积 A_2 为

$$A_2 = \frac{\pi}{4}d_2^2 = \frac{\pi}{4} \times 1^2 \text{ cm}^2 = 0.79\text{cm}^2$$

流经截面Ⅰ—Ⅰ的流速 v_1

$$v_1 = \frac{q}{A_1} = \frac{10 \times 10^3 \text{ cm}^3/\text{s}}{60 \times 3.14 \text{ cm}^2} = 53.1 \text{ cm/s}$$

流经截面Ⅰ—Ⅰ的流速 v_2

$$v_2 = \frac{q}{A_1} = \frac{10 \times 10^3 \text{ cm}^3/\text{s}}{60 \times 0.79 \text{ cm}^2} = 211 \text{ cm/s}$$

即为所求。

三、伯努利方程

能量守恒是自然界的客观规律，流动液体也遵守能量守恒定律，这个规律是用伯努利方程的数学形式来表达的。伯努利方程是一个能量方程，掌握这一物理意义是十分重要的。

1. 理想液体的伯努利方程

假定理想液体在如图 2－18 所示的管道中恒定流动，密度为 ρ、质量为 m、体积为 V 的液体流过该管任意两个通流截面 1—1 和 2—2。假设两通流截面处的中心高度分别为 Z_1、Z_2，压力分别为 p_1、p_2，平均流速分别为 v_1、v_2。若在很短的时间内，液体通过两通流截面的距离分别为 $\mathrm{d}S_1$ 和 $\mathrm{d}S_2$，则液体在两通流截面处具有的能量为

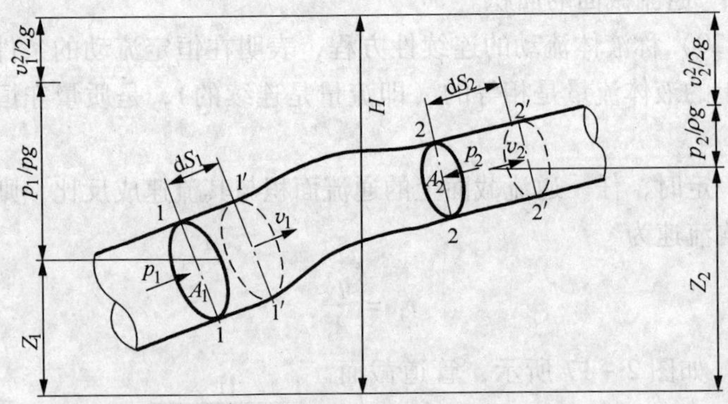

图 2－18　理想液体伯努利方程的推导示意图

	通流截面 1—1	通流截面 2—2
压力能	$p_1A_1\mathrm{d}S_1 = p_1\Delta V = p_1 \dfrac{m}{\rho}$	$p_2A_2\mathrm{d}S_2 = p_2\Delta V = p_2 \dfrac{m}{\rho}$

位　能　　mgZ_1　　　　　　　　mgZ_2

动　能　　$\frac{1}{2}mv_1^2$　　　　　　　　$\frac{1}{2}mv_2^2$

流动液体的能量因为也遵守能量守恒定律，因而有

$$p_1 \frac{m}{\rho} + mgZ_1 + \frac{1}{2}mv_1^2 = p_2 \frac{m}{\rho} + mgZ_2 + \frac{1}{2}mv_2^2$$

化简后得

$$\frac{p_1}{\rho g} + Z_1 + \frac{v_1^2}{2g} = \frac{p_2}{\rho g} + Z_2 + \frac{v_2^2}{2} \tag{2-22}$$

或

$$\frac{p}{\rho g} + Z + \frac{v^2}{2g} = 常数 \tag{2-23}$$

式（2-22）或式（2-23）称为理想液体的伯努利方程，也称理想液体的能量方程。式中 $\frac{p}{\rho g}$ 为单位质量液体所具有的压力能，称为比压能，也称压力水头；Z 为单位质量液体所具有的势能，称为比位能，也称位置水头；$\frac{v^2}{2g}$ 为单位质量液体所具有的动能，称为比动能，也称速度水头，其单位都为长度量纲。

伯努利方程的物理意义为：在密封管道内作恒定流动的理想液体具有 3 种形成的能量（即压力能、势能和动能），在沿管道流动的过程中，3 种能量之间可以相互转换，但是在管道任意一个通流截面处 3 种能量的总和是一个恒定的常量。

式（2-22）或式（2-23）说明，理想液体作恒定流动时的总比能（单位质量液体的总能量）由比动能 $\frac{v^2}{2g}$、比位能 Z 和比压能 $\frac{p}{\rho g}$ 三种形式的能量组成，在任一通流截面上 3 种能量之间可以相互转换，但三种能量的总和是一个恒定的常量。

2. 实际液体的伯努利方程

实际液体在管道内流动时，由于液体存在着黏性，会使液体与固壁间及液体质点间产生摩擦力，从而消耗能量；同时，由于管道局部形状和尺寸的变化，会使液体产生扰动从而也消耗能量。因此，实际液体流动时存在能量损失，假设图 2-18 中的液体从通流截面 1—1 流到通流截面 2—2 的能量损失用 h_w 表示，其单位也为长度量纲。

根据能量守恒定律，在考虑能量损失 h_w，并引进动能修正系数 α 后，实际液体的伯努利方程为

$$\frac{p_1}{\rho g} + Z_1 + \frac{\alpha_1 v_1^2}{2g} = \frac{p_2}{\rho g} + Z_2 + \frac{\alpha_2 v_2^2}{2} + h_w \tag{2-24}$$

式中：α——动能修正系数，其值与管路中液体的流态（层流或紊流）有

关，液体在管道中层流时 $\alpha=2$，紊流时 $\alpha\approx1.05$，实际计算时常取 $\alpha=1$。

使用伯努利方程解决实际问题时的注意事项。

(1) 选取适当的基准面，以简化计算。一般可选取与大气相通的液面为基准面，因为此时压力为大气压，流速 $v\approx0$。

(2) 沿液体流动的方向选取两个通流截面，其中一个流通截面的参数已知，另一个为所求参数所在的流通截面。

(3) 在选取的两个通流截面上各选定一个高度已知的点。

(4) 对所选定的两点按液体流动方向列伯努利方程。

(5) 联立连续性方程、静压学基本方程求解未知参数。

例 2－6　如图 2－19 所示，当阀门关闭时压力表读数为 0.25 MPa，阀门打开时压力表读数为 0.06 MPa，如果 $d=12$ mm，$\rho=900\ \text{kg/m}^3$，不计液体流动时的能量损失，求阀门打开时的液体流量 q。

解：用截面Ⅰ—Ⅰ和截面Ⅱ—Ⅱ列理想液体伯努利方程

因为 $v_1=0$，$Z_1=Z_2$

所以

$$\frac{p_1}{\rho g}=\frac{p_2}{\rho g}+\frac{v_2^2}{2}$$

$$v_2=\sqrt{2\times9.81\times\frac{(0.25-0.06)\times10^6}{900\times9.81}}$$

$$=20.55\ (\text{m/s})$$

$$q=v_2A_2=20.55\times\frac{\pi}{4}\times0.012^2$$

$$=2.32\times10^{-3}\ (\text{m}^3/\text{s})$$

即为所求。

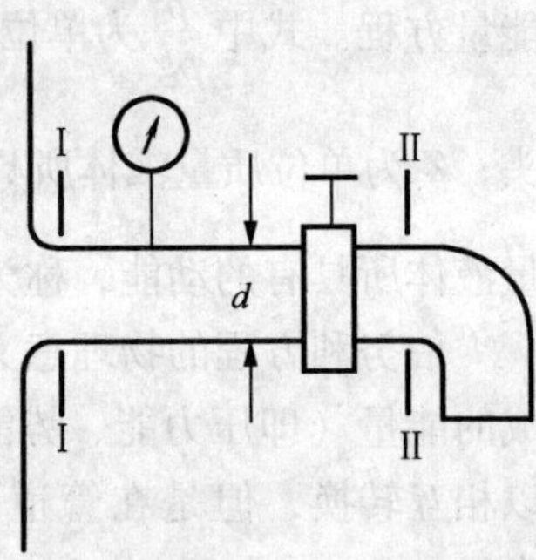

图 2－19　例 2－6 示意图

例 2－7　如图 2－20 所示，液压泵的流量 $q=32$ L/min，吸油管内径 $d=20$ mm，液压泵吸油口距离油箱液面的高度 $h=500$ mm，液压油的运动黏度 $\nu=20\times10^{-6}\ \text{m}^2/\text{s}$，密度 $\rho=900\ \text{kg/m}^3$，不计压力损失，试求液压泵吸油口处的真空度。

解：吸油管的液压油液的流速为

$$v_2=\frac{q}{A}=\frac{q}{\frac{1}{4}\pi d^2}=$$

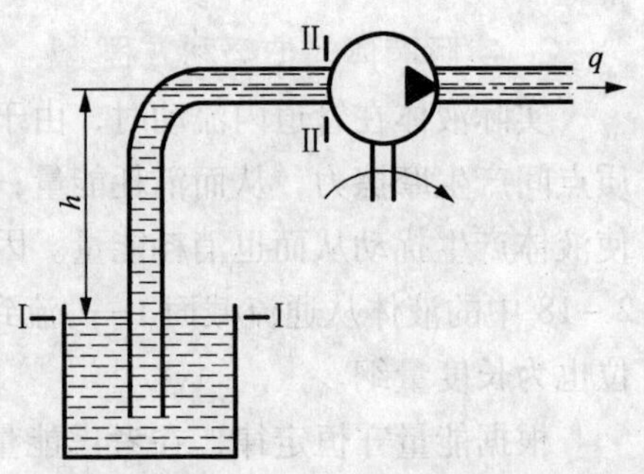

图 2－20　例 2－7 示意图

$$\frac{32\times10^{-3}}{60\times\frac{\pi}{4}\times0.02^2}=1.7(\mathrm{m/s})$$

油液在吸油管中流动时的实际雷诺数为

$$Re=\frac{v_2d}{\nu}=\frac{1.7\times0.02}{20\times10^{-6}}=1\ 700<Re_{cr}=2\ 300$$

所以液压油在吸油管中的流态为层流。

选取油箱液面Ⅰ—Ⅰ和吸油口处Ⅱ—Ⅱ截面，以液面Ⅰ—Ⅰ为基准面，$Z_1=0$，$v_1=0$，$p_1=p_a$，$\alpha_2=2$，$Z_2=h$，$h_W=0$，列实际伯努利方程

$$\frac{p_1}{\rho g}+Z_1+\frac{\alpha_1v_1^2}{2g}=\frac{p_2}{\rho g}+Z_2+\frac{\alpha_2v_2^2}{2}+h_w$$

$$\frac{p_a}{\rho g}+0_1+0=\frac{p_2}{\rho g}+h+v_2^2+0$$

$$\begin{aligned}p_a-p_2&=\rho gh+\rho gv_2^2\\&=900\times9.81\times0.5+900\times9.81\times1.7^2\ (\mathrm{Pa})\\&=29.93\times10^3\ (\mathrm{Pa})\end{aligned}$$

即得液压泵吸油口处的真空度。

四、动量方程

动量方程可用来计算流动液体作用于限制其流动的固体壁面上的总作用力。根据理论力学中的动量定理：作用在物体上全部外力的矢量和应等于物体动量的变化率，即

$$\sum\vec{F}=\frac{\Delta(m\vec{v})}{\Delta t}\tag{2-25}$$

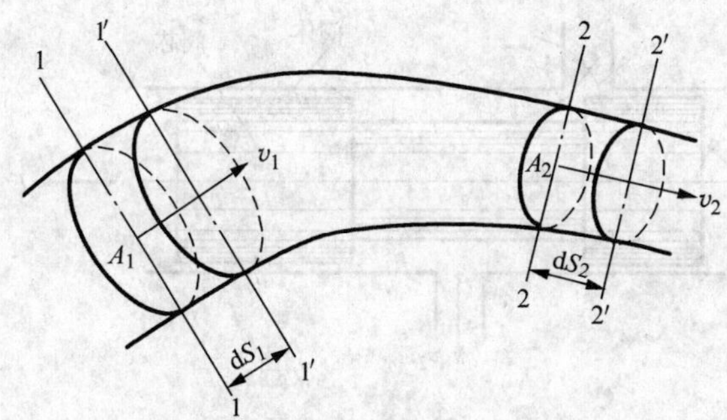

图 2-21　动量方程推导示意图

在如图 2-21 所示的管流中，任意取出被通流截面 1、2 所限制的液体体积，称为控制体积，通流截面 1、2 则称为控制表面。通流截面 1、2 上的流速分别为 v_1、v_2，流通面积分别为 A_1、A_2。设该段液体在 t 时刻的动量为 $(mv)_{1-2}$。经 Δt

时间后，该段液体移动到 $1'-2'$ 位置，在新位置上，该段液体的动量为 $(mv)_{1'-2'}$。在 Δt 时间内液体动量的变化为

$$\Delta(mv) = (mv)_{1'-2'} - (mv)_{1-2}$$
$$(mv)_{1-2} = (mv)_{1-1'} + (mv)_{1'-2}$$
$$(mv)_{1'-2'} = (mv)_{1'-2} + (mv)_{2-2'}$$

如果液体作恒定流动，则 $1'-2$ 之间液体的各点流速经 Δt 时间后没有变化，$1'-2$ 之间液体的动量也没有变化，故

$$\begin{aligned}\Delta(mv) &= (mv)_{1'-2'} - (mv)_{1-2}\\ &= (mv)_{2-2'} - (mv)_{1-1'}\\ &= \rho_2 \Delta q_2 \Delta t\, v_2 - \rho_1 \Delta q_1 \Delta t\, v_1\end{aligned}$$

对于不可压缩的液体有

$$\Delta q_2 = \Delta q_1 = \Delta q,\ \rho_2 = \rho_1 = \rho$$

因而得出流动液体的动量方程

$$\sum \vec{F} = \frac{\Delta(m\vec{v})}{\Delta t} = \rho q(\vec{v_2} - \vec{v_1}) \tag{2-26}$$

式（2-26）表明，作用在液体控制体积上的外力总和，等于单位时间内流出控制表面与流入控制表面的液体动量之差。该式为矢量表达式，在应用时应根据具体要求，向指定方向投影，求得该方向的分量。显然，根据牛顿第三定律，液体也以同样大小的力作用在使其流速发生变化的物体上。因而可应用动量方程计算液流作用在固体壁面上的总作用力。

例 2-8　如图 2-22 所示的圆柱滑阀为液压阀中一种常见的结构。密度为 ρ 的液体流入圆柱滑阀阀口时，流速为 v_1，方向角为 θ，流量为 q，液体流出阀口的流速为 v_2，试计算液流通过滑阀时，液流对阀芯的轴向作用力。

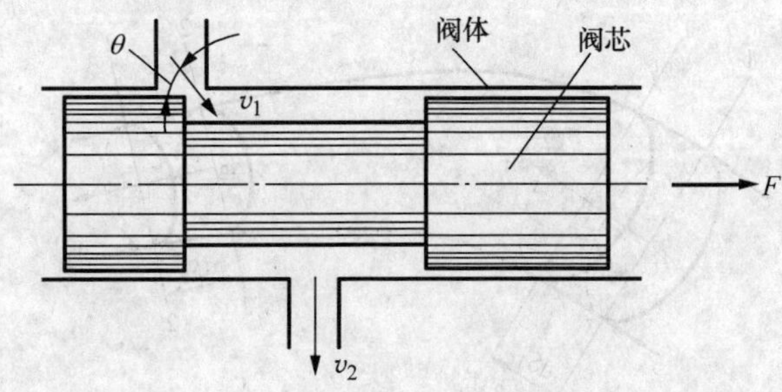

图 2-22　例 2-8 示意图

解：取阀进出口之间的液体体积为控制体积，设液流作恒定流动，列出滑阀轴向的动量方程

$$F = \rho q(v_2 \cos 90^0 - v_1 \cos\theta) = \rho q(0 - v_1 \cos\theta) = -\rho q v_1 \cos\theta$$

式中：F——滑阀对控制体液流的轴向作用力，负号表示该力的方向与速度的轴

向投影方向相反，即力 F 的方向向左。

由牛顿第三定律得，液流对阀芯的轴向作用力 F' 与力 F 的大小相等，方向相反，即

$F' = F = \rho q v_1 \cos\theta$，方向向右。

即得所求。

课题四　管道中液流能量的损失

实际液体具有黏性，因此在流动时就有阻力，为了克服阻力，就必然要消耗能量，这样就有了能量损失。能量损失主要表现为压力损失 ΔP，这也是实际液体伯努利方程中 h_w 的含义。

学习目标

1. 掌握液体流动的两种流态和雷诺判据。
2. 会计算液体在流动过程中的压力损失。

知识学习

一、液体流动的两种流态

（一）液体的流态

液体在管道中流动时存在两种不同状态，分别为层流和紊流。

层流是指液体流动时，液体质点都是平行于管道轴线方向运动，没有垂直于管道轴线方向的横向运动，液体质点互不混杂，液体呈线状或层状的流动。层流时黏性力起主导作用，液体质点受黏性的约束，不能随意运动，只能沿着流层作层次分明的轴向运动。

紊流是指液体流动时，液体质点既有平行于管道轴线方向运动，又有垂直于管道轴线方向的横向运动，液体质点做混杂紊乱状态的运动，液体呈紊乱流动。紊流时惯性力起主导作用，液体高速流动时液体质点间的黏性不能再约束质点，液体质点具有速度脉动，能冲出流层。

（二）雷诺判据

1883 年，英国物理学家雷诺通过实验，证实了液体存在着层流和紊流两种不同的流动状态，这就是雷诺实验。

实验装置如图 2－23（a）所示。水箱 6 由进水管 2 不断供水，并通过溢流管 1 保持水箱 6 中的水位恒定。水杯 3 内盛有红颜色的水，将开关 4 打开后，红色水经细导管 5 流入水平玻璃管 7 中。当调节阀门 8 的开度使水平玻璃管 7 中的水的流速较小时，红色水在水平玻璃管 7 中呈现一条明显的直线，这条红线和清水不相混杂，如图 2－18（b）所示，这说明水平玻璃管 7 中的水流是分层的，层与层之间互不干扰，液体的这种流动状态称为层流。当调节阀门 8 的开度使水

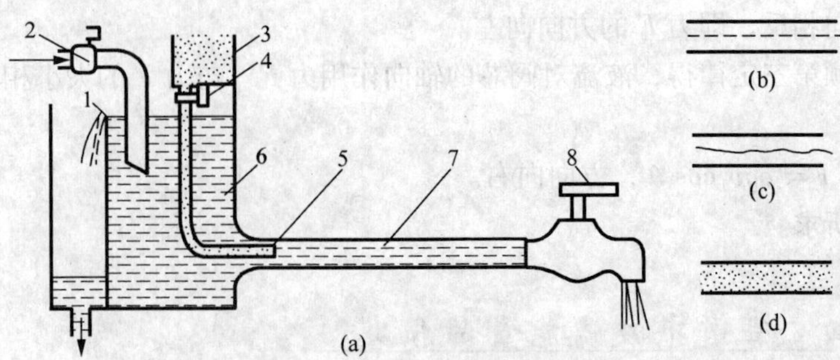

图 2-23 雷诺实验

(a) 试验装置；(b) 层流；(c) 过渡流；(d) 紊流

平玻璃管 7 中水的流速逐渐增大至某一数值时，可以看到这条红线开始抖动并呈波纹状，如图 2-18（c）所示，这说明水平玻璃管 7 中的层流状态遭到破坏，液流开始紊乱，这时的流动状态称为过渡流。如果使水平玻璃管 7 中的流速进一步增大，管内红色水流就和清水完全混合，红线就会完全消失，如图 2-18（d）所示，这说明水平玻璃管 7 中液流已完全紊乱，这时的流动状态称为紊流。在紊流状态下，如果将阀门 8 逐渐调小，当流速减小至一定值时，红线又会出现，水流又重新恢复为层流。

液体流动时究竟是层流还是紊流，可利用雷诺数来判别。

实验证明，液体在管中的流动状态不仅与管内液体的平均流速 v 有关，还与管道内径 d、液体的运动黏度 ν 有关。实际上，真正决定液流状态的是上述 3 个参数所组成的一个称为雷诺数 Re 的无量纲数，即

$$Re = \frac{vd}{\nu} \tag{2-27}$$

由式（2-27）可知，液流的雷诺数如果相同，其流动状态也相同。由于液流由层流转变为紊流时的雷诺数大于液流由紊流转变为层流时的雷诺数，所以一般都用由紊流转变为层流时的雷诺数作为判断液流状态的依据，称之为临界雷诺数，用 Re_{cr} 表示。当液流的实际雷诺数 Re 小于临界雷诺数 Re_{cr} 时，液流为层流；反之，液流为紊流。常见液流管道的临界雷诺数由实验求得，可见表 2-5 中。

表 2-5 常见液流管道的临界雷诺数

管道的材料与形状	临界雷诺数 Re_{cr}	管道的材料与形状	临界雷诺数 Re_{cr}
光滑的金属圆管	2 300	带槽装的同心环状缝隙	700
橡胶软管	1 600~2 000	带槽装的偏心环状缝隙	400
光滑的同心环状缝隙	1 100	圆柱形滑阀阀口	260
光滑的偏心环状缝隙	1 000	锥状阀口	20~100

例 2-9　运动黏度 $\nu=4.06\times10^{-5}\,\mathrm{m^2/s}$ 的液压油在内径为 $d=16$ mm 的钢管中流动，流速为 $v=4.6$ m/s，试判别液压油在钢管中的流动状态。

解：油液在钢管中流动时的实际雷诺数为

$$Re=\frac{vd}{\nu}=\frac{4.6\times0.016}{4.06\times10^{-5}}=1\,812.8<Re_{cr}=2\,300$$

所以液压油在钢管中的流态为层流。

二、液体在流动中的压力损失

按液体流动时阻力的不同，液压系统中压力损失分别为沿程压力损失和局部压力损失 2 种形式。

1. 沿程压力损失

液体在等径直管中流动时，因黏性摩擦（液体分子间的摩擦以及液体与限制其流动的管道内壁间的摩擦）而产生的压力损失，称为沿程压力损失。沿程压力损失主要取决于液体的流速、黏性、管路的长度以及管道内径。沿程压力损失的计算公式为

$$\Delta p_{\lambda}=\lambda\frac{l}{d}\frac{\rho v^2}{2} \tag{2-28}$$

式中：Δp_{λ}——沿程压力损失，Pa（帕）；

λ——沿程压力系数，量纲为 1；

ρ——液体的密度，$\mathrm{kg/m^3}$（千克/米³）；

v——液体的平均流速，m/s（米/秒）；

l——液体流经管道的长度，m（米）；

d——管道的内径，m（米）。

式（2-27）适用于层流或紊流。沿程压力系数 λ 与液体的流动状态有关，即 λ 与雷诺数 Re 有关，λ 值可按表 2-6 中的公式计算。计算沿程压力损失时，应先判断液体流态，选取正确的沿程阻力系数 λ，然后再按式（2-27）计算。

表 2-6　管道内的沿程阻力系数

液流状态	不同情况的管道	λ 的计算
层流	等温时的金属圆形管道	$\lambda=\frac{64}{Re}$
	非等温时的金属圆形管道或截面不圆以及弯成圆滑曲线的管道	$\lambda=\frac{75}{Re}$
	弯曲的软管	$\lambda=\frac{108}{Re}$
紊流	$Re<10^5$	$\lambda=0.3164\,Re^{-0.25}$
	$10^5<Re<10^7$	$\lambda=0.3164\,Re^{-0.25}+0.221\,Re^{-0.237}$

2. 局部压力损失

液体在管道中流经管道的弯头、接头、突变截面、小孔以及阀口等一些局部装置时，流速的大小和方向发生剧烈变化，形成旋涡，使液体质点相互撞击和剧烈摩擦，造成能量损失，这种能量损失称为局部压力损失。局部压力损失的计算公式为

$$\Delta p_{\xi} = \xi \frac{\rho v^2}{2} \tag{2-29}$$

式中：Δp_{ξ}——局部压力损失，Pa（帕）；

ξ——局部压力损失系数，量纲为1，由实验来测定，一般可查阅有关手册；

ρ——液体的密度，kg/m³（千克/米³）；

v——液体的平均流速，m/s（米/秒）。

液体流过各种阀类的局部压力损失常利用下列经验公式计算

$$\Delta p_{v} = \Delta p_{n}\left(\frac{q}{q_{n}}\right)^2 \tag{2-30}$$

式中：Δp_{v}——流过各种阀类的局部压力损失，Pa（帕）；

Δp_{n}——阀在额定流量下的压力损失（从阀的样本或手册中查得），Pa（帕）；

q——通过阀的实际流量，m³/s（米³/秒）；

q_{n}——阀的额定流量，m³/s（米³/秒）。

3. 管路系统中的总压力损失

管路系统中的总压力损失等于所有沿程压力损失、所有局部压力损失以及流经各种阀类的局部压力损失之和，即

$$\sum \Delta p = \sum \Delta p_{\lambda} + \sum \Delta p_{\xi} + \sum \Delta p_{V} \tag{2-31}$$

课题五　液体流经孔口的压力流量特征

液压传动中常利用液体流经阀的小孔来控制流量和压力，以达到调速和调压的目的。研究液体流经这些小孔的压力流量特性，对于正确分析液压元件和系统的工作性能是很有必要的。

学习目标

1. 掌握小孔的3种结构形式。
2. 掌握各种孔口的压力流量特性。

知识学习

小孔的结构形式可以根据孔口的通流长度 l 与直径 d 的之比（简称长径比）

分为 3 种情况：当 $\frac{l}{d} \leqslant 0.5$ 时，称为薄壁小孔；当 $\frac{l}{d} > 4$ 时，称为细长孔；当 $0.5 < \frac{l}{d} \leqslant 4$ 时，称为短孔。

一、薄壁小孔的压力流量特性

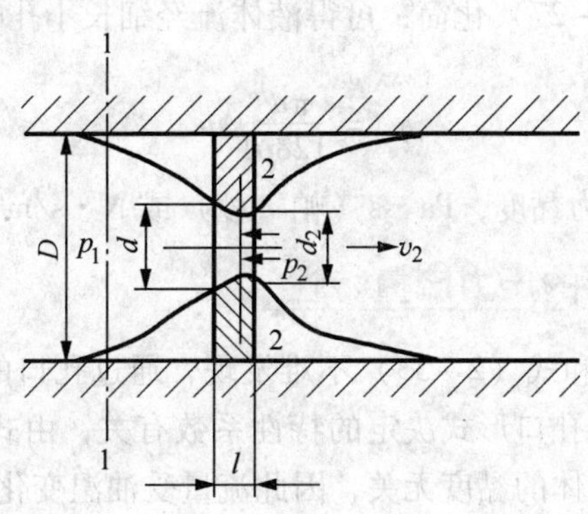

图 2-24　液体流过薄壁小孔

如图 2-24 所示为液体流过薄壁小孔的情况。当液体流过薄壁小孔时，因为 $D \gg d$，通过断面 1—1 的流速较低，流过小孔时，液体质点突然加速，在惯性力作用下，流过小孔后的液流形成一个收缩断面 2—2。对圆形小孔，此收缩断面离孔口的距离约 $d/2$，然后再扩散。这一收缩和扩散过程，会造成很大的能量损失。

利用实际液体的伯努利方程对液体流经薄壁小孔时的能量变化进行分析，可以得到薄壁小孔的压力流量特性：流经薄壁小孔的流量 q_v 与小孔的通流截面面积 A_T、小孔两端的压力差的平方根 $\sqrt{\Delta p}$ 成正比，即得薄壁小孔流量公式

$$q_v = C_q A_T \left(\frac{2}{\rho}\Delta p\right)^{\frac{1}{2}} = C A_T \Delta p^{\frac{1}{2}} \qquad (2-32)$$

式中：C_q——流量系数，量纲为 1；

当小孔长径比 $\frac{l}{d} \geqslant 7$ 时，$C_q = 0.6 \sim 0.62$；

当小孔长径比 $\frac{l}{d} < 7$ 时，$C_q = 0.7 \sim 0.8$；

C——与小孔的结构及液体的密度等有关的系数，量纲为 1，$C = C_q\left(\frac{2}{\rho}\right)^{\frac{1}{2}}$；

Δp——小孔前后压力差，Pa（帕）；

ρ——液体的密度，kg/m^3（千克/米^3）；

A_T——小孔的通流截面面积，m^2（米^2）。

二、细长小孔的压力流量特性

液体流经细长小孔时，由于黏性而流动不畅，一般都处于层流状态，可以用沿程阻力损失公式（2-27）来计算其能量损失。将 $\lambda=\frac{64}{Re}$、$Re=\frac{vd}{\nu}$和 $v=\frac{\mu}{\rho}$以及 $v=\frac{4q_v}{\pi d^2}$代入式（2-27）化简，可得液体流经细长小孔的流量公式

$$q_v=\frac{\pi d^4}{128\mu l}\Delta p \qquad (2-33)$$

式中：μ——液体的动力黏度，Pa·s（帕·秒）或 N·s/m²（牛·秒/秒²）。

三、各种孔口的压力流量特性

比较式（2-32）和式（2-33）不难发现，通过孔口的流量与孔口的面积、孔口前后的压力差以及孔口形式决定的特性系数有关，由式（2-32）可知，通过薄壁小孔的流量与液体的黏度无关，因此流量受油温变化的影响较小，但流量与孔口前后的压力差呈非线性关系；由式（2-33）可知，液体流经细长小孔的流量与小孔前后的压差 Δp 的一次方呈正比，同时由于公式中也包含液体的黏度 μ，因此流量受油温变化的影响较大。

为了分析问题方便起见，各种孔口的压力流量特性，可用如下表达式综合表示，即

$$q=KA_T\Delta p^m \qquad (2-34)$$

式中：m——由小孔长径比决定的指数；
当孔口为薄壁小孔时，$m=0.5$；
当孔口为细长孔时，$m=1$；
当孔口为短孔时，$m=0.5\sim1$；
K——由小孔的形状、尺寸和液体性质决定的系数；
当孔口为薄壁小孔时，$K=C_q\ (2/\rho)^{0.5}$；
当孔口为细长孔或短孔时，$K=d^2/32\mu l$。

扩展知识 液体流经缝隙的力学特性

液压元件内各零件间有相对运动，必须要有适当间隙。间隙过大，会造成泄漏；间隙过小，会使零件卡死。如图2-25所示的泄漏，泄漏是由压差和间隙造成的。内泄漏的损失转换为热能，使油温升高，外泄漏污染环境，两者均影响系统的性能与效率，因此，研究液体流经间隙的泄漏量、压差与间隙量之间的关系，对提高元件的性能及保证系统的正常工作是必要的。间隙中的流动一般为层流，一种是压差造成的流动称压差流动，另一种是相对运动造成的流动称剪切流

动，还有一种是在压差与剪切同时作用下的流动。在液压技术中，常见的间隙有平行平面缝隙和环形缝隙两种。

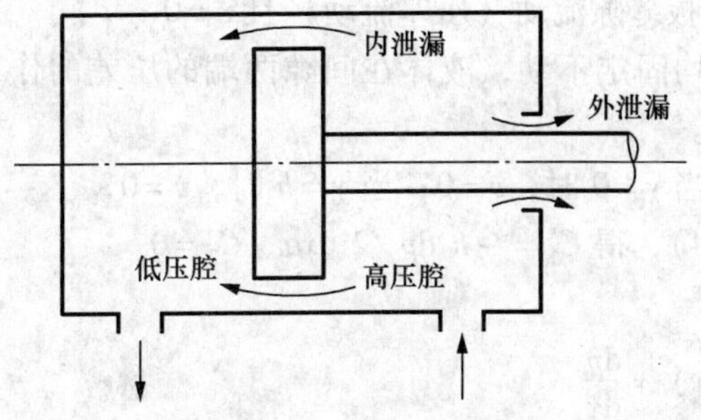

图 2-25　内泄漏与外泄漏

一、平行平板缝隙的平行流动

液体流经平行平板缝隙的一般情况是既受压差 $\Delta p = p_1 - p_2$ 的作用，同时又受到平行平板间相对运动的作用。如图 2-26 所示，设平板长为 l，宽为 b（图中未画出），两平行平板间的间隙为 h，且 $l \gg h$，$b \gg h$，液体不可压缩，质量力忽略不计，黏度不变。在液体中取一个微元体 $\mathrm{d}x\,\mathrm{d}y$（宽度方向取单位长），作用在其与液流相垂直的两个表面上的压力为 p 和 $p+\mathrm{d}p$，作用在其与液流相平行的上下两个表面上的切应力为 τ 和 $\tau+\mathrm{d}\tau$，因此其受力平衡方程为

$$p\mathrm{d}y + (\tau + \mathrm{d}\tau)\mathrm{d}x = (p + \mathrm{d}p)\mathrm{d}y + \tau \mathrm{d}x$$

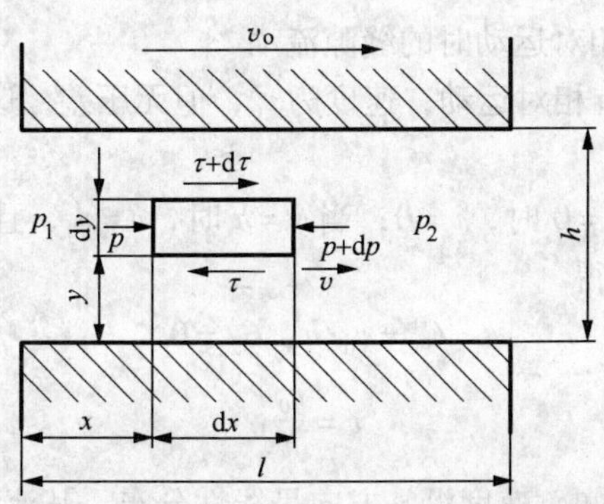

图 2-26　平行平板缝隙的平行流动

经过整理并将式（2-4）代入后有

$$\frac{\mathrm{d}^2 v}{\mathrm{d}y^2} = \frac{1}{\mu} \cdot \frac{\mathrm{d}p}{\mathrm{d}x}$$

对上式二次积分可得

$$v = \frac{y^2 \mathrm{d}p}{2\mu \mathrm{d}x} + C_1 y + C_2 \tag{2-35}$$

式中：C_1、C_2——积分常数。

下面分两种情况进行讨论。

1. 固定平行平板缝隙流动（压差流动）且 $v=0$

上、下两平板均固定不动，液体在间隙两端的压差的作用下而在间隙中流动，称为压差流动。

将边界条件：当 $y=0$ 时，$v=0$；当 $y=h$ 时，$v=0$，

代入式（2－34），得 $C_1=-h\,\mathrm{d}p/2\,\mathrm{d}x\mu$、$C_2=0$

所以

$$v=-\frac{h}{2\mu}(h-y)\,y\frac{\mathrm{d}p}{\mathrm{d}x}$$

于是有

$$b\mathrm{d}y=-q=s\int_{A}v\mathrm{d}A=\int_{0}^{h}-\frac{h}{2\mu}(h-y)y\frac{\mathrm{d}p}{\mathrm{d}x}b\mathrm{d}y=-\frac{bh^{3}}{12\mu}\frac{\mathrm{d}p}{\mathrm{d}x}$$

因为液流做层流流动时 p 只是 x 的线性函数，即

$$\frac{\mathrm{d}p}{\mathrm{d}x}=(p_1-p_2)/l=-\Delta p/l$$

将此关系式代入上述流量公式，得

$$q=\frac{bh^{3}}{12\mu l}\Delta p \tag{2-36}$$

从以上两式可以看出，在间隙中的速度分布规律呈抛物线状，通过间隙的流量与间隙的三次方成正比，因此必须严格控制间隙量，以减小泄漏。

2. 两平行平板有相对运动时的缝隙流动

（1）两平行平板有相对运动，速度为 v_0，但无压差，这种流动称为纯剪切流动。

将边界条件：当 $y=0$ 时，$v=0$；当 $y=h$ 时，$v=v_0$，且 $\mathrm{d}p/\mathrm{d}x=0$，

代入式（2－34）得

$$C_1=v_0/h、C_2=0$$

则

$$v=\frac{v_0}{h}y \tag{2-37}$$

由式（2－34）可知，速度沿 y 方向呈线性分布。其流量为

$$q=\int_{A}v\mathrm{d}A=\int_{0}^{h}\frac{v_0}{h}y\mathrm{d}y=\frac{bh}{2}v_0 \tag{2-38}$$

（2）两平行平板既有相对运动，两端又存在压差时的流动。这是一种普遍情况，其速度和流量是以上两种情况的线性叠加，即

$$v=-\frac{h}{2\mu}(h-y)\,y\frac{\mathrm{d}p}{\mathrm{d}x}+\frac{v_0}{h}y \tag{2-39}$$

同样$\frac{\mathrm{d}p}{\mathrm{d}x}=(p_1-p_2)/l=-\Delta p/l$ 得

$$q = \frac{bh^3}{12\mu l} \Delta p \pm \frac{bh}{2} v_0 \tag{2-40}$$

式（2－38）和式（2－39）中正负号的确定，当长平板相对于短平板的运动方向和压差流动方向一致时，取“＋”号；反之取“－”号。此外，如果将泄漏所造成的功率损失写成：

$$P_1 = \Delta qp = \Delta p \left(\frac{bh^3}{12\mu l} \Delta p \pm \frac{bh}{2} v_0 \right) \tag{2-41}$$

由上式得出结论：缝隙 h 越小，泄漏功率损失也越小。但是 h 的减小会使液压元件中的摩擦功率损失增大，因而间隙 h 有一个使这两种功率损失之和达到最小的最佳值，而并不是越小越好。

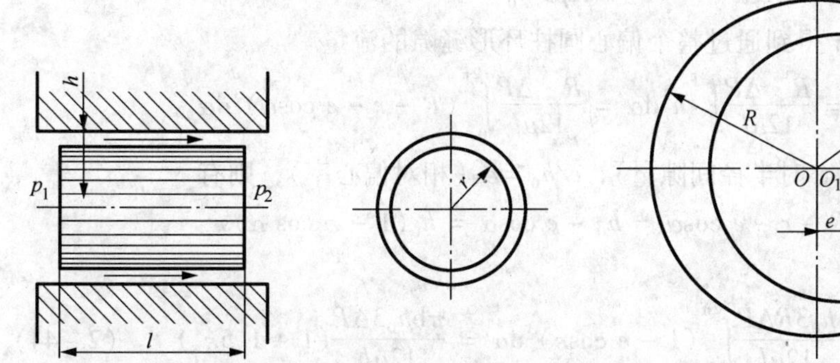

图 2－27　同心圆柱环形缝隙流动

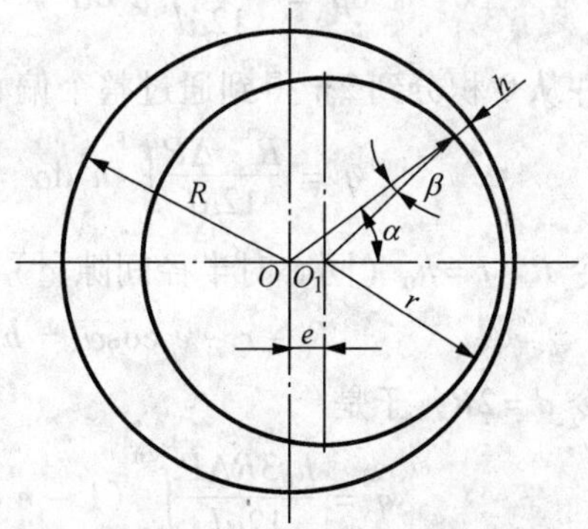

图 2－28　偏心圆柱环形缝隙流动

二、环形缝隙中的平行流动

环形缝隙流动分为圆柱环形缝隙流动、圆环缝隙流动和圆锥环形缝隙流动。

1. 圆柱环形缝隙中的平行流动

（1）同心圆柱环形缝隙中的平行流动。

如图 2－27 所示为同心圆柱环形缝隙中的平行流动，当 $h/r \ll 1$ 时，可以将圆柱环形缝隙近似地看作是平行平板缝隙，只要将 $b = \pi d$ 代入式（2－39），就可得到同心圆柱环形缝隙平行流动的流量公式

$$q = \frac{\pi \mathrm{b} h^3}{12\mu l} \Delta p \pm \frac{\pi \mathrm{b} h}{2} v_0 \tag{2-42}$$

该式中“＋”号和“－”号的确定同式（2－39）。

（2）偏心圆柱环形缝隙中的平行流动。

液压元件中经常出现偏心环状的情况，例如活塞与油缸不同心时就形成了偏心圆柱环形缝隙。

如图 2－28 所示为偏心圆柱环形缝隙的简图。孔半径为 R，其圆心为 O，轴半径为 r，其圆心为 O_1，偏心距 e，设半径在任一角度 α 时，两圆柱表面间隙为 h，

从图可看出

$$h = R - (r\cos\beta + e\cos\alpha)$$

因为β很小，$\cos\beta \to 1$，

所以

$$h = R - (r + e\cos\alpha) \tag{2-43}$$

在 $d\alpha$ 一个很小的角度范围内，通过缝隙的流量 dq 可应用平行平板缝隙流量公式（2-34）计算，即

$$q = \frac{h^3 b \Delta p}{12\mu l}$$

因为 b 相当于 $Rd\alpha$，于是得

$$dp = \frac{R \cdot \Delta P}{12\mu l} h^3 d\alpha = \frac{R \cdot \Delta P}{12\mu l}\int_0^{2\pi}[R - (r + e\cos\alpha)]^3 d\alpha$$

并从 0 积分到 2π 得到通过整个偏心圆柱环形缝隙的流量

$$q = \frac{R \cdot \Delta P}{12\mu l}\int_0^{2\pi} h^3 d\alpha = \frac{R \cdot \Delta P}{12\mu l}\int_0^{2\pi}(R - r - e\cos\alpha)^3 d\alpha$$

令 $R-r=h_0$（同心时半径间隙量），$e/h_0=\varepsilon$（相对偏心率），则有

$$R - r - e\cos\alpha = h_0 - e\cos\alpha = h_0(1 - \varepsilon\cos\alpha)s$$

令 $d=2R$，于是

$$q = \frac{h_0 3R\Delta P}{12\mu l}\int_0^{2\pi}(1 - e\cos\varepsilon)^3 d\alpha = \frac{\pi b h_0 3\Delta P}{12\mu l}(1 + 1.5\varepsilon^2) \tag{2-44}$$

由式（2-44）可以看出，当 $\varepsilon=0$ 即为同心圆柱环形缝隙。当 $\varepsilon=1$，即最大偏心 $e=h_0$ 时，其流量为同心时流量的 2.5 倍，这说明偏心对泄漏量的影响。所以对液压元件的同心度应有适当要求。

当内外圆柱表面有相对运动且又存在压差时，偏心圆柱环形缝隙的流量公式由式（2-42）和式（2-44）可得

$$q = \frac{\pi b {h_0}^3 \Delta p}{12\mu l}(1 + 1.5\varepsilon^2) \pm \frac{\pi b h_0}{2}u_0 \tag{2-45}$$

式中等号右边第一项为压差流动的流量，第二项为纯剪切流动的泄漏，当长圆柱表面相对短圆柱表面的运动方向与压差流动方向一致时取“+”号，反之取“-”号，当内外圆柱同心时，$\varepsilon=0$，即为式（2-42）。

2. 平面圆环缝隙的流动

如图 2-29 所示，两平行圆盘 A 和 B 之间的间隙为 h，液流由圆盘中心孔流入，在压差的作用下向四周径向流出。由于间隙很小，液流呈层流，因为流动是径向的，所以对称于中心轴线。柱塞泵的滑履与斜盘之间以及某些端面推力静压轴承均属这种情况。

在半径 r 处取宽度为 dr 的液层，将液层展开，可近似看作平行平板间的间隙流动，在 r 处的流速为 v_r，因此有

$$v_r = -\frac{1}{2\mu l}(h-y)y\frac{dp}{dy}$$

则

$$q = \int_0^h v_r 2\pi r dy = \int_0^h -\frac{1}{2\mu l}(h-y)y\frac{dp}{dr}2\pi r dy$$

$$= -\frac{2\pi r}{2\mu}\frac{dp}{dr}\int_0^h (h-y)dy = -\frac{\pi r h^3}{6\mu}\frac{dy}{dr}$$

所以
$$\frac{dp}{dr} = -\frac{6\mu p}{\pi r h^3}$$

对上式积分可得

$$p = -\frac{6\mu q}{\pi h^3}\ln r_2 + c$$

由边界条件：$r=r_2$时，$p=p_2$得

$$C = -\frac{6\mu q}{\pi h^3}\ln r_2 + p_2$$

代入上式，得到压力沿径向的分布规律。

$$p = \frac{6\mu q}{\pi h^3}\ln\frac{r_2}{r} + p_2 \tag{2-46}$$

当$r=r_1$时，$p=p_1$，则

$$\Delta p = p_1 - p_2 = \frac{6\mu q}{\pi h^3}\ln\frac{r_2}{r_1}$$

由上式可得流量为

$$q = \frac{\pi h^3 \Delta p}{6\mu \ln\frac{r_2}{r_1}} \tag{2-47}$$

作用于平面上的总液压力为

$$f = \pi r_1^2 p_1 + \int_{r_1}^{r_2} p_2 2\pi r dr$$

3. 圆锥环形缝隙中的平行流动

如图2-30所示为圆锥环形缝隙中的平行流动。若将这一间隙展开成平面，则是一个扇形，相当于平行圆盘间隙的一部分，所以可根据平面圆环缝隙流动的流量公式，导出这种流动的流量公式为

$$q = \frac{\pi h^3 \sin\alpha}{6\mu \ln\frac{r_2}{r_1}} \tag{2-48}$$

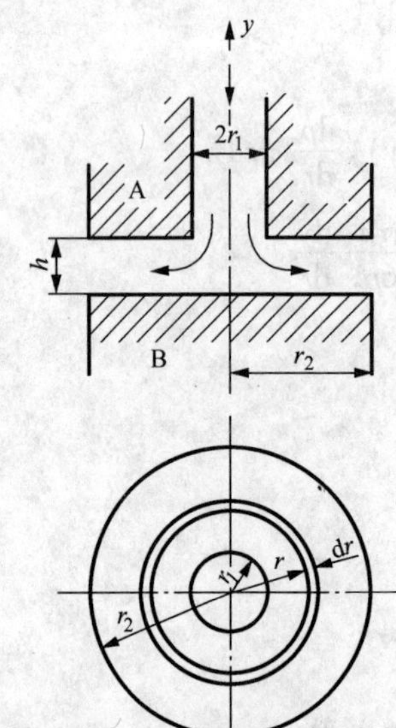

图 2－29　平面圆环缝隙的流动

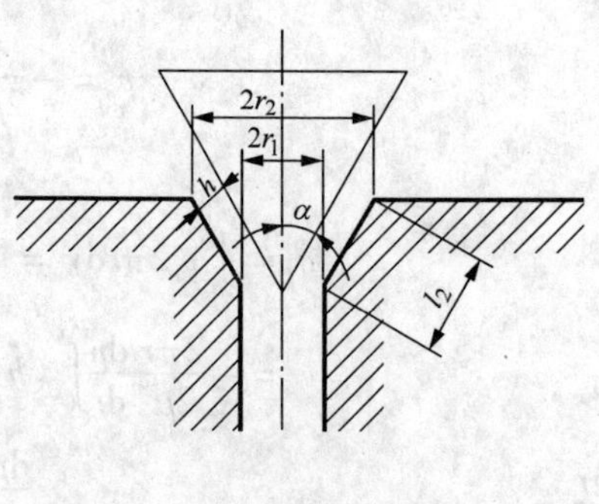

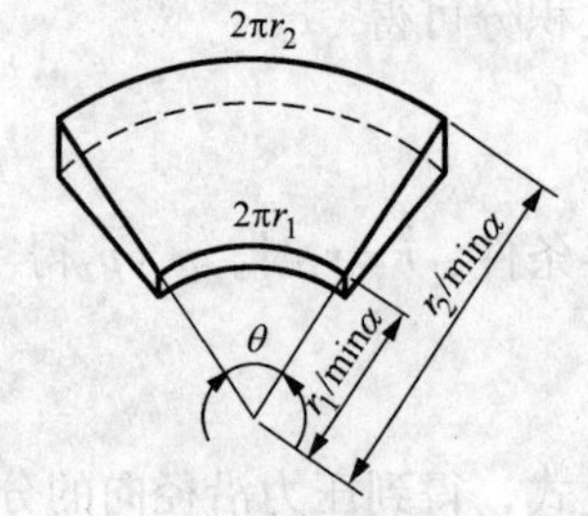

图 2－30　圆锥状环行间隙的流动

课后练习

一、填空题

1. 液体在外力作用下流动时，液层间作相对运动时产生内摩擦力的性质，称为＿＿＿＿＿＿。

2. 液压流动中，任意一点上的运动参数不随时间变化的流动状态称为定常流动，又称＿＿＿＿＿。

3. 理想液体的伯努利方程的表达式是＿＿＿＿＿＿，实际液体的伯努利方程的表达式是＿＿＿＿＿＿＿＿。

4. 液体在管道中存在两种流动状态，分别是＿＿＿和＿＿＿＿，液体的流动状态可用＿＿＿来判断。

5. 在研究流动液体时，把既＿＿＿＿＿又＿＿＿＿＿的液体称为理想流体。

6. 由于流体具有＿＿＿＿，液流在管道中流动需要损耗一部分能量，它由＿＿＿＿＿损失和＿＿＿＿＿损失两部分组成。

7. 液流流经薄壁小孔的流量与＿＿＿＿的一次方成正比，与＿＿＿＿＿＿成正比。通过薄壁小孔的流量对＿＿＿＿不敏感，因此薄壁小孔常用作可调节流阀。

8. 我国液压油的牌号是以＿＿＿℃ 时油液的平均＿＿＿黏度的大小来表示的。如 20 号机械油，表示其平均＿＿＿黏度在＿＿＿℃ 时为＿＿＿。

9. 液压油黏度因温度升高而＿＿＿，因压力增大而＿＿＿。（填升高或降低）

10. 动力黏度的物理意义是______________________________。

11. 运动黏度的定义是______________________。

二、单项填空题

1. 黏度指数高的液压油，表示该液压油______。

A）黏度较大；

B）黏度因压力变化而改变较大；

C）黏度因温度变化而改变较小；

D）黏度因温度变化而改变较大；

E）能与不同黏度的油液混合的程度。

2. 20℃时水的运动黏度为 $1\times10^{-6}\ \mathrm{m^2/s}$，密度 $\rho_{水}=1\ 000\ \mathrm{kg/m^3}$；20℃时空气的运动黏度为 $15\times10^{-6}\ \mathrm{m^2/s}$，密度 $\rho_{空气}=1.2\ \mathrm{kg/m^3}$；试比较水和空气的黏度______。

A）水的黏度比空气大　　B）空气的黏度比水大　　C）一样大

3. 某一液压系统中，在一个大气压时测定油中混入1%体积的空气，当系统压力增加至 50×10^5 Pa 时，液压油的等效体积弹性模量 K 将________。

A）增大　　B）减小　　C）基本不变

4. 某一液压系统中，在一个大气压时测定油中含有5%的溶解空气，如系统先采用放气和空载循环的方法来排除空气，然后再将压力上升至 50×10^5 Pa，液压油的等效体积弹性模量 K 将______。

A）增大　　B）减小　　C）基本不变

5. 某液压油的动力黏度为 $4.9\times10^9\ \mathrm{N\cdot s/m^2}$，密度为 $850\ \mathrm{kg/m^3}$，该液压油的运动黏度为________。

A）$v=5.765\times10^{-5}\ \mathrm{m^2/s}$　　B）$v=5.981\times10^{-5}\ \mathrm{m^2/s}$

C）$v=8.765\times10^{-5}\ \mathrm{m^2/s}$　　D）$v=14.55\times10^{-5}\ \mathrm{m^2/s}$

6. 有一液压缸，其缸筒内径 $d=2\times10^{-2}$ m，柱塞长度 $l=8\times10^{-2}$ m，二者的直径间隙 $d=15\times10^{-6}$ m，间隙内油的动力黏度 $u=3.92\times10^{-2}$ Pa·s。当柱塞与缸筒同心，试计算以 $v=1$ m/s 的速度移动时的黏性内摩擦力为____。

A）$F_\tau=56.32$ N　　B）$F_\tau=16.49$ N

C）$F_\tau=12.65$ N　　D）$F_\tau=26.29$ N

7. 某段钢管的直径为 40×10^{-3} m，长度为3 m。运动黏度为 $4\times10^{-6}\ \mathrm{m^2/s}$，重度为 $8\ 820\ \mathrm{N/m^3}$ 的液体，以400 L/min 的流量流过这段钢管，压力损失为____。

A）$\Delta p=1.201\times10^4$ Pa　　B）$\Delta p=3.152\times10^3$ Pa

C）$\Delta p=1.998\times10^4$ Pa　　D）$\Delta p=8.210\times10^2$ Pa

8. 选择液压油时，主要考虑油液的____。

A）密度　　B）颗粒度　　C）黏度　　D）颜色

9. 流量连续性方程是____在流体力学中的表达形式。

A）能量守恒定律　B）动量定理　C）质量守恒定律　D）其他

10. 伯努利方程是____在流体力学中的表达形式。

A）能量守恒定律　B）动量定理　C）质量守恒定律　D）其他

11. 液体流经薄壁小孔的流量与孔口面积的____和小孔前后压力差的____成正比。

A）一次方　B）1/2 次方　C）二次方　D）三次方

12. 200 cm^3的某液压油（密度$\rho=900\ kg/m^3$），在50℃时流过恩氏黏度计的时间$t_1=153$ s。同体积的蒸馏水，在20℃时流过恩氏黏度计的时间$t_2=51$ s。求该液压油在50℃时的恩氏黏度$°E_{50}$、运动黏度v和动力黏度μ各为多少？

三、计算题

1. 某液压油的运动黏度为20 cSt，其密度$\rho=900\ kg/m^3$，求该液压油的动力黏度μ和恩氏黏度$°E_t$各为多少？

2. 液体在光滑金属管道中流动，其流速$\upsilon=3$ m/s，管道内径$d=20$ mm，液体的运动黏度$v=30\times10^{-6}\ m^2/s$，试确定液体的流动状态，并计算液体通过管道的流量是多少？

3. 如图2-31所示，一具有一定真空度的容器用一根管子倒置于一液面与大气相通的水槽中，液体在管中上升的高度和$h=1$ m。设液体的密度$\rho=1\times10^4\ kg/m^3$，试求容器内的真空度。

4. 如图2-32所示，管路直径$d=15$ mm，油液密度$\rho=900\ kg/m^3$，运动黏度$v=20\times mm^2/s$，流速$\upsilon=5$ m/s，45°处的局部阻力系数$\zeta=0.3$，90°处的局部阻力系数$\zeta=2.12$，求液压泵至液压马达管路中的压力损失。

5. 如图2-33所示，液压泵的流量$q=25$ L/min，吸油管内径$d=25$ mm，吸油口距离液面的高度$H=400$ mm，液压油的运动黏度$v=20\ mm^2/s$，密度$\rho=900\ kg/m^3$，不计压力损失，试求液压泵吸油口处的真空度。

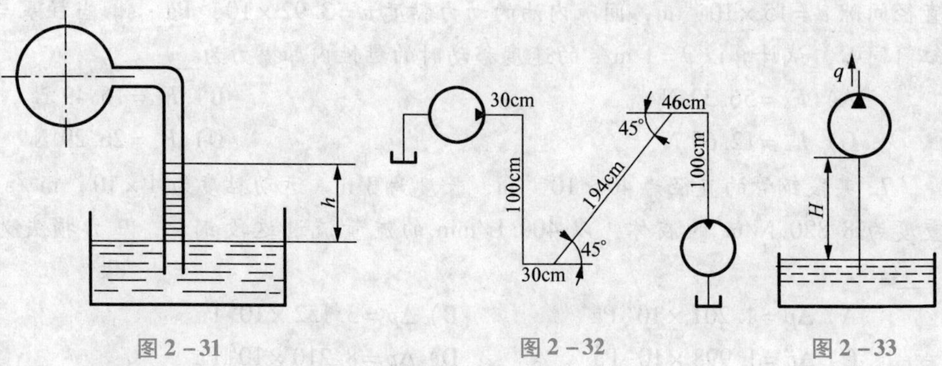

图2-31　　图2-32　　图2-33

项目三 液压泵和液压马达

学习目标

1. 掌握液压泵和液压马达的工作原理。
2. 掌握液压泵和液压马达主要性能参数的概念及计算。
3. 熟悉齿轮泵、叶片泵和柱塞泵的工作原理、结构特点以及配油方式。

课时分配 14 h

课题一 液压泵概述 2 h

课题二 齿轮泵 2 h

课题三 叶片泵 4 h

课题四 柱塞泵 2 h

课题五 液压泵的选用 2 h

课题六 液压马达 2 h

课题一 液压泵概述

液压泵是液压系统的动力元件，它将原动机（电动机或内燃机）的机械能转换为液压油的压力能，向系统提供具有一定压力的流量。

学习目标

1. 掌握液压泵的工作原理、特点和分类。
2. 熟悉液压泵主要性能参数的概念和计算。

知识学习

一、液压泵的工作原理和特点

1. 液压泵的工作原理

如图 3－1 所示为单柱塞液压泵的工作原理图，柱塞 2 装在泵体 3 中形成一个密封腔 a，柱塞 2 在弹簧 4 的作用下始终压紧在偏心轮 1 上，偏心轮 1 由原动机（电动机）驱动旋转，使柱塞 2 在泵体 3 内作往复运动，使密封腔 a 的容积大小发生周期性的交替变化。当密封腔 a 的容积由小变大形成局部真空时，油箱中的液压油在大气压力的作用下，通过吸油管顶开吸油单向阀 6 流入泵体 3 中密封腔 a，实现液压泵的吸油。当密封腔 a 的容积由大变小时，密封腔 a 中的液压油受到柱塞 2 挤压压力升高，使吸油单向阀 6 关闭，液压油顶开排油单向阀 5 输入

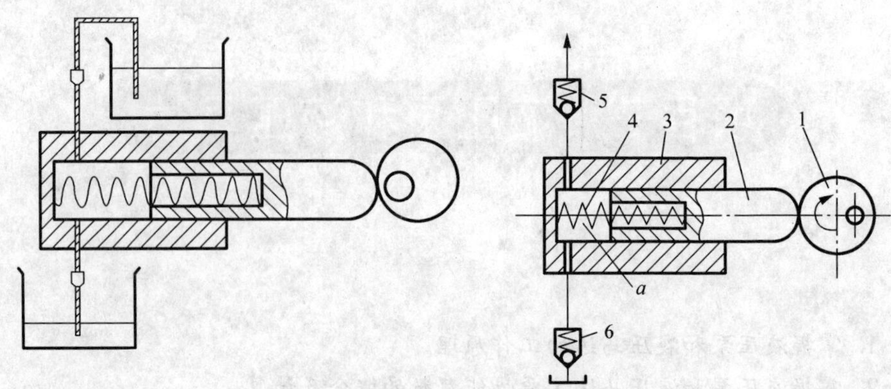

图 3-1　液压泵的工作原理图

1—偏心轮；2—柱塞；3—泵体；
4—弹簧；5—排油单向阀；6—吸油单向阀

泵体 3 外部的系统，实现液压泵的压油。偏心轮每转一周，液压泵吸、压油各一次。原动机驱动偏心轮不断旋转，液压泵就不断地吸油和压油，将原动机输入的机械能不断地转换成液压油的压力能输入系统。由此可见单柱塞液压泵是依靠密封容积变化来实现吸油和压油的，故又称为容积式液压泵。尽管液压泵的类型很多，但都是容积式液压泵。

2. 液压泵的特点

单柱塞式液压泵具有所有容积式液压泵的基本特点。

（1）具有一个或若干个周期性变化的密封容积。液压泵的输出流量与此密封容积在单位时间内的变化量成正比，这是容积式液压泵的一个重要特性。

（2）油箱必须与大气相通或采用密闭的充压油箱。这是容积式液压泵能够吸入油液的外部条件。为保证液压泵正常吸油，油箱内液压油的绝对压力必须恒等于或大于大气压力。

（3）具有相应的配油机构，将吸油腔和压油腔隔开，保证液压泵有规律的连续吸油和压油。液压泵的结构不同，配油机构也不相同。图 3-1 中的单向阀 5、6 就是配油机构。

二、液压泵的主要性能参数

1. 液压泵的压力

1）工作压力 p

液压泵实际工作时输出油液的压力称为液压泵的工作压力，其大小取决于负载的大小和排油管路上的压力损失，与液压泵的流量无关。

2）额定压力 p_n

液压泵在正常工作条件下，根据试验标准规定能连续长期运转的最高工作压力称为液压泵的额定压力。在液压泵产品样本或铭牌上标出的压力即为液压泵的额定压力，它受泵本身的结构强度、泄漏等因素的影响。

3）最高允许压力 p_{max}

在超过额定压力的条件下，根据试验标准规定，允许液压泵短暂运行的最高压力值，称为液压泵的最高允许压力。

2. 液压泵的排量和流量

1）排量 V

在不考虑泄漏损失的情况下，泵轴每转一周时所排出油液的体积称为液压泵的排量，单位为 m^3/r（米³/转）或 mL/r（毫升/转）。液压泵的排量一般可根据泵轴每转一周时密封腔容积的变化量来计算。

2）理论流量 q_t

在不考虑泄漏损失的情况下，液压泵单位时间内排出的油液体积称为液压泵的理论流量。显然，如果液压泵的排量为 V，主轴转速为 n，则该液压泵的理论流量 q_t 为

$$q_t = Vn \tag{3-1}$$

3）实际流量 q

在考虑泄漏损失的情况下，液压泵单位时间内实际排出的油液体积称为液压泵的实际流量。显然，液压泵的实际流量等于理论流量 q_t 减去泄漏流量 Δq，即

$$q = q_t - \Delta q \tag{3-2}$$

4）额定流量 q_n

液压泵在额定压力和额定转速下工作时，单位时间内实际排出的油液体积称为液压泵的额定流量。在液压泵产品样本或铭牌上标出的流量即为液压泵的额定流量。

理论流量 q_t、实际流量 q 以及额定流量 q_n 常用的单位为 m^3/s（米³/秒）或 mL/ min（毫升/分钟）。

3. 液压泵的功率和效率

1）液压泵的功率

液压泵由原动机驱动，输入的是机械能，表现为转矩 T 和转速 n（或角速度 ω）；输出的是油液的压力能，表现为油液的压力 p 和流量 q。如果不考虑液压泵在能量转换过程中的损失，液压泵的输出功率等于输入功率。

（1）实际输入功率 P_i。

液压泵的输入功率是指液压泵在实际工作时，作用在液压泵主轴上的机械功率，当实际输入转矩为 T_i，转速为 n，角速度为 ω 时，有

$$P_i = \omega T_i = 2\pi n T_i \tag{3-3}$$

（2）实际输出功率 P。

液压泵的输出功率是指液压泵在实际工作过程中的工作压力 p 和实际输出流量 q 的乘积，即

$$P = pq \tag{3-4}$$

(3) 理论功率 P_t。

不考虑泵在能量转换过程中的损失时，液压泵的输出功率或输入功率，都称为液压泵的理论功率，即

$$P_t = \omega T_t = 2\pi n T_t = pq_t \tag{3-5}$$

式中：T_t——液压泵的理论输入转矩。

液压泵的输入功率 P_i、输出功率 P 和理论功率 P_t的法定单位为 W（瓦特）。

2）液压泵的功率损失

液压泵的功率损失包括容积损失和机械损失两部分。

(1) 容积损失。

容积损失是指液压泵在流量上的损失。由于液压泵内部高压腔的泄漏，吸油过程中吸油阻力太大、油液黏度太大、泵轴转速太高等原因而导致油液不能全部充满液压泵的密封工作腔，所以液压泵的实际流量总是小于理论流量。

液压泵的容积损失大小用 η_V 表示，容积效率等于液压泵的实际流量 q 和理论流量 q_t的比值，即

$$\eta_V = \frac{q}{q_t} = \frac{q_t - \Delta q}{q_t} = 1 - \frac{\Delta q}{q_t} \tag{3-6}$$

因此，液压泵的实际流量 q 为

$$q = q_t \eta_V = Vn\eta_V \tag{3-7}$$

式中：V——液压泵的排量；

n——液压泵的转速。

液压泵的容积效率随着液压泵工作压力的增大而减小，而且随着液压泵的结构类型不同而异，但恒小于1。

(2) 机械损失。

机械损失是指液压泵在转矩上的损失。由于液压泵泵体内相对运动的部件之间因机械摩擦而引起转矩损失，所以液压泵的实际输入转矩 T 总是大于理论输入转矩 T_t。

液压泵的机械损失大小用机械效率 η_m表示，机械效率等于液压泵的理论输入转矩 T_t与实际输入转矩 T_i的比值，即

$$\eta_m = \frac{T_t}{T_i} = \frac{pV}{2\pi T_i} \tag{3-8}$$

3）液压泵的总效率 η

由于液压泵存在泄漏和机械摩擦，泵在能量转换过程中有能量损失，所以液压泵输出功率小于输入功率，两者的差值即为功率损失。

液压泵的总效率 η 是指液压泵的实际输出功率 P 与实际输入功率 P_i的比值，即

$$\eta = \frac{P}{P_i} = \frac{pq}{2\pi n T_i} = \frac{pq_t \eta_V}{2\pi n \dfrac{T_t}{\eta_m}} = \frac{pq_t}{2\pi n T_t}\eta_V \eta_m = \eta_V \eta_m \qquad (3-9)$$

由式（3-9）可知，液压泵的总效率也等于其容积效率与机械效率的乘积。液压泵的各个参数和工作压力之间的关系如图 3-2 所示。

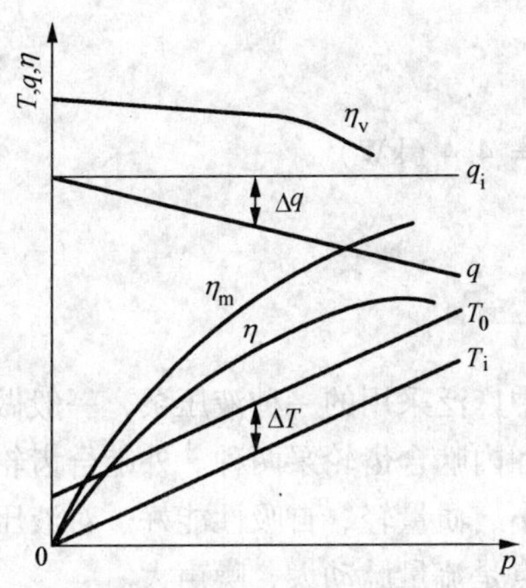

图 3-2　液压泵特性曲线

三、液压泵的分类

液压泵的种类很多，按其结构形式可分为齿轮泵、叶片泵、柱塞泵以及螺杆泵等；按其输出流量是否可调分为定量泵和变量泵；按其输油方向能否改变分为单向泵和双向泵；按其工作压力的不同分为低压泵、中压泵、中高压泵和高压泵。

常用液压泵的图形符号如图 3-3 所示。

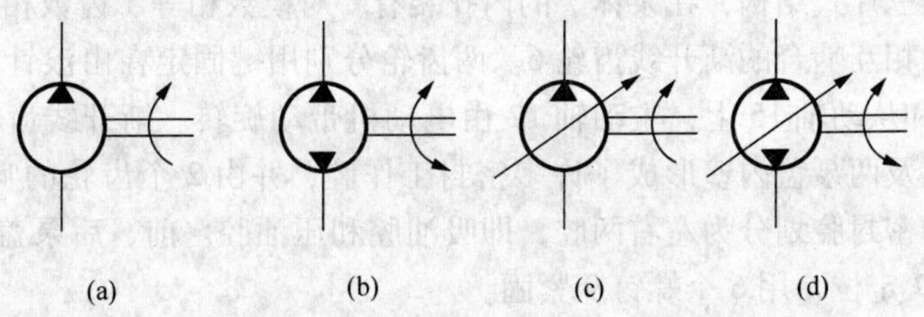

图 3-3　常用液压泵的图形符号

（a）单向定量泵；（b）双向定量泵；（c）单向变量泵；（d）双向变量泵

【例 3-1】　某液压泵的排量 $V = 17.24 \times 10^{-6}\ \mathrm{m^3/r}$，转速 $n = 1\ 450\ \mathrm{r/min}$，容积效率 $\eta_V = 0.95$，总效率 $\eta = 0.90$，试求泵的理论流量 q_t、实际流量 q 以及在工作压力 $p = 10\ \mathrm{MPa}$ 时，泵的输出功率 P 和输入功率 P_i 各为多大？

解：泵的理论流量

$$q_t = Vn = 17.24 \times 10^{-6} \div 60 \times 1\ 450\ (\mathrm{m^3/s}) = 416.69 \times 10^{-6}\ (\mathrm{m^3/s})$$

泵的实际流量

$$q = q_t\eta_V = 416.69\times10^{-6}\times0.95 = 395.86\times10^{-6}\ (m^3/s)$$

泵的输出功率

$$P = pq = 10\times10^6\times395.86\times10^{-6}\ W = 3\ 958.6\ (W) = 3.96\ (kW)$$

泵的输入功率

$$\because \eta = \frac{P}{P_i}$$

$$\therefore P_i = \frac{P}{\eta} = \frac{3.96}{0.90} = 4.4\ (kW)$$

课题二　齿轮泵

齿轮泵是液压系统中广泛采用的一种液压泵，一般做成定量泵，按结构形式不同分为外啮合齿轮泵和内啮合齿轮泵两种。外啮合齿轮泵由于结构简单、制造方便、价格低廉、体积小、质量轻、自吸性能好、对液压油污染不敏感，工作可靠，应用最广。但其缺点是流量脉动大、噪声大。

学习目标

1. 掌握外啮合齿轮泵的结构特点和工作原理。
2. 了解内啮合齿轮泵的基本知识。

知识学习

一、外啮合齿轮泵

1. 外啮合齿轮泵的结构

如图 3－4 所示为 CB-B 齿轮泵的结构。它是由泵体 7、前泵盖 8 和后泵盖 4 组成的分离三片式结构，在泵体 7 的内孔装有一对模数相等、齿数相等、宽度和泵体相同的相互啮合的渐开线齿轮 6。两齿轮分别用键固定在由滚针轴承支承的主动轴 12 和从动轴 15 上，主动轴 12 由电动机带动旋转。渐开线齿轮 6 的轮齿槽与泵体以及两泵盖内壁形成了许多密封工作腔，并由 2 个齿轮的啮合面把进、出油口处的密封腔划分为左右两腔，即吸油腔和压油腔。前、后泵盖和泵体用 2 个定位销 17 定位，用 6 个螺钉 9 紧固。

2. 外啮合齿轮泵的工作原理

外啮合齿轮泵的工作原理如图 3－5 所示。当齿轮按图示箭头方向旋转时，右侧吸油腔内的轮齿逐渐脱开啮合，使该腔的容积逐渐增大，形成局部真空，油箱中的液压油在大气压的作用下，经吸油管进入右腔吸油腔，补充增大的容积，将齿间槽充满。随着齿轮的旋转，吸入轮齿齿间的油液被带到左侧压油腔。轮齿在左侧逐渐进入啮合，使密封工作腔容积逐渐减小，齿间油液被挤出，使左腔压油腔油压升高，油液从压油腔输出，经管道进入系统，形成了齿轮泵的压油过

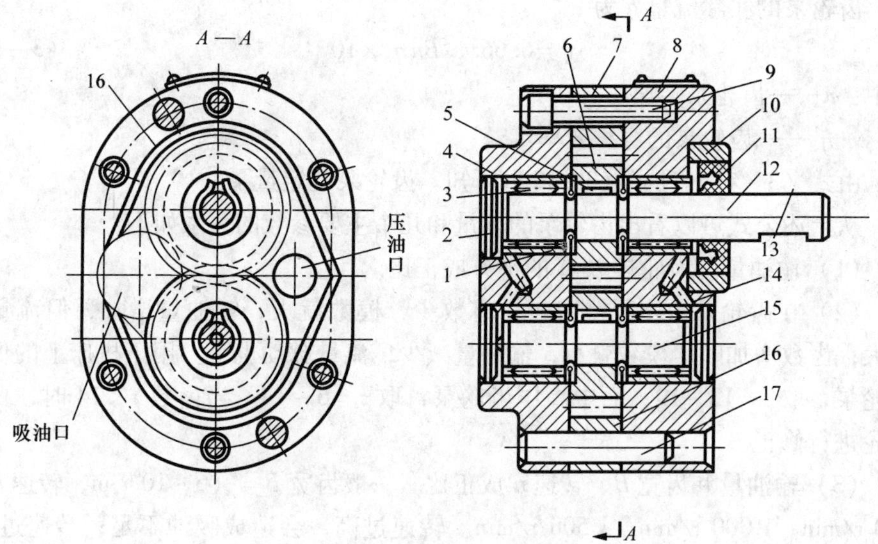

图 3-4　CB-B 齿轮泵的结构

1—轴承外环；2—堵头；3—滚子；4—后泵盖；5—键；
6—齿轮；7—泵体；8—前泵盖；9—螺钉；10—压环；
11—密封环；12—主动轴；13—键；14—泄油孔；
15—从动轴；16—泻油槽；17—定位销

程。泵轴每转一周，每个密封工作腔吸、压油各一次。传动轴带动两齿轮连续转动，齿轮泵的吸、压油口便连续不断的吸油和压油。

3. 外啮合齿轮泵的排量和流量

齿轮泵的排量 V 相当于一对齿轮所有齿槽容积之和。假如齿槽容积大致等于轮齿的体积，那么齿轮泵的排量就等于一个齿轮的齿槽容积和轮齿体积的总和，即相当于以有效齿高（$h=2\ \mathrm{m}$）和齿宽构成的平面所扫过的环形体积，即

$$V=\pi DhB=2\pi zm^2B \quad (3-10)$$

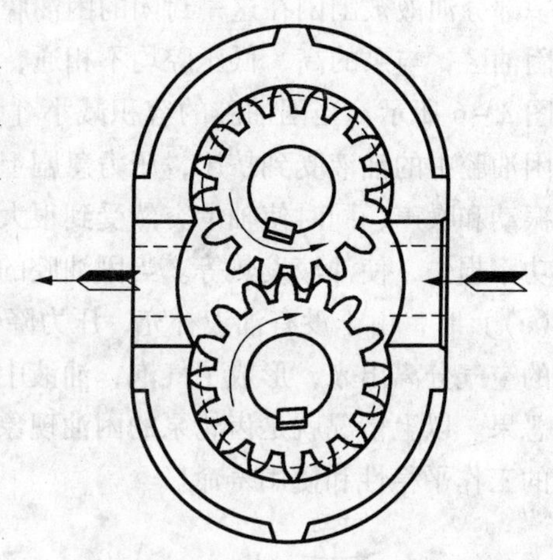
图 3-5　外啮合齿轮泵的工作原理

式中：D——齿轮分度圆直径，$D=\mathrm{m}z$；

h——有效齿高，$h=2\ \mathrm{m}$；

B——齿宽；

m——齿轮模数（cm）；

z——齿轮齿数。

实际上齿槽的容积要比轮齿的体积稍大，故上式中的 π 常以 3.33 代替，则式（3-10）可写成

$$V=6.66zm^2B \quad (3-11)$$

齿轮泵的实际流量 q 为

$$q=6.66zm^2Bn\eta_v\times10^{-3} \tag{3-12}$$

式中：n——齿轮泵转速；

η_v——齿轮泵的容积效率。

由式（3－11）和式（3－12）可知，齿轮泵是定量泵。

从上述公式可以看出齿轮泵的流量和几个主要参数的关系如下：

（1）输油量与齿轮模数 m 的平方成正比。

（2）在齿轮泵的体积一定时，齿数少，模数就大，输油量增加，但流量脉动大；齿数增加时，模数就小，输油量减少，流量脉动也小。用于机床上的低压齿轮泵，取 $z=13\sim19$；而中高压齿轮泵，取 $z=6\sim14$。当齿数 $z<14$ 时，要对齿轮进行修正。

（3）输油量和齿宽 B、转速 n 成正比。一般齿宽 $B=(6\sim10)$ m，转速 n 为 750 r/min、1 000 r/min、1 500 r/min。转速过高，会造成吸油不足；转速过低，齿轮泵不能正常工作。一般齿轮的最大圆周速度不应大于 5～6 m/s。

4. 外啮合齿轮泵结构上存在的问题

1）齿轮泵的困油问题

为了保证齿轮泵能连续平稳地供油，要求齿轮啮合的重叠系数 ε 必须大于1，也就是当前一对齿轮尚未脱开啮合时，后一对齿轮已进入啮合，这样在同时处于啮合状态的两对轮齿之间形成了一个封闭的容腔，称为困油腔。因此，就有一部分油液被围困在这一封闭的困油腔中〔如图3－6（a）所示〕。困油腔又称困油区，与泵的高、低压腔均不相通，并且随齿轮的转动容积大小发生变化，如图3－6所示。当困油腔的容积减小〔由图3－6（a）过渡到图3－6（b）〕时，困油腔中的油液受到挤压，压力急剧上升，从一切可能泄漏的缝隙中挤出，产生振动和噪声，同时使轴承突然受到很大的冲击载荷，降低其使用寿命，并且造成功率损失，使油液发热等。当困油腔的容积增大〔由图3－6（b）过渡到图3－6（c）〕时，由于没有油液补充，压力降低，形成局部真空，使原来溶解于油液中的空气分离出来，形成了气泡，油液中产生气泡后，会引起噪声、气蚀等一系列恶果。以上情况就是齿轮泵的困油现象。这种困油现象极为严重地影响着齿轮泵的工作平稳性和使用寿命。

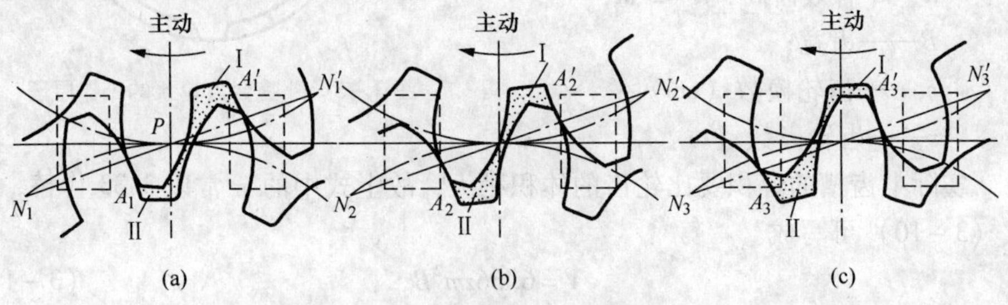

图3－6　齿轮泵的困油现象

困油现象产生的原因是由于封闭困油腔的容积发生变化时，液压油无法及时排出或补充而引起的。为了消除困油现象，在CB-B型齿轮泵的前泵盖和后泵盖上都铣出两个困油卸荷槽，如图3－7所示。卸荷槽的作用为当困油腔容积减小时，通过一个卸荷槽使困油腔与压油腔相通；而当困油腔容积增大时，通过另一个卸荷槽使困油腔与吸油腔相通，实现补油。两卸荷槽之间的距离为 a，必须保证压油腔和吸油腔互不相通。

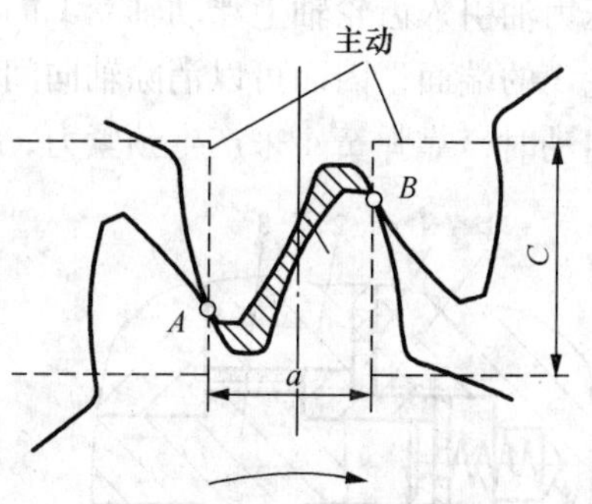

图3－7　齿轮泵的困油卸荷槽

2）齿轮泵的径向不平衡力问题

齿轮泵工作时，在齿顶圆和泵体内表面之间的径向间隙中，油液作用在齿轮外缘上的液压力是不均匀的，从吸油腔到压油腔，液压力沿齿轮旋转方向逐齿递增，因此使齿轮、传动轴和轴承受到径向不平衡力的作用。如图3－8所示，泵的右侧为吸油腔，左侧为压油腔。液压力越高，径向不平衡力就越大。严重时，能使齿轮轴变形，泵体吸油口一侧被轮齿刮伤，同时加速了轴承的磨损，降低了轴承的使用寿命。

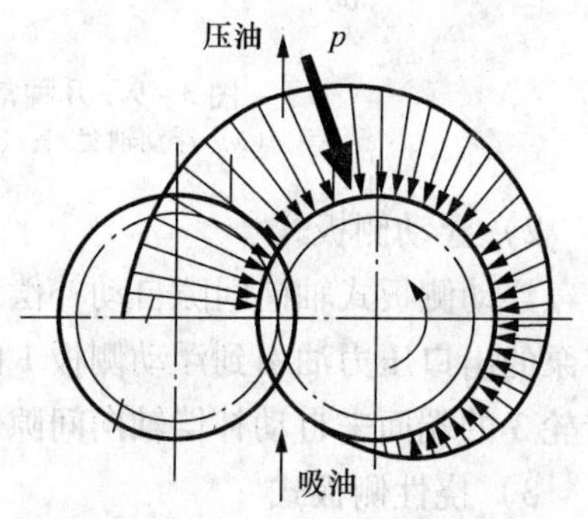

图3－8　齿轮泵的径向不平衡力

为了减小或消除径向不平衡力，常用方法是缩小压油口尺寸，使压力油仅作用一个齿到两个齿的范围内。有些高压齿轮泵，还采用在泵盖上开设压力平衡槽的办法来消除径向不平衡力。

3）齿轮泵的泄漏

齿轮泵压油腔的压力油向吸油腔泄漏有3条途径：一是通过齿轮啮合处的间隙；二是通过泵体内孔和齿顶间的径向间隙；三是通过齿轮两端面和两泵盖间的轴向间隙。其中轴向间隙的泄漏量最大，占总泄漏量的75%～80%，而且齿轮泵的工作压力越高，泄漏就越大，容积效率较低。一般齿轮泵只适用于低压场合。

5. 高压齿轮泵的特点

一般齿轮泵由于泄漏大，且存在径向不平衡力，故压力不易提高。高压齿轮泵主要是针对上述问题采取了一些措施，如尽量减小径向不平衡力，提高轴与轴承的刚度，在泵的前、后泵盖和增设补偿装置，实现轴向间隙的自动补偿，减小轴向间隙的泄漏。下面简单介绍几种轴向间隙的自动补偿装置。

1）浮动轴套式

如图3－9（a）所示为浮动轴套式的轴向间隙自动补偿装置。它将泵的出口压力油引入齿轮轴上浮动轴套1的外侧A腔，在油液压力作用下，使轴套紧贴齿轮3的端面，因而可以消除轴向间隙并可补偿齿轮端面和轴套间的磨损量。在泵启动时，靠弹簧4来产生预紧力，保证了轴向间隙的密封。

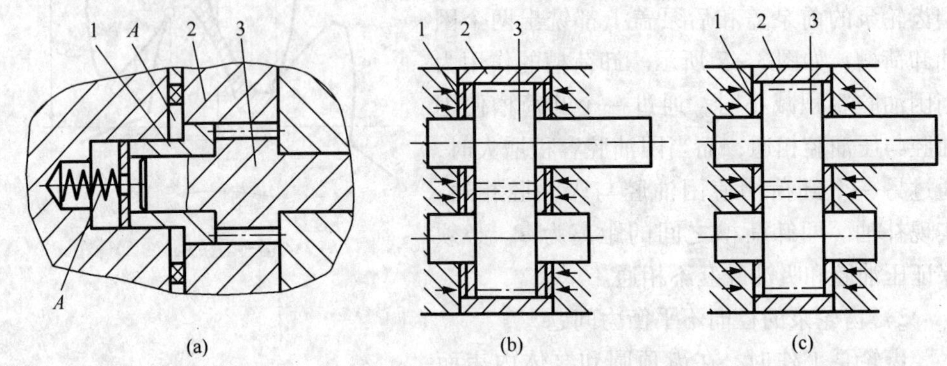

图3-9　几种常用的轴向间隙自动补偿装置
（a）浮动轴套式；（b）浮动侧板式；（c）挠性侧板式

2）浮动侧板式

浮动侧板式轴向间隙自动补偿装置的工作原理与浮动轴套式基本相似，也是将泵的出口压力油引到浮动侧板1的背面〔如图3-9（b）所示〕，使之紧贴于齿轮3的端面来自动补偿轴向间隙。启动时，浮动侧板靠密封圈来产生预紧力。

3）挠性侧板式

如图3-9（c）所示为挠性侧板式轴向间隙自动补偿装置，该装置将泵的出口压力油引到侧板1的背面后，靠侧板自身的变形来补偿齿轮2端面的轴向间隙，侧板的厚度较薄，内侧面要耐磨（如烧结有0.5~0.7 mm的磷青铜），这种结构采取一定措施后，易使侧板外侧面的压力分布和齿轮端面的压力分布相适应。

二、内啮合齿轮泵

内啮合齿轮泵主要有渐开线内啮合齿轮泵和摆线内啮合齿轮泵两种，其工作原理如图3-10所示，也是利用齿间密封容积变化实现吸、压油。

1. 渐开线内啮合齿轮泵

渐开线内啮合齿轮泵由小齿轮、内齿环、月牙形隔板等组成。当主动轮小齿轮带动内齿环绕各自的中心同方向旋转时，左半部轮齿退出啮合，容积增大，形成真空，进行吸油。进入齿槽的油液被带到压油腔，右半部轮齿进入啮合，容积减小，从压油口压油。在小齿轮和内齿环之间要装一块月牙形隔板，以便将吸、压油腔隔开。

2. 摆线内啮合齿轮泵

摆线内啮合齿轮泵又称摆线，它由配油盘（前、后泵盖）、外转子（从动轮）和偏心安置在泵体内的内转子（主动轮）等组成。内、外转子相差一齿，图3－10（b）中内转子为六齿，外转子为七齿。泵工作时，内转子带动外转子同向旋转，所有内转子的齿都进入啮合，形成若干个密封腔。随着内外转子的啮合旋转，各密封腔容积发生变化，实现吸油和压油。

内啮合齿轮泵的优点是结构紧凑，尺寸小，质量轻，使用寿命长，压力脉动和噪声都较小；它们的缺点是齿形复杂，加工精度要求高，造价较贵。现在采用粉末冶金工艺压制成型，成本降低，应用得到发展。

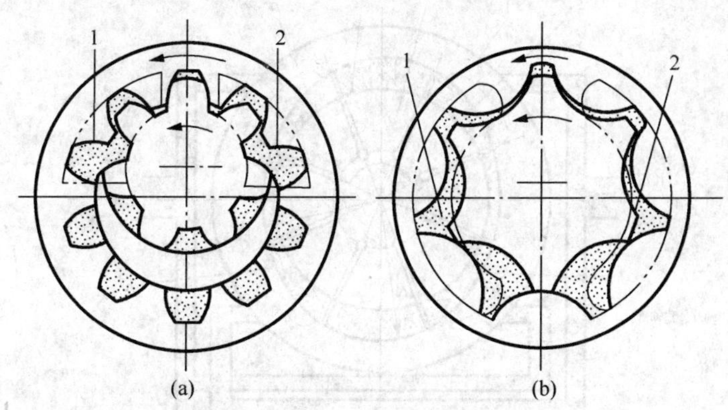

图3－10　内啮合齿轮泵的工作原理图

（a）渐开线内啮合齿轮泵；（b）摆线内啮合齿轮泵
1—吸油腔；2—压油腔

课题三　叶片泵

叶片泵在中、低压液压传动系统中应用广泛，具有结构紧凑、运转平稳、噪声小、输油均匀、使用寿命长等优点，但结构复杂、吸油特性差、对油液的污染敏感。根据工作原理的不同，叶片泵可分为单作用叶片泵和双作用叶片泵；根据输出流量是否可变；叶片泵可分为定量叶片泵和变量叶片泵

学习目标

1. 掌握双作用叶片泵的工作原理和结构特点。
2. 掌握单作用叶片泵的工作原理和结构特点。

知识学习

一、双作用叶片泵

1. 工作原理

如图3－11所示为双作用叶片泵的工作原理，该泵由定子1、转子2、叶片3、配流盘和泵体等组成。定子1与泵体固定在一起并和转子2同心安装。定子1内表明形似椭圆形，由两段大半径 R 圆弧、两段小半径 r 圆弧和4段过渡曲线共

8 个部分组成。在转子 2 上沿圆周均布的若干个径向槽内分别安放有叶片 3，这些叶片可沿径向槽做径向滑动。转子径向槽的底部通过配流盘上的油槽（图中未表示出来）与压油窗口相通。定子内表面、转子外表面、可滑动叶片、配流盘构成多个容积可变的密封工作腔。在配流盘上，对应于定子 4 段过渡曲线的位置开设 4 个配油窗口，其中两个窗口 a 与吸油口连通，称为吸油窗口；另外两个窗口 b 与压油口连通，称为压油窗口。

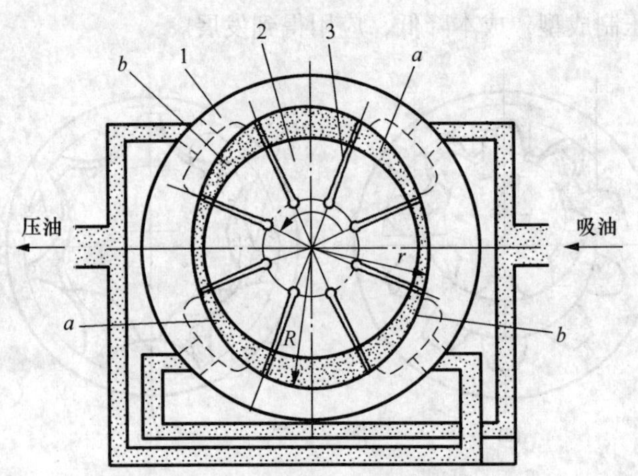

图 3－11　双作用叶片泵的工作原理

1—定子；2—转子；3—叶片

当转子由泵轴带动按逆时针方向旋转时，叶片在离心力和根部油压的作用下压向定子内表面，并随定子内表面曲线的变化而被迫在转子径向槽中往复滑动。于是，相邻两叶片间的密封腔容积就发生增大或减小的变化，经过吸油窗口 a 处时容积增大，通过吸油窗口 a 吸油；经过压油窗口 b 处时容积减小，通过压油窗口 b 压油。转子每转一周，每个叶片在径向槽中往复滑动两次，每个密封腔完成两次吸油和两次压油，所以称这种泵为双作用叶片泵。又因为泵的两个吸油区和两个压油区是径向对称分布的，作用在转子和轴承上的径向液压力互相平衡，所以又称这种泵为平衡式叶片泵，因而双作用叶片泵可承受的工作压力比普通齿轮泵高。这种泵的排量不可调节，是定量泵。

2. 排量和流量

1）排量

由双作用叶片泵的工作原理可知，泵每转一周，相邻两叶片间密封腔油液的排出量等于大半径 R 圆弧段的容积和小半径 r 圆弧段的容积之差。若叶片数为 z，则泵轴每转的排油量应等于上述容积差的 $2z$ 倍，双作用叶片泵的排量为

$$V = 2B\left[\pi(R^2 - r^2) - \frac{(R - r)\delta z}{\cos\theta}\right] \tag{3-13}$$

式中：R——定子内表面大圆弧半径；

r——定子内表面小圆弧半径；

B——叶片宽度；

δ——叶片厚度；

θ——叶片前倾安放角；

z——叶片数。

双作用叶片泵的流量脉动较小，流量脉动率在叶片数为 4 的倍数、且大于 8 时最小，故双作用叶片泵一般叶片数为 $z=12$ 或者 $z=16$。

2）实际流量

双作用叶片泵的实际输出流量公式为

$$q = Vn\eta_V = 2B\left[\pi(R^2 - r^2) - \frac{(R-r)\delta z}{\cos\theta}\right]n\eta_V \tag{3-14}$$

式中：n——泵的转速；

η_V——泵的容积效率。

由式（3－13）和式（3－14）可知，双作用叶片泵是定量泵。

3. 定子曲线

双作用叶片泵的定子曲线直接影响泵的性能，如流量均匀性、噪声以及磨损等。过渡曲线应保证叶片贴紧在定子内表面上，保证叶片在转子径向槽中径向运动时速度和加速度的变化均匀，使叶片对定子内表面的冲击尽可能小。目前双作用叶片泵一般都采用综合性能较好的等加速等减速曲线作为过渡曲线。

4. YB1 型双作用叶片泵的结构特点

YB1 型双作用叶片泵是在 YB 型叶片泵基础上改进设计而成的。YB1 型叶片泵的结构如图 3－12 所示，由前泵体 7、后泵体 6、左、右配油盘 1 和 5、定子 4、转子 12、叶片 11 和传动轴 3 等组成。左右配油盘、定子、转子和叶片预先组装成一体，再装入泵体内。组装部件用两个螺钉紧固并提供轴向间隙预紧，以确保液压泵启动后建立压力。转子上开设有 12 条叶片槽，槽底经环形槽与压油腔相通，叶片可在槽中滑动。传动轴靠向心球轴承支承，密封圈用以防止油液泄漏和空气渗入。

YB1 型双作用叶片泵的结构特点如下。

1）定子过渡曲线

目前，YB1 型双作用叶片泵一般都采用综合性能较好的等加速等减速曲线作为定子内表面曲线中的过渡曲线。

2）叶片倾角 θ

叶片在工作过程中，受离心力和叶片根部压力油的作用，使叶片和定子紧密接触。为使叶片能在槽中滑动灵活而不致于因摩擦力过大等被卡住甚至折断，叶片不能径向安装，而是将叶片相对转子旋转方向向前倾斜一角度 θ 安装，常取 $\theta=15°$。

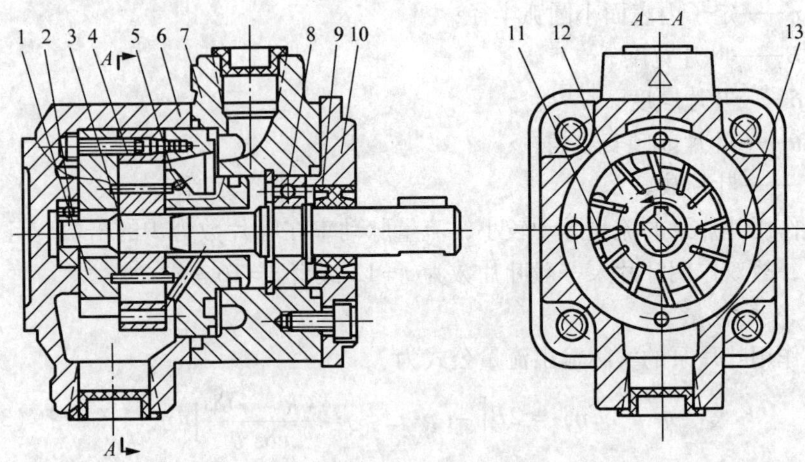

图 3-12 YB1 型双作用叶片泵的结构

1—左配油盘；2、8—向心球轴承；3—传动轴；4—定子；
5—右配油盘；6—后泵体；7—前泵体；9—密封圈；
10—端盖；11—叶片；12—转子；13—螺钉

3）配油盘的三角槽

在 YB1 型叶片泵配流盘的压油窗口靠叶片从封油区（吸油窗口和压油窗口之间的区域）进入压油区的一边开有一个截面形状为三角形的三角槽，使两叶片之间的封闭油液在未进入压油区前就通过该三角槽与压力油相通，使其油压逐渐上升，减小了密封腔中油压的突变和噪声，所以该三角槽又称为卸荷槽。

YB1 型叶片泵的噪声较低，容积效率较高，使用寿命长，装配维修使用方便。

5. 高压叶片泵的结构特点

由于一般双作用叶片泵的叶片底部通压油腔，使得处于吸油区的叶片顶部和根部的液压力不平衡，这时叶片的顶部是低压油，而底部是高压油。叶片顶部以很大的力压向定子的内表面，加速了定子内表面的磨损，影响泵的使用寿命和额定压力的提高。当提高泵的工作压力时，必须在结构上采取措施，使吸油区叶片压向定子的作用力减小。下面介绍几种高压叶片泵常采用的叶片结构。

1）双叶片结构

如图 3-13 所示，在转子的每一个槽内装有两片叶片，叶片的顶端和两侧面倒角构成了 V 形通道，使根部高压油经过通道进入顶部，这样叶片顶部和根部油液压力相等，但承压面积不相等，从而使叶片压向定子的作用力不致过大。

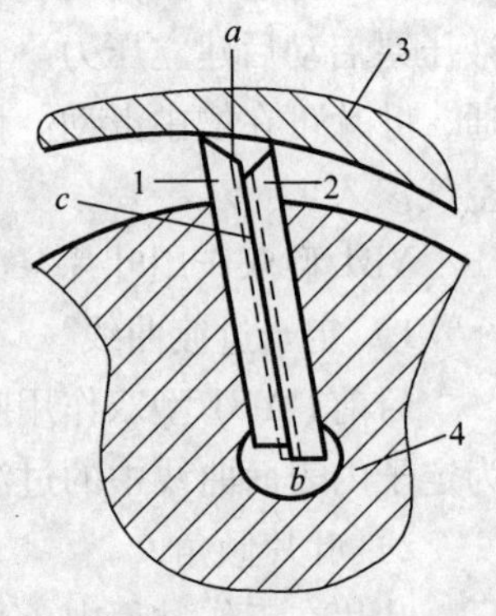

图 3-13 双叶片结构

1，2—叶片；3—定子；4—转子

2）子母叶片结构

子母叶片又称复合叶片，如图 3－14 所示。母叶片 1 根部的 L 腔经转子 3 上的油孔始终和顶部油腔相通，而子叶片 2 和母叶片 1 间的小腔 C 通过配油盘经 K 槽总是接通高压油。当叶片在吸油区工作时，推动子叶片 2 压向定子 4 的力仅为小腔 C 的油液压力，此力不大，但能使叶片与定子接触良好，保证密封。

3）叶片根部装弹簧结构

如图 3－15 所示为叶片根部装弹簧的结构。这种结构的叶片较厚，顶部与底部有孔相通，叶片根部的油液是由叶片顶部经叶片的孔引入的，因此叶片上、下油腔油液的作用力基本平衡。为使叶片紧贴定子内表面，保证密封，在叶片根部装有弹簧。

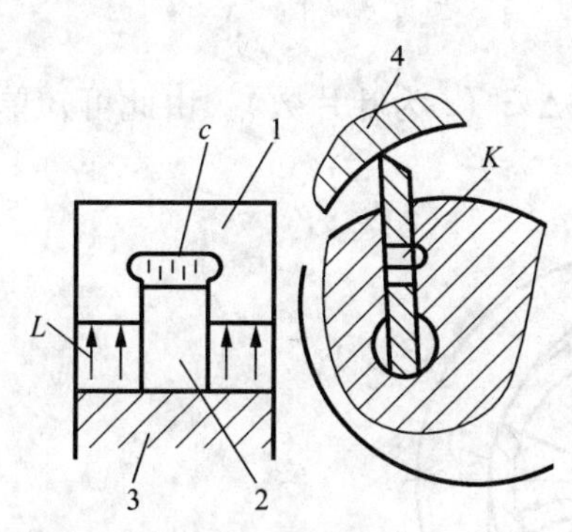

图 3－14　子母叶片结构

1—母叶片；2—子叶片；3—转子；4—定子

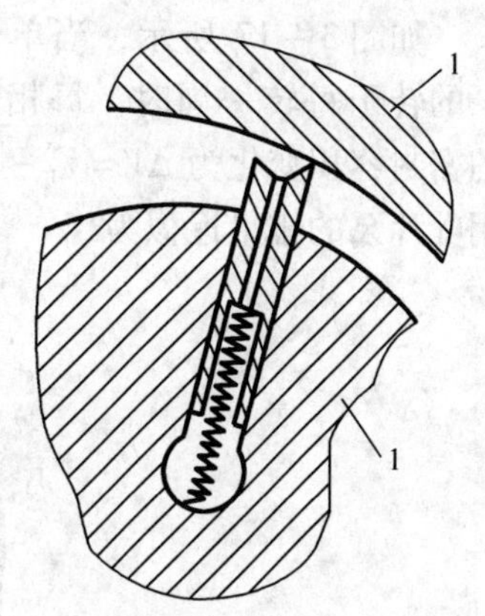

图 3－15　叶片根部装弹簧结构

1—定子；2—转子

二、单作用叶片泵

1. 工作原理

单作用叶片泵的工作原理如图 3－16 所示，该泵由转子 1、定子 2、叶片 3、配油盘、泵体等组成。定子的内表面为圆柱形，转子和定子之间具有偏心距 e。转子上开有均匀分布的径向槽，叶片后倾一个角度安装在转子的槽内并可灵活滑动，在转子转动时的离心力以及通入叶片根部高压油的作用下，叶片顶部贴紧在定子内表面，于是两个相邻叶片、配油盘、定子和转子间，便形成了与叶片的数量 z 相同的 z 个密封工作腔。当转子按图示方向旋转时，右侧的叶片向外伸出，密封工作腔容积逐渐增大，通过配流盘上的吸油窗口吸油。而图中左侧的叶片向里缩进，密封工作腔的容积逐渐减小，通过压油窗口将油液压出。转子每转一转，每个叶片在径向槽中往复滑动一次，每相邻两叶片间的密封工作腔只实现一次吸油和一次压油，故称这种泵为单作用叶片泵。

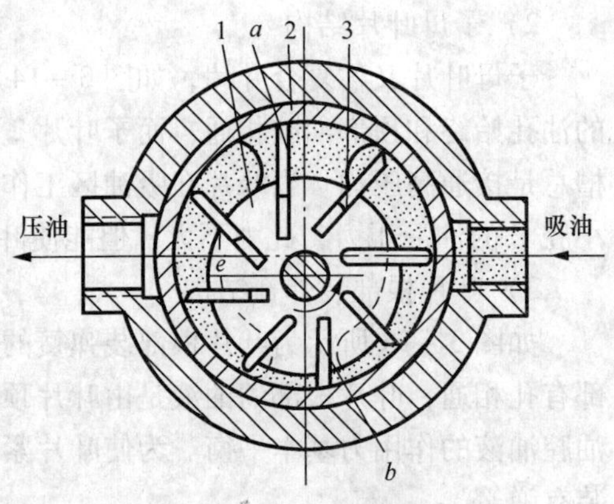

图 3-16　单作用叶片泵的工作原理

1—转子；2—定子；3—叶片

又因为泵的吸油区和压油区各占一侧，压油区作用在转子和轴承上的径向液压力大于吸油区的径向液压力，致使转子和轴承所受径向力不平衡，所以单作用叶片泵又称为非平衡式叶片泵，也因此使单作用叶片泵工作压力比的提高受到限制。改变定子和转子间的偏心矩 e，就可以改变泵的排量，故单作用叶片泵常做成变量泵。

2. 排量和流量

如图 3-17 所示，当单作用叶片泵的转子每转一周时，每相邻叶片间的密封容积变化为 $\Delta V = V_1 - V_2$，泵的排量为 ΔVz（z 为叶片数）。由此可知单作用叶片泵的排量近似为

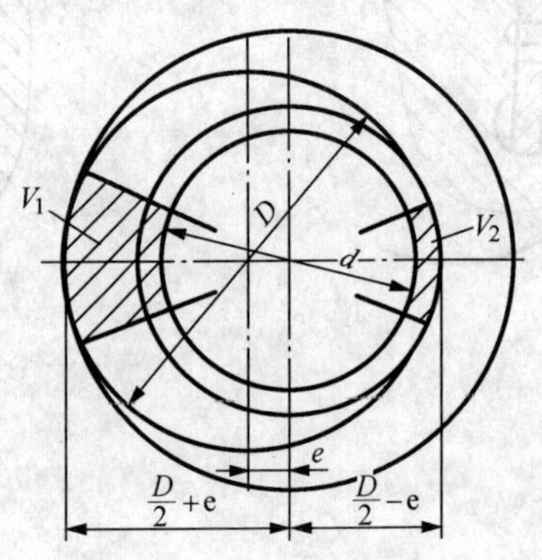

图 3-17　单作用叶片泵排量计算简图

$$V = B\pi[(R+e)^2-(R-e)^2] = 4B\pi Re = 2B\pi De \tag{3-15}$$

式中：B——定子的宽度；

e——转子与定子的偏心距；

D——定子的内圆直径；

R——定子的内圆半径。

单作用叶片泵的实际流量为

$$q = Vn\eta_V = 2B\pi Den\eta_V \tag{3-16}$$

式中：n——泵的转速；

η_V——泵的容积效率。

单作用叶片泵的定子内表面和转子外表面都为圆柱面，由于偏心安装，其容积变化不均匀，故流量是脉动的。泵内的叶片数越多，流量脉动率越小，而且叶

片为奇数时脉动率较小，故单作用叶片泵的叶片数一般为 13 片或 15 片。

3. 限压式变量叶片泵

单作用叶片泵的变量方式有手动调节和自动调节两种。自动调节变量叶片泵根据工作特性的不同分为限压式、恒压式和恒流式 3 类，目前最常用的是限压式。

限压式变量叶片泵的流量可以根据其输出压力的大小，自动改变转子和定子间的偏心矩 e 的大小来改变泵的输出流量。当泵输出压力增大到使泵的偏心距减小到所产生的流量只够用来补偿泄漏时，泵的输出流量为零。这时，不管负载再怎样增大，泵的输出压力也不会再升高，即泵的最大工作压力是受到限制的，故称限压式变量泵。这类变量泵有外反馈式和内反馈式两种，这里介绍外反馈式限压式变量叶片泵。

1）工作原理

如图 3-18 所示为外反馈式限压式变量叶片泵的工作原理图。转子 1 的中心 O_1 固定不动，以 O_2 为中心的定子 2 可以左右移动。转子上半部为压油腔，下半部为吸油腔。压油腔在向系统排油的同时，经泵的外部油管与在定子左侧的变量反馈的柱塞缸（反馈缸柱塞 6 的有效面积为 A）相通。调节螺钉 4 用于调节限压弹簧 3 作用在定子右侧的预紧力 kx_0（k 为弹簧的进度系数，x_0 为弹簧的预压缩量），即调节泵的限定压力 P_b。流量调节螺钉 7 用于调节定子和转子之间的初始偏心距 e_0，它决定了泵的最大流量。这种泵是利用压油口压力油通过反馈缸柱塞 6 在定子上产生的反馈力 pA（p 为泵的工作压力）与限压弹簧 3 作用在定子上的弹簧力的平衡关系进行工作的。当反馈力 pA 和限压弹簧 3 的预紧力 kx_0 相等时，即 $pA = kx_0$，$p = kx_0/A$，称此时的工作压力 p 为限定压力，用 p_b 表示。当负载发生变化，泵的工作压力 p 发生变化，反馈力 pA 发生变化，定子相对转子移动，使偏心距 e 改变，自动改变泵的输出流量。

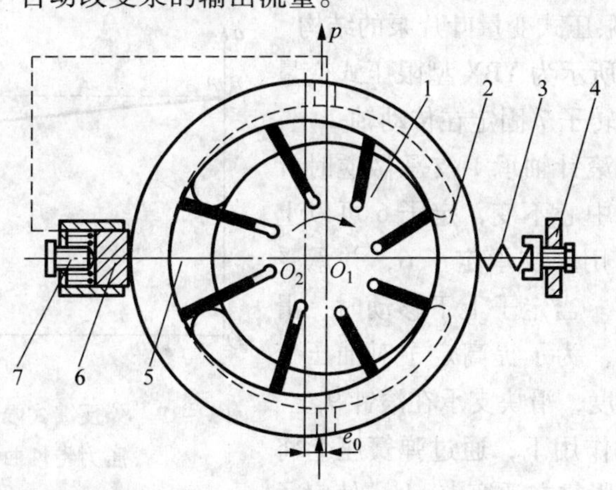

图 3-18　外反馈式限压式变量叶片泵的工作原理

当泵未运转时，定子在限压弹簧的作用下处于最左端，紧靠柱塞6，定子和转子之间有一初始偏心距 e_0。当泵按图示方向运转时，若泵的工作压力 p < 限定压力 p_b时，反馈力 pA < 限压弹簧 3 的预紧力 kx_0，此时限压弹簧的预压缩量 x_0不变，定子处于最左端不移动，保持最大偏心距 e_0不变，泵的输出流量最大。

当泵的工作压力 p 随负载升高≥限定压力 p_b时，反馈力 pA≥限压弹簧 3 的预紧力 kx_0，此时限压弹簧被压缩，定子右移，偏心距 e 减小，泵的输出流量也相应减小。泵的工作压力 p 越高，偏心距 e 越小，输出流量也越小。当泵的工作压力 p 增大到某一极限值 p_C（截至压力）时，定子移到最右端位置，偏心距 e 减至最小，使泵产生的流量只够用来补偿泄漏，泵的输出流量为零。此时，不管负载如何增大，泵的工作压力不会再升高，即泵的最大工作压力是受到限制的，所以这种泵被称为限压式变量叶片泵。

2）限压式变量叶片泵的流量—压力特性曲线

限压式变量叶片泵的流量与压力特性曲线如图 3－19 所示，反映了泵工作时流量随工作压力变化的关系。

（1）A 点流量为泵的空载流量，亦即由流量调节螺钉限定的最大流量。

（2）B 点流量为泵的拐点（临界变量点）流量，即泵的工作压力达到限定压力 p_b时，泵欲变量但还未变量的临界点流量。

（3）C 点流量是泵的工作压力达到最大值极限压力 p_C时对应的流量，C 点流量为零。

（4）线段 AB 段为泵的定量段，表示当泵的工作压力 p < 限定压力 p_b时，泵输出的流量最大而且基本保持不变，只是因为泄漏，泵的实际输出流量随工作压力的增大而呈线形减小。

（5）线段 BC 段为泵的变量段，表示当泵的工作压力 p > 限定压力 p_b时，泵输出的流量随工作压力的增大而自动减小。

3）YBX 型限压式变量叶片泵的结构

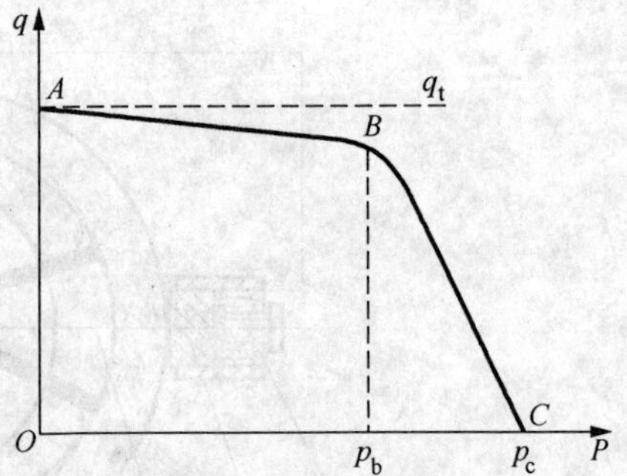

图 3－19　外反馈式限压式变量叶片泵的压力特性曲线

如图 3－20 所示为 YBX 型限压式变量叶片泵的结构。转子 7 固定在传动轴 2 上，传动轴 2 由两个滚针轴承 1 支承做逆时针转动。转子 7 的中心不变，定子 6 可以上下移动。滑块 8 用来支承定子 6，并承受压力油的液压力。当定子上下移动时，滑块随之一起移动。为了提高定子对油压变化时反应的灵敏度，滑块支承在滚针 9 上。在限压弹簧 4 的作用下，通过弹簧座 5 将定子推向下面，紧靠在活塞 10 上，使定子中心和转子中心之间有一个偏心距 e。偏心距的大小可用流量调节螺钉 11 调节。

螺钉 11 调定后，在这一工作条件下，定子的偏心距为最大，则泵的输出流量最大。液压泵压油口的压力油经油孔 12 引到活塞 10 的下端，使其产生一个改变偏心距 e 的反馈力。通过调压螺钉 3 可调节限压弹簧对定子的作用力，从而改变液压泵的限定压力 p_b。

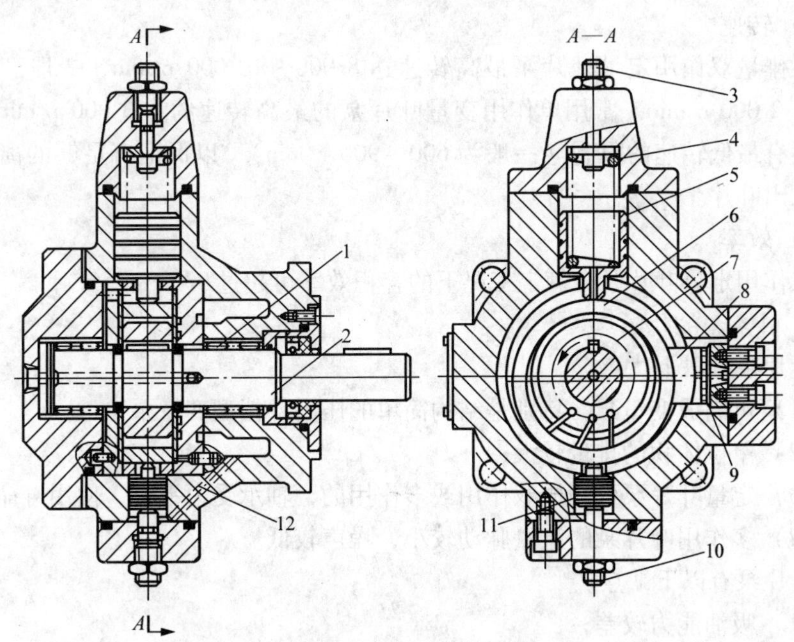

图 3-20　YBX 型限压式变量叶片泵的结构

1—滚针轴承；2—传动轴；3—调压螺钉；4—调压弹簧；5—弹簧座；6—定子；7—转子；8—滑块；9—滚针；10—调节螺钉；11—柱塞；12—油孔

4）限压式变量叶片泵的优缺点和应用

限压式变量叶片泵与双作用定量叶片泵相比，结构复杂、尺寸大，相对运动的机件多，轴上受单向径向液压力大，故泄漏大，容积效率和机械效率较低。由于流量有脉动和困油现象的存在，因而压力脉动和噪声大，工作压力的提高受到限制。但是这种泵的流量可随负载的大小自动调节，故功率损失小，可节省能源减少发热。由于这类泵在低压时流量大，高压时流量小，特别适合驱动快速推力小，慢速推力大的工作机构，例如在组合机床上驱动动力滑台实现快进→工进→快退。

三、叶片泵的性能、优缺点及使用

1. 叶片泵的主要性能

1）压力

双作用定量叶片泵的最高工作压力现已达到 28 ~ 30 MPa。单作用变量叶片泵的工作压力一般不超过 17.5 MPa。

2）排量范围

已知叶片泵产品的排量为 0.5 ~ 4 200 mL/r，常用者为 2.5 ~ 300 mL/r。常见变量叶片泵产品排量为 6 ~ 120 mL/r。

3）转速

小排量双作用定量叶片泵最高转速达 8 000 ~ 10 000 r/min，一般产品只有 1 500 ~ 2 000 r/min。常用单作用变量叶片泵的最高转速约为 3 000 r/min，但其同时还有最低转速的限制（一般为 600 ~ 900 r/min），以保证有足够的离心力可靠地甩出叶片。

4）效率

双作用定量叶片泵在额定工况下的容积效率可超过 93% ~ 95%。

2. 叶片泵的优缺点

叶片泵有以下优点。

(1) 可制成变量泵，特别是结构简单的压力补偿型变量泵；

(2) 单位体积的排量较大；

(3) 定量叶片泵可制成双作用或多作用的，轴承受力平衡，使用寿命长；

(4) 多作用叶片泵的流量脉动较小，噪声较低。

叶片泵有以下缺点。

(1) 吸油能力较差；

(2) 受叶片与滑道间接触应力和许用滑摩功的限制，变量叶片泵的压力和转速均难以提高，而根据叶片外伸所需离心力的要求，其转速又不能低，故实用工况范围较窄；

(3) 对污染物比较敏感。

3. 叶片泵的使用要点

(1) 为了使叶片泵可靠地吸油，其转速必须按照产品规定。转速太低时，叶片不能紧压定子的内表面和吸油；转速过高则造成泵的“吸空”现象，泵的工作不正常。液压油的黏度要适当，黏度太大，吸油阻力增大；油液过稀，泄漏增大，容积效率降低，都会对吸油造成不良影响。

(2) 叶片泵对油液中的污物很敏感，油液不清洁会使叶片卡死，因此必须注意油液良好过滤和环境清洁。

(3) 因泵的叶片有安装倾角，故转子只允许单向旋转，不应反向使用，否则会折断叶片。

(4) 叶片泵广泛应用于完成各种中等负荷的工作。由于其流量脉动小，故在金属切削机床液压传动中，尤其是在各种需要调速的系统中使用，更有其优越性。

课题四 柱塞泵

柱塞泵是靠柱塞在缸体中作往复运动造成密封容积的变化来实现吸油与压油的液压泵，与齿轮泵和叶片泵相比，这种泵有许多优点。首先，构成密封容积的零件为圆柱形的柱塞和缸孔，加工方便，可得到较高的配合精度，密封性能好，在高压工作仍有较高的容积效率；第二，只需改变柱塞的工作行程就能改变流量，易于实现变量；第三，柱塞泵中的主要零件均受压应力作用，材料强度性能可得到充分利用。由于柱塞泵压力高，结构紧凑，效率高，流量调节方便，故在需要高压、大流量、大功率的系统中和流量需要调节的场合，在龙门刨床、拉床、液压机、工程机械、矿山冶金机械、船舶上得到广泛的应用。柱塞泵按柱塞的排列和运动方向不同，可分为径向柱塞泵和轴向柱塞泵两大类。

学习目标

1. 掌握径向柱塞泵的工作原理和结构特点。
2. 掌握轴向柱塞泵的工作原理和结构特点。

知识学习

一、径向柱塞泵

1. 工作原理

如图 3－21 所示为配流轴式径向柱塞泵的工作原理。径向柱塞泵是由定子 4、缸体（转子）2、配流轴 5、衬套 3 和柱塞 1 等主要零件构成。柱塞 1 径向排列装在缸体 2 中，缸体由原动机带动连同柱塞一起旋转，所以缸体 2 一般称为转子，柱塞 1 在离心力的（或在低压油）作用下抵紧定子 4 的内壁，当转子按图示方向回转时，由于定子和转子之间有偏心距 e，柱塞绕经上半周时向外伸出，柱塞底部的容积逐渐增大，形成部分真空，因此便经过衬套 3（衬套 3 压紧在转子内，并和转子一起回转）上的油孔从配油孔 5 和吸油口 b 吸油；当柱塞转到下半周时，定子内壁将柱塞向里推，柱塞底部的容积逐渐减小，向配油轴的压油口 c 压油，当转子回转一周时，每个柱塞底部的密封容积完成完成一次吸油和压油，转子连续运转，即完成压、吸油工作。配油轴固定不动，油液从配油轴上半部的两个孔 a 流入，从下半部两个油孔 d 压出，为了进行配油，配油轴在和衬套 3 接触的一段加工出上下两个缺口，形成吸油口 b 和压油口 c，留下的部分形成封油区。封油区的宽度应能封住衬套上的吸压油孔，以防吸油口和压油口相连通，但尺寸也不能大得太多，以免产生困油现象。

沿水平方向移动定子，改变偏心距 e 的大小，便可改变柱塞移动的行程，从而改变泵的排量。若改变偏心距 e 的偏移方向，泵的输油方向亦随之改变。因此径向柱塞泵可以做成单向或双向变量泵。

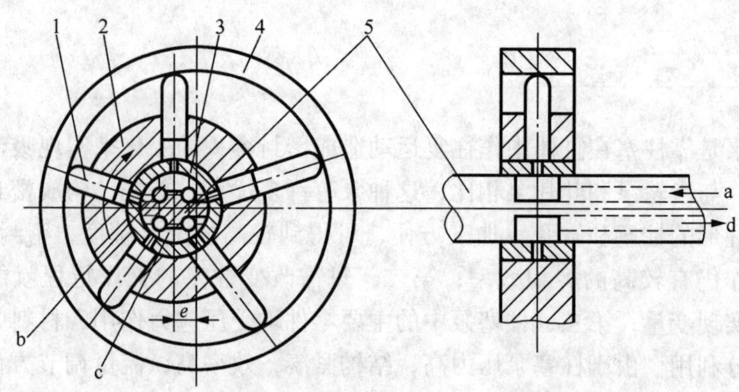

图 3-21　径向柱塞泵的工作原理

1—柱塞；2—缸体；3—衬套；4—定子；5—配流孔

2. 排量和流量

当转子和定子间的偏心距为 e 时，转子每转一整转时，柱塞在缸体孔内的行程为 $2e$，若柱塞数为 z，柱塞直径为 d，则径向柱塞泵的排量为

$$V = \frac{\pi}{4}d^2 2ez \tag{3-17}$$

设泵的转速为 n，容积效率为 ηv，则径向柱塞泵的实际流量为

$$q = Vn\eta_V = \frac{\pi}{2}d^2 ezn\eta_V \tag{3-18}$$

3. 优缺点

径向柱塞泵的优点是流量大、工作压力较高、轴向尺寸小、工作可靠。其缺点是由于柱塞缸按径向排列，造成径向尺寸大，结构较复杂。柱塞和定子间不用机械连接装置时，自吸能力差。配流轴受到很大的径向载荷，易变形，磨损快，且配流轴上封油区尺寸小，易漏油。因此限制了泵的工作压力和转速的提高。

二、轴向柱塞泵

轴向柱塞泵是将多个柱塞配置在一个共同缸体的圆周上，并使柱塞中心线和缸体中心线平行的一种泵。轴向柱塞泵有两种形式，即直轴式（斜盘式）和斜轴式（摆缸式）。

1. 工作原理

斜盘式轴向柱塞泵的柱塞中心线平行于缸体的轴线，如图 3-22 所示为斜盘式轴向柱塞泵的工作原理。这种泵主要由缸体 1、配油盘 2、柱塞 3 和斜盘 4 组成。柱塞沿圆周均匀分布在缸体内。斜盘轴线与缸体轴线倾斜一定角度。柱塞靠机械装置或在低压油作用下压紧在斜盘上（图中为弹簧）。配油盘 2 和斜盘 4 固定不转。当原动机通过传动轴 5 使缸体转动时，由于斜盘的作用，迫使柱塞在缸体内作往复运动，并通过配油盘的配油窗口进行吸油和压油。如图 3－22 中所示回转方向，当缸体转角为 π～2π 时，柱塞向外伸出，柱塞底部缸孔的密封工作容积增大，通过配油盘的吸油窗口吸油；为 0～π 时，柱塞被斜盘推入缸体，使缸孔容积减小，通过配油盘的压油窗口压油。缸体每转一周，每个柱塞各完成吸、压油一次，如改变斜盘倾角 γ，就能改变柱塞行程的长度，即改变液压泵的排量。改变斜盘倾角 γ 的方向，就能改变吸油和压油的方向，即斜盘式轴向柱塞泵为双向变量泵。

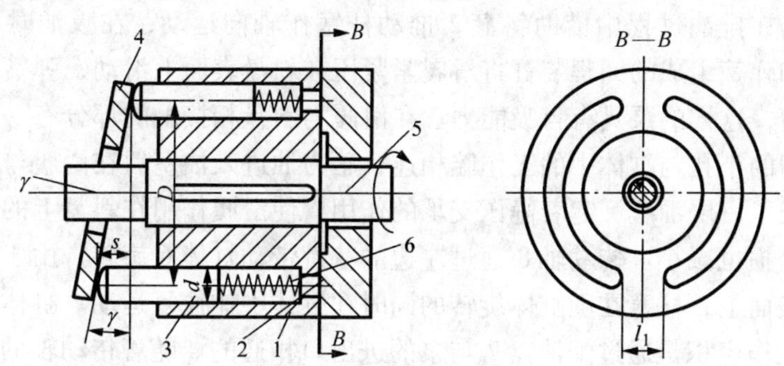

图 3－22　斜盘式轴向柱塞泵的工作原理

1—缸体；2—配油盘；3—柱塞；4—斜盘；5—传动轴；6—弹簧

配油盘上吸油窗口和压油窗口之间的密封区宽度 l 应稍大于柱塞缸体底部通油孔宽度 l_1。但不能相差太大，否则会发生困油现象。一般在两配油窗口的两端部开有小三角槽，以减小冲击和噪声。

斜轴式轴向柱塞泵的缸体轴线相对传动轴轴线成一倾角，传动轴端部用万向铰链、连杆与缸体中的每个柱塞相联结，当传动轴转动时，通过万向铰链、连杆使柱塞和缸体一起转动，并迫使柱塞在缸体中作往复运动，借助配油盘进行吸油和压油。这类泵的优点是变量范围大，泵的强度较高，但和上述直轴式相比，其结构较复杂，外形尺寸和质量均较大。

轴向柱塞泵的优点是：结构紧凑、径向尺寸小，惯性小，容积效率高，目前最高压力可达 40.0 MPa，甚至更高，一般用于工程机械、压力机等高压系统中，但其轴向尺寸较大，轴向作用力也较大，结构比较复杂。

2. 排量和流量

如图 3－22 所示，柱塞的直径为 d，柱塞分布圆直径为 D，斜盘倾角为 γ 时，柱塞的行程为 $s = D\tan\gamma$，所以当柱塞数为 z 时，轴向柱塞泵的排量为

$$V = \frac{\pi}{4} d^2 z D \tan\gamma \qquad (3-19)$$

设泵的转速为 n，容积效率为 η_v，则轴向柱塞泵的实际流量为

$$q = Vn\eta_V = \frac{\pi}{4} d^2 z D \tan\gamma \cdot n\eta_V \qquad (3-20)$$

实际上，由于柱塞在缸体孔中运动的速度不是恒速的，因而输出流量是有脉动的，当柱塞数为奇数时，脉动较小，且柱塞数多脉动也较小，因而一般常用的柱塞泵的柱塞个数为7、9或11。

3. 轴向柱塞泵的结构特点

1）典型结构

如图3－23所示为一种直轴式轴向柱塞泵的结构。柱塞5的球状头部装在滑履4内，以缸体6作为支撑的弹簧9通过钢球推压回程盘3，回程盘和柱塞滑履一同转动。在排油过程中借助斜盘2推动柱塞作轴向运动；在吸油时依靠回程盘、钢球和弹簧组成的回程装置将滑履紧紧压在斜盘表面上滑动，弹簧9一般称为回程弹簧，这样的泵具有自吸能力。在滑履与斜盘相接触的部分有一油室，通过柱塞中间的小孔与缸体中的工作腔相连，压力油进入油室后在滑履与斜盘的接触面间形成了一层油膜，起着静压支承的作用，使滑履作用在斜盘上的力大大减小，因而磨损也减小。传动轴8通过左边的花键带动缸体6旋转，由于滑履4贴紧在斜盘表面上，柱塞在随缸体旋转的同时在缸体中作往复运动。缸体中柱塞底部的密封工作容积是通过配油盘7与泵的进出口相通的。随着传动轴的转动，液压泵就连续地吸油和排油。

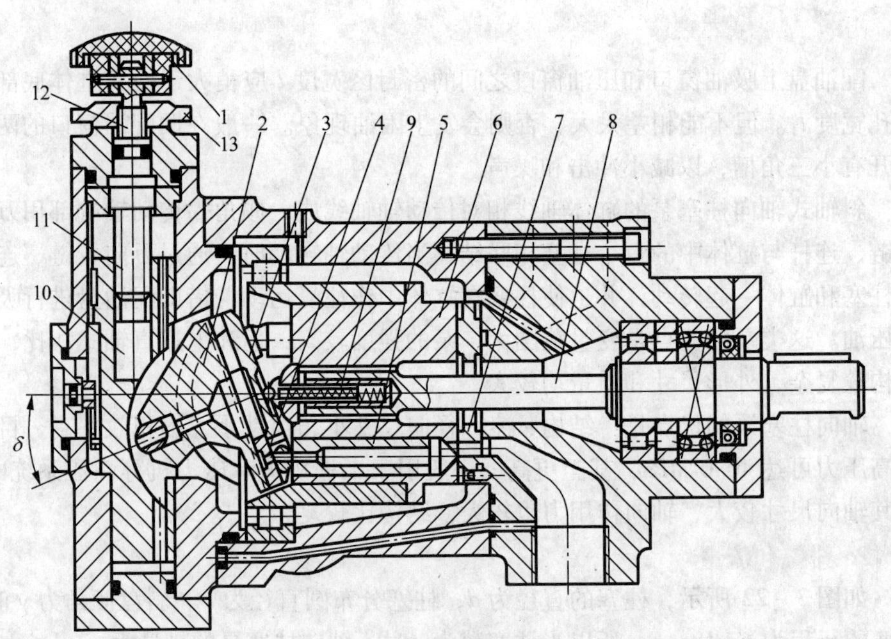

图3－23　直轴式轴向向柱塞泵的结构及手动变量机构

1—手轮；2—斜盘；3—回程盘；4—滑履；5—柱塞；6—缸体；7—配油盘；8—传动轴；9—弹簧；10—轴销；11—变量活塞；12—丝杠；13—锁紧螺母

2）变量机构

由式（3－20）可知，若要改变轴向柱塞泵的输出流量，只要改变斜盘的倾角，即可改变轴向柱塞泵的排量和输出流量，下面介绍常用的轴向柱塞泵的手动变量和伺服变量机构的工作原理。

（1）手动变量机构。

如图 3－23 所示，转动手轮 1，使丝杠 12 转动，带动变量活塞 11 作轴向移动（因导向键的作用，变量活塞只能作轴向移动，不能转动）。通过轴销 10 使斜盘 2 绕变量机构壳体上的圆弧导轨面的中心（即钢球中心）旋转。从而使斜盘倾角改变，达到变量的目的。当流量达到要求时，可用锁紧螺母 13 锁紧。这种变量机构结构简单，但操纵不轻便，且不能在工作过程中变量。

（2）伺服变量机构。

如图 3－24 所示为轴向柱塞泵的伺服变量机构，以此机构代替图 3－23 所示轴向柱塞泵中的手动变量机构，就成为手动伺服变量泵。其工作原理为：泵输出的压力油由通道经单向阀 a 进入变量机构壳体的下腔 d，液压力作用在变量活塞 4 的下端。当与伺服阀阀芯 1 相连接的拉杆不动时（图示状态），变量活塞 4 的上腔 g 处于封闭状态，变量活塞不动，斜盘 3 在某一相应的位置上。当使拉杆向下移动时，推动阀芯 1 一起向下移动，d 腔的压力油经通道 e 进入上腔 g。由于变量活塞上端的有效面积大于下端的有效面积，向下的液压力大于向上的液压，故变量活塞 4 也随之向下移动，直到将通道 e 的油口封闭为止。变量活塞的移动

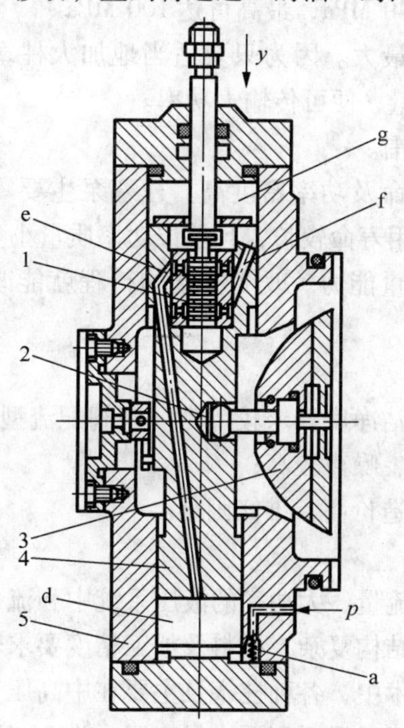

图 3－24　轴向柱塞泵的伺服变量机构

1—伺服阀阀芯；2—铰链；3—斜盘；4—活塞；5—壳体

量等于拉杆的位移量、当变量活塞向下移动时，通过轴销带动斜盘3摆动，斜盘倾斜角增加，泵的输出流入随之增加；当拉杆带动伺服阀阀芯向上运动时，阀芯将通道f打开，上腔g通过卸压通道接通油箱而压，变量活塞向上移动，直到阀芯将卸压通道关闭为止。其移动量也等于拉杆的移动量。这时斜盘也被带动作相应的摆动，使倾斜角减小，泵的流量也随之相应地减小。由上述可知，伺服变量机构是通过操作液压伺服阀动作，利用泵输出的压力油推动变量活塞来实现变量的。故加在拉杆上的力很小，控制灵敏。拉杆可用手动方式或机械方式操作，斜盘可以倾斜±18°，故在工作过程中泵的吸压油方向可以变换，因而这种泵就成为双向变量液压泵。除了以上介绍的两种变量机构以外，轴向柱塞泵还有很多种变量机构。如：恒功率变量机构、恒压变量机构、恒流量变量机构等，这些变量机构与轴向柱塞泵的泵体部分组合就成为各种不同变量方式的轴向柱塞泵，在此不一一介绍。

三、柱塞泵的优缺点及使用

1. 优点

(1) 工作压力、容积效率及总效率均最高。因柱塞与缸孔加工容易，尺寸精度及表面质量可以达到很高要求，所以配合精度高，油液泄漏小，能达到的工作压力较高，一般是20~40 MPa，最高可达100 MPa。

(2) 可传输的功率最大。因为只要适当地加大柱塞直径或增加柱塞量，流量便增大。高压和大流量，便可传输大功率。

(3) 较宽的转速范围。

(4) 较长的使用寿命及功率密度高。柱塞泵主要零件均受压，使材料强度得以充分利用，所以使用寿命较长，且单位功率质量小。

(5) 良好的双向变量能力。改变柱塞的行程就能改变流量，容易制成各种变量型。

2. 缺点

(1) 对工作介质的洁净度要求较苛刻（座阀配流型较好）；

(2) 流量脉动较大，噪声较高；

(3) 结构较复杂，造价高，维修困难。

3. 柱塞泵的使用

柱塞泵在高压、大流量、大功率的液压系统中和流量需要调节的场合，得到广泛应用。但柱塞泵的结构复杂，材料及加工精度要求较高，加工量大，价格昂贵。在现代液压工程技术中，各种柱塞泵主要在中高压（轻系列和中系列泵，最高压力为35 MPa）、高压（重系列泵，最高压力为56 MPa）和超高压（特种泵，最高压力>56 MPa）系统中作为功率传输元件使用。

课题五　液压泵的选用

学习目标

掌握各种常用液压泵的性能和选用方法。

知识学习

液压泵是液压传动系统提供一定流量和压力的油液动力元件，它是每个液压传动系统不可缺少的核心元件，合理地选择液压泵对于降低液压传动系统的能耗、提高系统的效率、降低噪声、改善工作性能和保证系统的可靠工作都十分重要。

选择液压泵的原则是：根据主机工况、功率大小和系统对工作性能的要求，首先确定液压泵的类型，然后按系统所要求的压力、流量大小确定其规格型号。

液压传动系统中常用液压泵的主要性能见表 3－1。

表 3－1　液压传动系统中常用液压泵的性能比较

性能	外啮合齿轮泵	双作用叶片泵	限压式变量叶片泵	径向柱塞泵	轴向柱塞泵	螺杆泵
输出压力	低压	中压	中压	高压	高压	低压
流量调节	不能	不能	能	能	能	不能
效率	低	较高	较高	高	高	较高
输出流量脉动	很大	很小	一般	一般	一般	最小
自吸特性	好	较差	较差	差	差	好
对油液污染的敏感性	不敏感	较敏感	较敏感	很敏感	很敏感	不敏感
噪声	大	小	较大	大	大	最小

一般来说，由于各类液压泵各自突出的特点，其结构、功用和转动方式各不相同，因此应根据不同的使用场合选择合适的液压泵。一般在机床液压系统中，往往选用双作用叶片泵和限压式变量叶片泵；而在筑路机械、港口机械以及小型工程机械中往往选择抗污染能力较强的齿轮泵；在负载大、功率大的场合往往选择柱塞泵。

课题六　液压马达

学习目标

1. 了解液压马达的特点和分类。

2. 掌握液压马达的主要性能参数。

3. 掌握液压马达的工作原理和结构特点。

知识学习

一、液压马达的特点及分类

1. 特点

液压马达是把液体的压力能转换为机械能的装置，从原理上讲，液压泵可以作液压马达用，液压马达也可作液压泵用。但事实上同类型的液压泵和液压马达虽然在结构上相似，但由于两者的工作情况不同，使得两者在结构上也有某些差异。

(1) 液压马达一般需要正反转，所以在内部结构上应具有对称性，而液压泵一般是单方向旋转的，没有这一要求。

(2) 为了减小吸油阻力，减小径向力，一般液压泵的吸油口比出油口的尺寸大。而液压马达低压腔的压力稍高于大气压力，所以没有上述要求。

(3) 液压马达要求能在很宽的转速范围内正常工作，因此，应采用液动轴承或静压轴承。因为当马达速度很低时，若采用动压轴承，就不易形成润滑膜。

(4) 叶片泵依靠叶片跟转子一起高速旋转而产生的离心力使叶片始终贴紧定子的内表面，起到封油的作用，形成工作容积。若将其当液压马达用，必须在叶片根部装上弹簧，以保证叶片始终贴紧定子内表面，以便液压马达能正常启动。

(5) 液压泵在结构上需保证具有自吸能力，而液压马达就没有这一要求。

(6) 液压马达必须具有较大的启动扭矩。所谓启动扭矩，就是液压马达由静止状态启动时，液压马达轴上所能输出的扭矩，该扭矩通常大于在同一工作压差时处于运行状态下的扭矩，所以，为了使起动扭矩尽可能接近工作状态下的扭矩，要求马达扭矩的脉动小，内部摩擦小。

由于液压马达与液压泵具有上述不同的特点，使得很多类型的液压马达和液压泵不能互逆使用。

2. 分类

液压马达按其额定转速分为高速和低速两大类，额定转速高于 500r/min 的属于高速液压马达，额定转速低于 500r/min 的属于低速液压马达。高速液压马达的基本形式有齿轮式、螺杆式、叶片式和轴向柱塞式等。其主要特点是转速较高、转动惯量小，便于启动和制动，调速和换向的灵敏度高。通常高速液压马达的输出转矩不大（仅几十牛·米到几百牛·米），所以又称为高速小转矩液压马达。高速液压马达的基本形式是径向柱塞式，例如单作用曲轴连杆式、液压平衡式和多作用内曲线式等。此外在轴向柱塞式、叶片式和齿轮式液压马达中也有低速的结构形式。低速液压马达的主要特点是排量大、体积大、转速低（有时可达每分钟几转甚至零点几转），因此可直接与工作机构连接，不需要减速装置，使传动机构大为简化，通常低速液压马达输出转矩较大（可达几千牛顿·米到几万牛顿·米），所以又称为低速大转矩液压马达。

液压马达也可按其结构类型分为齿轮式、叶片式和柱塞式。

二、液压马达的性能参数

在液压马达的各项性能参数中，压力、排量、流量等参数与液压泵同类参数有相似的含义，其原则差别在于液压泵中它们是输出参数，在液压马达中它们是输入参数。下面介绍液压马达的几个主要性能参数。

1. 液压马达的排量、流量、容积效率和转速

习惯上将液压马达的轴每转一周，按几何尺寸计算所进入的液体容积，称为液压马达的排量 V，有时称之为几何排量、理论排量，即不考虑泄漏损失时的排量。液压马达的排量表示出其工作容腔的大小，这是一个重要的参数。因为液压马达在工作中输出的转矩大小是由负载转矩决定的。但是，推动同样大小的负载，工作容腔大的液压马达的压力要低于工作容腔小的液压马达的压力，所以说工作容腔的大小是液压马达工作能力的主要标志，也就是说，排量的大小是液压马达工作能力的重要标志。

根据液压动力元件的工作原理可知，液压马达转速 n、理论流量 q_t 与排量 V 之间具有下列关系

$$q_t = Vn \tag{3-21}$$

由于存在泄漏，为了满足转速要求，液压马达的实际输入流量 q 大于理论输入流量 q_t，则液压马达的实际流量 q 为

$$q = q_t + \Delta q \tag{3-22}$$

式中：Δq——泄漏流量。

液压马达的容积效率 η_V 为

$$\eta_V = \frac{q_t}{q} \tag{3-23}$$

液压马达的转速 n 为

$$n = \frac{q}{V}\eta_V \tag{3-24}$$

2. 液压马达的转矩、机械效率和总效率

液压马达输出的理论转矩为 T_t，角速度为 ω，如果不计损失，液压马达输入的液压功率应当全部转化为液压马达输出的机械功率，即 $P_t = T_t\omega$，又因为 $\omega = 2\pi n$，所以液压马达的理论转矩 T_t 为

$$T_t = \frac{\Delta p V}{2\pi} \tag{3-25}$$

式中：Δp——马达进出口之间的压力差，一般可取液压马达进油口的压力。

由于液压马达内部不可避免地存在各种摩擦，实际输出的转矩 T 总要比理论

转矩 T_t 小些，即液压马达的机械效率 η_m 为

$$\eta_m = \frac{T}{T_t} \tag{3-26}$$

液压马达的实际输出转矩 T 为

$$T = T_t \eta_m \tag{3-27}$$

液压马达的总效率 η 为马达的实际输出功率与实际输入功率的比值，即

$$\eta = \frac{2\pi nT}{pq} = \frac{2\pi nT}{\frac{pVn}{\eta_V}} = \frac{T}{\frac{pV}{2\pi}}\eta_V = \frac{T}{T_t}\eta_V = \eta_m \eta_V \tag{3-28}$$

即液压马达的总效率等于其机械效率和容积效率的乘积。

三、液压马达的工作原理

1. 叶片液压马达

如图 3－25 所示为叶片液压马达的工作原理。当压力为 p 的油液从进油口进入叶片 1 和 3 之间时，叶片 2 因两面均受液压油的作用所以不产生转矩。叶片 1、3 上，一面作用有压力油，另一面作用有低压油。由于叶片 3 伸出的面积大于叶片 1 伸出的面积，因此作用在叶片 3 上的总液压力大于作用于叶片 1 上的总液压力，于是压力差使转子产生顺时针的转矩。同样道理，压力油进入叶片 5 和 7 之间时，叶片 7 伸出的面积大于叶片 5 伸出的面积，也产生顺时针转矩。这样，就把油液的压力能转变成了机械能，这就是叶片液压马达的工作原理。当输油方向改变时，叶片液压马达就反转。

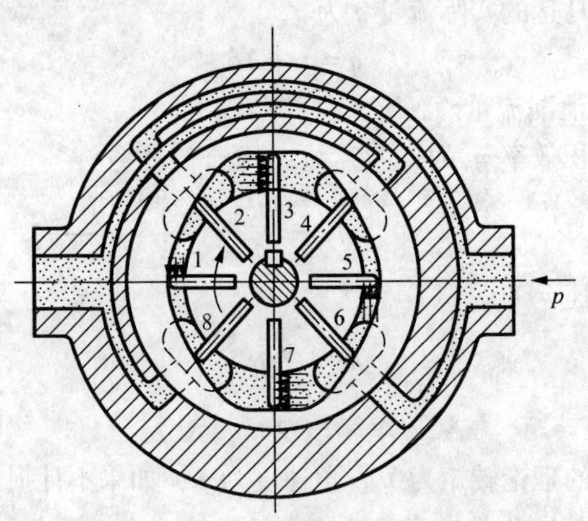

图 3－25　叶片马达的工作原理

1～7—叶片

当定子的长短径差值越大，转子的直径越大，以及输入的压力越高时，叶片液压马达输出的转矩也越大。

叶片液压马达的体积小，转动惯量小，动作灵敏，可适应的换向频率较高。

但泄漏较大，不能在很低的转速下工作，因此，叶片液压马达一般用于转速高、转矩小和动作灵敏的场合。

2. 轴向柱塞马达

轴向柱塞马达的结构形式基本上与轴向柱塞泵一样，其种类与轴向柱塞泵相同，也分为直轴式（斜盘式）轴向柱塞马达和斜轴式（摆缸式）轴向柱塞马达两类。

轴向柱塞马达的工作原理如图 3－26 所示。当压力油进入液压马达的高压腔后，柱塞便受到油压作用力为 pA（p 为油压力，A 为柱塞面积），通过滑靴压向斜盘，其反作用力为 N。N 分解成两个分力，沿柱塞的轴向分力与柱塞所受液压力平衡；另一分力 F 与柱塞轴线垂直，它与缸体中心线的距离为 r，这个力 F 便产生驱动马达旋转的力矩。力 F 的大小为

$$F = pA\tan\phi \qquad (3-29)$$

式中：ϕ——斜盘的倾斜角。

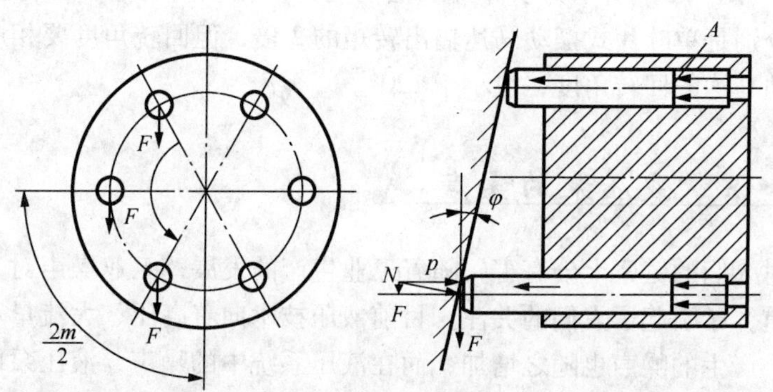

图 3－26　斜盘式轴向柱塞马达的工作原理

随着角度 ϕ 的变化，柱塞产生的扭矩也跟着变化。整个液压马达能产生的总扭矩，是所有处于压力油区的柱塞产生的扭矩之和。

一般来说，轴向柱塞马达都是高速马达，输出扭矩小，因此，必须通过减速器来带动工作机构。如果能使液压马达的排量显著增大，也就可以使轴向柱塞马达做成低速大扭矩马达。

3. 摆动液压马达

摆动液压马达又称为摆动缸，是输出转矩并实现往复摆动的执行元件。根据结构不同分为单叶片和双叶片两种形式。

如图 3－27（a）所示为单叶片式摆动马达。若从油口 Ⅰ 通入高压油，叶片 2 作逆时针摆动，低压力从油口 Ⅱ 排出。因叶片与输出轴连在一起，帮输出轴摆动同时输出转矩、克服负载。单叶片式摆动马达的工作压力小于 10 MPa，摆动角度小于 280°。由于径向力不平衡，叶片和壳体、叶片和挡块之间密封困难，限制了其工作压力的进一步提高，从而也限制了输出转矩的进

一步提高。

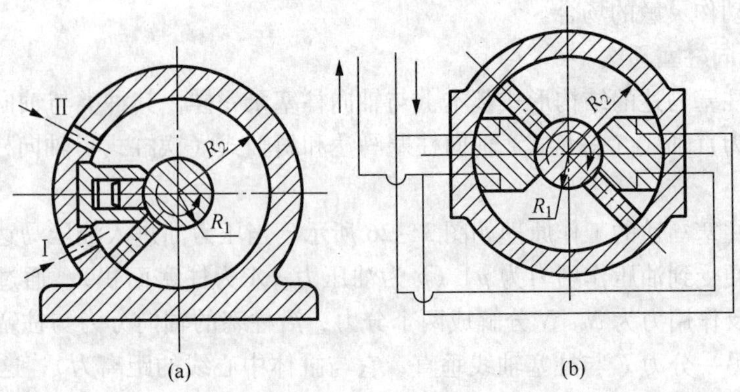

图 3－27　摆动液压马达的工作原理

(a) 单叶片式；(b) 双叶片式

如图 3－27（b）所示为双叶片式摆动马达。在径向尺寸和工作压力相同的条件下，分别是单叶片式摆动马达输出转矩的 2 倍，但回转角度要相应减少，双叶片式摆动马达的回转角度一般小于 120°。

扩展知识　液压泵的噪声

噪声对人们的健康十分有害，随着工业生产的发展，工业噪声对人们的影响越来越严重，已引起了人们的关注。目前液压技术向着高压、大流量和高功率的方向发展，产生的噪声也随之增加，而在液压系统中的噪声，液压泵的噪声占有很大的比重。因此，研究减小液压系统的噪声，特别是液压泵的噪声，已引起液压界广大工程技术人员、专家学者的重视。

液压泵的噪声大小和液压泵的种类、结构、大小、转速以及工作压力等很多因素有关。

一、产生噪声的原因

（1）泵的流量脉动和压力脉动，造成泵构件的振动。这种振动有时还可产生谐振。谐振频率可以是流量脉动频率的 2 倍、3 倍或更大，泵的基本频率及其谐振频率若和机械的或液压的自然频率相一致，则噪声便大大增加。研究结果表明，转速增加对噪声的影响一般比压力增加还要大。

（2）泵的工作腔从吸油腔突然和压油腔相通，或从压油腔突然和吸油腔相通时，产生的油液流量和压力突变，对噪声的影响甚大。

（3）空穴现象。当泵吸油腔中的压力小于油液所在温度下的空气分离压时，溶解在油液中的空气要析出而变成气泡，这种带有气泡的油液进入高压腔时，气泡被击破，形成局部的高频压力冲击，从而引起噪声。

（4）泵内流道具有截面突然扩大和收缩、急拐弯，通道截面过小而导致液体紊流、旋涡及喷流，使噪声加大。

（5）由于机械原因，如转动部分不平衡、轴承不良、泵轴的弯曲等机械振动引起的机械噪声。

二、降低噪声的措施

（1）消除液压泵内部油液压力的急剧变化。

（2）为吸收液压泵流量及压力脉动，可在液压泵的出口装置消声器。

（3）装在油箱上的泵应使用橡胶垫减振。

（4）压油管的一段用橡胶软管，对泵和管路的连接进行隔振。

（5）防止泵产生空穴现象，可采用直径较大的吸油管，减小管道局部阻力；采用大容量的吸油滤油器，防止油液中混入空气；合理设计液压泵，提高零件刚度。

课后练习

一、问答题

1. 液压泵的工作原理是什么？液压泵的特点是什么？

2. 什么是液压泵额定压力和工作压力？泵的工作压力大小由什么来决定？

3. 齿轮泵的工作原理是什么？如何计算齿轮泵的流量？

4. 什么是外啮合齿轮泵的困油现象？消除措施是什么？

5. 外啮合齿轮泵的径向力不平衡是怎样引起的？如何解决？

6. 试述双作用叶片泵的工作原理。该泵的叶片如何安装？

7. 双作用叶片泵定子内表面的过渡曲线为何要做成等加速—等减速曲线？其最易磨损的地方在吸油区还是在压油区？

8. 试述单作用叶片泵的工作原理。怎样计算它的流量？

9. 限压式变量叶片泵有何特点？适用于什么场合？用什么方法来调节它的限定压力和最大流量？

10. 双作用叶片泵和单作用叶片泵各有什么优缺点？

11. 为什么称单作用叶片泵为非平衡式叶片泵？为什么称双作用叶片泵为平衡式叶片泵？

12. 试述径向柱塞泵的工作原理。

13. 简述斜盘式轴向柱塞泵的工作原理。

二、计算题

1. 某液压泵的输出压力为 5 MPa，排量为 10 mL/r，机械效率为 0.95，容积效率为 0.9，当转速为 1 200 r/min 时，试求该泵的理论流量、实际流量、输出功率和输入功率。

2. 某液压泵的转速为950 r/min，排量为168 mL/r，在额定压力29.5 MPa和同样转速下，测得实际流量为150 L/min，额定工况下的总效率为0.87，试求：

（1）该泵的理论流量。

（2）该泵的机械效率和容积效率。

（3）该泵在额定工况下所需电动机的驱动功率。

（4）驱动泵的转矩。

3. 某变量叶片泵转子外径为83 mm，定子内径为89 mm，叶片宽度为30 mm。试求变量叶片泵的排量为16 mL/r时定子和转子间的偏心距e。

4. 已知轴向柱塞泵斜盘倾角$\gamma=22°30'$，柱塞直径$d=22$ mm，柱塞分布圆直径$D=68$ mm，柱塞数$z=7$，输出压力$p=10$ MPa，容积效率$\eta_V=0.98$，机械效率$\eta_m=0.9$，泵轴柱塞$n=960$ r/min。试计算：

（1）泵的实际输出流量。

（2）泵的输出功率。

（3）泵的输出转矩。

5. 已知液压马达的排量$V=250$ mL/r，进油口压力为9.8 MPa；出油口压力为0.49 MPa，总效率$\eta=0.9$，容积效率$\eta_V=0.92$。当输入流量$q=22$ L/min时，试求：

（1）液压马达的输出转矩；

（2）液压马达的输出功率；

（3）液压马达的转速。

6. 某一液压马达的流量为12 L/min时，压力为17.5 MPa，输出的扭矩为40 N·m，转速为700 r/min。试求该液压马达的总效率。

项目四 液压缸

学习目标

1. 掌握活塞式液压缸、柱塞式液压缸的工作原理和结构；

2. 掌握摆动缸、增压缸、增力缸、齿条活塞缸以及伸缩式液压缸的工作原理和结构；

3. 掌握液压缸的典型组成及各部分的连接结构；

4. 熟悉液压缸的主要参数的计算；

5. 熟悉液压缸的常见故障及其排除方法。

课时分配 9 h

课题一 液压缸的类型及其特点和应用 6 h

课题二 液压缸的设计计算 2 h

课题三 液压缸的常见故障及其排除方法 1 h

课题一 液压缸的类型及其特点和应用

学习目标

1. 掌握活塞式液压缸和柱塞式液压缸的分类、工作原理以及输出参数的计算；

2. 掌握其他常见形式液压缸的工作原理、特点；

3. 掌握液压缸的典型结构和组成及各部分的连接结构。

知识学习

液压缸是液压传动系统中一类重要的执行元件。液压缸以输出直线运动为主，在运动过程中，液压缸将液体的压力能转换成力和位移输出；有些类型的液压缸还可以进行往复摆动，将液体的压力能转换为扭矩和角位移输出。液压缸结构简单、工作可靠，广泛应用于工业生产的各个部门。数控机床的液压卡盘、推土机的推土铲刀和松土器、舰船上的潜望镜升降装置、转舵装置、液压仓盖等装置都有液压缸的具体应用。另外，液压缸与杠杆、连杆、齿轮齿条、棘轮棘爪以及凸轮等机构配合使用还能实现多种机械运动，满足各种主机的使用要求。

液压缸有多种形式和分类方法。按液压缸的结构特点可分为活塞缸、柱塞缸和摆动缸。按液压缸的作用方式可分为单作用液压缸和双作用液压缸。单作用式液压缸只能利用液压力推动运动部件向着一个方向运动，而反向运动则依靠重力或弹簧力等实现。双作用式液压缸，其正、反两个方向的运动都依靠液压力来实现。液压缸按不同的使用压力又可分为中低压、中高压和高压液压缸。对于机床类机械一般采用中低压液压缸，其额定压力为 2.5 ~ 6.3 MPa；在要求体积小、质量轻、输出力大的工程机械中，多采用中高压液压缸，其额定压力为 10 ~ 16 MPa；对于油压机等设备，大多采用高压液压缸，其额定压力为 25 ~ 31.5 MPa。

一、活塞式液压缸

活塞式液压缸可分为双杆活塞缸和单杆活塞缸两种结构形式。其固定方式有缸筒固定和活塞杆固定两种。

1. 双杆活塞缸

双杆活塞缸的两端都有活塞杆伸出，有两种安装形式。如图 4 - 1（a）所示为缸体固定，活塞杆移动的安装形式，运动部件的移动范围是活塞有效行程的 3 倍，这种安装形式占地面积大，一般用于小型设备。如图 4 - 1（b）所示为活塞杆固定，缸筒移动的安装形式，运动部件的移动范围是活塞有效行程的 2 倍，这种安装形式占地面积小，可用于大型设备。但不论哪种安装形式，活塞的有效行程都等于工作行程。利用活塞杆固定的安装形式时，液压油可以通过两端空心的活塞杆进入缸的两腔，也可以采用胶管总成与缸筒两端的进出油口连接，实现进出油。

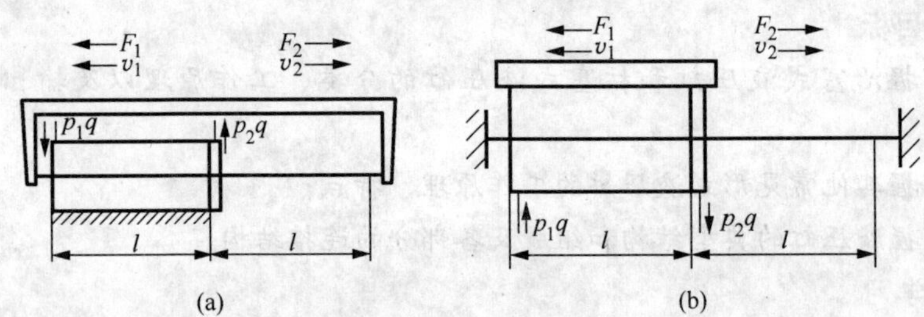

例 4 - 1 双杆活塞缸

双杆活塞缸活塞杆的直径通常相等，当向液压缸的两个腔输入相同压力的液压油时，两个方向的输出推力相等，即

$$F_1 = F_2 = A(p_1 - p_2)\eta_m = \frac{\pi}{4}(p_1 - p_2)(D^2 - d^2)\eta_m \qquad (4-1)$$

若不计回油压力，即 $p_2 = 0$，则推力为

$$F_1 = F_2 = \frac{\pi}{4}p_1(D^2 - d^2)\eta_m \qquad (4-2)$$

分别向液压缸左右两腔输入相同流量的油液，液压缸往复运动的速度也相同。即

$$v_1 = v_2 = \frac{q}{A}\eta_v = \frac{4q}{\pi(D^2 - d^2)}\eta_v \tag{4-3}$$

式中：q ——缸的输入流量；

A ——活塞的有效作用面积；

D ——活塞直径；

d ——活塞杆的直径；

p_1 ——缸的进口压力；

p_2 ——缸的出口压力；

η_m——缸的机械效率；

η_v——缸的容积效率。

双杆活塞缸常用于往复运动速度相同的场合，如外圆磨床工作台等。

2. 单杆活塞缸

单杆活塞缸一侧有杆，一侧无杆，有杆腔和无杆腔有效工作面积不相等。当向两腔分别提供压力和流量相同的液压油时，活塞在两个方向上的运动速度和推力不相等。

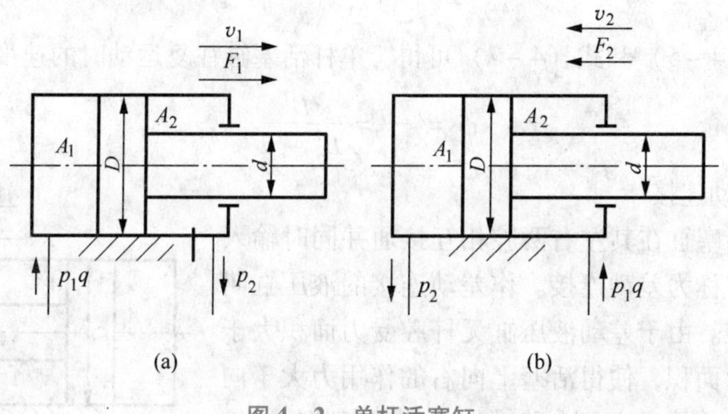

图 4－2 单杆活塞缸

1）无杆腔进油

如图 4－2（a）所示，无杆腔进油，有杆腔回油时，活塞推力 F_1 和运动速度 v_1 分别为

$$F_1 = (p_1A_1 - p_2A_2)\eta_m = \left[\frac{\pi}{4}D^2p_1 - \frac{\pi}{4}(D^2 - d^2)p_2\right]\eta_m \tag{4-4}$$

$$v_1 = \frac{q}{A_1}\eta_v = \frac{4q}{\pi D^2}\eta_v \tag{4-5}$$

2）有杆腔进油

如图 4－2（b）所示，有杆腔进油，无杆腔回油时，活塞推力 F_2 和运动速度 v_2 分别为

$$F_1 = (p_1A_2 - p_2A_1)\eta_m = \left[\frac{\pi}{4}(D^2 - d^2)p_1 - \frac{\pi}{4}D^2p_2\right]\eta_m \tag{4-6}$$

$$v_2 = \frac{q}{A_2}\eta_v = \frac{4q}{\pi(D^2 - d^2)}\eta_v \tag{4-7}$$

式中：q ——缸的输入流量；

A_1 ——无杆腔的有效作用面积；

A_2 ——有杆腔的有效作用面积；

D ——活塞直径；

d ——活塞杆的直径；

p_1 ——缸的进口压力；

p_2 ——缸的出口压力；

η_m——缸的机械效率；

η_v——缸的容积效率。

对于同一单杆活塞缸，因为$A_1 > A_2$，可得$v_1 < v_2$，$F_1 > F_2$。即无杆腔进压力油工作时，推力大，速度低；有杆腔进压力油工作时，推力小，速度高。因此，单杆活塞液压缸常用于一个方向有较大负载但运行速度较低，另一个方向为空载快速退回运动的设备，如各种金属切削机床、压力机、注塑机、起重机的液压系统。

由式（4-5）和式（4-7）可得，单杆活塞缸往复运动时的速度比为

$$\phi = \frac{v_2}{v_1} = \frac{D^2}{D^2 - d^2} \tag{4-8}$$

3）差动连接

单杆活塞缸在其左右两腔相互接通并同时输入压力油时，称为差动连接。作差动连接的液压缸叫差动液压缸。由于差动液压缸无杆腔受力面积大于有杆腔受力面积，使得活塞上向右的作用力大于向左的作用力，故活塞向右移动，并使有杆腔的油液流入无杆腔，如图4-3所示。

此时液压缸产生的推力F_3为

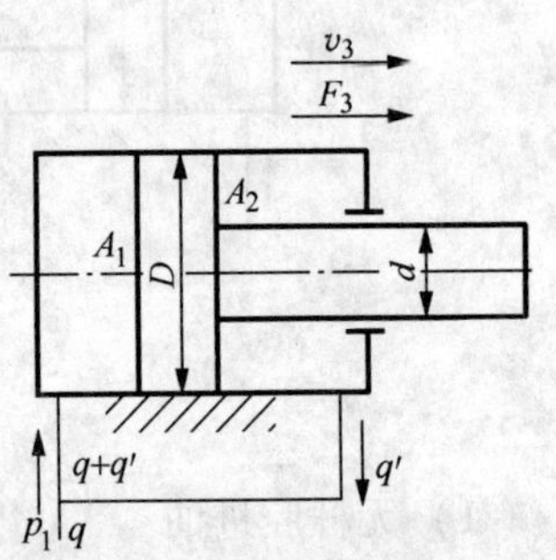

图4-3 差动连接

$$F_3 = (p_1A_1 - p_1A_2)\eta_m = \left[\frac{\pi}{4}D^2p_1 - \frac{\pi}{4}(D^2 - d^2)p_1\right]\eta_m$$

$$= \frac{\pi}{4}d^2p_1\eta_m \tag{4-9}$$

单杆活塞缸差动连接时，活塞杆的伸出速度v_3为

$$v_3A_1 = q + v_3A_2$$

$$v_3 = \frac{q}{A_1 - A_2}\eta_v = \frac{4q}{\pi d^2}\eta_v \tag{4-10}$$

对于同一单杆活塞缸而言，差动连接时运动速度有明显提高，即$v_3 > v_2 >$

v_1，而液压缸的输出推力则有所下降，即 $F_3 < F_2 < F_1$ 。要使差动连接缸的往复运动速度相等，即 $v_3 = v_2$ ，则 $D = \sqrt{2}d$ 。

在实际应用中，液压传动系统常通过换向阀来改变单杆活塞缸的回路连接，使其处于不同的工作方式，从而获得快进（差动连接）——工进（无杆腔进油）——快退（有杆腔进油）的工作循环，实现功率的有效应用。差动连接是在不增加泵流量的条件下，实现快速运动的有效办法，常见于组合机床和各类专机中。

单杆活塞缸不论是缸体固定还是活塞杆固定，它所驱动的工作台的运动范围都约等于液压缸有效行程的 2 倍。

活塞缸的缸筒内有活塞在其中频繁地往复运动，要求其内孔表面光滑，且具有较高的形状和尺寸精度。对于大型或超长行程的活塞缸，这种较高的工艺要求不易实现，在这种情况下可以采用柱塞缸。

二、柱塞式液压缸

柱塞式液压缸由缸筒、柱塞、导套、密封圈和压盖等零件组成，柱塞和缸筒内壁不接触，因此缸筒内孔不需精加工，工艺性好，成本低。如图 4-4（a）所示为柱塞式液压缸的结构简图。当压力油进入缸筒时，推动柱塞并带动运动部件运动。

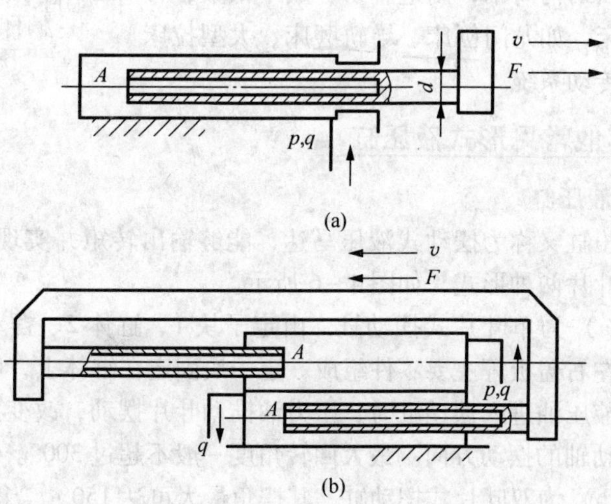

例 4-4 柱塞式液压缸

柱塞缸的输出力 F 和运动速度 v 分别为

$$F = \frac{\pi}{4}D^2 p\eta_m \tag{4-11}$$

$$v = \frac{4q}{\pi D^2}\eta_v \tag{4-12}$$

式中：D——柱塞的直径；

p——液体的工作压力；

q——柱塞缸的输入流量。

柱塞式液压缸是单作用液压缸，只能做单向运动。柱塞缸的回程必须依靠其他外力（如弹簧力）或是垂直安放靠柱塞等活动部分的自重回程。在大行程设备中，为了得到双向运动，柱塞缸常如图 4－4（b）所示成对使用。

如图 4－5 所示为柱塞式液压缸的常见结构。柱塞端面是受压面，其面积大小决定了柱塞缸的输出速度和推力。为保证柱塞缸有足够的推力和稳定性，一般柱塞较粗，质量较大，水平安装时易产生单边磨损，故柱塞缸适宜于垂直安装使用。水平安装使用时，为减轻质量，有时制成空心柱塞。为防止柱塞因自重下垂，通常要设置柱塞支承套和托架。柱塞 2 只与导向套 3 配合，故缸筒内壁只需粗加工，甚至在缸筒采用无缝钢管时可不加工，运动时由缸盖上的导向套来导向。所以结构简单，制造容易，成本低廉，常用于长行程机床，如龙门刨床、导轨磨床、大型拉床等设备的液压传动系统。

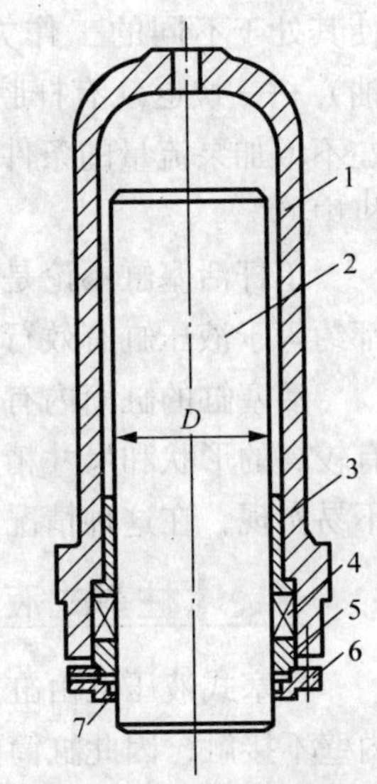

图 4－5　柱塞油缸结构

1—缸体；2—柱塞；3—导向套；4—密封装置；5—压套；6—压环；7—防尘圈

三、其他常见形式液压缸

1. 摆动式液压缸

摆动式液压缸又称为摆动式液压马达，能够输出转矩并实现往复摆动运动，有单叶片、双叶片两种形式，如图 4－6 所示。

图 4－6（a）为单叶片式摆动缸，由定子块 1、缸体 2、摆动轴 3、叶片 4、左右支承盘和左右盖板等主要零件组成。定子块固定在缸体上，叶片和摆动轴连接在一起。当液压油进入摆动缸时，压力油推动叶片摆动，改变进、出油口，可改变叶片及摆动轴的摆动方向。最大回转角度一般不超过 300°。

图 4－6（b）为双叶片式摆动缸，其摆角最大可达 150°。当输入油液的压力和流量相等时，双叶片摆动缸摆动轴输出转矩是单叶片摆动缸的两倍，而摆动的角速度则是单叶片摆动缸的一半。

摆动式液压缸的输出转矩 T 和输出角速度 ω 的计算公式为

$$T = \frac{ZB}{8}(D^2 - d^2)(p_1 - p_2)\eta_m \tag{4-13}$$

$$\omega = \frac{8q\eta_v}{zB(D^2 - d^2)} \tag{4-14}$$

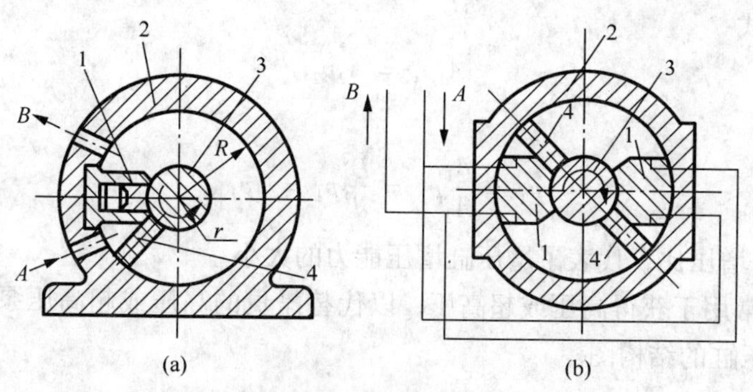

图 4 – 6　摆动缸

（a）单叶片式；（b）双叶片式；
1—定子块；2—缸体；3—摆动轴；4—叶片

式中：z ——叶片数；

B ——叶片宽度；

D ——缸体内孔直径；

d ——叶片轴直径；

p_1 ——缸的进口压力；

p_2 ——缸的回油压力；

q ——缸的输入流量。

摆动式液压缸结构紧凑，输出转矩大，但加工制造比较复杂。在机床上，用于回转夹具、送料装置、间歇进刀机构等；在液压挖掘机、装载机上，用于铲斗的回转机构。目前，在舰船的液压舵机上逐步由摆动式液压缸取代柱塞式液压缸。

2. 增压缸

增压缸又称增压器。通过增压缸可以将输入的低压油转变为高压油输出。如图 4 – 7 所示为一种由活塞缸和柱塞缸组合而成的增压缸。增压缸利用活塞与柱塞有效面积之差使液压系统的局部区域获得高压。

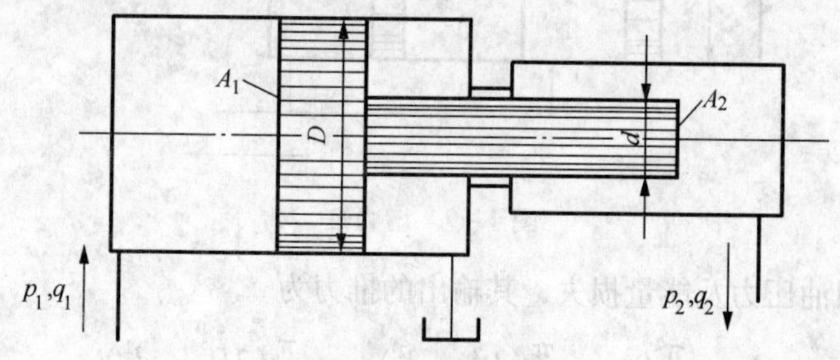

图 4 – 7　增压液压缸

设缸的入口压力为 p_1 ，出口压力为 p_2 ，若不计摩擦力，根据力平衡关系，

可得如下公式

$$A_1p_1 = A_2p_2$$

整理得

$$p_2 = \frac{A_1}{A_2}p_1 = \frac{D^2}{d^2}p_1 = kp_1 \tag{4-15}$$

式中：k——增压比，代表了增压缸增压能力的大小。

增压缸常用于获得高压或超高压，以代替昂贵的高压或超高压泵。如图 4-8 所示为增压缸的结构图。

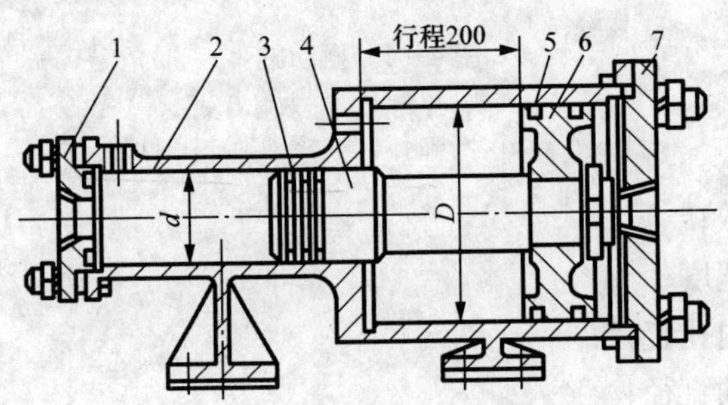

图 4-8 增压缸的结构图

1—前盖；2—缸体；3—活塞环；4—柱塞；5—形密封圈；6—活塞；7—后盖

3. 增力缸

在液压缸径向安装尺寸受到限制而输出力又要求较大的液压系统中，可采用增力缸。如图 4-9 所示，增力缸由两个单杆活塞缸串联形成，当液压油通入两缸左腔时，活塞向右运动，两个缸右腔的油液同时排出。

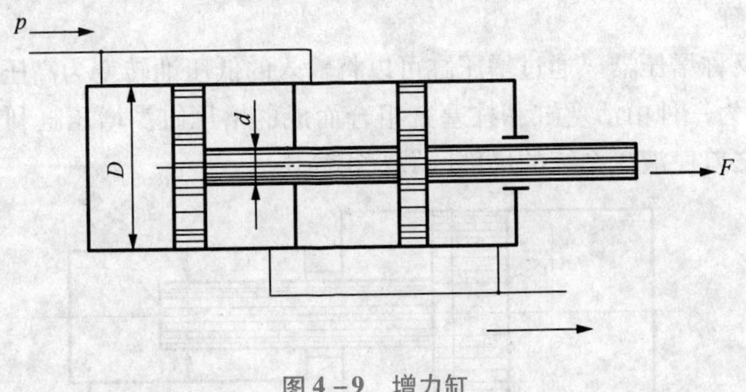

图 4-9 增力缸

若不计回油压力及能量损失，其输出的推力为

$$F = \frac{\pi}{4}D^2p + \frac{\pi}{4}(D^2 - d^2)p = \frac{\pi}{4}(2D^2 - d^2) \tag{4-16}$$

式中：D——柱塞的直径；

d——活塞杆的直径；

p ——液体的工作压力。

4. 齿条活塞缸

如图 4－10 所示为齿条活塞缸，由双活塞缸和齿轮齿条机构组成。这种液压缸可以将活塞的直线往复运动经齿轮齿条机构转换成回转运动，常用于机械手、磨床的进给机构、组合机床回转工作台的转位或分度机构中。

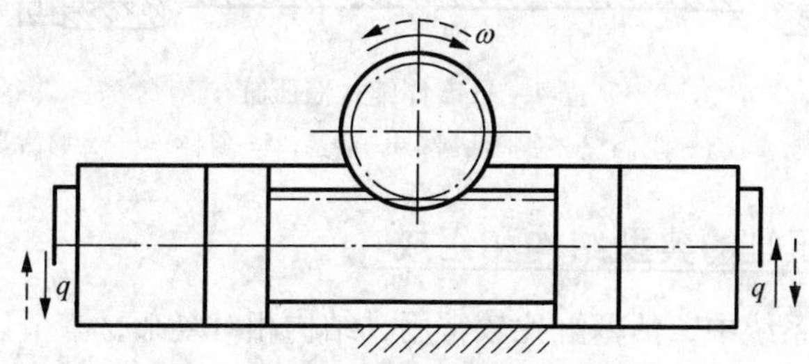

图 4－10 齿条活塞缸

齿条活塞缸对外输出的转矩 T 和回转角速度 ω 分别为：

$$T = p\frac{\pi D^2}{4}\frac{D_f}{2}\eta_m \qquad (4-17)$$

$$\omega = \frac{8q\eta_v}{\pi D^2 D_f} \qquad (4-18)$$

式中：p ——缸的工作压力；

D ——缸筒的内径；

D_f——齿轮的分度圆直径；

q ——缸的输入流量。

5. 伸缩式液压缸

伸缩式液压缸又称为多级液压缸，由两个或多个活塞缸套装组成（如图 4－11 所示）。前一级活塞缸的活塞是后一级活塞缸的缸筒，伸出时（按活塞的有效工作面积由大到小依次伸出），可获得较大的工作行程；缩回时（按活塞的有效工作面积由小到大依次缩回）可获得较小的结构尺寸。由于各级活塞的有效工作面积不同，在输入油液压力和流量都不变的情况下，液压缸的推力和速度可实现分级变化：当 A 口进油时，先推动一级套筒活塞 3 向右运动，由于一级活塞有效工作面积较大，故运动速度低，推力大。一级活塞运动到行程终点后，二级活塞 4 在压力油的作用下继续向右运动，因其有效工作面积较小，其速度快、推力小。

伸缩式液压缸常用于工程机械（如翻斗汽车、起重机等）和农业机械上，如自卸汽车举升缸、起重机伸缩臂缸、拖拉机翻斗挂车自卸系统举升液压缸等。

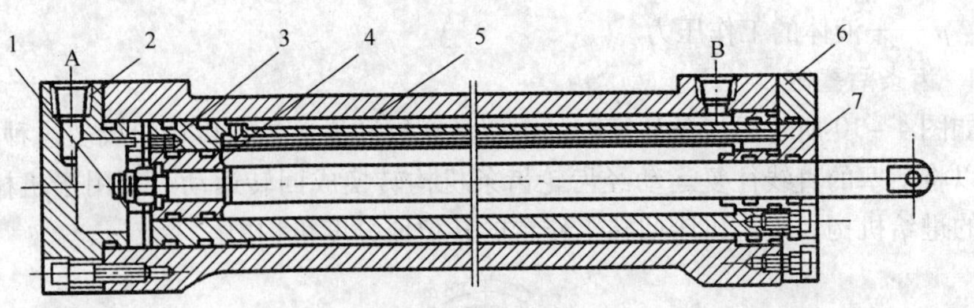

图 4－11　伸缩式液压缸

1—压板；2、6—端盖；3—套筒活塞；4—活塞；5—缸体；7—套筒活塞端盖

四、液压缸的典型结构和组成

在液压传动系统中，活塞缸比较常用，结构相对复杂，本节以活塞式液压缸为例，详细介绍液压缸的典型结构。通常活塞缸由后端盖、缸筒、活塞、活塞杆和前端盖等主要部分组成。为防止工作介质向缸外或由高压腔向低压腔泄漏，在缸筒与端盖、活塞与活塞杆、活塞与缸筒、活塞杆与前端盖之间均设有密封装置。在前端盖外侧还装有防尘装置。为防止活塞快速运动到行程终端时撞击缸盖，缸的端部还可设置缓冲装置。此外，根据需要缸还设有缓冲装置和排气装置。导向套对活塞杆或柱塞起导向和支承作用，有些缸不设导向套，直接用端盖孔导向，这种结构简单，但磨损后必须更换端盖。

综上所述，典型活塞缸一般由缸体组件（缸筒、端盖等）、活塞组件（活塞、活塞杆等）、密封装置、缓冲装置和排气装置组成。在进行液压缸的结构设计时，应根据工作压力、运动速度、工作条件、加工工艺及装拆检修等方面的要求综合考虑其各部分结构。

如图 4－12 所示为法兰式单杆活塞缸。法兰 14、19 与缸筒采用螺纹连接，通过螺钉将前盖 2、前端盖 5、法兰 14 与法兰及缸筒固定为一体。采用内螺纹型缓冲套管 15 将活塞 10、缓冲套管 17 固定在活塞杆上。缓冲套管 17 和缓冲套 15 分别与前后端盖上的节流阀 7 和单向阀 13 组成缓冲器，以使活塞组件在行程终点时制动，避免活塞与缸盖之间的相互撞击。排气装置 18 用于排放油腔内积聚的气体。密封圈 4 和活塞密封组件 11 共同组成密封装置。

1. 缸体组件

缸体组件通常由缸筒、缸盖、导向环和支承环等组成。缸体组件与活塞组件构成密封的工作容腔，承受压力。因此缸体组件要有足够的强度、较高的加工精度和可靠的密封性。

常见的缸体组件连接形式有下面几种（如图 4－13 所示）。

1）法兰连接

法兰连接是一种常用的连接形式。这种连接结构简单，加工方便，连接可靠，但要求缸筒端部有直径足够大的凸缘，用以安装螺栓或旋入螺钉，故其质量

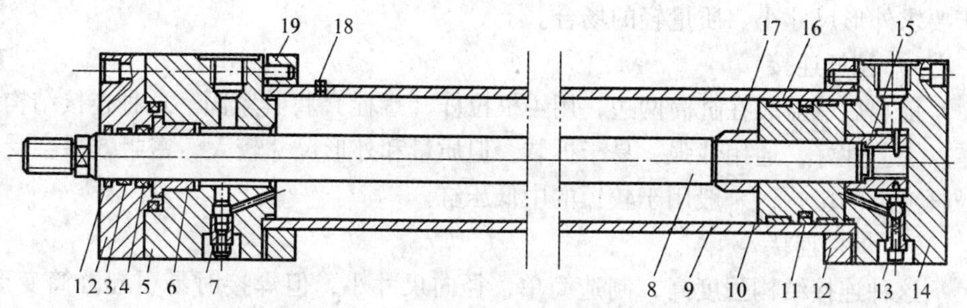

图 4-12　法兰式单杆活塞缸

1—防尘圈；2—前盖；3—支撑环；4—活塞杆密封圈；5—前端盖；
6—导向环；7—节流阀；8—活塞杆；9—缸筒；10—活塞；
11—活塞密封组件；12、19—法兰；13—单向阀；14—后端盖；
15—缓冲套；16—导向环；17—缓冲套管；18—排气装置

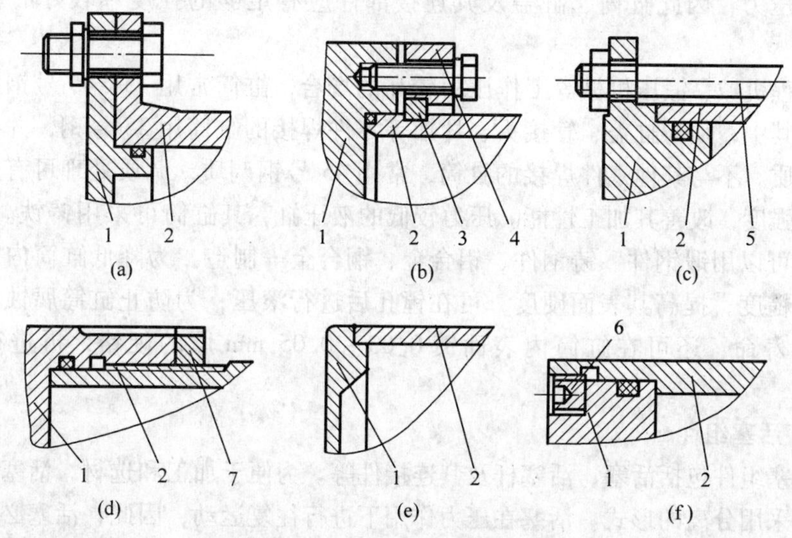

图 4-13　缸筒与端盖的连接

（a）法兰连接；（b）半环连接；（c）拉杆连接；（d）外螺纹连接；（e）焊接；（f）内螺纹连接
1—缸盖；2—缸体；3—半环；4—压环；5—拉杆；
6—压紧螺母；7—防松螺母

和外形尺寸较大。

2）半环连接

分为外半环连接和内半环连接两种形式。半环连接工艺性好，连接可靠，质量轻，结构紧凑，但零件较多，加工也较复杂，另外，缸筒上开设了环形槽，对缸筒的强度会有所削弱。常用于无缝钢管缸筒与端盖的连接。

3）螺纹连接

这种连接有外螺纹连接和内螺纹连接两种方式，具有径向尺寸小、质量轻、结构紧凑等优点，但缸筒端部需要加工螺纹，结构较复杂，加工精度高。一般用于要求外形尺寸小、质量轻的场合。

4）拉杆连接

前、后端盖装在缸筒两边，用4根拉杆（螺栓）将其紧固。这种连接结构简单，工艺性好，通用性强，易于拆装，但质量和外形尺寸较大，密封效果会受到拉杆变形的影响，一般用于较短的中低压缸。

5）焊接连接

这种连接结构强度高，制造简单，径向尺寸小，但焊接时易引起缸筒变形。一般用于行程短、轴向尺寸要求紧凑的液压缸。

缸筒是液压缸的主体，为保证其加工质量，内孔一般采用镗削、铰孔、滚压或珩磨等精密加工工艺制造，以使活塞及其密封件、支承件能顺利滑动，减小磨损并保证良好的密封效果。端盖装在缸筒两端，与缸筒形成封闭容腔，承受很大的压力，因此缸筒、缸盖及其连接部件应有足够的强度和较好的加工工艺性。

工程机械、锻压机械等工作压力较高的场合，缸筒常用35、45号钢的无缝钢管。其中，须与缸盖、管接头、耳轴等零件焊接的缸筒用35号钢，并在粗加工后调质。不与其他零件焊接的缸筒，常用45号钢调质，调质处理可有效提高缸筒的强度，改善其加工性能。压力较低的液压缸，其缸筒可采用铸铁。另外，缸筒也可以用锻钢件、铸钢件、铝合金、铜合金等制造。为降低缸筒内表面的表面粗糙度，提高其表面硬度，可在镗孔后进行滚压；为防止缸筒腐蚀、提高其使用寿命，还可在缸筒内表面镀0.03～0.05 mm厚的硬铬，再进行研磨抛光。

2. 活塞组件

活塞组件包括活塞、活塞杆及其连接件等。为便于加工和选材，活塞与活塞杆一般采用分离的形式。活塞在压力作用下进行往复运动，因此，活塞必须具有一定的强度和良好的耐磨性，一般用铸铁或钢制造。活塞有整体式和组合式两种结构。活塞杆是连接活塞和工作部件的传力零件，必须有足够的强度和刚度。活塞杆分实心和空心两种类型，通常都用钢制造。活塞杆在导向套内往复运动，其外圆表面应当耐磨并具有防锈性能，故活塞杆外圆表面需镀铬。根据工作压力、安装固定形式及工作条件的不同，活塞组件有多种结构形式。

1）螺纹连接

如图4－14（a）所示。其结构简单，装拆方便，但螺纹会使活塞杆强度削弱，且需有螺母防松装置。这种连接形式在机床上应用较多。

2）半环连接

如图4－14（b）所示，半环7放在活塞杆4的环形槽内，并由轴套6套住，轴套6又由弹簧挡圈5固定在活塞杆上。这种连接强度高，装拆方便，但结构复杂，多用于高压和振动较大的场合。

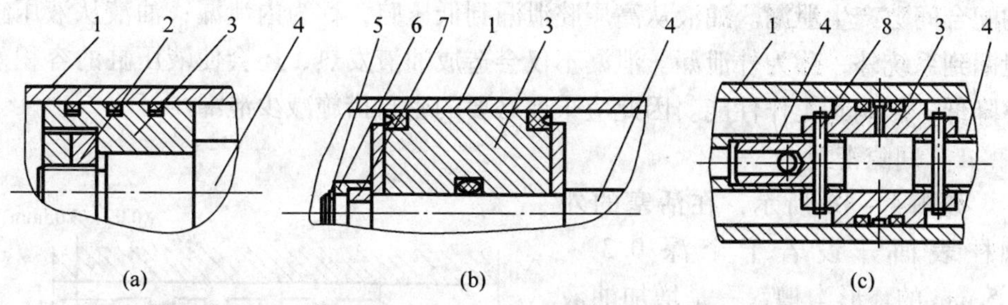

图 4-14　活塞与活塞杆的连接

(a) 螺纹连接；(b) 半环连接；(c) 销轴连接
1—缸体；2—螺母；3—活塞；4—活塞杆；5—弹簧挡圈；
6—轴套；7—半圆环；8—销轴

3）锥销连接

如图 4-14（c）所示，用锥销 8 把活塞 3 固定在活塞杆 4 上，具有加工容易，安装方便等特点，但承载能力小，多用于轻载的场合。

对于活塞直径与活塞杆直径相差不大、行程较短或尺寸较小的液压缸，其活塞与活塞杆可制成一体或采用焊接方式连接。但无论何种连接方式，都必须保证连接可靠，防止活塞组件往复运动时产生松动。

活塞杆头部直接与工作机构连接，根据不同的连接要求，活塞杆头部主要有如图 4-15 所示的几种结构。

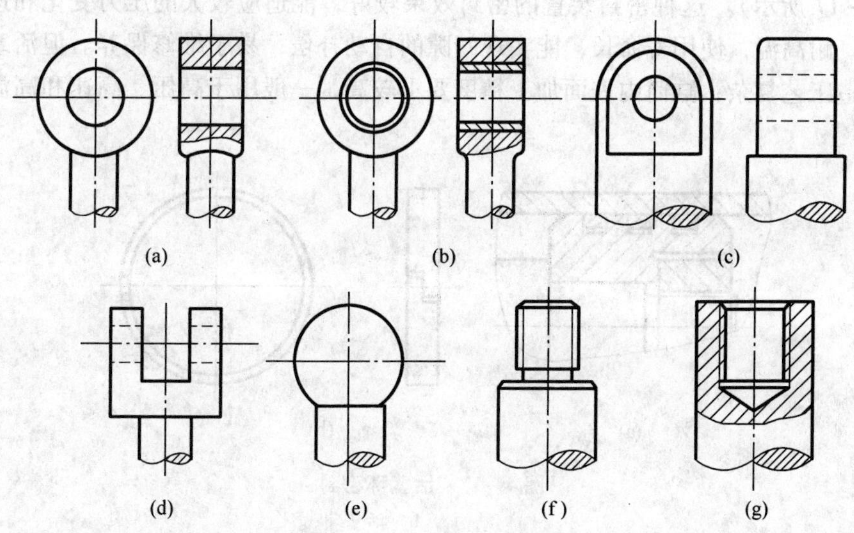

图 4-15　活塞杆的头部结构

(a) 单耳环不带衬套式；(b) 单耳环带衬套式；(c) 单耳环式；
(d) 双耳环式；(e) 球头式；(f) 外螺纹式；(g) 内螺纹式

3. 密封装置

液压缸工作时，由于存在压差，油液可通过固定件的连接处和相对运动部件的配合间隙产生泄漏。油液从高压腔泄漏到低压腔，称为内泄漏；油液从液压缸泄漏到系统外，称为外泄漏。泄漏不仅会造成油液发热、还会使液压缸的容积效率降低，影响其工作性能。因此应采取必要的密封措施减少泄漏。

1）间隙密封

如图 4－16 所示，在活塞的外圆柱表面开设若干个深 0.3～0.5 mm 的环形沟槽，一是增加油液流经此间隙时的阻力、起到密封作用；二是有利活塞的对中，以减少活塞移动时的摩擦力。为提高密封效果，在保证活塞与缸筒相对运动顺利进行的情况下，配合间隙必须尽量小，故对其配合的表面的加工精度和表面粗糙度要求较高。这种密封形式适用于直径较小、工作压力较低的液压缸。

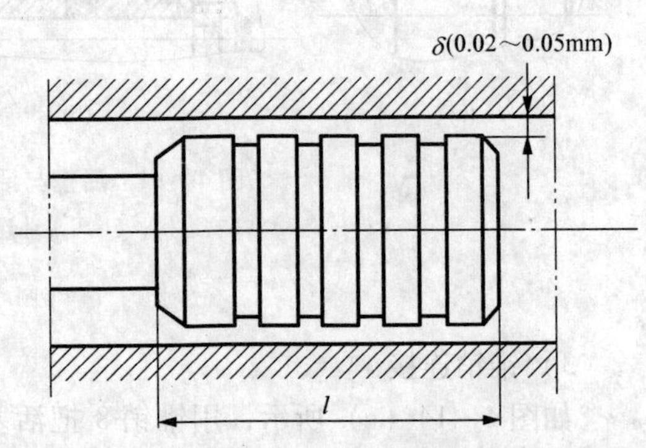

图 4－16　活塞的间隙密封

2）活塞环密封

活塞环密封依靠装在活塞环形槽中的弹性金属环紧贴缸筒内壁实现密封（如图 4－17 所示）。这种密封装置的密封效果较好，能适应较大的压力变化和速度变化。耐高温，使用寿命长，能实现间隙的自动补偿，易于维修保养。但活塞环的制造工艺复杂，缸筒内表面加工精度要求较高，一般用于高压、高速和高温的场合。

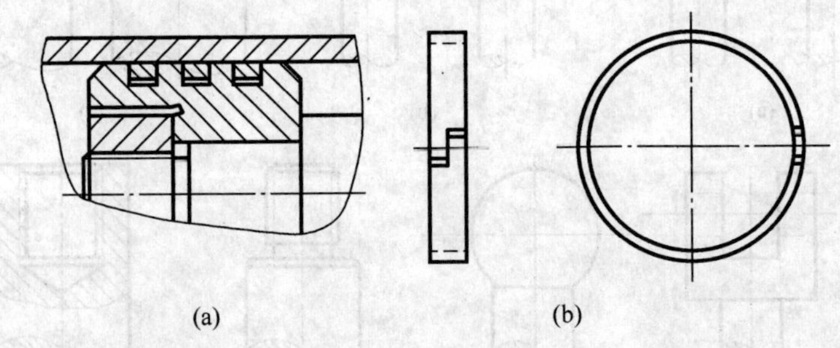

图 4－17　活塞环密封

（a）结构；（b）活塞环

3）密封圈密封

（1）O 形密封圈密封。

如图 4－18（a）所示，O 形密封圈结构简单，密封可靠，摩擦阻力小，但其使用寿命不长，且要求缸孔内壁光滑，主要用于低速场合。

(2) Y 形密封圈密封。

如图 4－18（b）所示。其密封性能、弹性和强度都比较好。唇部富有弹性，能自封，磨损后能自行补偿。在压力变化较大、滑动速度较高的工况下工作时，要用支承环以固定密封圈。

(3) 小 Y 形密封圈密封。

如图 4－18（c）所示。除具有 Y 形密封圈的特点外，因其两唇不等高，选择短唇朝被密封的间隙安装，唇尖不可能被挤入间隙，故无需支承环，结构更简单，而且这种密封圈的截面长宽比大于 2，在活塞运动时不会翻滚，使用可靠。

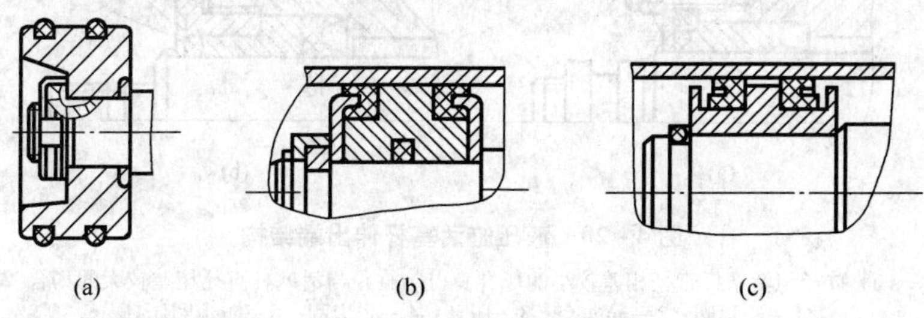

图 4－18　活塞的密封圈密封

（a）O 形密封圈密封；（b）Y 形密封圈密封；（c）小 Y 形密封圈密封

活塞杆上广泛地采用橡胶圈密封。如图 4－19（a）、（b）、（c）所示分别为采用 O 形、V 形、Y 形密封圈的情况。使用时，注意使 V 形、Y 形密封圈的唇边面向高压侧。另外，由于活塞杆外伸部分进入液压缸时很容易带入脏物，使工作油液受到污染，加速密封件的磨损，因此对一些工作环境较脏的液压缸来说，活

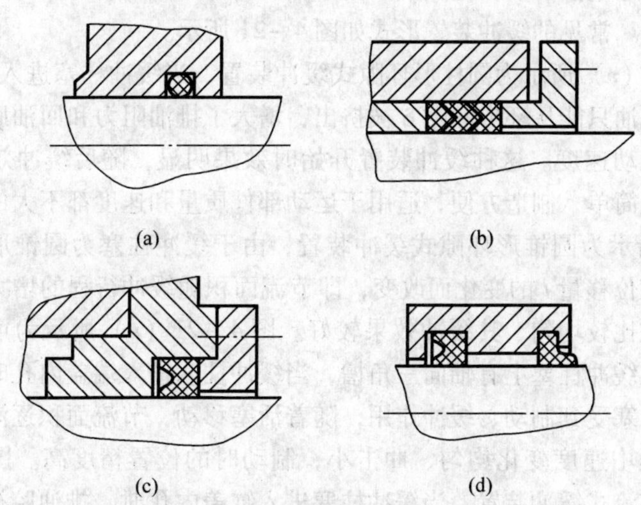

图 4－19　活塞杆的密封

（a）O 形密封圈密封；（b）V 形密封圈密封；
（c）Y 形密封圈密封；（d）防尘圈的位置

塞杆密封处应加装防尘圈。防尘圈应放在朝向活塞杆外伸的那一端，如图 4 - 19（d）所示。

液压缸常用的活塞杆伸出端端盖结构如图 4 - 20 所示，它包括密封圈 1、导向套 2、压环 3、防尘圈 4 和防尘圈压环 5 等。图 4 - 20（a）所示的结构用于缸径与活塞杆直径相差较小的场合；图 4 - 20（b）所示的结构用于缸径与活塞杆直径相差较大的场合。

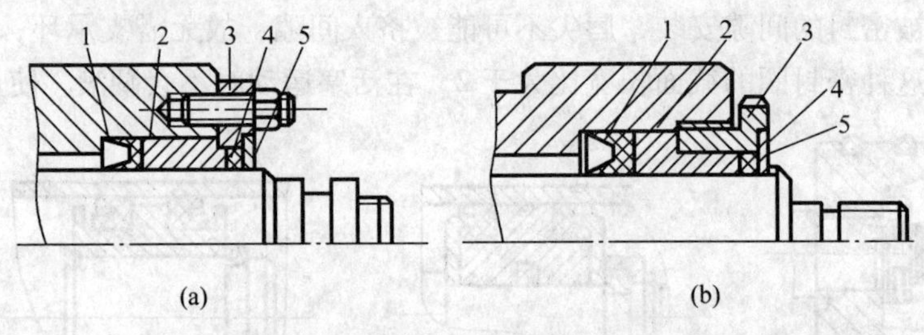

图 4 - 20　液压缸活塞杆伸出端结构

（a）缸径与活塞杆直径相差较小的场合；（b）缸径与活塞杆直径相差较大的场合
1—密封圈；2—导向套；3—压环；4—防尘圈；5—防尘圈压环

4. 缓冲装置

当液压缸驱动质量较大、运动速度较快的工作部件时，一般要设置缓冲装置。其目的是消除因运动部件的惯性力和液压力所造成的活塞与缸盖之间的机械撞击，同时也可以降低活塞在改变运动方向时液体发出噪声。

缓冲装置的工作原理是使活塞或缸筒在运动到行程终点时，将排油腔的液压油封堵起来，迫使液压油从缝隙或节流小孔流出，产生足够的缓冲压力，减缓活塞的运动速度。常见的缓冲装置形式如图 4 - 21 所示。

图 4 - 21（a）所示为圆柱形环隙式缓冲装置，当缓冲柱塞进入缸盖内孔时，排油腔的液压油只能从环形间隙 δ 被挤出，增大了排油阻力和回油腔制动力，减缓了活塞的运动速度。这种缓冲装置开始时效果明显，随后缓冲效果会明显减弱。但其结构简单，制造方便，适用于运动部件质量和速度都不大的液压缸。图 4 - 21（b）所示为圆锥形环隙式缓冲装置，由于缓冲柱塞为圆锥形，所以缓冲环形间隙 δ 随位移量 l 的变化而改变，即节流面积随缓冲行程的增大而减小，使机械能的吸收比较均匀，其缓冲效果较好。图 4 - 21（c）所示为可变节流槽式缓冲装置。在缓冲柱塞上有轴向三角槽，当缓冲柱塞进入端盖内孔时，油液经三角槽流出，活塞受到制动、缓冲作用，随着活塞移动，节流面积逐渐减小，使活塞在缓冲过程中速度变化均匀、冲击小，制动时的位置精度高。图 4 - 21（d）所示为可调节流式缓冲装置。当缓冲柱塞进入缸盖内孔时，排油腔被封堵，油液只能通过节流阀排油，排油腔缓冲压力升高，使活塞制动减速。调节节流阀的通流面积，可以改变回油流量，从而改变活塞缓冲时的速度。单向阀的作用是当活塞返程时，能迅速向液压缸供油，以避免活塞推力不足而启动缓慢。这种缓冲装

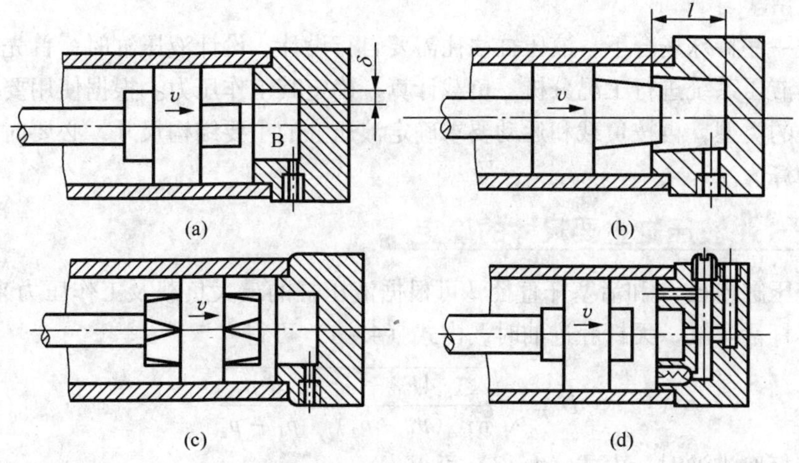

图 4-21　液压缸的缓冲装置

(a) 圆柱形环隙式；(b) 圆锥形环隙式；
(c) 可变节流槽式；(d) 可调节流孔式

置的制动力可根据负载进行调节，故适用范围较广。

5. 排气装置

新试制的液压缸停放一段时间不用，会有空气混入。液压缸中混入空气后，会影响到液压缸运动的平稳性，低速时引起爬行，启动时引起冲击、振动，换向时降低精度。因此，对速度稳定性要求较高的液压缸，需设置专门的排气装置。常用的排气装置有两种：一种是在液压缸的最高部位处开排气孔，用细长管道与远处的排气阀相连接进行排气；另一种是直接在液压缸的最高处安装排气阀或排气塞，如图 4-22 所示。排气装置只在排气时打开，排气完毕应将其关闭。对要求不高的液压缸，也可不设排气装置，而是将进出油口布置在缸筒两端的最高处，使空气随油液排往油箱，再从油液中逸出。

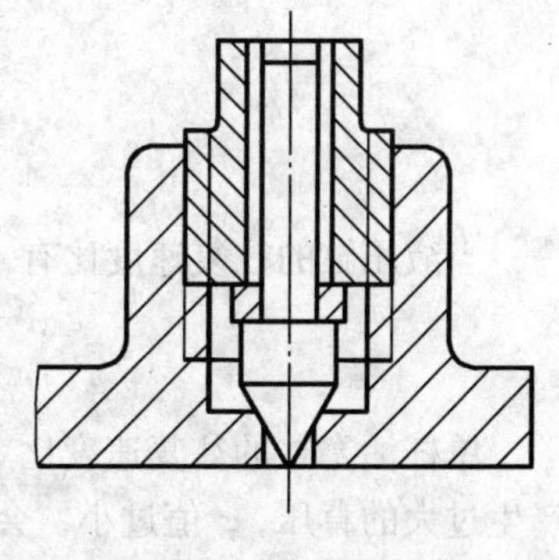

图 4-22　排气塞结构

课题二　液压缸的设计计算

学习目标

1. 熟悉液压缸主要尺寸的计算；
2. 了解液压缸的强度计算与校核；
3. 了解液压缸设计应注意的问题。

知识学习

在一些特殊场合下，液压缸往往需要自行设计。设计液压缸时，首先应对所设计的液压系统进行工况分析、负载计算，确定其工作压力。根据使用要求确定液压缸的类型，再按负载和运动要求确定液压缸的主要结构尺寸，必要时需进行强度验算。

一、液压缸主要尺寸的确定

液压缸内径 D 和活塞杆直径 d 可根据液压缸的最大负载及工作压力来确定。对于单杆活塞缸，无杆腔进油时，由式（4-4）可得

$$D = \sqrt{\frac{4F_1}{\pi\eta_m(p_1 - p_2)} - \frac{d^2 p_2}{p_1 - p_2}} \tag{4-19}$$

有杆腔进油时，由式（4-7）可得

$$D = \sqrt{\frac{4F_2}{\pi\eta_m(p_1 - p_2)} + \frac{d^2 p_1}{p_1 - p_2}} \tag{4-20}$$

当回油背压 $p_2 = 0$ 时，上述两式可分别简化为

$$D = \sqrt{\frac{4F_1}{\pi\eta_m p_1}} \tag{4-21}$$

$$D = \sqrt{\frac{4F_2}{\pi\eta_m p_1} + d^2} \tag{4-22}$$

当液压缸的往复速度比有一定要求时，由式（4-8）可得

$$d = D\sqrt{\frac{\varphi - 1}{\varphi}} \tag{4-23}$$

单杆活塞缸的往复速度比 φ 应依据表4-1合理选择。φ 值过大，会使无杆腔产生过大的背压，φ 值过小，会使活塞杆太细，影响其稳定性。

表4-1　液压缸往复速度比推荐值

工作压力 p/MPa	≤10	1.25~20	>20
往复速度比 φ	1.33	1.46，2	2

当没有速度比要求时，活塞杆直径可根据工作压力来选取，见表4-2。

表4-2　液压缸工作压力与活塞杆直径

液压缸工作压力 p/MPa	<5	5~7	>7
推荐活塞杆直径 d	(0.5~0.55) D	(0.6~0.7) D	0.7D

液压缸的缸筒长度由活塞最大行程、活塞长度、活塞杆导向套长度、活塞杆密封长度等确定。其中活塞长度一般取 $(0.6 \sim 1.0)D$；导向套长度取 $(0.6 \sim 1.5)d$。为降低加工难度，一般液压缸缸筒长度不应大于内径的20~30倍。

活塞缸的进出口直径可用下式求得

$$d_0 = \sqrt{\frac{4q}{\pi v}} \tag{4-24}$$

式中：q——进入液压缸的流量；

v——液压缸管道内液体的平均流速。

计算得出的液压缸内径 D 、活塞杆直径 d 和进出口直径 d_0 值需按液压元件的相关标准进行圆整。

二、液压缸的强度计算与校核

1. 缸筒壁厚 δ 的确定

在中、低压系统中，液压缸的缸筒壁厚一般由结构和工艺上的需要来确定，只有当液压缸的工作压力较高且直径较大时，才有必要对其最薄弱部位的壁厚进行强度校核。

当 $\frac{D}{\delta} \geqslant 10$ 时，可按薄壁圆筒的计算公式进行校核。

$$\delta \geqslant \frac{p_y D}{2[\sigma]} \tag{4-25}$$

当 $\frac{D}{\delta} < 10$ 时，可按厚壁圆筒的计算公式进行校核。

$$\delta \geqslant \frac{D}{2}\left(\sqrt{\frac{[\sigma]+0.4p_y}{[\sigma]-1.3p_y}}-1\right) \tag{4-26}$$

式中：δ——缸筒壁厚；

D——缸筒内径；

p_y——试验压力，比最大工作压力大 20% ~ 30%；

$[\sigma]$——缸筒材料的许用应力。铸铁 $[\sigma]=60 \sim 70$ MPa；铸钢、无缝钢管 $[\sigma]=100 \sim 110$ MPa；锻钢 $[\sigma]=110 \sim 120$ MPa。

2. 活塞杆的强度及稳定性校核

1）强度校核

活塞杆的强度按下式进行校核。

$$d \geqslant \sqrt{\frac{4F}{\pi[\sigma]}} \tag{4-27}$$

式中：d——活塞杆直径；

F——液压缸所受负载；

$[\sigma]$——活塞杆材料的许用应力，$[\sigma]=\sigma_b/n$，σ_b 为材料的抗拉强度，n 为安全系数，一般取 $n \geqslant 1.4$。

2）稳定性校核

活塞杆受轴向压力作用时，活塞杆所能承受的负载 F，应小于使其保持工作稳定的临界负载 F_k。F_k的值与活塞杆材料的性质、截面形状、直径和长度，以及液压缸的安装方式等因素有关。当活塞杆长度与直径之比 $l/d>10$ 时，应进行活塞杆的稳定性校核。以活塞杆全部伸出时，端部与安装支承点的距离为计算长度。活塞杆的最大工作负荷应满足下式要求。即

$$F \leqslant \frac{F_k}{n_k} \tag{4-28}$$

式中：n_k——安全系数，一般取 $n_k=2\sim4$；

F_k——活塞杆弯曲失稳的临界负荷，N。

当长细比 $l/r_k \geqslant m\sqrt{n}$ 时，临界力 F_k按下式计算。

$$F_k = \frac{n^2\pi^2 EJ}{l^2} \tag{4-29}$$

当长细比 $l/r_k < m\sqrt{n}$ 时，临界力 F_k按下式计算。

$$F_k = \frac{fA}{1+\frac{a}{n}\left(\frac{l}{r_k}\right)^2} \tag{4-30}$$

式中：r_k——活塞杆横截面的回转半径，m，$r_k=\sqrt{\frac{J}{A}}$；

m——柔性系数，由表 4-3 查取；

J——活塞杆横截面的惯性矩，m^4；

A——活塞杆截面积，m^2；

E——活塞杆材料的弹性模量，对钢 $E=2.1\times10^5$ MPa；

n——末端系数，由液压缸支承方式决定；

f——由材料强度决定的一个实验值，由表 4-3 查取；

a——系数，由表 4-3 查取。

表 4-3 实验常数

材料	铸铁	锻钢	低碳钢	中碳钢
f/MPa	560	250	340	490
a	1/1 600	1/9 000	1/7 500	1/5 000
m	80	110	90	85

三、液压缸设计应注意的问题

(1) 选定合理的结构形式（活塞式、柱塞式等）。合理的结构形式，是保证液压缸能够满足液压系统正常工作的必需条件，液压缸的结构形式应在进行充分工况分析，并参考同类设备的基础上选定。

（2）注意液压缸的标准化和系列化。液压缸的主要参数应尽可能选用标准值，具体结构尽量按液压工程手册所推荐的结构进行设计，配件要选用标准件。

（3）对活塞杆较长的液压缸，尽可能使其在受拉状态下承受最大负荷。当其受压时，应进行稳定性校核，以避免活塞杆受压失稳。

（4）选用可靠而合理的密封和防尘装置。在设计密封和防尘装置时不仅应考虑其可靠性，还应考虑摩擦和使用寿命。

（5）对要求较高的液压缸要设置缓冲和排气装置。

（6）考虑热胀冷缩问题。由于环境温度和油温的影响，缸筒和活塞杆会出现热胀冷缩，在设计液压缸与工作部件的安装、连接形式时应予以重视。

（7）尽量使液压缸结构简单，外形尺寸小，加工、装配、维修方便。

课题三　液压缸的常见故障及其排除方法

学习目标

1. 了解液压缸的常见故障；
2. 了解液压缸常见故障的排除方法。

知识学习

液压缸由于使用和调整不当，在运行过程中会产生各种故障。液压缸的常见故障及其排除方法见表4－4。

表4－4　液压缸的常见故障及其排除方法

故障现象	原因分析	排除方法
爬行	（1）混入空气 （2）运动密封件装配过紧 （3）活塞杆与活塞不同轴 （4）导向套与缸筒不同轴 （5）活塞杆弯曲 （6）液压缸安装不良，其中心线与导轨不平行 （7）缸筒内径圆柱度超差 （8）缸筒内孔锈蚀、拉毛 （9）活塞杆两端螺母拧得过紧，使其同轴度降低 （10）活塞杆刚性差 （11）液压缸运动件之间间隙过大 （12）导轨润滑不良	（1）排除空气 （2）调整密封圈，使之松紧适当 （3）校正、修整或更换 （4）修正调整 （5）校直活塞杆 （6）重新安装 （7）镗磨修复，重配活塞或增加密封件 （8）除去锈蚀、毛刺或重新镗磨 （9）略松螺母，使活塞杆处于自然状态 （10）加大活塞杆直径 （11）减小配合间隙 （12）保持良好的润滑

续表

故障现象	原因分析	排除方法
推力不足或工作速度下降	(1) 缸体和活塞的配合间隙过大，或密封件损坏，造成内泄漏 (2) 缸体和活塞的配合间隙过小，密封过紧，运动阻力大 (3) 运动零件制造存在误差和装配不良，引起不同心或单面剧烈摩擦 (4) 活塞杆弯曲，引起剧烈摩擦 (5) 缸体内孔拉伤与活塞咬死，或缸体内孔加工不良 (6) 液压油中杂质过多，使活塞或活塞杆卡死 (7) 油温过高，加剧泄漏	(1) 修理或更换不合精度要求的零件，重新装配、调整或更换密封件 (2) 增加配合间隙，调整密封件的压紧程度 (3) 修理误差较大的零件，重新装配 (4) 校直活塞杆 (5) 镗磨、修复缸体或更换缸体 (6) 清洗液压系统，更换液压油 (7) 分析温升原因，改进密封结构，避免温升过高
冲击	(1) 缓冲间隙过大 (2) 缓冲装置中的单向阀失灵	(1) 减小缓冲间隙 (2) 修理单向阀
外泄漏	(1) 密封件咬边、拉伤或破坏 (2) 密封件方向装反 (3) 缸盖螺钉未拧紧 (4) 运动零件之间有纵向拉伤和沟痕	(1) 更换密封件 (2) 改正密封件方向 (3) 拧紧螺钉 (4) 修理或更换零件

拓展知识

1. 液压缸的泄漏现象

液压缸生产装配完成后，在试压试验时常出现漏油现象，不可预知的外漏、内泄造成液压系统不能建压，从而导致不能正常试验。漏油可分为外部漏油和内部泄油。外部漏油主要由以下原因造成。

(1) 缸筒与缸底及接头座焊接处焊缝焊接不好，有气孔、砂眼等；

(2) 活塞杆密封不严或杆拉伤；

(3) 导向套与缸筒连接处的静密封损伤。

内部泄油主要由以下原因造成。

（1）活塞与缸筒内壁的动密封损伤或缸筒拉伤；

（2）活塞与活塞杆连接上的静密封损伤。

做液压缸出厂试验时，首先用高压软管将试验台和液压缸连接起来，按试验要求将液压缸压力调整到30 MPa（试验压力为工作压力的1.5倍），在正常情况下，当活塞杆全伸出或全缩回时运动应平稳，活塞杆没有颤动现象，液压缸无噪声；当活塞分别停留在缸筒两端，做耐压试验时，液压缸应无外部漏油及内部泄油现象。

一般的检验过程如下。

（1）检查外漏。首先检查液压缸焊缝处有无渗透油出现：将活塞分别停留在缸筒两端，按试验要求保压2 min以上，观察焊缝处有无渗漏油，如焊缝处有渗漏油出现，先做出标记，等试压完成后进行补焊处理。然后检查活塞杆外露端和导向套外露端有无渗漏油：将液压缸进行3次无负载往复运动，观察活塞杆与导向套外露端有无渗漏油，如有渗漏油出现，先测量导向套尺寸是否符合图纸的技术要求，再检查活塞杆表面光洁度（活塞杆表面是否有严重的拉伤），如是上述原因，可通过更换新的导向套、密封件或换杆解决。

（2）检查内漏。如液压缸活塞杆在试验中不能正常伸缩，经常是因为在装配时由于工人的疏忽将活塞密封件损坏或缸筒拉伤造成的内泄。这时可通过更换密封件，修复缸筒内径或将活塞槽底尺寸加大来解决内部泄油现象。内泄不仅很难发现，而且也难判断。

2. 液压爬行

如图4－23所示，设有一质量为M的重物在滑动面上慢速运动，工作机构以$V(t)$的速度通过刚性系数为K的弹簧向右移动。最初弹簧被徐徐向右端拉动，由于重物与滑动面间的静摩擦力较大，重物M并不随之运动，这时弹簧在不断拉长，储蓄能量。当弹簧的拉力足以克服静摩擦力后，重物M就开始运动，此时摩擦力迅速降低，故重物开始增加运动速度，呈跳跃式。随着弹簧的拉伸不断减小，重物M的运动速度亦不断减小。当弹簧的拉伸力正好等于动摩擦力时，重物M的运动即停止。以上现象不断地重复出现就形成了爬行。

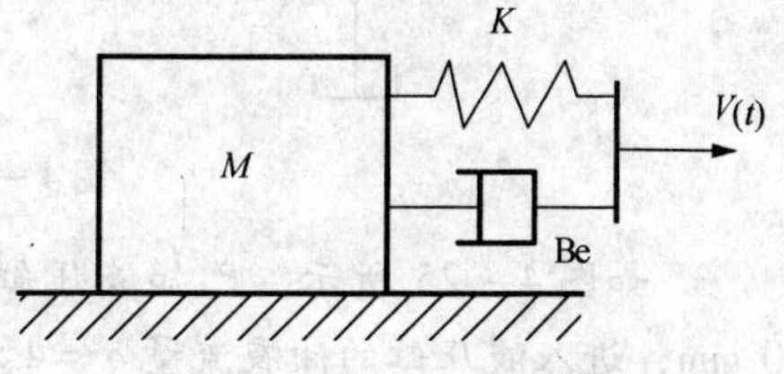

图4－23　液压爬行物理模型

当工作机构的拖动系统为液压系统时，产生的爬行现象则为液压爬行现象。液压爬行是液压传动系统中常见的不稳定现象之一，表现为执行部件（或者是外载）的工作速度不断周期性变化，正如上所叙的那样，呈“一进一停”的脉动状态。这种爬行现象对要求具有低速稳定运行的机床设备而言，其影响是十分显著的，将使这类设备加工精度及表面粗糙度大幅度下降，甚至无法正常工作。

造成液压系统爬行的原因很多，很复杂，但总的归纳起来，不外乎下列两方面的原因。

(1) 液压系统本身的驱动刚性差：如系统中混入大量空气，使系统综合弹性模量降低，活塞和负载的黏性阻尼系数过大，泄漏严重等。这些现象的最终影响就是系统的驱动刚性。

(2) 系统本身有不稳定信号输入。前面提到的两个输入参数：系统的输入压力不稳定；输入负载阻力不稳定。还有由于泵的间隙大等原因可能带来的流量不稳定因素等。这些都属于系统本身有不稳定信号输入的范畴。

课后习题

一、问答题

1. 液压缸有哪些类型？其工作特点各是什么？

2. 液压缸中为什么要设缓冲装置？常见的缓冲方式有哪几种？

3. 何谓液压缸的差动连接？当差动液压缸的快进、快退速度相等时，在结构上应满足什么条件？

二、计算题

1. 已知单杆活塞缸缸筒直径 $D=80$ mm，活塞杆直径 $d=40$ mm，流量 $q=10$ L/min，工作压力 $p_1=2$ MPa，回油背压力 $p_2=0.4$ MPa，试求活塞往复运动时的推力和运动速度。

2. 如图 4-24 所示，串联液压缸，A_1 和 A_2 为有效作用面积，F_1 和 F_2 是两活塞杆的外负载，不计压力损失，试求 p_1、p_2 和 v_1、v_2。

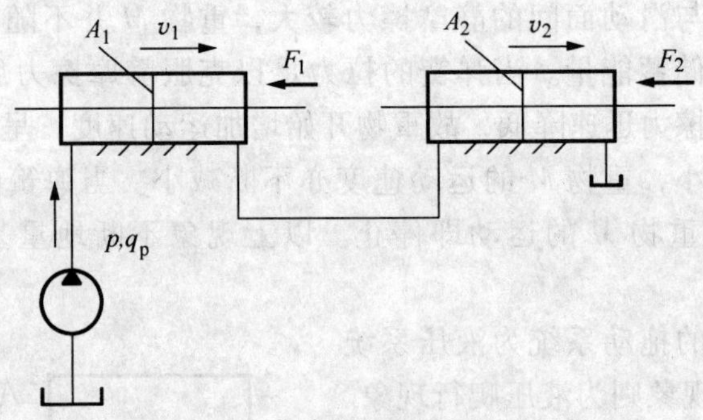

图 4-24　题 2 图

3. 如图 4-25 所示，已知液压缸活塞直径 $D=100$ mm，活塞杆直径 $d=70$ mm，进入液压缸的油液流量 $q=4\times10^{-3}$ m^3/s，进油压力 $p_1=2$ MPa，回油背压 $p_2=0.2$ MPa，试求解 (a)、(b)、(c) 三种情况下的运动速度大小、方向及最大推力。

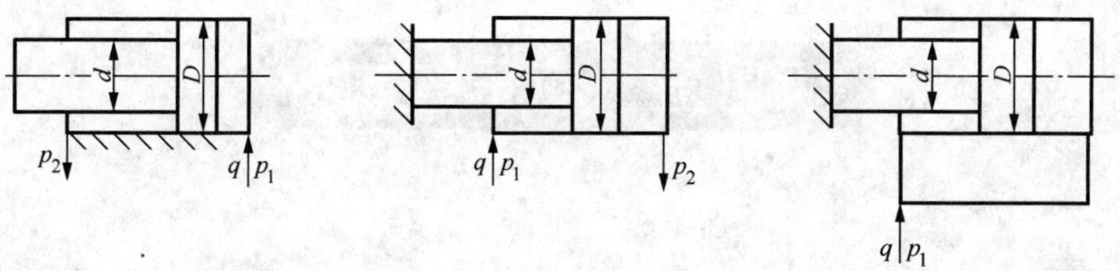

图 4－25　题 3 图

4. 图 4－25 所示为一柱塞液压缸，其柱塞固定，缸筒运动。压力油从空心柱塞通入，油液压力为 p，流量为 q，柱塞外径为 d，内径为 d_0，试求缸筒的运动速度 v 和产生的推力 F。

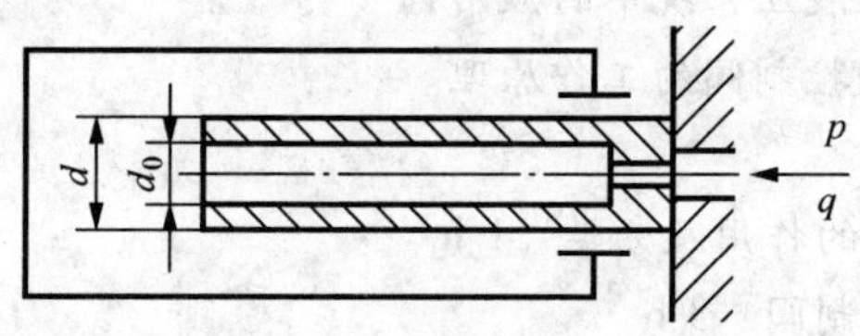

图 4－26　题 4 图

5. 某差动连接液压缸，已知进油流量 $q = 30$ L/min，进油压力 $p = 4$ MPa，要求活塞往复运动速度均为 6 m/min，试计算此液压缸缸筒内径 D 和活塞杆直径 d，并求输出推力 F。

项目五 液压控制阀

学习目标

1. 了解控制阀的作用、分类；
2. 掌握方向控制阀、压力控制阀、流量控制阀的工作原理；
3. 熟悉液压控制阀的符号含义及结构形式；
4. 熟悉控制阀在液压系统中的应用；
5. 了解电液比例控制阀的工作原理。

课时分配　14 h

课题一　控制阀的作用及分类　1 h

课题二　方向控制阀　3 h

课题三　压力控制阀　6 h

课题四　流量控制阀　2 h

课题五　电液比例控制阀　2 h

课题一　控制阀的作用及分类

学习目标

1. 掌握液压控制阀的作用；
2. 了解液压控制阀的几种分类形式；
3. 熟悉液压控制阀的性能参数。

知识学习

一、液压控制阀的作用

液压控制阀（简称液压阀）是液压传动系统中的控制元件，用来控制液压传动系统中流体的压力、流量及流动方向，以满足液压缸、液压马达等执行元件不同的动作要求，是直接影响液压传动系统工作过程和工作特性的重要元器件。

二、液压控制阀的分类

液压阀的分类方法很多，以至于同一种阀在不同的场合，因其着眼点不同而有不同的名称。下面介绍几种不同的分类方法。

（1）按机能可分为压力控制阀、方向控制阀、流量控制阀。

（2）按操作方式可分为手动阀、机动阀、电动阀。

（3）按连接方式可分为管式连接、板式及叠加式连接、插装式连接。

三、液压控制阀的性能参数及对阀的要求

（1）阀的性能参数是评定选用液压阀的依据。各种不同的液压阀有不同的性能参数，其共同的性能参数如下。

①公称通径

公称通径代表液压阀的通流能力的大小，对应于液压阀的额定流量。与液压阀的进、出油口相连接的油管规格应与液压阀的通径相一致。

②额定压力

额定压力是液压阀长期工作所允许的最高工作压力。对于压力控制阀实际最高工作压力有时还与液压阀的调压范围有关。

（2）液压传动系统对液压阀的基本要求。

①动作灵敏，冲击和振动小、压力损失少、密封性能好。

②结构紧凑，安装、调整、维护方便，通用性能好。

课题二　方向控制阀

学习目标

1. 掌握单向阀的工作原理及符号含义；
2. 掌握换向阀的工作原理；
3. 熟悉换向阀符号含义；
4. 熟悉换向阀的中位机能；
5. 了解换向阀的分类；

方向控制阀就是用以控制液压传动系统中液压油流动的方向或液流的通断，从而控制执行元件的启动、停止或换向的元件。方向控制阀可分为单向阀和换向阀两类。

一、单向阀

1. 单向阀的结构及工作原理

1）普通单向阀

普通单向阀就是只允许油液朝某一方向流动，而反向截止。液压传动系统对单向阀的主要性能要求是：油液通过时压力损失要小，反向截止密封性要好，动作要灵敏。单向阀分为管式和板式两种连接方式。如图 5－1 所示为一种管式直通单向阀的结构，压力油从 P_1 进入并作用在锥阀芯 2，当克服弹簧 3 的作用力时，推动阀芯 2，经阀芯的径向孔 a、轴向孔 b 从阀体右端油口 P_2 流出，使油路

接通；但当压力油从阀体右端流入时，液压力和弹簧力一起使阀芯紧紧压在阀座上，使阀口关闭，油液不能通过。图形符号如图 5-1（b）所示。

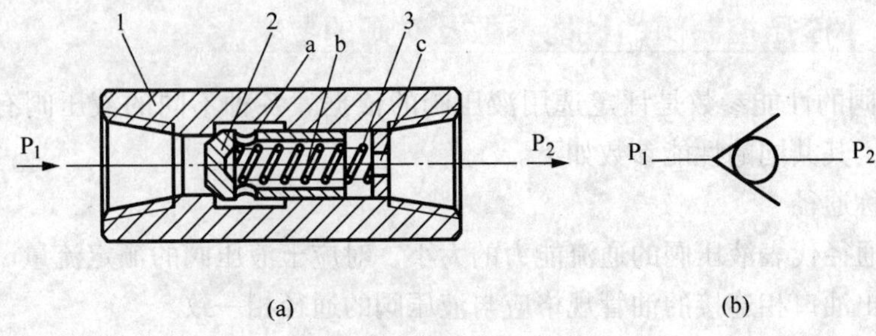

图 5-1 管式普通单向阀

1—阀体；2—阀芯；3—弹簧

板式连接单向阀的工作原理与管式单向阀相同，只是将进、出油口开在底平面上，用螺钉把阀体固定在连接板上。

单向阀中的弹簧主要是用来克服阀芯的摩擦阻力和惯性力。为了使单向阀工作灵敏可靠，普通单向阀的弹簧刚性较小，以免油液流动时产生较大压力降。一般单向阀的开启压力为 0.035～0.05 MPa，通过额定流量时的压力损失不应超过 0.3 MPa。若将单向阀中的弹簧换成刚度较大的弹簧，则阀的开启压力为 0.2～0.6 MPa，可将其置于回油路上作背压阀使用。

2）液控单向阀

如图 5-2（a）所示是液控单向阀的结构。当控制口 K 不通压力油时，此阀的作用与单向阀相同，压力油只能从通口 P_1 流向通口 P_2，不能反向倒流；但当控制口 K 通压力油时，阀就保持开启状态，液流双向都能自由通过。图右半部与一般单向阀相同，左半部有一控制活塞 1，控制油口 K 通以一定压力的压力油时，推动活塞 1 并通过推杆 2 顶开阀芯 3，阀就保持开启状态。如图 5-2（b）所示是液控单向阀的图形符号。

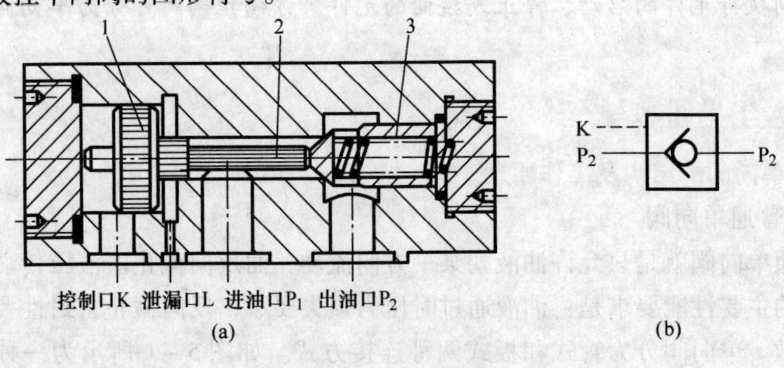

图 5-2 液控单向阀

1—活塞；2—顶杆；3—阀芯

2. 单向阀的应用

如图 5－3 所示是采用液控单向阀组成的液压锁紧回路。当换向阀处于右位时，压力油经阀 1 进入液压缸左腔，同时压力油亦进入单向阀 2 的控制口 K，打开阀 2，使活塞右行，液压缸右腔的压力油经阀 2 和换向阀流回油箱；反之活塞向左运动。当换向阀处于中位时，因阀的中位为 Y（H 型也行），所以阀 1 和阀 2 能立即关闭，活塞停止运动并双向锁紧。由于液控单向阀的阀芯一般为锥阀芯，密封性能好，常用于执行元件需要长时间保压、锁紧的情况下，也常用于防止立式液压缸停止运动时因自重而下滑以及速度换接回路中。

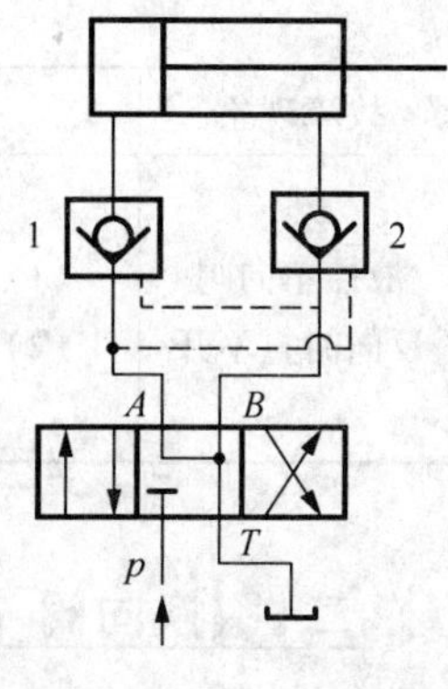

图 5－3　液压锁紧回路

单向阀安装在泵的出口，防止油液由于系统压力突然升高倒流损坏油泵；单向阀放置在回油路上时，可作背压阀使用，但要更换单向阀的弹簧，使其压力达到 0.2～0.6 MPa。

3. 单向阀的常见故障及排除

单向阀的常见故障及排除见表 5－1。

表 5－1　单向阀的常见故障及排除方法

故障现象	产生原因	排除方法
泄漏	（1）阀座锥面密封不严 （2）锥阀的锥面（或钢球）不圆或磨损 （3）油中有杂质，阀芯不能关死 （4）螺纹连接的结合面部分没有拧紧或密封不严引起外泄 （5）阀芯或阀座拉毛甚至损坏	（1）检查、研磨 （2）检查、研磨或更换 （3）清洗阀，更换油液 （4）拧紧，密封 （5）检查，更换
产生噪声	（1）超过额定流量 （2）与其他阀产生共振	（1）更换更大的流量阀或减小通过阀的流量 （2）适当调节阀的工作压力或更改弹簧刚度
单向阀失灵	（1）阀体或阀芯变形、阀芯有毛刺、油中有杂质引起阀芯卡死 （2）弹簧折断、弹簧刚度太大 （3）阀芯与阀座失去密封 （4）阀芯与阀座同轴度超差或密封表面有生锈麻点，从而造成接触不良及严重磨损	（1）清洗、修理或更换零件，更换油液 （2）更换弹簧 （3）研磨阀芯和阀座 （4）清洗、研配阀芯和阀座

续表

故障现象	产生原因	排除方法
液控单向阀反向时打不开	（1）控制油压力低 （2）泄油孔堵塞或有背压	（1）按规定压力调整 （2）检查外泄管路和控制油路

二、换向阀

1. 换向阀的分类和图形符号

换向阀是利用阀芯相对于阀体的相对运动，使油路接通、断开或变换液压油的流动方向，从而使液压执行元件启动、停止或改变运动方向。

换向阀的分类如下。

按照换向阀的结构形式可分为滑阀式、转阀式、球阀式和锥阀式。

按照换向阀的操纵方式可分为手动、机动、电磁控制、液动和电液动换向阀，其图形符号如图 5－4 所示。

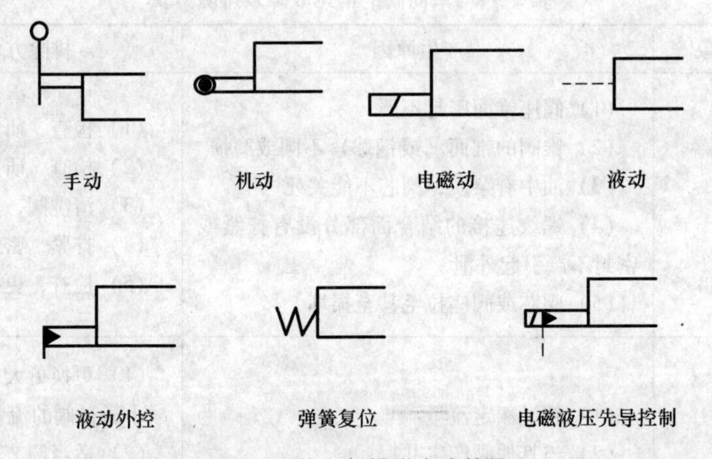

图 5－4　换向阀操纵方式符号

按照换向阀的阀芯在阀体中的定位方式又可分为钢球定位、弹簧复位和弹簧对中等。

按照换向阀的工作位置和控制的通道数分为二位二通、二位三通、二位四通、三位四通和三位五通等。换向阀的结构原理、图形符号及使用场合见表 5－2。

表 5-2　换向阀的结构原理、图形符号及使用场合

<table>
<tr><th>名称</th><th>结构原理图</th><th>图形符号</th><th colspan="3">使用场合</th></tr>
<tr><td>二位二通阀</td><td></td><td></td><td colspan="3">控制油路的接通与切断（相当于一个开关）</td></tr>
<tr><td>二位三通阀</td><td></td><td></td><td colspan="3">控制液流方向（从一个方向变换成另一个方向）</td></tr>
<tr><td>二位四通阀</td><td></td><td></td><td rowspan="4">控制执行元件换向</td><td>不能使执行元件在任一位置处停止运动</td><td rowspan="2">执行元件正反向运动时回油方式相同</td></tr>
<tr><td>三位四通阀</td><td></td><td></td><td>能使执行元件在任一位置处停止运动</td></tr>
<tr><td>二位五通阀</td><td></td><td></td><td>不能使执行元件在任一位置处停止运动</td><td rowspan="2">执行元件正反向运动时可以得到不同的回油方式</td></tr>
<tr><td>三位五通阀</td><td></td><td></td><td>能使执行元件在任一位置处停止运动</td></tr>
</table>

表中图形符号所表达的意义为：

（1）方格数即为“位”数，几个方框表示几“位”。

（2）方框内的箭头表示在这个位置上油路处于接通状态，方框内⊥表示此油路被阀芯封闭。

（3）一个方框内的箭头首尾或符号⊥与方框的交点数为油口的通路数，即“通”数。

（4）靠近控制（操纵）方式的方框，为控制力作用下的工作位置。

（5）一般阀与系统供油路连接的进油口用P表示，阀与系统回油路连接的回油孔用T表示，而阀与执行元件连接的工作口用A、B表示。

如图5-5（a）所示为转动式换向阀（简称转阀）的工作原理。该阀由阀体1、阀芯2和使阀芯转动的操纵手柄3组成，在图示位置，通口P和A相通、B和T相通。当操作手柄转到“止”位置时，通口P、A、B和T均不相同。当操作手柄转换到另一位置时，则通口P和B相通，A和T相通。如图5-5（b）所示是其图形符号。

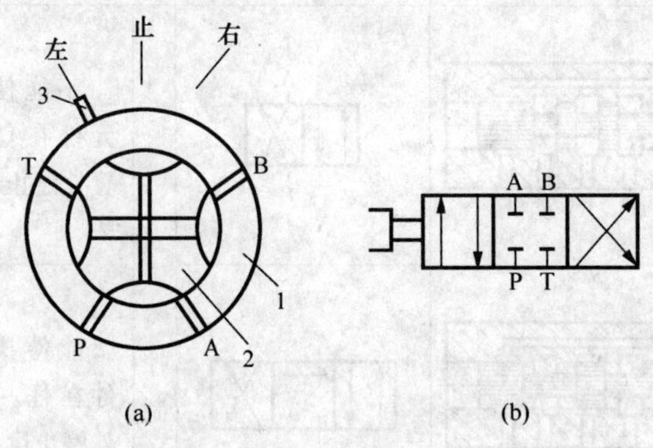

图5-5　转阀

（a）工作原理；（b）图形符号
1—阀体；2—阀芯；3—操作手柄

2. 典型换向阀

在液压系统中广泛采用滑阀式换向阀，在这里主要介绍这种换向阀的几种典型结构。

1）手动换向阀

如图5-6所示为弹簧自动复位式三位四通手动换向阀的结构及图形符号。手动换向阀是利用手动杠杆等机构来改变阀芯和阀体的相对位置，从而实现阀的换向。放开手柄1，阀芯3在弹簧4的作用下自动回复中位。阀芯靠钢球、弹簧，使其保持确定的位置。该阀适用于动作频繁、工作持续时间短的场合，操作比较安全，常用于工程机械的液压传动系统中。

2）机动换向阀

机动式换向阀是依靠安装在运动部件上的液压行程挡块或凸轮推动阀芯从而实现换向的阀类。常用来控制机械运动部件的行程，故又称行程换向阀。机动换

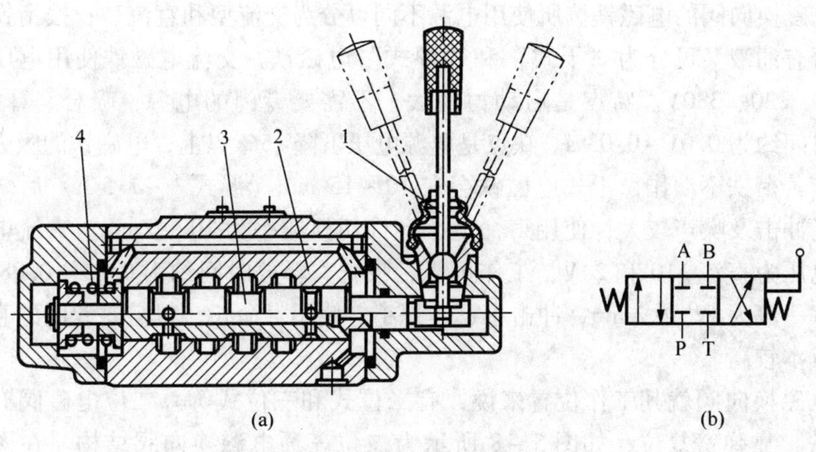

图 5-6　手动换向阀的工作原理

（a）结构；（b）图形符号

1—手柄；2—阀体；3—阀芯；4—弹簧

向阀通常是二位的，有二通、三通、四通和五通。其中二位二通机动换向阀又分常开和常闭二种。如图 5-7 所示为滚轮式二位三通常闭式机动换向阀，在图示位置阀芯 2 被弹簧 4 压向上端，油腔 P 和 A 通，B 口关闭。当挡铁或凸轮压住滚轮 1，使阀芯 2 移动到下端时，就使油腔 P 和 A 断开，P 和 B 接通，A 口关闭。如图 5-7（b）所示为其图形符号。

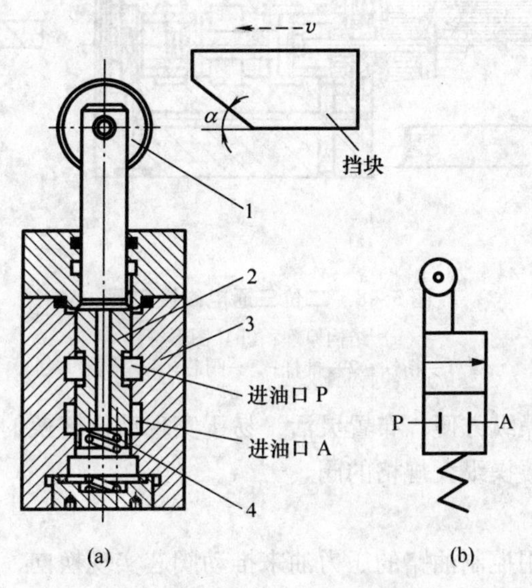

图 5-7　机动换向阀工作原理

3）电磁换向阀

电磁换向阀又称为电动换向阀，是利用电磁铁通电吸合后产生的吸力推动阀芯动作来改变阀的工作位置。

电磁换向阀的电磁铁按所使用电源不同可分为交流型和直流型；按衔铁工作腔是否有油液又可分为“干式”和“湿式”电磁铁。交流电磁铁使用电压为交流 110、220、380V。特点是启动力较大，不需要专门的电源，吸合、释放快，动作时间约为 0. 01 ~0. 03 s。缺点是电源电压下降 15% 以上，电磁铁的吸力明显减小，若衔铁不动作，干式电磁铁会在 10 ~15 min（湿式 1 ~1. 5 h）后烧坏线圈，且冲击及噪声较大，使用寿命低，允许切换频率为 10 次/min。直流电磁铁使用电压为直流 110 和 24V，工作可靠，吸合、释放时间约为 0. 05 ~0. 08s，切换频率一般为 120 次/min，冲击小、体积小、使用寿命长，但需要专门的直流电源，成本较高。

电磁换向阀就其工作位置来说，有二位式和三位式等。二位电磁阀有一个电磁铁，靠弹簧复位，如图 5 –8 所示为二位三通电磁换向阀结构。在图示位置，油口 P 和 A 相通，油口 B 断开。当电磁铁吸合时，推杆 2 将阀芯 3 推向右端，这时油口 P 和 A 断开，而与 B 相通。当电磁铁断电时，弹簧 4 推动阀芯复位。如图 5 –8（b）所示为其图形符号。如图 5 –9 所示为直流湿式三位四通电磁换向阀。

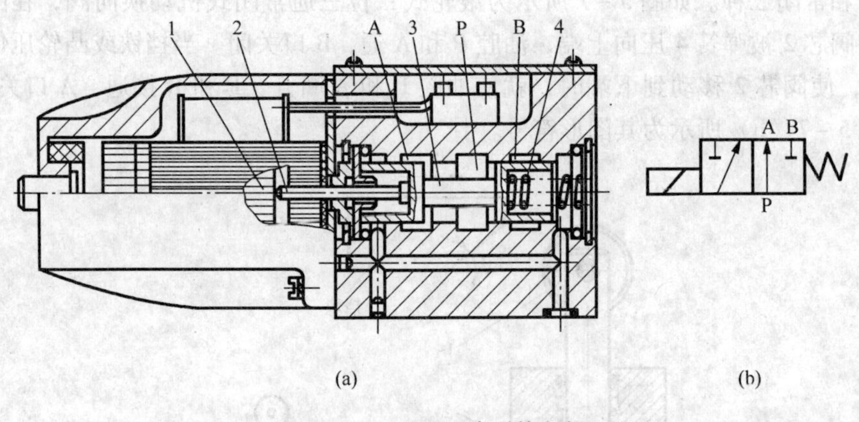

图 5 –8　二位三通电磁换向阀

（a）结构原理；（b）图形符号

1—衔铁；2—推杆；3—阀芯；4—弹簧

电磁换向阀其操纵方便，布置灵活，易于实现动作转换的自动化。但其吸力有限，不能用来直接操纵大规格的阀。

4）液动换向阀

液动换向阀利用控制油路的压力油来推动阀芯实现换向，因此适用于较大流量的阀。如图 5 –10 所示为三位四通液动换向阀的结构原理图。当控制油口 K_1、K_2 不通压力油时，阀芯在对中弹簧作用下处于中位。当 K_1 通压力油、K_2 回油时，阀芯右移，P 与 A 通、B 与 T 通；K_2 通压力油、当 K_1 回油时，阀芯左移（如图 5 –10 所示）。

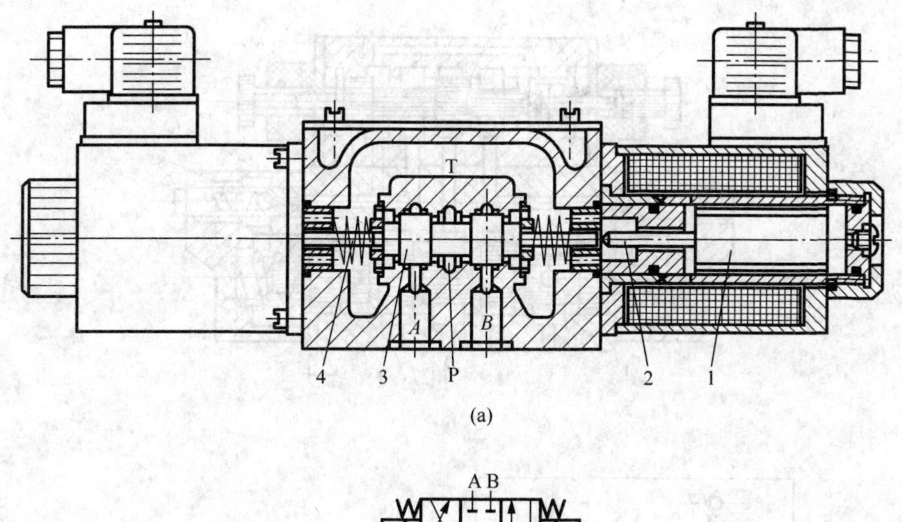

(a)

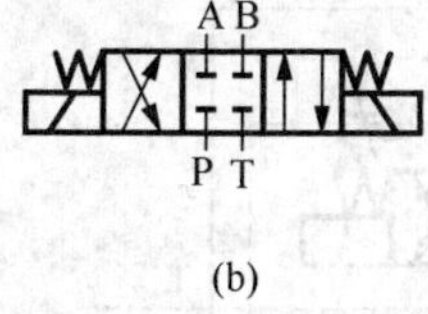

(b)

图 5-9　直流湿式三位四通电磁换向阀

（a）结构原理；（b）图形符号

1—衔铁；2—推杆；3—阀芯；4—弹簧

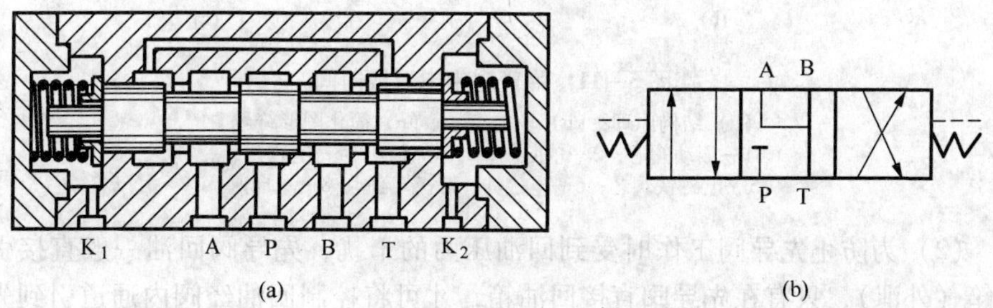

(a)　　(b)

图 5-10　三位四通液动换向阀

（a）结构原理；（b）职能符号

5）电液动换向阀

电液动换向阀由电磁换向阀和液动换向阀组成。其中液动换向阀实现主油路的换向，称为主阀；电磁换向阀用于改变液动换向阀控制油路的方向，推动液动换向阀阀芯移动，称为先导阀。电液换向阀既能实现换向缓冲，又能用较小的电磁铁控制大流量的液流，故在大流量的液压系统中宜采用电液换向阀换向。

使用电液换向阀应注意以下几点。

（1）液动换向阀为弹簧对中，如图 5-11 所示，电磁换向阀必须采用 Y 型滑阀机能，以保证主阀芯两端油室通回油箱，否则主阀芯无法回到中位。

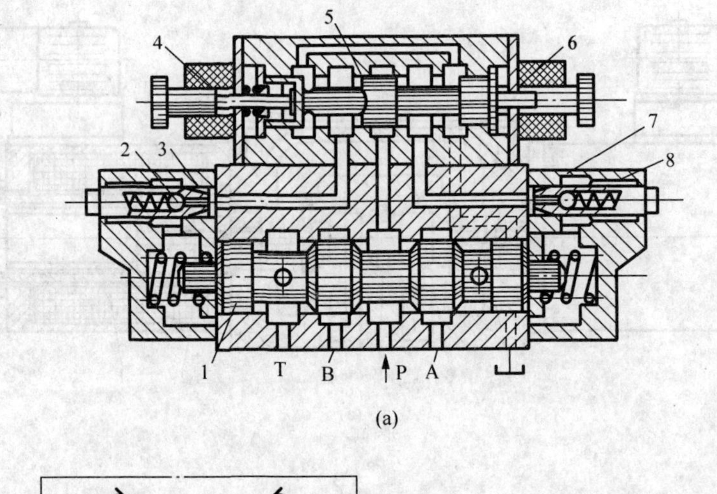

(a)

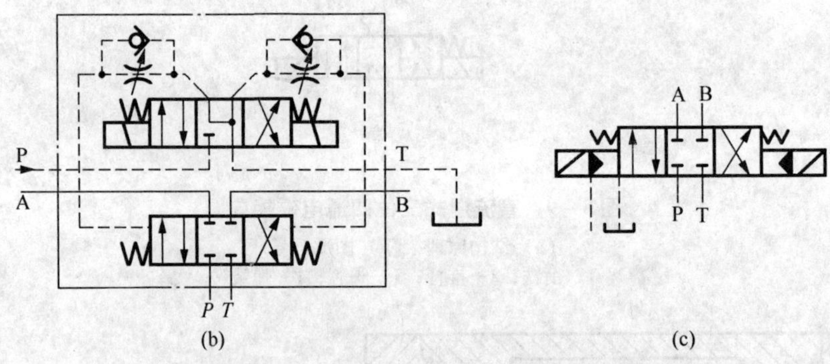

(b) (c)

图 5-11 弹簧对中电液换向阀

(a) 结构原理；(b) 职能符号；(c) 简化图形符号

1—液动阀芯；2—单向阀；3—节流阀；4—电磁铁；

5—电磁铁阀芯；6—电磁铁；7—节流阀；8—单向阀

(2) 为防止先导阀工作时受到回油压力的干扰，先导阀回油一般直接引回油箱（外泄），只有在先导阀直接回油箱，才可将控制回油经阀内通道引到先导阀回油口流回油箱（内泄）。

(3) 控制压力油可以直接取自主油路 P 口（内控），或单独引入（外控）。内控时，主阀 P 口安装预控压力阀；外控时，独立油源流量不小于主阀最大流量 15%，以保证换向时间。

3. 换向阀的中位机能

对于各种操纵方式的三位四通和五通换向阀滑阀，阀芯在中间位置时，为适应各种不同的工作要求，各油口间的通路有各种不同的连接形式。这种常态位置时的内部通路形式，称为中位滑阀机能。

表 5-3 为常见的三位四通、五通换向阀的滑阀机能（五通阀有二个回油口，四通阀在阀体内连通，所以只有一个回油口）。

表 5-3　三位换向阀的中位机能

滑阀机能	中位时的滑阀状态	中位符号	性能特点
O	$T(T_1)$ A P B $T(T_2)$	A B P T	各油口全部关闭，系统保持压力，执行元件各油口封闭
H	$T(T_1)$ A P B $T(T_2)$	A B P T	各油口 P、T、A、B 全部连通，泵卸荷
Y	$T(T_1)$ A P B $T(T_2)$	A B P T	系统不卸荷，执行元件两腔与回油连通
J	$T(T_1)$ A P B $T(T_2)$	A B P T	P 口保持压力，缸 A 口封闭，B 口与回油口 T 连通
C	$T(T_1)$ A P B $T(T_2)$	A B P T	P 缸 A 相通，B 口与回油口 T 不通
P	$T(T_1)$ A P B $T(T_2)$	A B P T	P 口与 A、B 口都连通，回油口 T 封闭
M	$T(T_1)$ A P B $T(T_2)$	A B P T	P、T 相通，A 与 B 均被封闭。活塞闭锁不动，泵卸荷，也可用多个 M 换向阀并联工作

在分析和选择三位换向阀的中位机能时，通常考虑以下几点。

(1) 液压泵的工作状态。当液压泵的油口 P 被堵时（如 O 型）系统保压，液压泵能用于多缸液压系统；当 P 和 T 相通时（如 H 型、M 型），液压泵处于卸荷状态，功率损失少。

(2) 液压缸工作状态。当油口 A 和 B 接通时（如 H 型）液压缸处于“浮动”状态，可以通过某些机械装置（如齿轮齿条结构）改变工作台位置；立式液压缸由于自重而不能停止在任意位置上。当油口 A、B 堵塞时（如 M、O 型），液压缸能可靠地停留在任意位置上，但不能通过机械装置改变执行机构的位置。当油口 A、B 与 P 连接时（如 P 型），单杆液压缸和立式液压缸不能在任意位置停留，双杆液压缸可以通过机械装置改变执行机构的位置。

(3) 换向平稳性与精度。当液压缸的油口 A、B 堵塞时（如 O 型），换向过程出现液压冲击，换向平稳性差，但换向精度高；反之油口 A、B 都通油口 T 时（如 H 型），换向过程中工作部件不易迅速制动，换向精度低，但液压冲击小，换向平稳性好。

(4) 启动平稳性。当阀芯处于中位时，液压缸的某腔若与油箱相通（如 H 型），则启动时该腔内因无足够的油液起缓冲作用而不能保证平稳起动；反之液压缸的某腔不通油箱而充满油液时（如 O 型），则再次启动就会比较平稳。

4. 换向阀的常见故障及排除方法

换向阀的常见故障及排除方法见表 5－4。

表 5－4　换向阀的常见故障及排除方法

故障现象	产生原因	排除方法
阀芯不动或不到位	1. 滑阀卡死 (1) 滑阀与阀体配合间隙过小，阀芯在阀孔中卡死不能动作或动作不灵 (2) 阀芯几何形状超差，阀芯与阀孔装配不同轴 (3) 油液被污染 (4) 阀体因安装螺钉拧紧力过大使阀芯卡住不动	1. 检查滑阀 (1) 检查间隙，研修或更换阀芯 (2) 修正形状误差 (3) 换油 (4) 检查，使拧紧力适当

续表

故障现象	产生原因	排除方法
阀芯不动或不到位	2. 电磁铁故障 （1）因滑阀卡住电磁铁的铁芯吸不到底面而烧毁 （2）泄漏 （3）电源电压太低造成吸力不足，推不动阀芯 （4）弹簧折断、太软，不能使弹簧复位 （5）推杆磨损后长度不足，使阀芯移动过小，引起换向不灵	2. 检查电磁铁 （1）清除滑阀卡住故障，更换电磁铁 （2）检查漏油原因 （3）提高电源电压 （4）更换弹簧 （5）检查修复推杆
	3. 液动换向阀控制油路故障 （1）控制油压力不足，弹簧过硬，使滑阀不动 （2）液动滑阀的两端泄油口没接油箱或泄油管堵塞	3. 检查控制油路 （1）提高控制压力，更换弹簧 （2）将泄油管接油箱，清洗回油路
电磁铁动作噪声大	1. 滑阀卡住或摩擦过大 2. 电磁铁不能压到底 3. 电磁铁接触面不平 4. 电磁铁磁力过大	1. 研修滑阀 2. 校正电磁铁高度 3. 修整电磁铁 4. 选择适当的电磁铁

课题三　压力控制阀

学习目标

1. 掌握溢流阀、减压阀、顺序阀以及压力继电器的工作原理。
2. 熟悉压力控制阀的使用场合。
3. 根据液压回路工作特性熟练选择液压压力控制元件。

知识学习

在液压系统中，控制液压系统中的压力或利用系统中压力的变化来控制某些液压元件动作的阀，统称液压控制阀。按其功能和用途不同分为溢流阀、减压阀、顺序阀以及压力继电器等。

一、溢流阀

溢流阀是用来控制和调整液压系统的压力，以保证系统在一定压力或安全压力下工作。

1. 溢流阀的结构及工作原理

1）直动式溢流阀

如图 5－12（a）所示，P 是进油口，T 是回油口，进口压力油经阀芯中间的阻尼孔作用在阀芯底部的端面上，当进油口 P 从系统接入的油液压力不高时，锥阀心被弹簧压在阀座上，阀口关闭；当进油口油压升高到能克服弹簧阻力时，推开锥阀，使阀口打开，油液就由进油口 P 流入，再从回油口 T 流回油箱（溢流），进油压力也就不会继续升高。阀芯上阻尼孔的作用是用来增加液阻，以减少阀芯的振动，提高阀的工作平稳性。调节螺母，改变弹簧压紧力，也就调节了溢流阀进油口处的油压。由阀芯间隙处泄漏到弹簧腔的油液，经阀体上的孔通向回油孔 T 排入油箱。

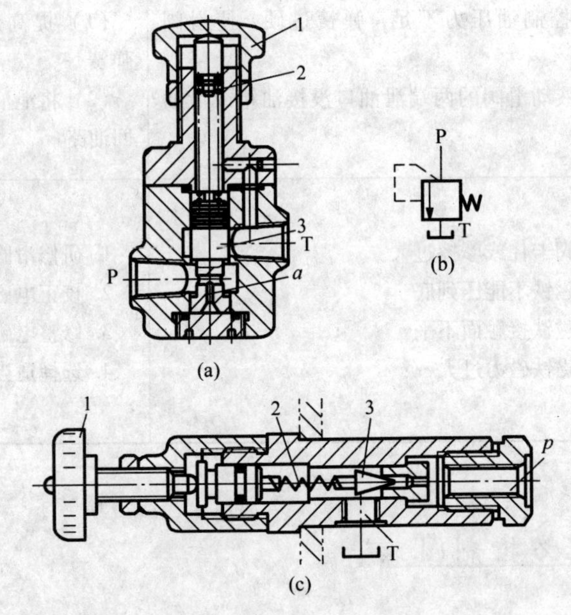

图 5－12　直动式溢流阀

1—调整螺母；2—弹簧；3—阀芯

当溢流阀稳定工作时，作用在阀芯上的力应是平衡的。若忽略阀芯自重、摩擦阻力和稳态轴向液动力，则阀芯的受力平衡方程为 $P_k A = KX_0$

当阀芯处于某一位置时，阀芯的受力平衡为

$$PA = K\ (X_0 + x)$$

式中：x——弹簧附加压缩量。

由上式可知，当阀芯处于不同位置时，溢流压力是变化的。然而由于弹簧的附加压缩量 x 相对于预压缩量 X_0 来说是较小的，所以可认为溢流压力 P 基本保持恒定，这就是溢流阀起定压溢流作用的工作原理。

直动式溢流阀是利用阀芯上端的弹簧力直接与下端面的液压力相平衡来控制溢流压力的，故称为直动式溢流阀。直动式溢流阀一般只做成低压、流量不大的溢流阀，当控制较高压力和较大流量时，需要较大的调压弹簧，不但手动调节困难，而且溢流阀口开度（调压弹簧附加压缩量）略有变化便会引起较大的压力变化。直动式溢流阀的最大调整压力为2.5 MPa。如图5－12（b）所示为直动式溢流阀的图形符号。

2）先导式溢流阀

先导式溢流阀由主阀和先导阀两部分组成。先导阀的结构原理与直动式溢流阀相同，但一般采用锥阀式结构。主阀可分为：滑阀式（一级同心）结构、二级同心结构和三级同心结构。如图5－13所示为一级同心溢流阀的工作原理图。

油液从P口进入，经阻尼孔作用于主阀心的两端及先导阀阀心上。（一般情况下，外控口是堵塞的）当进油口压力不高时，液压力不能克服先导阀的弹簧阻力，先导阀口关闭，阀内无油液流动。主阀心因前后腔油压相同，故被主阀弹簧压在阀座上，主阀口亦关闭。

系统油压升高到先导阀弹簧的预调压力时，先导阀口打开，主阀弹簧腔的油液流过先导阀口并经阀体上的通道和回油口T流回油箱。这时，油液流过阻尼小孔，产生压力损失，使主阀心两端形成了压力差。主阀心在此压差作用下克服弹簧阻力向上移动，使进、回油口连通，达到溢流稳压的目的。

现在来研究主阀芯处于某一平衡位置时的状态，忽略阀芯自重和摩擦力，主阀受力平衡为

$$PA = P_1A + Fa = P_1A + K(x_0 + x) \text{ 或 } P = P_1 + K(x_0 + x)/A$$

式中：P ——溢流阀所控制的主阀下腔压力，即进油口压力；

P_1 ——主阀芯上腔的压力；

A ——主阀芯上端面面积；

K ——主阀芯平衡弹簧的刚度；

x_0 ——平衡弹簧的预压缩量；

x ——主阀开启后，平衡弹簧增加的压缩量；

Fa ——平衡弹簧对主阀芯的作用力。

由上式可知，先导式溢流阀所控制的压力由 P_1 和 Fa/A 两项组成。由于有主阀上腔 P_1 的存在。即使被控压力 P 较大，主阀上平衡弹簧力也只需很小，只要能克服摩擦力使主阀芯复位即可，所以，主阀芯弹簧可以做的很小。当负载变化时，阀口开度也随之增大或减小，主阀弹簧的附加压缩量 x 也发生变化，由于主

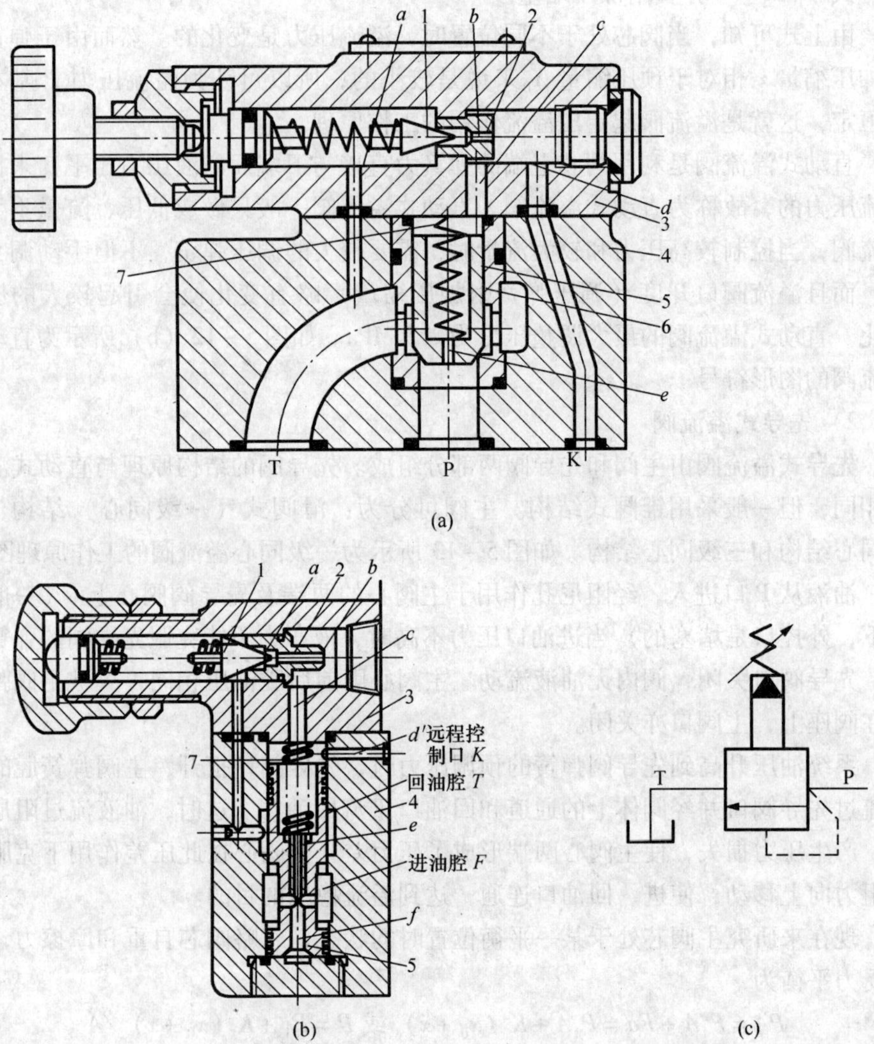

(a)

(b)

(c)

图 5－13　先导式溢流阀

1—先导阀芯；2—先导阀座；3—先导阀体；4—主阀体；5—主阀芯；6—主阀套；7—主阀弹簧

阀弹簧的刚度低，x 的变化量相对预压缩量 x_0 来说又很小，故溢流阀进口的压力 P 变化甚小；同理，由于先导溢流阀的调压弹簧刚度亦不大，弹簧调定后，在溢流阀上腔的控制压力 P_1 也基本不变，故先导式溢流阀在压力调定后，即使流量变化，进口处的压力 P 变化也很小，因此，定压精度高。

由于先导阀的阀芯一般为锥阀，受压面积小，所以用一个刚度不大的弹簧即可调整高的压力 P，拧动先导阀的调压螺钉便能调整溢流阀压力。更换不同刚度的调压弹簧，便能得到不同的调压范围，这种阀调压比较轻便、振动小、噪声低、压力稳定，但只有在先导阀和主阀都动作后才起控制压力的作用，因此反应不如直动式溢流阀快。

图 5-13（a）为 Y 型（先导型）中、高压溢流阀的结构图，Y_2型先导式溢流阀的连接形式分为管式和板式两种。它们都有一个远程控制口，平时用螺塞堵住。这种阀为了适应溢流阀不同的工作压力需要，将先导阀的调压弹簧设计成四个级别，使用四根长度相等而粗细不同的弹簧，它们的调压范围分别为 0.5 ~ 7 MPa、3.5 ~ 14 MPa、7 ~ 21 MPa、16 ~ 32 MPa。这样既能作中压溢流阀，又能作高压溢流阀。

图 5-13（b）为 Y 型中、低压溢流阀结构图，Y 型溢流阀的调压范围是 0.5 ~ 0.6 MPa。图 5-13（c）为先导式溢流阀的图形符号。

2. 溢流阀的主要性能

溢流阀的性能包括溢流阀的静态性能和动态性能。溢流阀的静态特性指溢流阀在稳定状态下（即系统在没有突变时）的性能，其主要指标有压力流量特性、启闭特性、卸荷压力等。溢流阀的动态性能通常是指溢流阀由一个稳定工作状态过渡到另一个稳定工作状态时，溢流阀所控制的压力随时间变化的过渡过程性能。这里只对静态性能作简单介绍。

1）压力—流量特性

当溢流量变化时，阀口开度也相应地变化，其溢流压力也有所变化，这就是溢流阀的压力—流量特性。当开启压力一定时，溢流压力随溢流量的增加而增加。当溢流量达到阀的额定流量时，与此相对应的压力值称为溢流阀的全流量溢流压力。弹簧的刚度 K 越小，溢流量变化所引起的压力变化量就越小，定压性能就好。反之，调压性能就差。

2）启闭特性

启闭特性是指溢流阀在稳态情况下，从闭合到完全开启，再从全开到闭合的过程中，被控压力与通过溢流阀的溢流量之间的关系。启闭特性可分为开启特性和闭合特性，一般用溢流阀稳定工作时的压力—流量特性来描述。

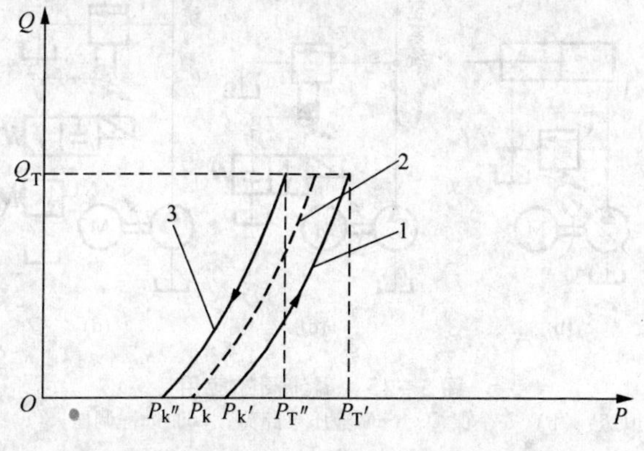

图 5-14　溢流阀启闭特性曲线

如图 5－14 所示，虚线 2 为无摩擦阻力时的理想曲线，由于要克服摩擦阻力 F_f，实际压力损失须大于 P_k并升高到 P'_k后阀才开启。当溢流量增加，压力沿曲线 1 上升。溢流量为 Q_T时，压力为 P'_T。同样要等压力降低到 P''_T时，压力沿曲线 3 下降。完全闭合时压力为 P''_k。

3）卸荷压力

将先导式溢流阀的远程控制口直接油箱，当阀通过额定流量时，阀的进油腔压力和回油腔压力的差值称为卸荷压力。显然，它和通道阻力和平衡弹簧预紧力有关。

3. 溢流阀的应用

1）调压溢流

在定量泵系统中，常用于溢流稳压（注：阀口通常是打开的）。如图 5－15（a）所示，溢流阀并联于回路中，进入液压缸的流量由节流阀调节。由于定量泵的流量大于液压缸所需流量，油压升高，将溢流阀打开，多余油经溢流阀流回油箱。因此，溢流阀的功用就是保持系统压力基本不变。

2）安全保护

在变量泵系统中，常用于防止过载，故又称为安全阀。如图 5－15（b）所示，在正常工作时，安全阀关闭，只有在系统发生故障时，压力升至安全阀的调定值时，阀口才打开，使变量泵排出的油液流回油箱，以保证液压系统的安全。

3）使泵卸荷

采用先导溢流阀调压的定量泵系统，当阀的外控口 K 与油箱连通时，其主阀芯在进油口压力很低时即可迅速抬起，使泵卸荷，以减少能量损失。如图 5－15（c）所示，当电磁铁通电时，溢流阀外控口通油箱，因而能使泵卸荷。

4）远程调压

当先导溢流阀的外控口 K（远程控制口）与调压较低的溢流阀连通时，其主阀芯上腔的油压只要达到低压阀的调整压力，主阀芯即可抬起溢流，其先导阀不

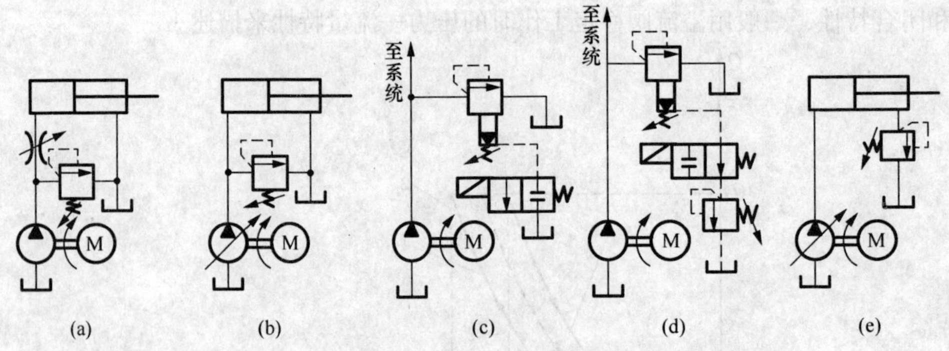

图 5－15　溢流阀的应用

（a）溢流恒压；（b）安全保护；（c）液压泵卸荷；（d）远程调压；（e）形成背压

再起调压作用，即实现远程控制作用，如图5－15（d）所示。

5）形成背压

将溢流阀装在回油路上，调节溢流阀的调压弹簧即能调节背压力的大小。如图5－15（e）所示，

4. 溢流阀的常见故障及排除方法

溢流阀的常见故障及排除方法见表5－5。

表5－5　溢流阀的常见故障及排除方法

故障现象		故障原因	排除方法
普通溢流阀	1. 不能建立压力或压力达不到额定值	1. 进、出口装反 2. 导阀芯与阀座密封不严 3. 阻尼孔被堵塞 4. 弹簧变形或折断 5. 导阀芯过度磨损，内泄过大，控制口未封堵	1. 检查进出口方向并更正 2. 检查清洗导阀 3. 检查油污染情况 4. 更换弹簧 5. 研修或更换导阀芯
	2. 压力非连续上升，而是不均匀上升	弹簧弯曲或折断	拆检换新
	3. 调松调压机构压力不下降甚至不断上升	先导孔堵塞或主阀芯卡住	检查导阀孔是否堵塞。如正常检查主阀芯卡阻情况。若卡阻，拆检后若发现阀芯与阀口有划伤，用油石和金相砂纸先磨后抛；若检查正常，则应检查主阀芯的同轴度
	4. 噪声和振动	先导阀弹簧自振频率与调压过程中产生的压力-流量脉动合拍，产生共振	调节螺杆使之超过共振区，如果无效或实际不允许（压力值正在工作区，无法超过）则在先导阀高压进油口处增加阻尼
	5. 泄漏	1. 锥阀与阀座配合不足 2. 滑阀与阀体配合间隙过大 3. 密封件损坏 4. 紧固螺钉松动 5. 工作压力过高	1. 研修锥阀或更换 2. 修配滑阀或更换 3. 更换密封件 4. 拧紧螺钉 5. 降低工作压力或选用额定压力高的阀

续表

故障现象		故障原因	排除方法
卸荷溢流阀	6. 不能加载或卸荷	1. 因污染使导阀或控制活塞卡阻	1. 检查清洗导阀，同时检查油污染情况，如严重，则换油
		2. 导阀芯过度磨损	2. 研修更换阀芯
		3. 弹簧变形	3. 换弹簧
		4. 单向阀芯与阀座密封不严	4. 拆洗单向阀或研修阀芯

二、减压阀

减压阀是一种利用液流流过缝隙产生压降的原理，使出油口的压力低于进油口的压力的压力控制阀。减压阀又可分为定压减压阀、定比减压阀和定差减压阀3 种。其中定压减压阀应用最广，简称为减压阀。减压阀也分为直动式和先导式两种。

1. 减压阀的结构和工作原理

如图 5－16 所示为先导式减压阀，它分为两部分：先导阀调压、主阀减压。压力为 P_1 的油从阀的进油口流入，经过缝隙 y 减压以后，出油口的压力降为 P_2。出油口的压力经主阀芯上的小孔 b 作用在主阀芯的底部，并经阻尼小孔 c 流到主阀芯上腔，作用在先导阀芯 5 上。当出油口的压力 P_2 小于先导阀弹簧 6 的调定压力时。先导阀关闭，主阀芯上阻尼小孔 c 中的油液不流动，主阀芯 2 上、下两腔压力相等，这是主阀芯在主阀弹簧 3 作用下处于最下端位置，阀口处于最大开口状态，不起减压作用。当出油口的压力 P_2 大于先导阀 6 调定的压力时，先导锥阀被顶开，主滑阀上端油腔中的部分压力油便经先导阀开口及泄油孔 L 流入油箱。

由于主滑阀阀芯内部阻尼小孔 c 的作用，滑阀上腔中的油压降低，阀芯失去平衡而向上移动，因而缝隙 y 减小，减压作用增强，使出油口的压力 P_2 降低至调整的数值。若负载继续增大，使出油口的压力大于调定压力的瞬间，主阀芯立即上移，使阀口的开度迅速减小，油液流动阻力进一步增大，出油口的压力便自动下降，仍恢复为减压阀出油口的压力的稳定数值。由此可见，减压阀利用出油口的油液作用在阀芯上的液压压力和弹簧力相平衡来控制阀芯移动，保持出油口的压力恒定。减压阀出油口的压力的稳定数值，可以通过上部调压螺钉来调节。

可以看出，先导减压阀和先导式溢流阀的自动调节原理相似，但不同之处有以下几点。

（1）溢流阀保持进口压力基本不变，而减压阀保持出口压力基本不变。

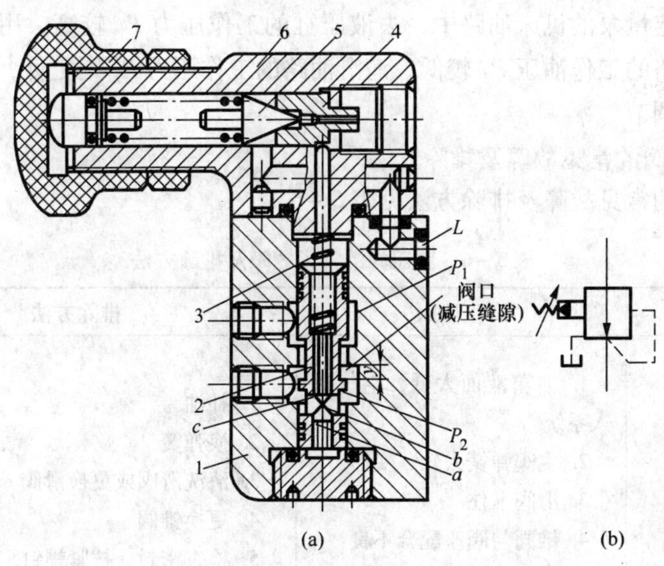

图 5-16　先导减压阀

（a）结构原理；（b）图形符号

1—阀体；2—主阀芯；3—主阀弹簧；4—先导阀阀座；
5—先导阀阀芯；6—先导阀弹簧；7—调节螺母

（2）在不工作时溢流阀进、出口不通，而减压阀进、出油口相通。

（3）溢流阀弹簧腔的油液经阀的内部通道与阀出口相通；减压阀是外部回油，内部泄油只能单独有泄油口。

2. 减压阀的应用

在液压传动系统中，一个油泵供应多个支路工作时，利用减压阀可以组成不同压力级别的液压回路。如夹紧回路、控制回路和润滑回路等。如图 5-17 所示为减压阀应用在润滑、控制系统时的减压回路。此外，减压阀还可用于稳定系统压力，减少压力波动带来的影响，改善系统控制性能等。

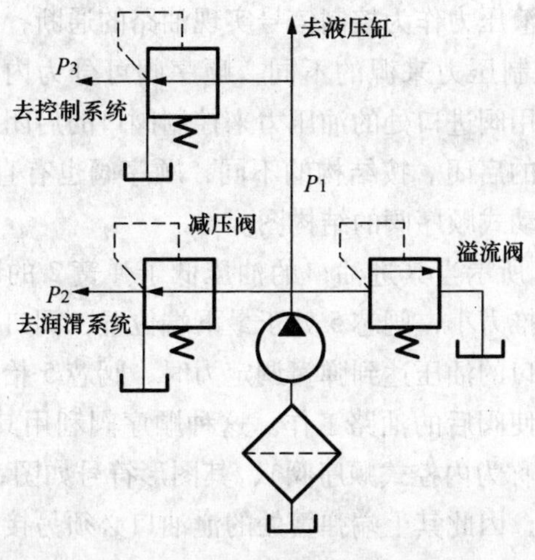

图 5-17　减压阀的应用

在使用定量泵的机床油路中，去液压缸的工作压力 P_1 较高，用溢流阀来调节。控制油路的工作油压 P_3 较低，润滑油路的工作压力 P_2 则更低，皆可以用减压阀来实现调节。

3. 减压阀的常见故障及排除方法

减压阀的常见故障及排除方法见表5－6。

表5－6　减压阀的常见故障及排除方法

故障现象	产生原因	排除方法
出口压力不稳定	1. 油箱液面太低，空气进入系统 2. 主阀弹簧太软、变形 3. 滑阀卡住 4. 锥阀与阀座配合不良 5. 泄漏	1. 补油 2. 换弹簧 3. 清洗滑阀或更换滑阀 4. 更换锥阀 5. 检查密封，拧紧螺钉
压力调整无效	1. 弹簧折断 2. 阻尼孔堵塞 3. 滑阀卡住 4. 先导阀座小孔堵塞 5. 泄油口被堵	1. 更换弹簧 2. 清洗阻尼孔 3. 清洗、研修滑阀或更换滑阀 4. 清洗小孔 5. 拧出螺堵，接上泄油管

三、顺序阀

1. 顺序阀的结构和原理

顺序阀是利用油液压力作为控制信号实现油路的通断，以控制执行元件顺序动作的压力阀。按控制压力来源的不同，顺序阀可分为内控式和外控（液控）式。内控式是直接利用阀进口处的油压力来控制阀口的启闭；外控式是利用外来的控制油压控制阀口的启闭。按结构的不同，顺序阀也有直动式和先导式之分。如图5－18所示为直动式顺序阀的结构图。

如图5－18（a）所示当其进油口的油压低于弹簧2的调定压力时，控制活塞6下端油液向上的推力小，阀芯5处于最下端位置，阀口关闭，油液不能通过顺序阀流出。当进油口的油压达到弹簧调定力时，阀芯5抬起，阀口开启，压力油即从顺序阀流出，使阀后的油路工作。这种顺序阀利用其进油口的压力控制，称为普通顺序阀（也称为内控式顺序阀），其图形符号如图5－18（b）所示。由于阀出口接压力油路，因此其上端弹簧处的泄油口必须另接一油管通油箱。这种

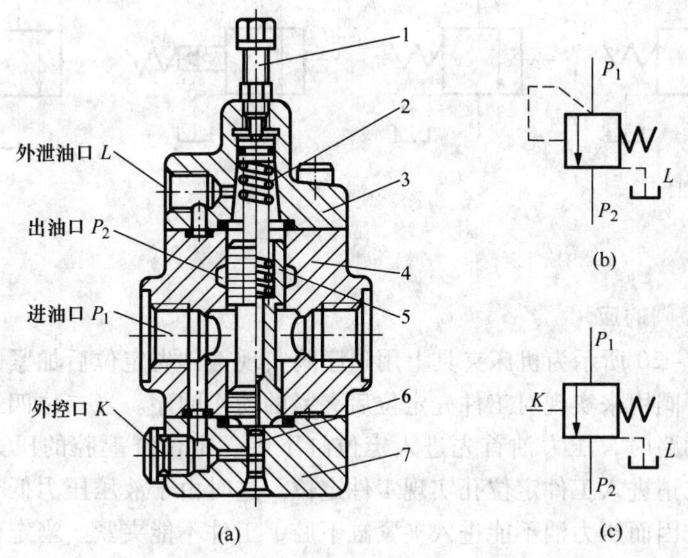

图 5－18　直动式顺序阀的结构图

（a）；（b）内控外泄式顺序阀图形符号；（c）外控外泄式顺序阀图形符号

1—调节螺钉；2—调压弹簧；3—端盖；

4—阀体；5—阀芯；6—控制活塞；7—底盖

连接方式称为外泄。

若将底盖 7 相对于阀体转过 90°或 180°，将堵头拆下，在该处接控制油管并通入控制油。这时即为液控顺序阀。

顺序阀常与单向阀组合成单向顺序阀。直动式顺序阀设置控制活塞的目的是缩小阀芯受压作用的面积，以便采用较软的弹簧来提高阀的压力—流量特性。直动式顺序阀的最高工作压力一般在 8 MPa 以下。先导式顺序阀主阀弹簧的刚度可以很小，故可省去阀芯下面的控制活塞，这样不仅启闭特性好，且工作压力可以大大提高。

顺序阀的结构及工作原理与溢流阀相似。它们的主要差别有以下几点。

（1）顺序阀的出油口与负载油路相连接，而溢流阀的出油口直接接回油箱。

（2）顺序阀的泄油口单独接回油箱，而溢流阀的泄油则通过阀体内部孔道与阀的出口相通流回油箱。

（3）顺序阀的进口压力由液压系统工况来决定，当进口压力低于调压弹簧的调定压力时，阀口关闭；当进口压力超过弹簧的调定压力时，阀口开启，接通油路，出口压力油对下游负载做功。溢流阀的进口最高压力由调压弹簧来限定，且由于液流溢回油箱，所以损失了液体的全部能量。

顺序阀的图形符号如图 5－19 所示。

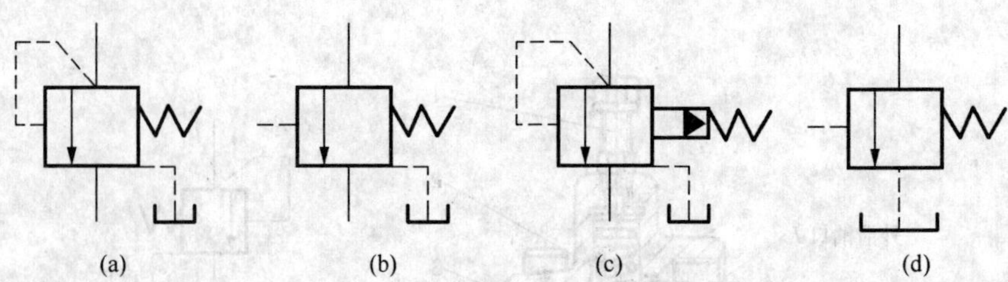

图 5-19 顺序阀图形符号

(a) 内控外泄；(b) 外控外泄；(c) 内控外泄；(d) 外控内泄

2. 顺序阀的应用

如图 5-20 所示为机床夹具上用顺序阀实现工件先定位后加紧的顺序动作回路。顺序阀用来实现对工件先定位后夹紧的动作顺序。当二位四通手动阀的右位接入油路时，压力油首先进入定位缸下腔，定位缸上腔的压力油流回油箱，使定位销进入工件定位孔实现工件定位。这时由于液压压力低于顺序阀的调定压力，因而压力油不能进入夹紧缸下腔，工件不能夹紧。当定位缸活塞停止运动时，系统中压力升高，达到顺序阀的调定压力时，顺序阀被打开，压力油就经过顺序阀流入夹紧缸下腔，缸上腔回油，夹紧缸活塞抬起，实现液压夹紧。二位四通手动阀的左位接入油路时，压力油则同时进入定位缸和夹紧缸的上腔，推动活塞向下移动，拔出定位销，松开工件。此时夹紧缸通过单向阀回油。

顺序阀的调整压力应高于先动作缸的最高工作压力，以保证动作顺序可靠。中压系统一般要高于 0.8 MPa。

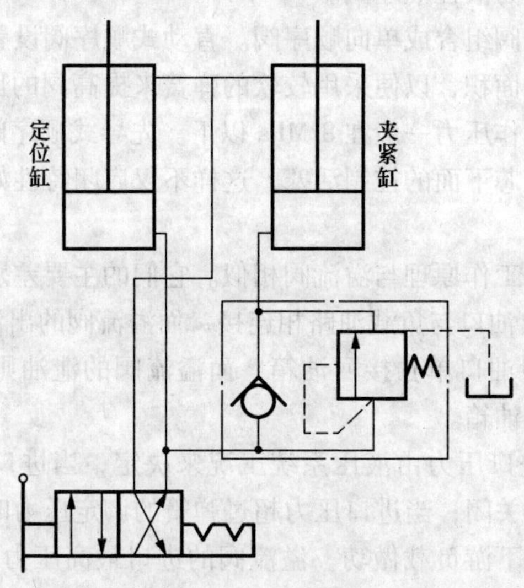

图 5-20 定位、夹紧顺序动作回路

四、压力继电器

压力继电器是将液压传动系统中的压力信号转换为电信号的电—液转换装置。在液压传动系统的压力上升或下降到调定的启、闭压力时，使微动开关通、断，发出电信号，控制电器元件（如电动机、电磁铁各类继电器等）工作。常用于实现程序控制和起安全作用。例如，当切削力过大时实现自动退刀；润滑系统发生故障时，实现自动停车；外界负载过大时，断开液压泵电动机的电源等。

压力继电器由压力—位移转换机构和电器微动开关等组成。前者通常包括感压元件、调压复位弹簧和限位机构等。感压元件有柱塞端面、橡胶膜片、弹簧管以及波纹管等。

按感压元件的不同压力继电器大体分为柱塞式、膜片式、弹簧管式以及波纹管式4种。下面介绍两种常用的结构形式。

1. 柱塞式压力继电器

压力油作用在柱塞1的底部，当液压压力达到压力继电器调压弹簧调整值时，作用在柱塞1上的液压作用力便直接压缩弹簧，压下微动开关触头，发出电信号。由于柱塞式压力继电器采用比较成熟的弹性元件——弹簧，所以工作可靠，使用寿命长，成本低。因为其容积变化较大，所以不易受压力波动的影响。其缺点是液体作用力直接作用与弹簧力平衡，因而弹簧较粗，力量较大，重复精度和灵敏度较低，误差在调定压力的1.5% ~2.5%。因此开启压力与闭合压力的差值较大。这种压力继电器的最大调定压力可达到50 MPa（如图5－21所示）。

2. 膜片式压力继电器

如图5－22所示为膜片式压力继电器结构。其工作原理是控制油口K接到需要取得液压信号的油路上，当其压力达到弹簧调定力时，膜片1在液压力的作用下产生变形，使柱塞2上升。柱塞上的圆锥面使钢球5和弹簧座6作径向移动，弹簧座6推动外壳10绕调节螺钉9逆时针转动，杠杆的另一端压下微动开关11的触头，发出电信号，接通或断开某一电路。当进口油压因漏油或其他原因下降到一定值时，弹簧7使柱塞2下移，钢球5和弹簧座6回落入柱塞的锥面槽内，微动开关11复位，切断电信号，并将外壳10推回原位，断开或接通电路。

膜片式压力继电器膜片位移小、反应快、重复精度高。其缺点是易受压力波动影响，不宜用于高压系统。

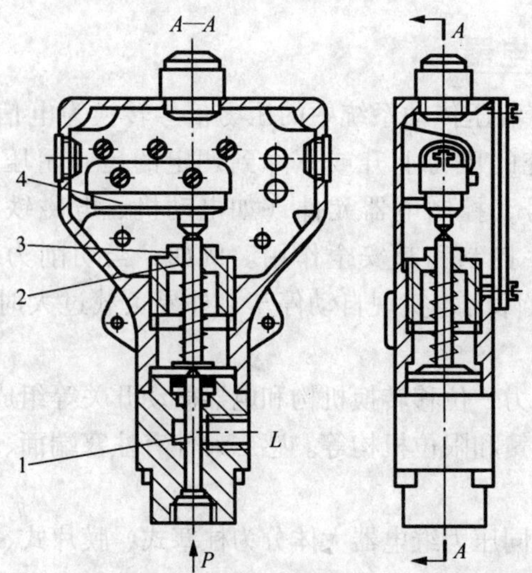

图 5-21　柱塞式压力继电器结构原理

1—柱塞；2—顶杆；3—调节螺钉；4—微动开关

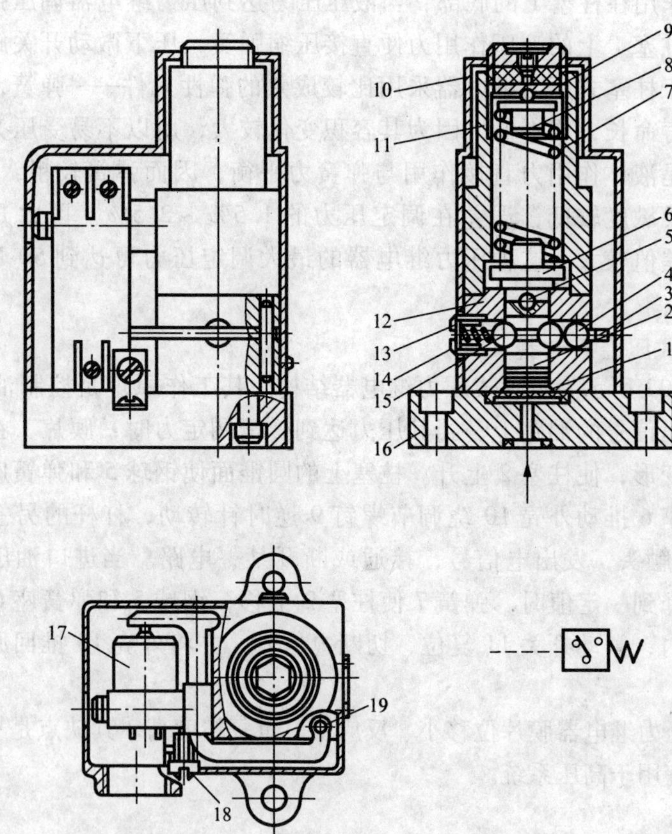

图 5-22　膜片式压力继电器结构原理

1—膜片；2—柱塞；3—杠杆；4、5、15—钢球；6、8—弹簧座；7—调压弹簧；
9、13—调节螺钉；10—外壳；11—套；12—阀体；14—返回区间调节弹簧；
16—底座；17—微动开关；18—螺钉；19—销轴

课题四 流量控制阀

学习目标

1. 掌握节流阀、调速阀的工作原理。

2. 熟悉节流阀、调速阀的使用场合。

3. 根据液压回路工作特性，选择适合的流量控制元件。

知识学习

用来控制油液流量的液压阀，通称为流量控制阀。主要有节流阀、调速阀等。

一、节流阀

1. 节流阀的结构与工作原理

如图 5－23 所示为节流阀的结构和图形符号，图中的节流口是轴向三角槽式，油液从进油口 P_1 进入，经阀芯上的三角槽节流口后，由出油口 P_2 流出。转动把手可使阀芯作轴向移动，以改变节流口的通流面积。

2. 节流阀的流量特性

节流阀的节流口通常有 3 种形式，即薄壁小孔、细长小孔和短孔。无论节流口采用何种形式，通过节流口的流量 q 及其前后压差 Δp 的关系可表示为 $q=KA\Delta p^m$，三种节流口的流量特性曲线如图 5－24 所示。

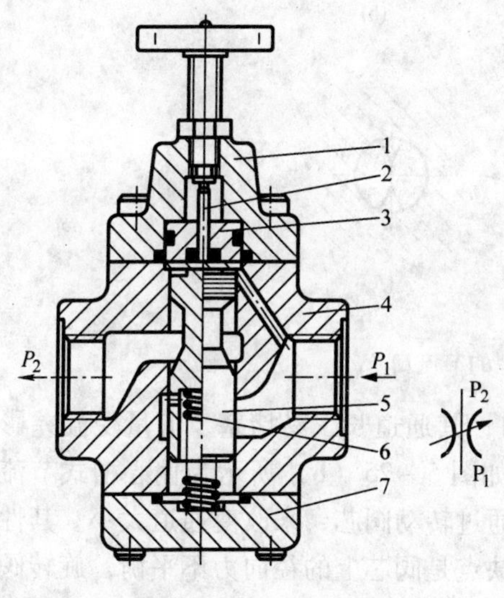

图 5－23 节流阀

1—顶盖；2—推杆；3—导套；4—阀体；5—阀芯；6—弹簧；7—底盖

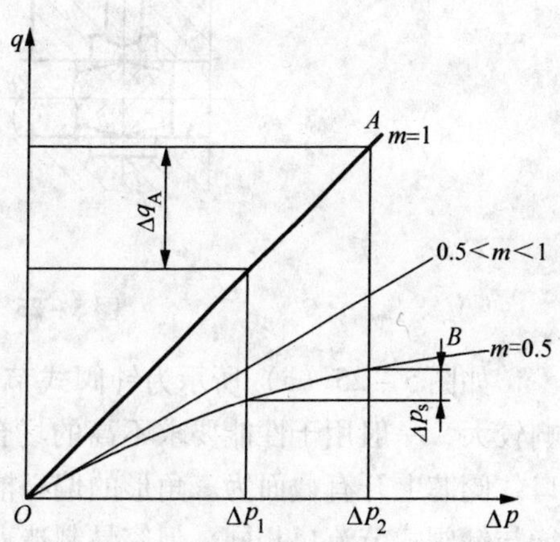

图 5－24 节流阀的流量特性曲线

由图 5－24 可知，影响流量稳定性的主要因素有以下几个方面：

（1）压差对流量的影响。当节流阀两端压差 Δp 改变时，通过它的流量也要发生变化。3 种结构形式的节流口中，通过薄壁小孔的流量受到压差改变的影响最小。

（2）温度对流量的影响。温度对薄壁小孔的流量几乎没有影响。对于细长小孔，通过其流量会受到黏度的影响，而油液黏度对温度很敏感。因此，通过细长小孔的流量对温度变化很敏感。

（3）孔口大小对流量大影响。节流阀的节流口可能因杂质或由于油液氧化后出现的胶质、沥青等胶状颗粒而局部堵塞，这就改变了原来节流口通流面积的大小，使流量发生变化，尤其节流口小、进出口压差较大时，流量会出现时大时小的脉动现象。开口越小，脉动现象越严重，甚至在阀口没有关闭时就完全断流。这种现象称为节流口堵塞。一般节流口的流通面积越大，节流通道越短，越不容易堵塞。流量控制阀的最小稳定流量为 0.05 L/min。

综上所述，为保证稳定流量，节流口的形式以薄壁小孔较为理想。如图 5－25 所示为典型的节流口的结构形式。

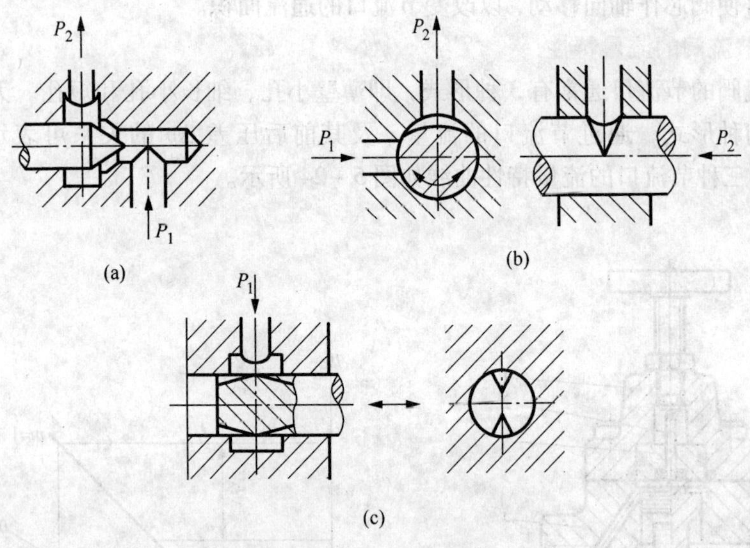

图 5－25　典型的节流口

如图 5－25（a）所示为针阀式节流口，其通道长，易堵塞，流量受温差影响较大，一般用于性能要求不高的场合。如图 5－25（b）所示为偏心槽式节流口，阀芯上开有截面为三角形的偏心槽，通过转动阀芯，来改变通道大小。其性能与针阀式节流口相同，但容易制造，其缺点是阀芯上的径向力不平衡，旋转阀芯较费力，一般用于低压、流量稳定性要求不高的场合。图 5－25（c）所示为轴向三角槽式节流口，阀芯端部开有斜的三角槽，轴向移动阀芯可改变三角槽通流面积从而调节流量，其结构简单，水力直径中等，可得到较小的稳定流量，且调节范围较大，但节流通道较长，油温对流量有影响，目前被广泛使用。

3. 节流阀的常见故障及排除方法

节流阀的常见故障及排除方法见表5－7。

表5－7 节流阀的常见故障及排除方法

故障现象	产生原因	排除方法
流量调节失灵	1. 节流阀芯与阀体间隙过大产生泄漏 2. 节流口堵塞或滑阀卡住 3. 节流阀结构不合理 4. 密封件损坏	1. 研修或更换磨损件 2. 清洗元件，更换油液 3. 选用节流特性好的节流口 4. 更换密封件
流量不稳定	1. 油污粘在节流口上，使通流面积变小，速度变慢 2. 内、外泄漏大 3. 负载变化使速度突变 4. 油温升高，速度加快 5. 系统中存在大量空气	1. 清洗元件，过滤油液 2. 检查零件精度和配合间隙，修正或更换超差零件 3. 改用调速阀 4. 采用温度补偿节流阀或调速阀，并采取降温措施 5. 排出空气

二、调速阀

由节流阀的流量公式 $q=KA\Delta p^m$ 可知，当节流开口调定时，通过节流阀的流量受工作负载变化的影响，不能保持执行元件运动速度的稳定。因此，只适用于负载变化不大和速度稳定性要求不高的场合。对于负载变化较大而又要求速度稳定时，就用调速阀。

1. 调速阀的工作原理

调速阀是由定差减压阀与节流阀串联而成的组合阀。节流阀用来调节通过的流量，定差减压阀则自动调节，使节流阀前后的压差为定值，消除了负载变化对流量的影响。如图5－26（a）所示，定差减压阀1与节流阀2串联，定差减压阀左右两腔也分别与节流阀前后端沟通。设定差减压阀的进口压力为 p_1，油液经减压阀后出口压力为 p_2，通过节流阀又降至 p_3。进入液压缸。p_3 的大小由液压缸

负载 F 决定。若负载 F 变化。则 p_3 和调速阀两端压差 p_1-p_3 随之变化，但节流阀两端压差 p_2-p_3 却不变。例如 F 增大使 p_3 增大，减压阀芯弹簧腔液压作用力也增大。阀芯右移，减压口开度 x 加大，减压作用减小，使 p_2 有所增加，结果压差 p_2-p_3 保持不变。反之亦然。调速阀通过的流量因此就保持恒定了。图 5－26（b）和图 5－26（c）分别表示调速阀的详细符号和简化符号。

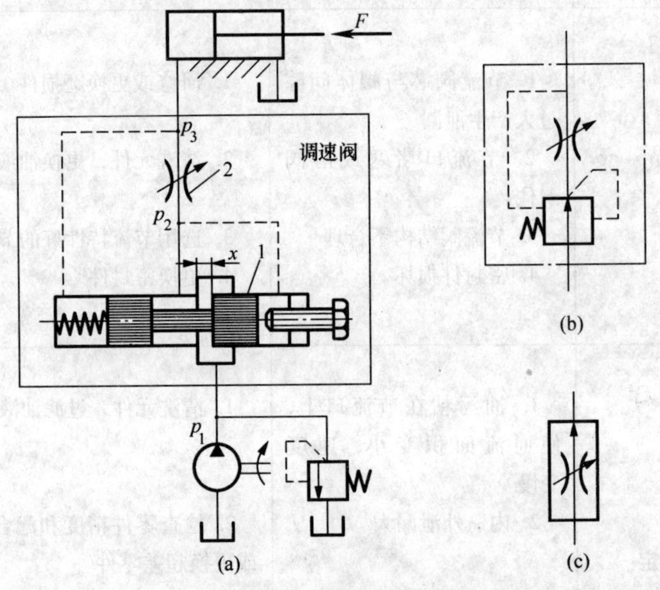

图 5－26　调速阀工作原理

（a）工作原理图；（b）详细符号；（c）简化符号

当调速阀的出口被堵住时，其节流阀两端的压力相等，减压阀芯在弹簧的作用下移至最右端，阀开口最大。因此，当将调速阀出口迅速打开时，因减压阀口来不及关小，不起减压作用，会使瞬时流量增加，使液压缸产生前冲现象。为此有的调速阀在减压阀体上装有能调节减压阀芯行程的限位器，以限制和减小这种启动时的冲击。

2. 调速阀的静态特性

如图 5－27 所示为节流阀和调速阀流量 Q 与阀进、出口压差 ΔP 的关系。从图中可看出，节流阀的流量随压差的变化比较大。而当压差大于一定数值后，通过调速阀的流量就不随调速阀前后压差的改变而变化。在调速阀压差较小的区域内，这一段流量特性就和节流阀相同。要使调速阀正常工作，就必须保证有一最小压差。此压差在一般调速阀中为 0.5 MPa，高压调速阀为 1 MPa。

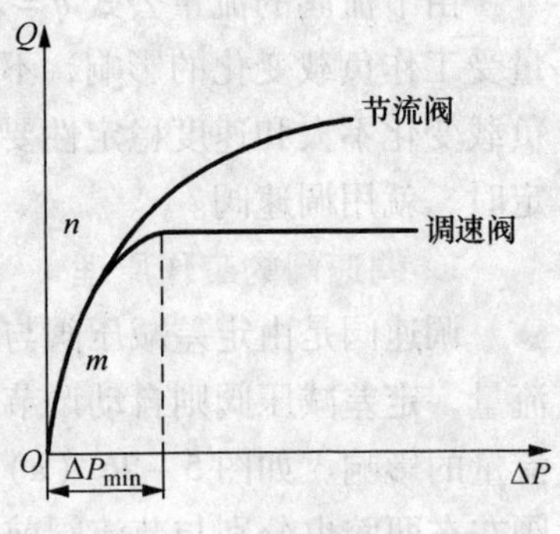

图 5－27　流量阀的静态曲线

课题五　电液比例阀、插装阀

学习目标

1. 了解电液比例阀的常见类型。

2. 熟悉电液比例阀、插装阀的工作原理。

3. 熟悉比例阀、插装阀的用途。

知识学习

一、电液比例阀

电液比例控制阀是一种按输入的电信号连续地、按比例地对压力油的压力、流量或方向进行远距离控制的阀，是一种新型的压力控制阀。电液比例阀一般都具有压力补偿性能，所以其输出压力和流量可以不受负载变化的影响。与手动调节的普通液压阀相比，电液比例阀能提高液压系统参数的控制水平。电液比例控制阀的结构简单、成本低，所以广泛应用于要求对液压参数进行连续控制或程序控制，但对控制精度和动态特性要求不高的液压传动系统中。

根据用途和工作特点的不同，电液比例阀可以分为电液比例压力阀、电液比例流量阀以及电液比例方向阀。下面对这三类比例阀作简单介绍。

1. 比例电磁铁

比例电磁铁是一种直流电磁铁，输出的推力与输入电流基本成比例，并在衔铁的全部工作位置上，磁路保持一定的气隙。

2. 电液比例压力阀

用比例电磁铁取代先导溢流阀的手动装置（调压手柄）便成为先到比例溢流阀。安全阀 9 用于限制比例溢流阀的最高压力，以避免因电子仪器发生故障使得控制电流过大、压力超过允许最大的可能性。随着输入电信号强度的变化，比例电磁铁的电磁吸力将随之变化，从而改变指令的大小，使锥阀的开启压力随输入信号的变化而变化。若输入信号连续地、按比例地或按一定程序变化，则比例溢流阀所调节的系统压力也连续地、按比例地或按一定程序变化。因此比例溢流阀多用于系统的多级调压或实现连续压力控制，如图 5－28 所示。

3. 电液比例流量阀

用比例电磁铁取代节流阀或调速阀的手动装置，以输入电信号控制节流口开度，便可连续地或按比例地远程控制其输出流量，实现执行机构的速度调节。输入电信号不同，电磁推力不同，便有不同的节流口开度。由于定差减压阀已保证了节流口前后压差为定值，所以一定的输入电流对应一定的输出流量，如图 5－29 所示。

4. 电液比例方向阀

用比例电磁铁取代电磁换向阀中的普通电磁铁，便构成直动型比例方向阀。

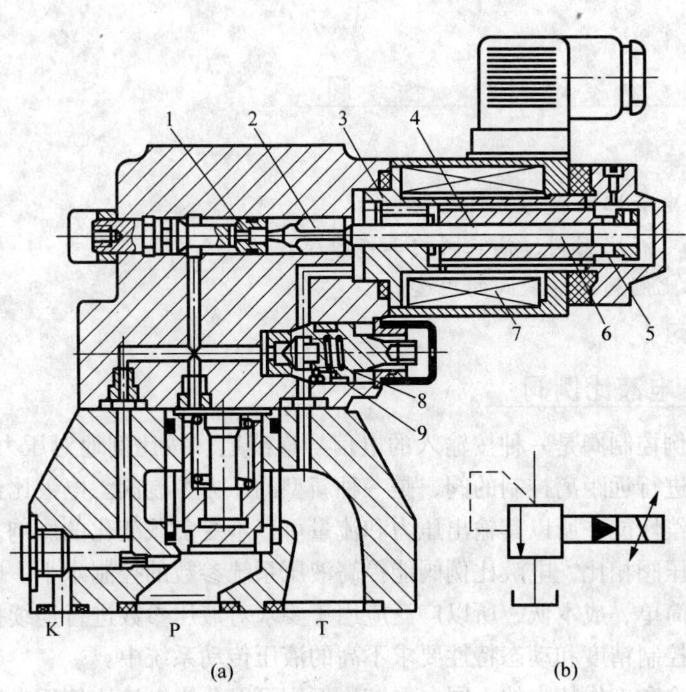

图 5-28 电液比例压力阀

（a）结构；（b）图形符号

1—导阀阀座；2—先导锥阀；3—轭铁；4—衔铁；5—弹簧；6—推杆；7—线圈；8—弹簧；9—先导阀

由于使用了比例电磁铁，阀芯不仅可以换位，而且换位的行程可以连续的或按比例地变化，因而连同油口间的流通面积也可以连续地或按比例地变化，所以比例方向阀不仅能控制执行机构的运动方向，还能控制其速度，如图 5-30 所示。

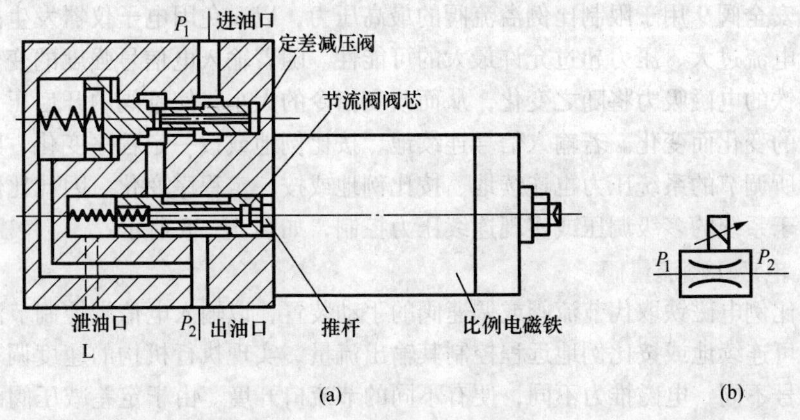

图 5-29 电液比例流量阀

（a）结构；（b）图形符号

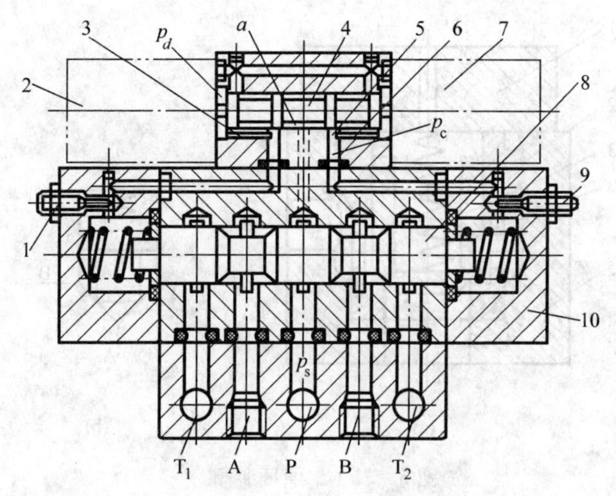

图 5－30　电液比例方向阀

1，9—阻尼螺钉；2，7—比例电磁铁；3，6—反馈孔；4—双向比例减压阀；5—流道；8—主阀芯；10—液动换向阀

总之，如果系统某液压参数设定超过三个，使用电液比例阀对其进行控制是最恰当的。另外，利用斜坡信号作用在比例阀上，可以对机构的加速和减速实现有效的控制。利用比例方向阀和压力补偿器实现负载补偿，便可精确地控制机构的运动速度而不受负载变化影响。

二、插装阀

1. 二位插装阀的结构及工作原理

如图 5－31（a）所示为二通插装阀的结构原理图，由控制盖板 1、插装主阀（由阀套 2、弹簧 3、阀芯 4 及密封件组成）、插装块体 5 和先导元件（置于控制盖板上，图中未画出）组成。插装主阀采用插装式连接，阀芯为锥形。根据不同的需要，阀芯的锥端可开阻尼及节流三角槽，也可以是圆柱形阀芯。

控制盖板将插装主阀封装在插装块体内，并沟通先导阀和主阀。通过主阀芯的启闭，可对主油路的通断起控制作用。使用不同的先导阀可构成压力控制、方向控制或流量控制，并可组成复合控制。若干个不同控制功能的二通插装阀组装在一个或多个插装块体内便组成液压回路。

图 5－31 中的 A 和 B 为主油路的两个仅有的工作油口（所以称为二通阀），K 为控制油口。通过控制油口的启闭和对压力大小的控制，即可控制主阀芯的启闭和油口 A、B 的流向与压力。二通插装阀相当于一个液控单向阀。

2. 插装阀的应用

1）方向控制

如图 5－32 所示为几个二通插装方向控制阀的实例。图（a）用做单向阀，设 A、B 两腔的压力分别为 p_A 和 p_B 当 $p_A > p_B$；时，锥阀关闭，A 和 B 不通；当

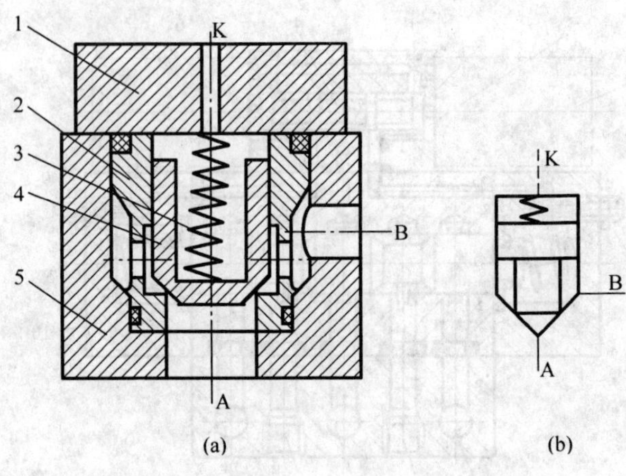

图 5-31　二通插装阀

（a）工作原理；（b）图形符号

1—控制盖板；2—阀套；3—弹簧；4—阀芯；5—插装块体

$p_A < p_B$且p_B达到一定数值（开启压力）时，便打开锥阀使油液从 B 流向 A。图（b）用做二位二通换向阀，在图示状态下，锥阀开启，A 和 B 腔相通；当二位三通电磁阀通电且$p_A > p_B$时锥阀关闭，A、B 油路切断。图（c）用做二位三通换向阀，在图示状态下，A 和 T 连通，A 和 P 断开；当二位四通电磁阀通电时，A 和 P 连通，A 和 T 断开。图（d）用做二位四通换向阀，在图示状态下，A 和

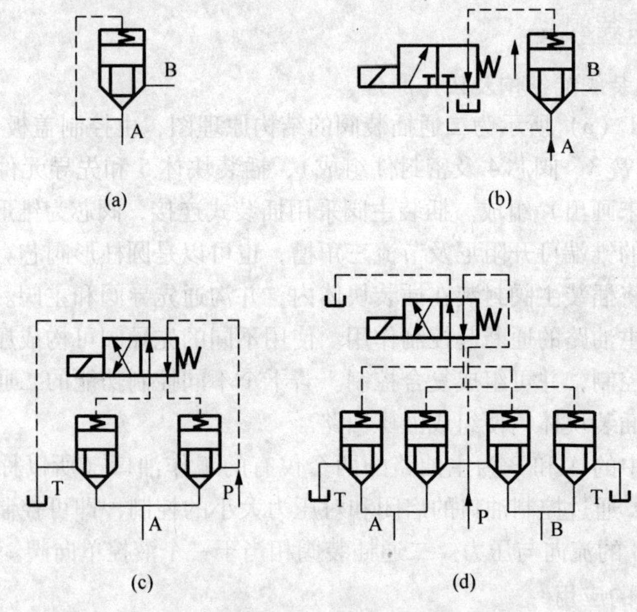

图 5-32　二位插装方向控制阀

（a）用做单向阀；（b）用做二位二通换向阀；

（c）用做二位三通换向阀；（d）用做二位四通换向阀

T、P和B连通；当二位四通电磁阀通电时，A和P、B和T连通。用多个先导阀（如上述各电磁阀）和多个主阀相配，可构成复杂位通组合的二通插装换向阀，这是普通换向阀做不到的。

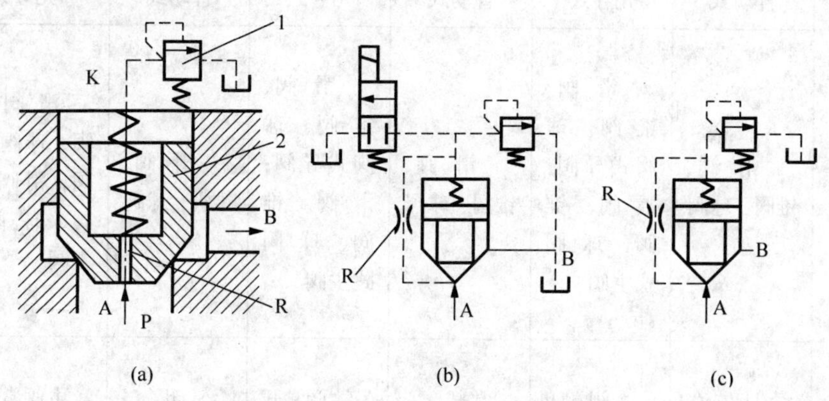

图5-33 二通插装压力控制阀

（a）结构原理；（b）用做溢流阀或卸荷阀；（c）用做顺序阀
1—先导阀；2—主阀；R—阻尼孔

2）压力控制

对K腔采用压力控制可构成各种压力控制阀，其结构原理如图5-33（a）所示。直动式溢流阀1作为先导阀来控制插装主阀2，在不同的油路连接下便构成不同的压力阀。例如，图5-33（b）表示B腔通油箱，可用做溢流阀。当A腔油压升高到先导阀调定的压力时，先导阀打开，油液流过主阀芯阻尼孔R时造成两端压差，使主阀芯克服弹簧阻力开启，A腔压力油便通过打开的阀口经B腔流回油箱，实现溢流稳压。当二位二通阀通电时便可作为卸荷阀使用。图5-33（c）表示B腔接一有负载油路时，则构成顺序阀。此外，若主阀采用油口常开的圆锥阀芯，则可构成二通插装减压阀；若以比例溢流阀作先导阀，代替图中直动式溢流阀，则可构成二通插装电液比例溢流阀。

3）二通插装流量控制阀

在二通插装方向控制阀的盖板上增加阀芯行程调节器以调节阀芯的开度，这个方向阀就兼具了节流阀的功能，即构成二通插装节流阀。若用直流比例电磁铁取代节流阀的手调装置，则可组成二通插装电液比例节流阀。若在二通插装节流阀前串联一减压阀，就可组成二通插装调速阀。

拓展知识

一、溢流阀、减压阀、顺序阀的结构原理及适用场合的总结

溢流阀、减压阀、顺序阀的结构原理及适用场合总结见表5-8。

表5-8　溢流阀、减压阀、顺序法的结构原理及适用场合

比较内容	溢流阀		减压阀		顺序阀	
	直动式	先导式	直动式	先导式	直动式	先导式
阀芯结构	滑阀、锥阀、球阀	滑阀、锥阀、球阀式导阀；滑阀、锥阀、球阀式主阀	滑阀、锥阀、球阀	滑阀、锥阀、球阀式导阀；滑阀、锥阀、球阀式主阀	滑阀、锥阀、球阀	滑阀、锥阀、球阀式导阀；滑阀、锥阀、球阀式主阀
阀口状态	常闭	主阀常闭	常开	主阀常开	常闭	主阀常闭
控制压力来源	入口	入口	出口	出口	入口	入口
控制方式	通常为内控	既可内控也可外控	内控	既可内控也可外控	既可内控也可外控	既可内控也可外控
出油口	接油箱	接油箱	接次级负载	接次级负载	通常接负载；作背压阀或卸荷阀时接油箱	通常接负载；作背压阀或卸荷阀时接油箱
泄油方式	通常为内泄，也可外泄	通常为内泄，也可外泄	外泄	外泄	外泄	外泄
使用场合	稳压溢流、安全保护、多级和远程调压、卸荷、作背压阀		减压稳压	减压稳压、多级减压	顺序控制、系统保压、系统卸荷、作平衡、背压阀	

二、液压控制阀的拆装实训

1. 实训目的

在液压系统中，液压控制阀是用来控制系统中液流的压力、流量和方向的元件。通过对常用方向控制阀、压力控制阀和流量控制阀的拆装，应达到以下目的。

（1）了解各类阀的不同用途、控制方式、结构形式、连接方式及性能特点。

（2）掌握各类阀的工作原理（弄懂为使液压控制元件正常工作，其主要零件所起的作用）及调节方法。

（3）初步掌握常用液压控制元件的常见故障及其排除方法，培养学生的实际动手能力。

2. 实训器材

（1）实物：常用液压控制阀（液压控制阀的种类、型号甚多，建议结合本章的内容，选择典型的方向控制阀、压力控制阀和流量控制阀各2~3套）。

（2）工具：内六角扳手1套、耐油橡胶板1块、油盆1个及钳工常用工具1套。

3. 实训内容与注意事项

1）方向控制阀的拆装

以手动换向阀的拆装为例（如图5-6所示）。

（1）拆卸顺序。

拆卸前转动手柄，体会左右换向手感，并用记号笔在阀体左右端做上标记。

抽掉手柄连接板上的开口销，取下手柄。

拧下右端盖上的螺钉，卸下右端盖，取出弹簧、套筒和钢球。

松脱左端盖与阀体的连接，然后从阀体内取出阀芯。

在拆卸过程中，注意观察主要零件结构和相互配合关系，并结合结构图和阀表面铭牌上的职能符号，分析换向原理。

（2）主要零件的结构及作用。

阀体。其内孔上有四个环形沟槽，分别对应于P、T、A、B四个通油口，纵向小孔的作用是将内部泄漏的油液收集到泄油口，使其流回油箱。

手柄。操纵手柄阀芯将移动，故称其为手动换向阀。

钢球。钢球落在阀芯右端的沟槽中，就能保证阀芯的确定位置，这种定位方式称钢球定位。

弹簧。弹簧的作用是防止钢球跳出定位沟槽。

（3）装配要领。

装配前清洗各零件，在阀芯、定位件等零件的配合面上涂润滑液，然后按拆卸时的反向顺序装配。拧紧左、右端盖的螺钉时，应分两次并按对角线顺序进行。

2）压力控制阀的拆装

以先导式溢流阀的拆装为例（如图 5－13 所示）。

(1) 拆卸顺序。

拆卸前清洗阀的外表面，观察阀的外形，转动调节手柄，体会手感。

拧下螺钉，拆开主阀和先导阀的连接，取出主阀弹簧和主阀芯。

拧下先导阀上的手柄和远程控制口螺塞。

旋下阀盖，从先导阀体内取出弹簧座、调压弹簧和先导阀芯。

注意，主阀座和导阀座是压入阀体的，不拆。

用光滑的挑针把密封圈撬出，并检查其弹性和尺寸精度，如有磨损和老化应及时更换。

在拆卸过程中，详细观察先导阀芯和主阀芯的结构以及主阀芯阻尼孔的大小，加深理解先导式溢流阀的工作原理。

(2) 主要零件的结构及作用。

主阀体。其上开有进油口 P、出油口 T 和安装主阀芯用的中心圆孔。

先导阀体。其上开有远控口和安装先导阀芯用的中心圆孔（远控口是否接油路要根据需要确定）。

主阀芯。为阶梯轴，其中 3 个圆柱面与阀体有配合要求，并开有阻尼孔和泄油孔。

注意：

阻尼孔的作用，当先导阀打开，有油流过阻尼孔时，使 B 腔的压 p_b 小于 A 腔的压力 p_a。

泄油孔的作用。将先导阀左腔和主阀弹簧腔的油引至阀体的出油口（此种泄油方式称为内泄）。

调压弹簧：调压弹簧主要起调压作用，其弹簧刚度比主阀弹簧刚度大。

主阀弹簧。主阀弹簧的作用是克服主阀芯的摩擦力，所以刚度很小。

(3) 装配要领。

装配前清洗各零件，在配合零件表面上涂润滑油，然后按拆卸时的反向顺序装配。应注意检查各零件的油孔、油路是否畅通、无尘屑。

将调压弹簧安放在先导阀芯的圆柱面上，然后一起推入先导阀体。

主阀芯装入主阀体后，应运动自如。

先导阀体与主阀体的止口、平面应完全贴合后，才能用螺钉连接。螺钉要分两次拧紧，并按对角线顺序进行。

注意：由于主阀芯的 3 个圆柱面与先导阀体、主阀体和主阀座孔相配合，同心度要求高。装配时，要保证装配精度。

3）流量控制阀的拆装

以普通节流阀的拆装为例（如图 5－23 所示）。

（1）拆卸顺序。

旋下手柄上的止动螺钉，取下手柄，用孔用卡簧钳卸下卡簧。

取下面板，旋出推杆和推杆座。

旋下弹簧座，取出弹簧和节流阀芯（将阀芯放在清洁的软布上）。

用光滑的挑针把密封圈从槽内撬出，并检查其弹性和尺寸精度。

（2）主要零件的结构及作用。

节流阀芯。节流阀芯为圆柱形，其上开有三角内沟槽节流口和中心小孔，转动手柄，节流阀便作轴向运动即可调节通过节流阀的流量。在拆装过程中，注意观察主要零件的结构形状及各油口、通道的作用。

（3）装配要领。

装配前，清洗各零件，在节流阀芯、推杆及各零件的表面涂上润滑液，然后按拆卸的反顺序装配，阀芯装配时注意其在阀体内的方向，切忌不可装反。

课后习题

一、填空

1. 溢流阀为______压力控制，阀口常______，先导阀弹簧腔的泄漏油与阀的出口相通。

2. 调速阀是由______和______串联而成。

3. 滑阀机能为______型的换向阀，在换向阀处于中间位置时油泵卸荷。而________型的换向阀处于中间位置时可使油泵保持压力。（有多个答案，只要求写出一个。）

4. 溢流阀有______型和______型两种。

5. 顺序阀按控制方式的不同分为______和______。

6. 流量控制阀有____和______两种。

二、选择题

1. 一水平放置的双伸出杆液压缸，采用三位四通电磁换向阀，要求阀处于中位时，液压泵卸荷，且液压缸浮动，其中位机能应选用____；要求阀处于中位时，液压泵卸荷，且液压缸闭锁不动，其中位机能应选用____。

A）O 型　　B）M 型　　C）Y 型　　D）H 型

2. 有两个调整压力分别为 5 MPa 和 10 MPa 的溢流阀串联在液压泵的出口，泵的出口压力为____；并联在液压泵的出口，泵的出口压力又为____。

A）5 MPa　　B）10 MPa　　C）15 MPa　　D）20 MPa

3. 顺序阀在系统中作卸荷阀用时，应选用__________型，作背压阀时，应选用______型。

A）内控内泄式　B）内控外泄式　C）外控内泄式　D）外控外泄式

4. 为保证负载变化时，节流阀的前后压力差不变，通过节流阀的流量基本不变，往往将节流阀与____串联组成调速阀，或将节流阀与____并联组成旁通型调速阀。

A）减压阀　　B）定差减压阀　　C）溢流阀　　D）差压式溢流阀

5. 对于负载变化较大有要求速度稳定时应选____阀。

A）节流阀　　B）调速阀　　C）溢流阀

6. 三位四通电液换向阀的液动滑阀为弹簧对中型，其先导电磁换向阀中位必须是____机能，而液动滑阀为液压对中型，其中位必须是____机能。

A）H 型　　B）M 型　　C）Y 型　　D）O 型

三、判断题

1. 节流阀和调速阀都是用来调节流量及稳定流量的流量控制阀。（　）

2. 单向阀可以用来作背压阀。（　）

3. 因电磁吸力有限，对液动力较大的大流量换向阀则应选用液动换向阀或电液换向阀。（　）

4. 串联了定值减压阀的支路，始终能获得低于系统压力调定值的稳定的工作压力。（　）

5. 当液流通过滑阀阀芯时，液流作用在阀芯上的液动力都是力图使阀口关闭的。（　）

6. 溢流阀与顺序阀的结构和用途都相同。（　）

四、名词解释

1. 滑阀的中位机能

2. 换向阀的作用

3. 压力控制阀的作用

五、问答题

1. 选择三位换向阀的中位机能时应考虑哪些问题？

2. 溢流阀在液压系统中有何功用？

3. 影响节流阀的流量稳定性的因素有哪些？

4. 在工作中调速阀与节流阀有何异同？

5. 若先导型溢流阀主阀芯或导阀的阀座上的阻尼孔被堵死，将会出现什么故障？

6. 把减压阀的进、出口对换会出现什么情况？

7. 阀的铭牌不清楚时，不许拆开，如何判断哪个是溢流阀？哪个是减压阀？哪个是顺序阀？

8. 如图 5-34 所示的液压回路中，溢流阀的调整压力为 5 MPa，减压阀的调整压力为 2.5 MPa。是分析活塞运动时和碰到死挡铁后 A、B 出的压力值（主油路截止，运动时液压缸的负载为零）。

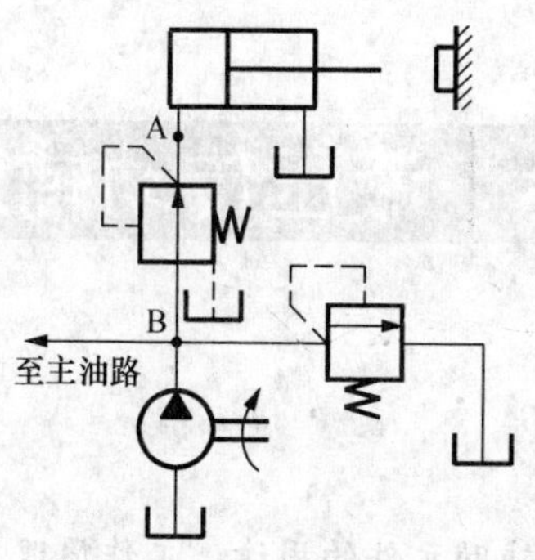

图 5-34　题 8 图

9. 如图 5-35 所示，油路中个溢流阀的调定压力分别为 $p_A = 5$ MPa，$p_B = 4$ MPa，$p_C = 2$ MPa，在外负载趋于无穷大时，图 5-35（a）和图 5-35（b）所示油路的供油压力各是多少？

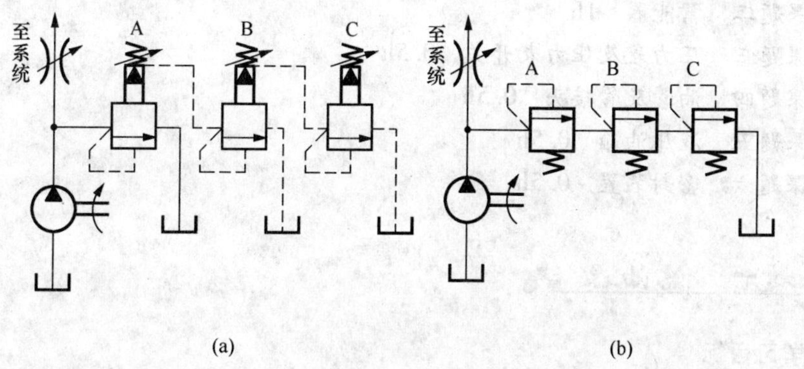

图 5-35　题 9 图

10. 在如图 5-36 所示的液压回路中，顺序阀的调整压力为 $p_X = 3$ MPa，溢流阀的调整压力为 $p_Y = 5$ MPa。问在下列情况下，A、B 点的压力各为多少？

（1）液压缸运动时，负载压力为 $p_L = 4$ MPa；

（2）负载压力 p_L 变为 1 MPa。

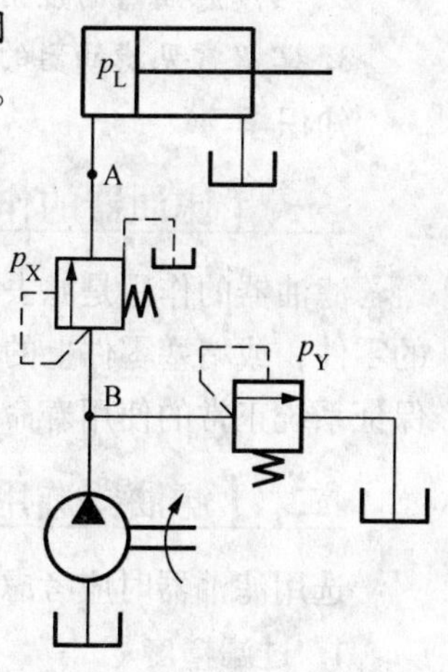

图 5-36　题 10 图

项目六 液压传动辅助元件

学习目标

1. 了解各种液压传动辅助元件的用途、工作原理。
2. 了解其使用要求和分类。
3. 掌握液压传动辅助元件的适用场合，熟悉其职能符号。

课时分配 4h

课题一 滤油器 1h

课题二 蓄能器 1h

课题三 压力表及压力表开关 0.5h

课题四 油管及管接头 0.5h

课题五 液压油箱 0.5h

课题六 密封装置 0.5h

课题一 滤油器

学习目标

1. 了解常见的滤油器的作用
2. 熟悉滤油器的应用及类型
3. 掌握常见滤油器的使用场合，能在液压系统中选用合适滤油器

知识学习

一、滤油器的作用

滤油器的作用是滤去油中的杂质，以免其划伤、磨损、甚至卡死有相对运动的零件，或堵塞零件上的小孔及缝隙，影响液压传动系统正常工作，因此，为了保证系统正常的使用寿命，必须对系统中的污染物的颗粒大小及数量进行控制。

二、滤油器选用的基本要求

选用滤油器时应考虑到如下问题。

1. 过滤精度

过滤精度：过滤掉的杂质颗粒的公称尺寸（μm）度量，是衡量过滤器的重要性能指标。按过滤精度分为粗（100 μm 以上）、普通（10～100 μm）、

精（5~10 μm）和特精（5 μm 以下）过滤器。

2. 各种液压系统的过滤精度

表 6-1　各种液压系统的过滤精度

系统类别	润滑系统	传动系统			伺服系统
工作压力/MPa	0~25	<14	14~32	>32	≤21
过滤精度/ μm	≤100	25~50	≤25	≤10	≤5
滤油器精度	粗	普通	普通	普通	精

研究表明，由于液压元件相对运动的表面间隙较小，如果采用高精度滤油器可有效地控制污染颗粒，液压泵、液压马达、各种液压阀及液压油的使用寿命均可大大延长，液压传动系统的故障也会明显减少。

3. 液压油通过的能力

液压油通过的流量大小和滤芯的通流面积有关。一般可根据要求通过的流量选用相应规格的滤油器（为减低阻力，滤油器的容量为泵流量的 2 倍以上）。

4. 耐压

选用滤油器时尤须注意液压传动系统中冲击压力的发生。而滤油器的耐压包含滤芯的耐压和壳体的耐压。一般滤芯的耐压为 0.01~0.1 MPa，这主要靠滤芯有足够的通流面积，使其压降小，以避免滤芯被破坏。滤芯被堵塞，压降便增加。必须注意滤芯的耐压和滤油器的使用压力是不同的，当提高使用压力时，要考虑壳体是否承受得了，但和滤芯的耐压无关。

三、常见滤油器的类型及应用

1. 网式滤油器

1）结构

如图 6-1 所示为网式滤油器，由上盖 1、下盖 4、开有许多小孔的金属或塑料圆筒 2 和铜丝网 3 组成。过滤精度由网孔的大小和层数决定，有 80、100、180 μm 等 3 个规格

2）特点

优点：结构简单，清洗方便，通油能力大，压力损失小。

缺点：过滤精度低

3）应用场合

常用于泵的吸油管路，对油液进行粗过滤。

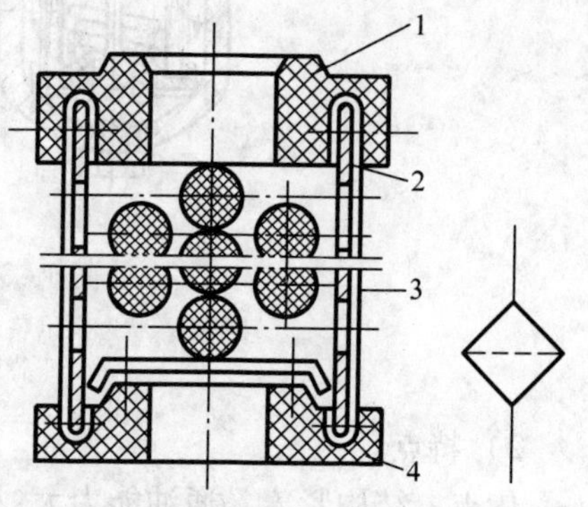

图 6-1　网式滤油器图

1—上盖；2—圆筒；3—铜丝网；4—下盖

2. 线隙式滤油器

1）结构

如图 6－2 所示为线隙式滤油器，它由用铜线或铝线绕在筒形芯架 1 的外部而成的滤芯 2 和壳体 3 组成。流入壳体内的油液经线间缝隙流入滤芯，再从上部的孔道流出。这种滤油器的过滤精度为 30～100 μm。

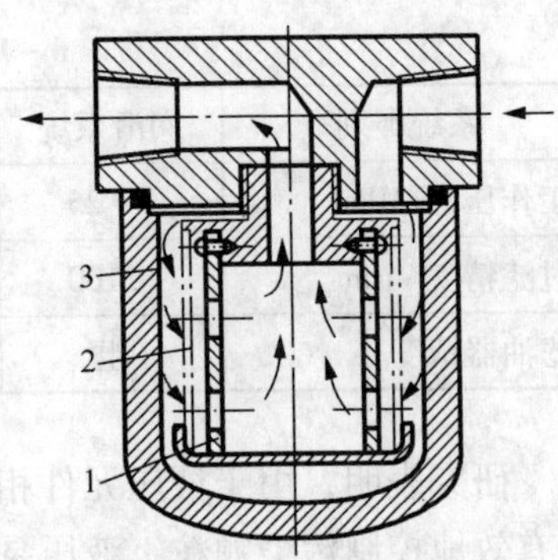

图 6－2　线隙式滤油器

1—芯架；2—滤芯；3—壳体

2）特点

优点：过滤效果好，结构简单，通油能力大，机械强度高。

缺点：不易清洗。

3）应用场合

在回油路或液压泵的吸油口。

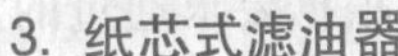

3. 纸芯式滤油器

1）结构

如图 6－3 所示为纸芯式滤油器，由 3 层滤芯、支承弹簧和填塞状态发讯装置组成，其滤芯为平纹或波纹的酚醛树脂或木浆微孔滤纸制成的纸芯，将纸芯围绕在带孔的镀锡铁做成的骨架上，以增大强度。为增加过滤面积，纸芯一般做成折叠形。

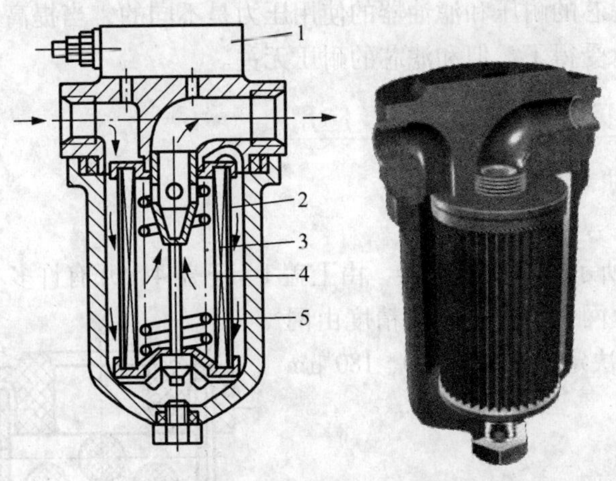

图 6－3　纸芯式滤油器

1—堵塞状态发讯装；2—滤芯外层；3—滤芯中层；4—滤芯里层；5—支承弹簧

2）特点

优点：结构紧凑，通油能力大，过滤精度高，滤芯的价格低。

缺点：无法清洗，需经常更换滤芯。

3）应用场合

常用于精密机床、数控机床、伺服机构、静压支承等要求过滤精度高的液压系统中与其他类型的滤油器配合使用。

4. 烧结式滤油器

1）结构

如图 6-4 所示为烧结式滤油器，由端盖、壳体和滤芯组成。其滤芯用球状青铜颗粒经粉末冶金烧结工艺高温烧结而成。利用颗粒间的微孔来挡住油液中的杂质通过。其过滤精度为 10~100 μm，压力损失为 0.03~0.2 MPa。

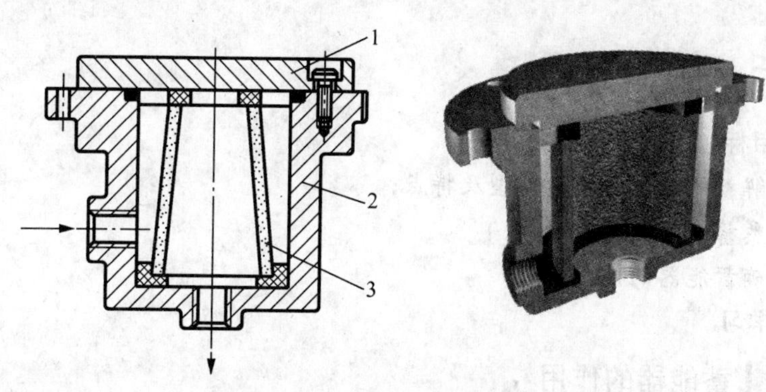

图 6-4　烧结式滤油器

1—端盖；2—壳体；3—滤芯

2）特点

优点：强度大，性能稳定，抗冲击性能好，能耐高温，过滤精度高，制造简单。

缺点：清洗困难，若有颗粒脱落，会影响过滤精度。

3）应用场合

常用于工程机械等设备的液压系统中。

5. 磁性滤油器

1）结构

如图 6-5 所示为磁性滤油器，由铁环、非磁性罩和永久磁铁组成。用于清除油液中的铁屑、铸铁粉末等铁磁性物质。

2）特点

优点：对能磁化的杂质滤除效果好。

缺点：维护较为复杂。

3）应用场合

适用于经常加工铸铁件的机床液压系统。

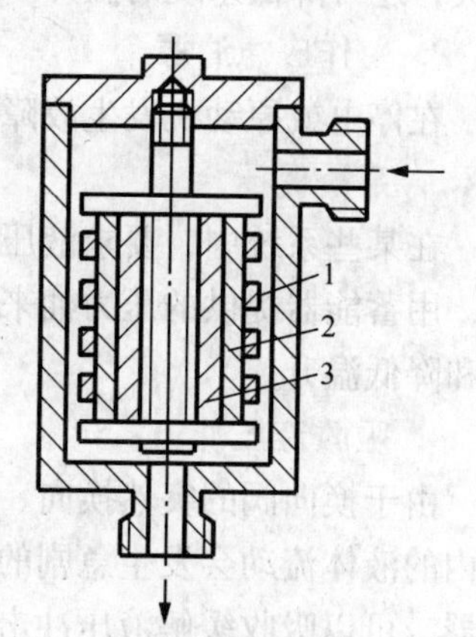

图 6-5　磁性滤油器

1—铁环；2—非磁性罩；3—永久磁铁

四、滤油器的安装及使用

(1) 在泵吸油管上：浸没在油中，主要作用是保护泵并防止空气进入系统。

(2) 在压油管上：主要保护精密液压控制阀等元件。

(3) 在回油管路上：间接保护作用，为防止滤油器堵塞，一般并联单向阀，该阀的开启压力应略低滤油器的最大允许压差。

一般过滤器只能单方向使用，即进出油口不可反接，以利于滤芯的清洗和安全。必要时可增设单向阀和过滤器，以保证双向过滤。目前双向过滤器已问世。

课题二　蓄能器

学习目标

1. 了解蓄能器的作用、类型及特点；
2. 熟悉蓄能器的工作原理；
3. 明确蓄能器的使用场合。

知识学习

一、蓄能器的作用

蓄能器的作用是将液压传动系统中的压力油储存起来，在需要时又重新放出。主要作用表现在以下几个方面。

1. 用作辅助动力源

当执行机构作间歇运动或短时高速运动时，可利用蓄能器在执行部件工作时储存压力油，而在执行件需快速运动时，由蓄能器与液压泵同时向液压缸供给压力油。这样就可以用流量较小的泵使运动零件获得较快的速度，不但可减小功率损失，还可降低系统的温升。

2. 用作应急油源

在停电或原动机发生故障时蓄能器可作为液压缸的应急能源。

3. 系统保压

在某些系统中，要求液压缸到达某一位置时保持一定的压力，这时可使泵卸载，用蓄能器提供的压力油来补偿系统中的泄漏，并保持一定的压力，以节约能耗和降低温升。

4. 吸收液压冲击

由于换向阀的突然换向、液压泵的突然停转、执行元件的突然停止，系统管道内的液体流动会发生急剧的变化，产生液压冲击。在冲击源的前端管路安装蓄能器，可以吸收缓解液压冲击。

5. 吸收脉动降低噪声

泵的输出口并接一蓄能器，可使泵的流量脉动以及因之而引起的压力脉动减少。

二、蓄能器的类型及特点

1. 气囊式蓄能器

如图6－6所示，气囊式蓄能器由壳体、气囊、提升阀、充气阀4部分组成。

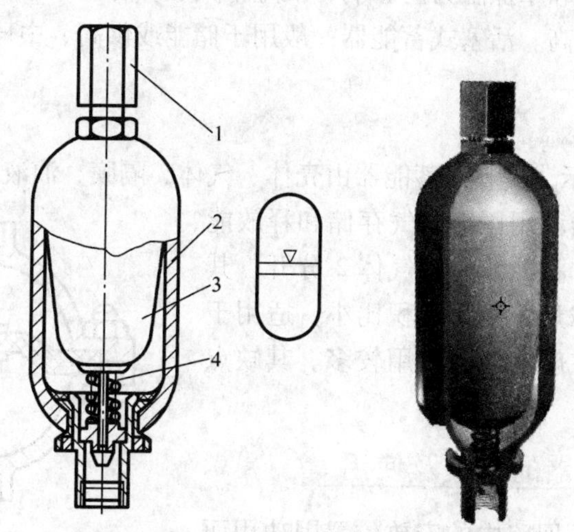

图6－6 气囊式蓄能器

1—充气阀；2—壳体；3—气囊；4—提升阀

气囊出口上有充气阀1，充气阀只在为气囊充气时才打开，平时关闭。工作时，压力油液经提升阀4进出，当油液排空时，提升阀可以防止气囊被挤出。这种蓄能器的优点是惯性小，反应灵敏，容易维护。缺点是容积较小，气囊和壳体的制造比较困难。气囊式蓄能器适用于中、低压大流量的液压传动系统。

2. 活塞式蓄能器

如图6－7所示，活塞式蓄能器由气体、活塞、油箱组成。

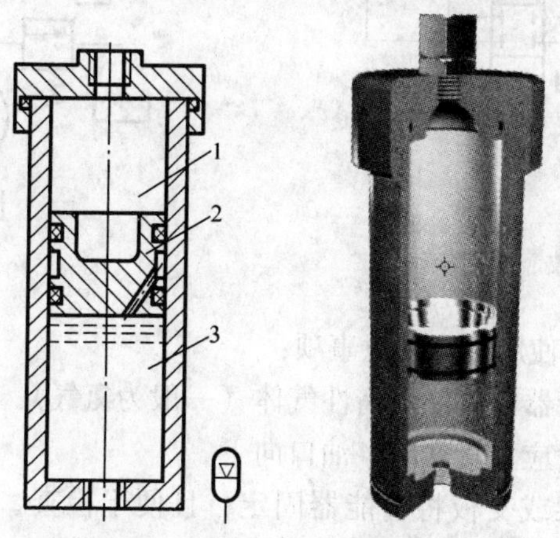

图6－7 活塞式蓄能器

1—气体；2—活塞；3—油箱

活塞式蓄能器利用气体的压缩储存压力能；利用气体的膨胀释放压力能。活塞2的上部为压缩空气，其下部经油孔通向液压系统，活塞2随下部压力油的储存和释放而在油箱3内来回滑动。活塞式蓄能器的优点是安装和维护方便。其缺点是由于活塞惯性和摩擦阻力的影响，反应不灵敏，容量较小，对缸筒加工和活塞密封性能要求较高。活塞式蓄能器一般用于储能或供高、中压系统作吸收脉动之用。

3. 隔膜式蓄能器

如图6－8所示，隔膜式蓄能器由壳体、气体、隔膜、油液组成。

隔膜式蓄能器利用压缩空气存储和释放能量。用耐油隔膜3将油液4与气体2分开。其优点是壳体1为球形，质量体积比小，适用于吸收液压冲击，在航空器中应用较多。其缺点是容量很小。

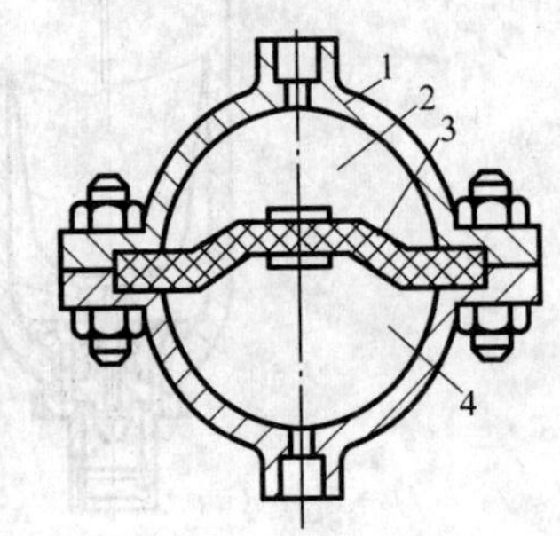

图6－8 隔膜式蓄能器

1—壳体；2—气体；3—隔膜；4—油液

三、蓄能器的安装及使用

蓄能器在液压回路中的安放位置因功用而不同：吸收液压冲击或压力脉动时宜放在冲击源或脉动源附近图6－9所示。补油保压时宜放在尽可能接近有关执行件处图6－10所示。

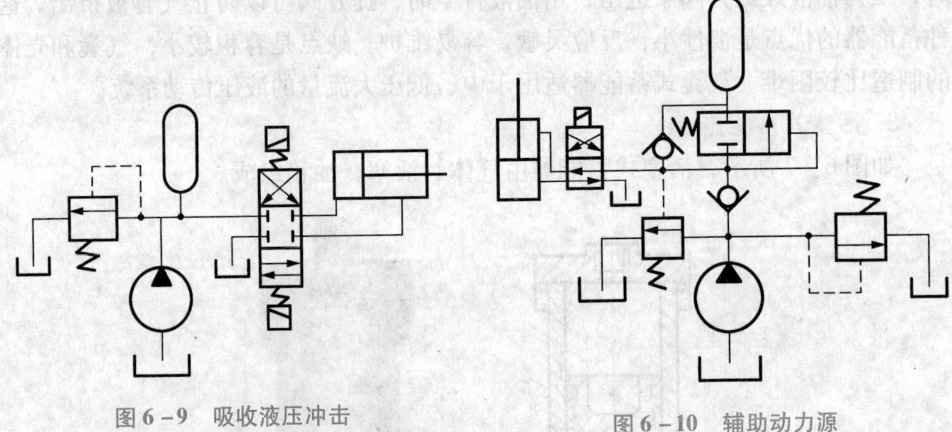

图6－9 吸收液压冲击

图6－10 辅助动力源

蓄能器在安装和使用时应注意事项：

（1）充气式蓄能器中应使用惰性气体（一般为氮气）。

（2）蓄能器一般应垂直安装，油口向下。

（3）必须用支架或支板将蓄能器固定，且便于检查、维修的位置，并远离热源。

（4）用作降低噪声、吸收脉动和冲击的蓄能器应尽可能靠近振源。

（5）蓄能器与管路之间应安装截止阀，供充气或检修时用，与液压泵之间应安装单向阀，防止油液倒流保护泵与系统。

（6）搬运和拆装时应排出压缩气体，注意安全。

课题三　油管及管接头

学习目标

1. 了解油管及管接头的类型、特点
2. 熟悉其使用场合

知识学习

一、油管

液压传动系统中的元件一般是利用油管和管接头进行连接并传递工作介质液压油，油管和管接头应具有能量损失小，有足够的强度，装配使用方便。

液压传动系统中常用的油管有钢管、纯铜管、橡胶软管、尼龙管和塑料管等。管道的特点、种类和适用场合见表6－2。

表6－2　管道的种类和适用场合

种类		特点和适用场
硬管	钢管	能承受高压，价格低廉，耐油，抗腐蚀，刚性好，但装配时不能任意弯曲；常在装拆方便处用作压力管道，中、高压用无缝管，低压用焊接管
	紫铜管	易弯曲成各种形状，但承压能力一般不超过6.5～10 MPa，抗振能力较弱，又易使油液氧化；通常用在液压装置内配接不便之处
软管	尼龙管	乳白色半透明，加热后可以随意弯曲成形或扩口，冷却后又能定形不变，承压能力因材质而异，自2.5～8 MPa不等

1. 管路安装要求

（1）管路应尽量短，横平竖直，转弯少。为避免管路皱折、减少压力损失，硬管安装时的弯曲半径应足够大（表6－3），管路悬伸较长时，要适当设置管夹（标准件）。

表6－3　硬管安装时允许的弯曲半径

管子外径 D/mm	10	14	18	22	28	34	42	50	63
弯曲半径 R/mm	50	70	75	80	90	100	130	150	190

（2）管路尽量避免交叉，平行管间距要大于 100 mm，以防接触振动并便于安装管接头。

（3）拐弯处的半径应大于油管外径的 3 ~ 5 倍。弯曲处到管接头的距离至少等于外径的 6 倍。

2. 油管的一般选用原则

吸油管路和回油管路一般用低压的有缝钢管，也可使用橡胶和塑料软管；控制油路中的流量小，多用铜管；考虑配管和工艺方便，在中、低压油路中也常使用铜管；高压油路一般使用冷拔无缝钢管，必要时也采用价格较贵的高压软管（高压软管是由橡胶中间加一层或几层钢丝编织网制成，高压软管比硬管安装方便，可以吸收振动）。

二、管接头

管接头作为管与管、管与其他液压元件之间的可拆卸连接件，要求管接头连接可靠，无泄漏，液阻小，拆装方便。管接头的种类很多，依其连通的油路分有直通、直角、三通、四通和铰（万向）；依其与油管的连接方式分有焊接式、卡套式、扩口式和扣压式。下面介绍几种常见的管接头。

1. 焊接式管接头

如图 6 - 11 所示，这种管接头制造简单，工作可靠，适用于管壁较厚和压力较高的系统，承受压力可达 31.5 MPa，应用范围较大。其缺点是对焊接质量要求较高。

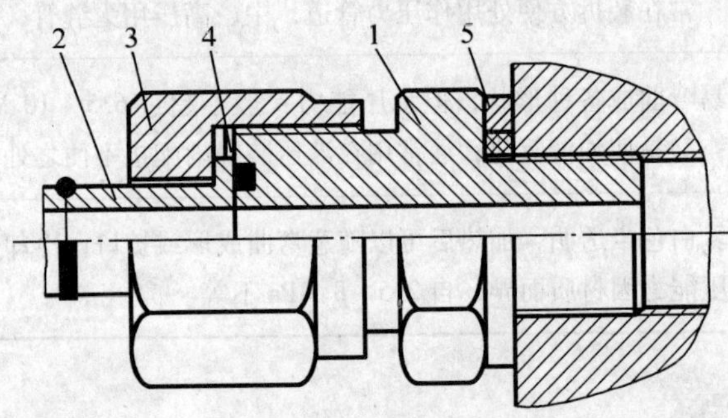

图 6 - 11 焊接式管接头

1—接头体；2—接管；3— 螺母；4—O 密封圈；5—组合为密封垫

2. 卡套式管接头

如图 6 - 12 所示，卡套式管接头的工作比较可靠，拆装方便，其作压力可达 31.5 MPa。其缺点是卡套的制造工艺要求高，对连接的油管外径的几何精度要求也较高。

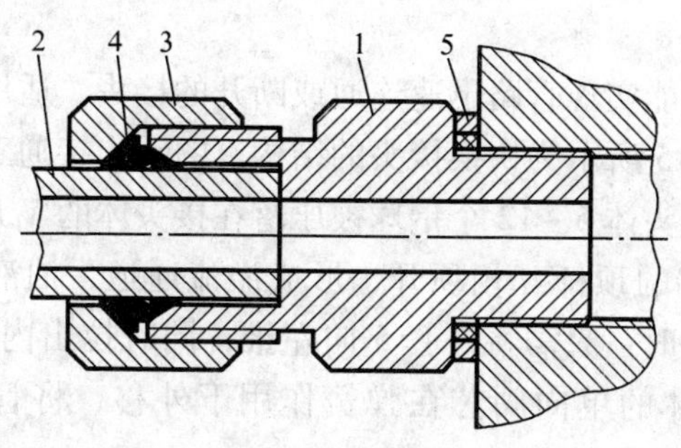

图 6-12　卡套式管接头

1—接头体；2—管路；3—螺母；4—卡套；5—组合密封垫

3. 扩口式管接头

如图 6-13 所示为扩口式管接头，这种管接头的结构简单，性能良好，加工和使用方便，适用于以油、气为介质的中、低压管路系统，其工作压力取决于管材的许用压力，一般为 3.5 ~ 16 MPa。

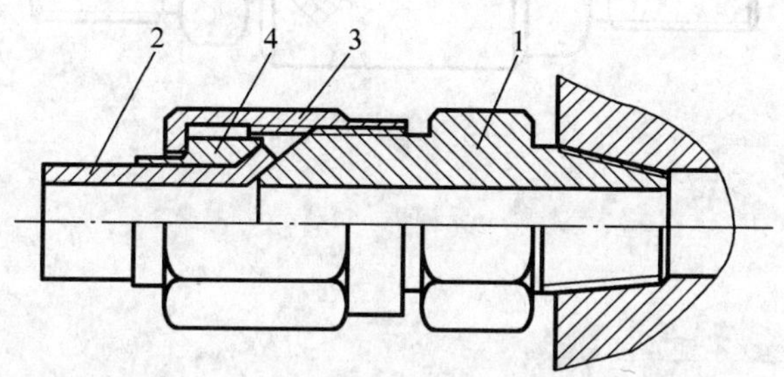

图 6-13　扩口式管接头

1—接头体；2—接管；3—接头螺母；4—导套

4. 扣压软管接头

如图 6-14 所示为扣压软管接头，这种管接头可用于工作压力为 6 ~ 40 MPa 的液压传动系统中的软管的连接，在装配时须剥离胶层，然后在专门的设备上扣压而成。

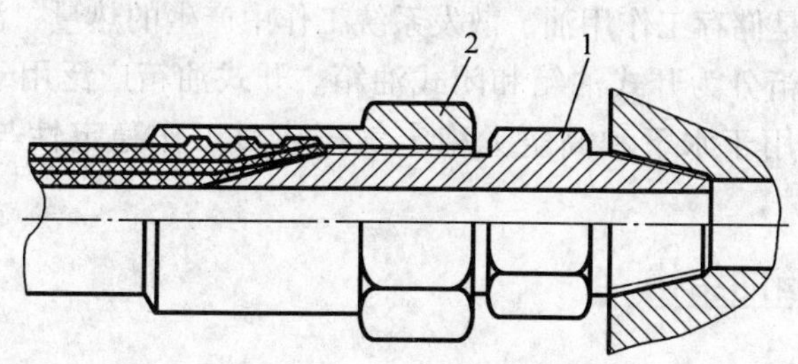

图 6-14　扣压式软管接头

1—接头体；2—外接头体

5. 快换接头

快换接头是一种能实现管路迅速连通或断开的接头，适用于需要经常拆装的液压管路。如图 6－15 所示为快换接头的结构。图示为接通工作位置，此时两个街头的结合时通过接头体 6～12 个钢球被压落在接头体的 V 形槽内实现的。接头体内的单向阀由前端的顶杆互相顶开，形成溢流通道，油液可由一端流向另一端。当需要断开油路时，只需将外套 5 向左推，同时拉出内接头 6，于是钢球 4 退出 V 形槽，接头体的单向阀芯在弹簧作用下外移，将管道关闭，油液不会外漏。

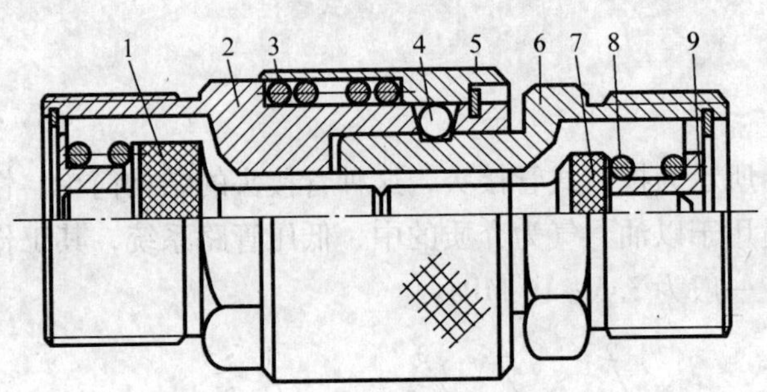

图 6－15　快速装拆管接头

1、7—单向阀体；2—外接头体；3、8—弹簧；4—钢球；5—外套；6—内接头体；9—弹簧座

课题四　液压油箱

学习目标

1. 了解油箱的分类、用途。
2. 熟悉油箱结构设计、使用中应注意的事项。

知识学习

一、油箱的作用

油箱的作用是储存工作用油、散发系统工作中产生的热量、沉淀杂质、逸出油中的空气。油箱分为开式油箱和闭式油箱。开式油箱广泛用于一般的液压系统；闭式油箱则用于水下和高空无稳定气压或对工作稳定性与噪声有严格要求处。

二、油箱的结构

1. 油箱的结构

在设计液压系统时，油箱一般根据需要自行设计。如图 6－16 所示为常见油箱的结构示意图。

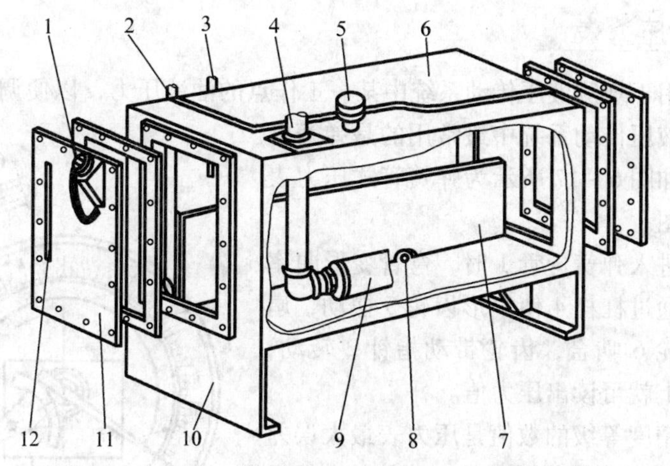

图6-16　油箱

1—注油器；2—回油管；3—泄油管；4—吸油管；5—空气滤清器；6—安装板；7—隔板；8—堵塞；9—滤油器；10—箱体；11—端盖；12—液位计

2. 油箱结构设计时要注意的问题

（1）油箱一般为长六方体形箱体，其长、宽、高之比可依主机总体布置决定，约在1∶1∶1到1∶2∶3之间。小容量油箱可用钢板直接焊接，大容量油箱需考虑盖板安装设备所必须进行的刚度和强度。

（2）油箱内常设2~3块隔板，将回油区与吸油区分开。隔板的高度为箱内最低油面高度的2/3~3/4左右，其底部应开出若干孔道，使清洗油箱比较方便。

（3）油箱顶盖板上应设置通气孔，使液面与大气相通。油箱底面应略带斜度，并在最低处设放油螺塞。大容量油箱多在侧面设置清洗用窗口，平时用侧板密封。

（4）泵的吸油管口所装滤油器，其底面与油箱底面应保持一定距离，其侧面离箱壁应有3倍的管径的距离。回油管2应插入液面以下，以免回油冲击液面产生气泡，但也不能太低。管口应切成45°斜口，且面向油箱，以提高散热效率。阀的泄漏油管应在液面以上。

（5）新油箱的内壁须进行喷丸、酸洗和表面清洗，其内壁可涂一层与工作介质相容的塑料薄膜或耐油清漆。

课题五　压力表及压力表开关

学习目标

1. 了解压力表及压力表开关的结构。
2. 熟悉压力表及压力表开关的正确使用方法。

知识学习

一、压力表

压力表用于观测液压传动系统中某一工作点的油液压力，以便调整系统的工作压力。在液压传动系统中最常用的是弹簧管式压力表。如图 6-17 所示为弹簧管式压力表的工作原理图。

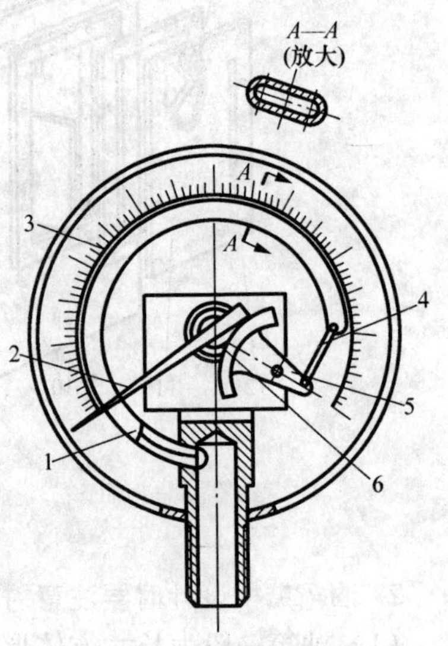

图 6-17 弹簧式压力表

1—弹簧弯管；2—指针；3—刻度盘；4—杠杆；5—扇形齿轮；6—齿轮

压力油进入弹簧弯管 1 时，弯管变形曲率半径加大，通过杠杆 4 使扇形齿轮 5 摆动，扇形齿轮与齿轮 6 啮合，齿轮带动指针 2 转动，在刻度盘 3 上就可读出压力值。

压力表精度等级的数值是压力表最大误差占量程（压力表测量范围）的百分数。一般机床上的压力表用 2.5 ~ 4 级精度即可。选用压力表时，一般取系统压力为量程的 2/3 ~ 3/4，压力表必须治理安装。为了防止压力冲击而损坏压力表，常在压力表的通道设置阻尼小孔。

二、压力表开关

压力表开关相当于一个小型转阀式截止阀，它是用来切断和接通压力表与油路通道的。根据可测压力的点数不同，压力表开关有一点、三点、六点等几种。

如图 6-18 所示为板式连接的 K—6B 型压力表开关的结构原理图。此时压力表经油槽 a、小孔 b 与油箱相通。当将手柄推进去，则阀芯上的沟槽 a 一方面使压力表与测量点接通，另一方面又隔断了压力表与油箱的通道，这样就可测出一

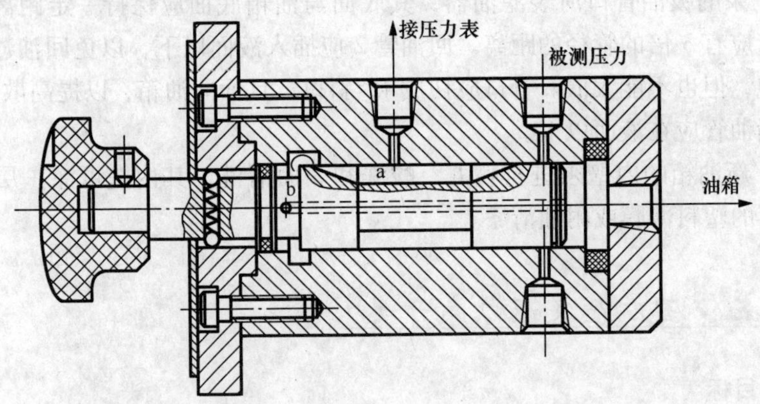

图 6-18 板式连接的 K—6B 型压力表开关的结构

个点的压力。若将手柄转到另一位置，便可测出另一点的压力。压力表的过油通

道很小，可防止指针的剧烈摆动。在液压传动系统正常工作后，即可切断压力表与系统油路的通道。

课题六　密封装置

学习目标

1. 了解密封装置的类型、特点。

2. 熟悉密封装置的使用方法。

知识学习

一、密封装置的作用

防止工作介质的内、外泄漏，以防止灰尘、金属屑等异物侵入液压系统。

二、密封装置的要求

（1）在一定的压力、温度范围内具有良好的密封性。

（2）有相对运动时，因密封件所引起的摩擦力应尽量小，摩擦系数应尽量稳定。

（3）耐腐蚀、耐磨性好，不易老化，使用寿命长，磨损后可以一定程度自动补偿。

（4）结构简单，装拆方便，成本低廉。

三、密封装置的类型及特点

1. 间隙密封

工作原理：间隙密封是利用相对运动之间微小的间隙起密封作用。一般间隙为0.01～0.05mm，这就要求配合面加工精度很高。在活塞的外表面开几道0.3～0.5mm、深0.5～1 mm、间距2～5mm的环形沟槽，如图6－19所示。

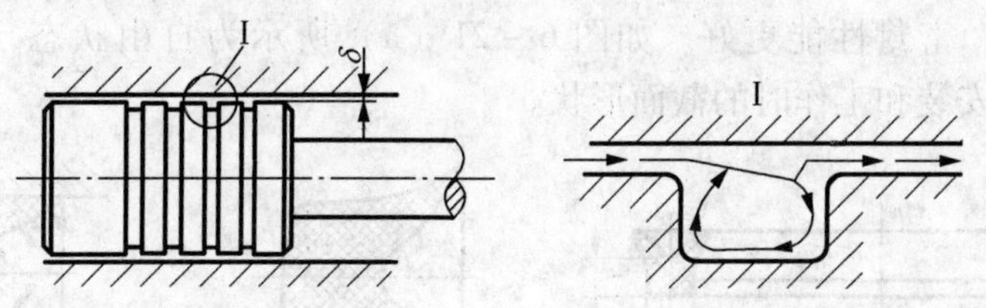

图6－19　间隙密封

间隙密封的特点是结构简单，摩擦力小，耐用，但对零件的加工精度要求较高，且难以完全消除泄漏。只适用于低压，小直径的快速液压缸。

2. 密封圈密封

密封圈密封是液压系统中应用最广泛的一种密封，密封圈有O形、Y形、V

形及组合形式等数种，其材料为耐油橡胶、尼龙等。

1）O 形密封圈

O 形密封圈装入密封槽后，其截面有一定的压缩变形。在无液压油时，靠 O 形圈的弹性对接触面产生预接触压力 p_o 来实现初始密封；当密封腔充入压力油后，在压力的作用下，O 形圈被挤向沟槽一侧，密封面上的接触压力上升为 p_m，提高了密封效果，如图 6－20 所示。

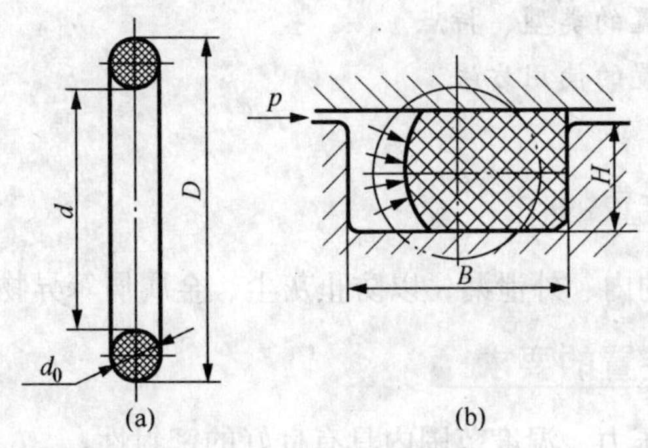

图 6－20　O 形圈密封工作原理

O 形密圈密封的特点是结构简单紧凑，摩擦力较其他密封圈小，安装方便，价格便宜，但其使用寿命短，启动阻力较大。主要用于静密封和滑动密封。

任何形状的密封圈在安装时必须保证适当的预压缩量，过小不能密封，过大则摩擦力增大，易损坏。因此，安装密封圈的沟槽尺寸和表面精度必须按手册给出的数据严格保证。

2）Y 形密封圈

Y 形密封圈是截面形状呈 Y 形的耐油橡胶环，其结构简单，密封效果好，适应性很广。

Y 形圈的密封作用来自其唇边对耦合面的紧密接触，并在压力油作用下产生较大的接触压力，达到密封目的。当液压力升高时，唇边与耦合面贴得更紧，接触压力更高，密封性能更好。如图 6－21（a）所示为自由状态，如图 6－21（b）所示为安装和工作时的截面形状。

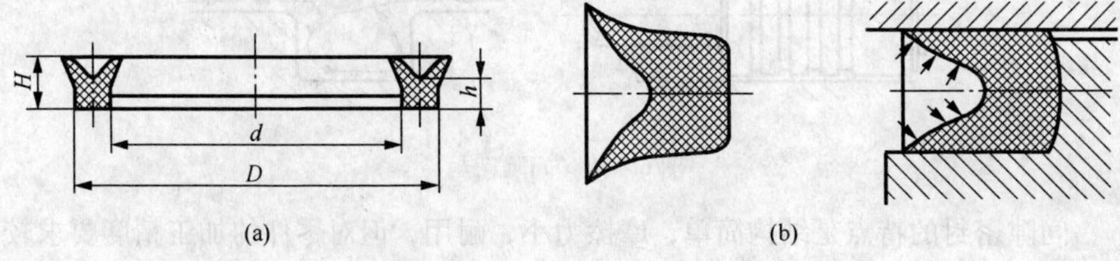

图 6－21　Y 形圈密封的工作原理

Y 形圈的密封特点是 Y 形圈的截面呈 Y 形，属唇形密封圈。密封性、稳定性和耐压性较好，摩擦阻力小，使用寿命较长。主要用于动密封，特别是往复直线运动的密封，如液压缸体和活塞之间、活塞杆和缸体端盖之间等的密封。

目前，液压缸中普遍使用如图 6－22 所示的小 Y 形（又称高低唇 Y 形）密封圈作为活塞和活塞杆的密封。其中图 6－22（a）为轴用密封圈，图（b）为孔用密封圈。这种密封圈的特点是两个唇边不等高，增加了底部支承宽度，可以避免摩擦力造成密封圈的翻转和扭曲。

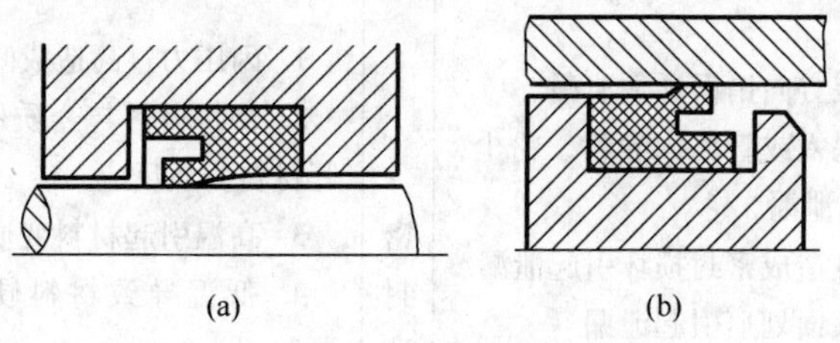

图 6－22 小 Y 形密封圈

3）V 形密封圈

V 形密封装置由多层涂胶织物压制而成，截面形状呈 V 形，通常由压环、V 形槽和支承环组成。当工作压力高于 10 MPa 时，可增加 V 形圈的数量，提高密封效果。安装时，V 形圈的开口应面向压力高的一侧，如图 6－23 所示。

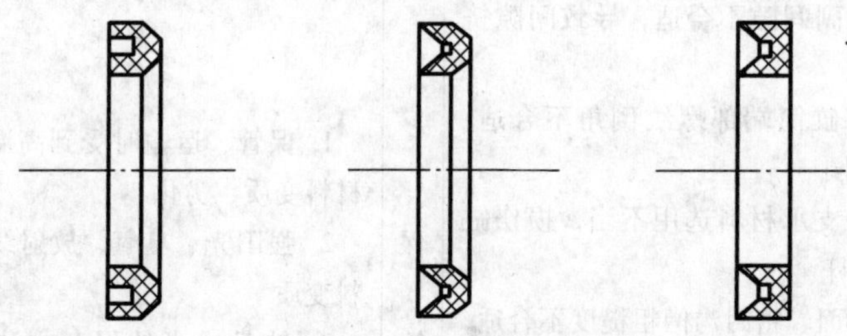

图 6－23 V 形圈密封装置

其特点是密封性能良好，耐高压，使用寿命长，通过调节压紧力，可获得最佳的密封效果，但 V 形密封装置的摩擦阻力及结构尺寸较大。主要用于活塞及活塞杆的往复运动密封。

拓展知识

一、引起密封故障的因素

密封性能的优劣，不仅是密封圈的问题，密封圈与沟槽，密封圈与被密封面的配合，对密封性能也非常重要。动密封面加工精度不够，电镀不匀，会造成密封圈的异常磨损；尺寸精度不够，密封圈间隙不合适，会造成间隙挤出、咬伤，或密封圈与配合面的黏附咬合。活塞杆表面精度应按有关规定设计。密封沟槽设计的加工，要注意密封沟槽表面的加工精度，应满足标准要求，密封沟槽设计影响密封性能的情况也不少见。此外，母材的强度不足、缸筒的圆柱度不高、密封圈损耗也会引起泄漏或工作不良。

表 6－4 归纳了引起密封故障的可能原因。

表 6－4　引起密封故障的因素

安装	1. 密封安装方向错误导致泄漏 2. 安装时混入或管路内异物、粉尘，进入密封引起泄漏 3. 装配不良造成密封损坏引起泄漏 4. 密封件表面划痕引起泄漏 5. 焊接加工时，灼伤活塞杆表面起泄漏 6. 同心度不够导致偏心 7. 涂层不匀，涂料进入密封圈	密封选用	1. 因压力过高造成间隙咬伤 2. 密封材料与介质不相容。引起膨胀等材料变质反应 3. 高温引起材料变质劣化 4. 低温导致材料硬化、收缩而引起泄漏 5. 高频往复运动导致密封件发热、干磨 6. 因元件受到振动引起泄漏 7. 环境粉尘引起密封圈异常磨损
密封设计	1. 摩擦副间隙不合适，导致间隙挤出咬伤 2. 活塞缸筒端部螺纹倒角不合适，损伤密封圈 3. 导向支承材料选用不当，损伤缸筒、活塞杆 4. 滑动面、密封沟槽粗糙度不合适，磨损密封圈 5. 电镀不匀，密封通过的表面上开孔，划伤密封圈 6. 润滑不良磨损、咬伤缸筒、活塞杆	保管	1. 保管、运输时受到高温。引起密封材料变质、劣化 2. 强阳光、臭氧，放射线引起密封材料变质 3. 缺乏适当的保存方法，使密封圈变形 4. 长期存放引起密封材料老化

二、常见的密封故障及排除方法

密封故障的外部表现为泄漏和工作状态不良，工作状态不良一般会加速密封件的损伤，最终引起泄漏。液压、气动元件和系统的使用条件复杂，近来对密封的要求越来越苛刻，对故障的应对需要实践的积累。下面介绍的几种密封故障是国外有关部门的调查结果，有一定代表性，值得引起注意。

实例一、液压缸活塞杆轴承安装在活塞杆的外侧，轴承润滑状态恶劣，同时偏负载，局部压应力增加引起轴承与活塞杆的咬合，活塞杆表面的损伤加剧密封圈的磨损，导致泄漏。对于这种状况的改进措施是，将轴承置于密封件的有油侧，使轴承保持良好的密封状态，或选用有自润滑能力的轴承。

实例二、槽底表面粗糙度不当，磨损活塞杆密封的外周边，导致泄漏。沟槽底面与密封件也有微量的滑动、摩擦，因此表面粗糙度必须符合标准，保证表面粗糙度的要求。特别是活塞杆密封整体沟槽的加工比活塞密封淘槽底部加工更困难，沟槽底面的表面异常一般不易发现，所以容易发生这种故障的情况。

实例三、从防尘圈处侵入的水使密封沟槽底边生锈，加剧了活塞杆密封圈外周边的磨损，导致泄漏。本例中水是从防尘圈的外周边侵入的，所以活塞杆处会沾水时，应选用带金属环的防尘圈，或者有防水作用的防尘圈。

实例四、活塞杆密封由于低温、振动引起的泄漏。这一实例是在寒冷地域、户外使用，并伴随有振动的液压缸（千斤顶）中发生的，密封圈的工作温度与室外环境温度相同。而 NBR 制活塞杆密封圈的耐寒性不足，不能补偿振动中起的偏心因而导致泄漏。这种情况下将密封圈单体放在室温下观察，从外观看不到任何改变。改进方法是选用耐寒性更好的材料，选用低温时有偏心补偿能力的活塞杆密封圈。

实例五、NBR 材料制密封用在高温条件下时，密封圈受热变质引起泄漏，改善措施是采用耐高温性能较好的 NEM（H-NBR），FICM 等材料。

实例六、间隙咬伤。间隙咬伤的改善措施有正确选择设计密封间隙尺寸，活塞沟槽的倒角尺寸，注意防止异常压力的产生等。

实例七、密封圈膨胀。密封圈膨胀多是因工作介质或润滑剂与密封圈材料不相容引起的，改善措施是考虑密封圈与工作介质、清洗剂的相容性。

三、密封圈的选用

防治泄漏的问题从密封设计就应开始注意，提高密封设计水平，应作为泄漏的第一道屏障。选用密封圈时，应全面分析，准确把握使用条件，根据使用条件选择、设计密封装置。主要考虑以下几点。

1. 工作压力

工作压力是密封设计的主要依据。密封装置的型式、结构、材料等。几乎所有设计内容，都与工作压力有关。

高压时，要采用刚性大的密封材料，以减少密封圈在压力下的永久变形；正确选用耐压条件足够的结构、形式；注意控制密封挤出间隙，必要时设计挡圈。在 35 MPa 以上的高压下工作或频繁地接受冲击载荷，密封圈的使用寿命会显著缩短。这时可在密封压力侧增设一个缓冲密封圈，避免高压冲击直接作用于主密封圈上。

低压时工作性能多与密封摩擦有关，采用 PTFE 制密封圈是解决这一问题的有效措施。

2. 速度

密封圈高速运动时，容易引起摩擦发热，致使密封圈材料变质，同时发热破坏油膜，加剧密封圈的磨损；低速时的主要问题是爬行。无论上述那种情况，采用 PTFE 组合同轴密封均可得到很好的改善，但要注意，同轴密封的密封性要低于合成橡胶唇形密封圈和合成橡胶组合密封圈。

3. 温度

密封件在高温下使用，会加速材料劣化，缩短使用寿命；在低于推荐值的温度下使用会造成材料硬化和收缩，引起泄漏。因此，必须准确地把握密封圈的使用温度，选择与之适应的密封材料。

课后习题

一、选择

1. 强度高、耐高温、抗腐蚀性强、过滤精度高的精过滤器是（　　）。

A. 网式过滤器　B. 线隙式过滤器　C. 烧结式过滤器　D. 纸芯式过滤器

2. 过滤器的作用是（　　）

A. 储油、散热　B. 连接液压管路　C. 保护液压元件　D. 指示系统压力

3. 如图 6－25 所示，图（　　）是过滤器的职能符号；图（　　）是压力继电器的职能符号

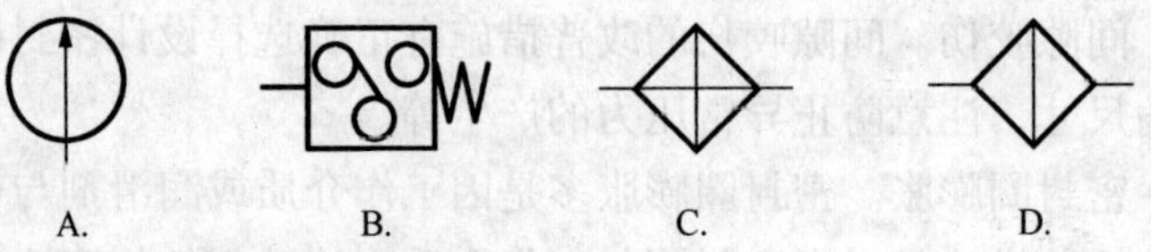

图 6－24　习题 3 图

二、简述

1. 蓄能器有哪些功用？安装和使用蓄能器时应注意哪些问题？

2. 常用的滤油器有哪几种类型？各适用于什么场合？一般应安装在什么位置？

3. 常用的油管有哪几种？适用范围有何不同？

4. 常用的管接头有哪几种？各适用于什么场合？

5. 油箱的功用是什么？设计油箱时，应注意哪些问题？

6. 说明 O 形密封圈的密封原理，使用时如何保证其密封效果？

项目七 液压传动系统基本回路

学习目标

1. 掌握压力控制回路、速度控制回路和方向控制回路的功用和常用回路。

2. 掌握常用多缸工作控制回路。

课时分配 12h

课题一 压力控制回路 2h

课题二 速度控制回路 4h

课题三 方向控制回路 4h

课题四 多缸工作控制回路 2h

课题一 压力控制回路

学习目标

1. 掌握压力控制回路的功用和类型。

2. 熟悉常见的压力控制回路。

知识学习

压力控制回路是利用压力控制阀来控制系统整体或局部压力，以使执行元件获得所需的力或转矩、或者保持受力状态的回路。这类回路主要包括调压回路、减压回路、增压回路、卸荷回路、保压回路和平衡回路。

一、调压回路

调压回路的作用是使液压传动系统整体或某一部分的压力保持恒定或者不超过某个数值。在定量泵系统中，一般通过溢流阀来调节和稳定液压泵的工作压力。在变量泵系统中，用安全阀来限制系统的最高安全压力。当系统在不同的工作时间内需要有不同的工作压力，可采用二级或多级调压回路。

1. 单级调压回路

如图 7－1（a）所示，定量液压泵 1 和溢流阀 2 并联组成单级调压回路。通过调节溢流阀 2 的调定压力，就可以改变液压泵 1 的工作压力。当溢流阀的调定压力确定后，液压泵就在溢流阀的调定压力下工作，从而实现了对液压传动系统进行调压和稳压控制。如果将定量液压泵 1 改换为变量泵，这时溢流阀将作为安全阀来使用。当液压泵的工作压力低于溢流阀的调定压力时，溢流阀不工作；当

系统出现故障，液压泵的工作压力一旦上升到溢流阀的调定压力时，溢流阀将开启，将液压泵的工作压力限制在溢流阀的调定压力之下，使液压传动系统不至于因压力过载而受到破坏。

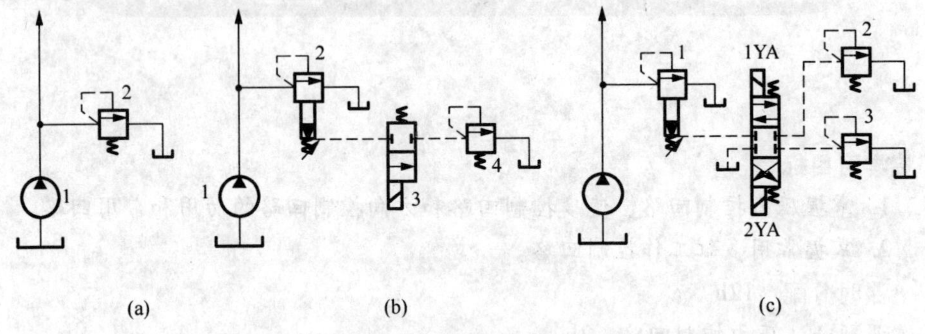

图 7－1 调压回路

（a）单级调压回路；（b）二级调压回路；（c）多级调压回路

2. 二级调压回路

如图 7－1（b）所示为二级调压回路，该回路可实现两种不同的压力控制，分别由先导型溢流阀 2 和直动式溢流阀 4 各调定一级。

当二位二通电磁阀 3 处于图示位置时，系统压力由溢流阀 2 调定；当换向阀 3 通电右位工作时，系统压力由溢流阀 4 调定。但要注意：溢流阀 4 的调定压力一定要小于溢流阀 2 的调定压力，否则不能实现。

当系统压力由溢流阀 4 调定时，先导型溢流阀 2 的先导阀口关闭，但主阀开启，液压泵的溢流流量经主阀流回油箱，这时溢流阀 4 处于工作状态，并有油液通过。

若将换向阀 3 与溢流阀 4 互换位置，仍可进行二级调压。

3. 多级调压回路

如图 7－1（c）所示为三级调压回路，系统的三级压力分别由溢流阀 1、2、3 调定。当电磁铁 1YA、2YA 均断电时，系统压力由主溢流阀 1 调定。当 1YA 通电，2YA 断电时，系统压力由溢流阀 2 调定。当 2YA 通电，1YA 断电时，系统压力由溢流阀 3 调定。

在这种调压回路中，溢流阀 2 和溢流阀 3 的调定压力要低于主溢流阀的调定压力，而溢流阀 2 和溢流阀 3 的调定压力之间没有什么一定的关系。当溢流阀 2 和溢流阀 3 工作时，溢流阀 2 和溢流阀 3 相当于溢流阀 1 上的另一个先导阀。

二、减压回路

当液压泵输出的压力是高压而局部回路或支路要求低压时，可以采用减压回路，如机床液压系统中的定位、夹紧、回路分度以及液压元件的控制油路等，它们往往需要比主油路低的压力。减压回路较为简单，一般是在所需低压的支路上串接减压阀。

1. 单级减压回路

如图7-2（a）所示是最常见的单级减压回路，通过定值减压阀与主油路相连使支路获得一个稳定的低压，回路中的单向阀供主油路在压力降低（低于减压阀调整压力）时防止油液倒流，起短时保压作用。

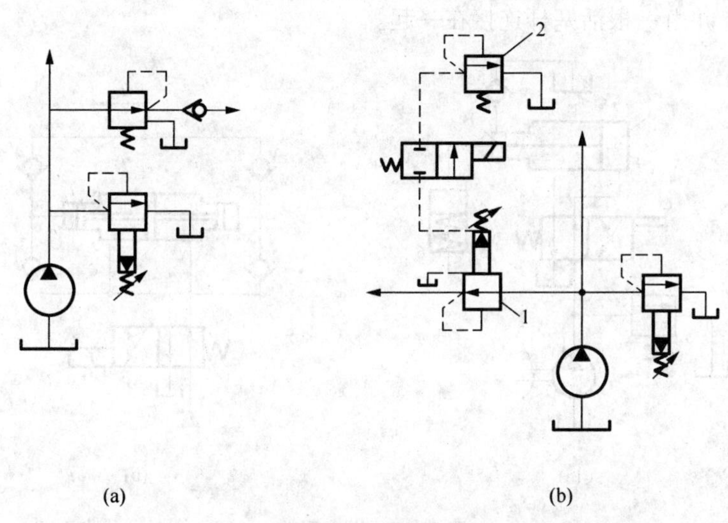

图7-2 减压回路

（a）单级减压回路；（b）二级调压回路

2. 多级减压回路

在减压回路中，也可以采用类似两级或多级调压的方法获得两级或多级减压。如图7-2（b）所示为用于工件夹紧的二级减压回路，回路中利用先导型减压阀1的远控口接一远程调压阀2，则可由阀1、阀2各调定一种低压。

在图示状态下，当先导减压阀1上外控口连接的二位二通电磁换向阀断电时，夹紧压力由先导减压阀1调定。

当先导减压阀1上外控口连接的二位二通电磁换向阀通电时，夹紧压力由远程调压阀2调定。

但要注意，远程调压阀2的调定压力值一定要低于先导减压阀1的调定压力值。

为了使减压回路工作可靠，减压阀的最低调整压力不应小于0.5 MPa，最高调整压力至少应比系统压力小0.5 MPa。当减压回路中的执行元件需要调速时，调速元件应放在减压阀的后面，以避免减压阀泄漏（指由减压阀泄油口流回油箱的油液）对执行元件的速度产生影响。

三、增压回路

当系统或系统的某一支油路需要压力较高但流量又不大的压力油时，如果采用高压泵不够经济，或者根本就没有必要增设高压力的液压泵时，就可以采用增压回路。采用增压回路，不仅易于选择液压泵，而且系统的工作较可靠，噪声小。增压回路中提高压力的主要元件是增压缸或增压器。

1. 单作用增压缸的增压回路

如图 7－3（a）所示为单作用增压缸的增压回路，单作用增压缸中有大、小两个活塞，并由一根活塞杆连接在一起。

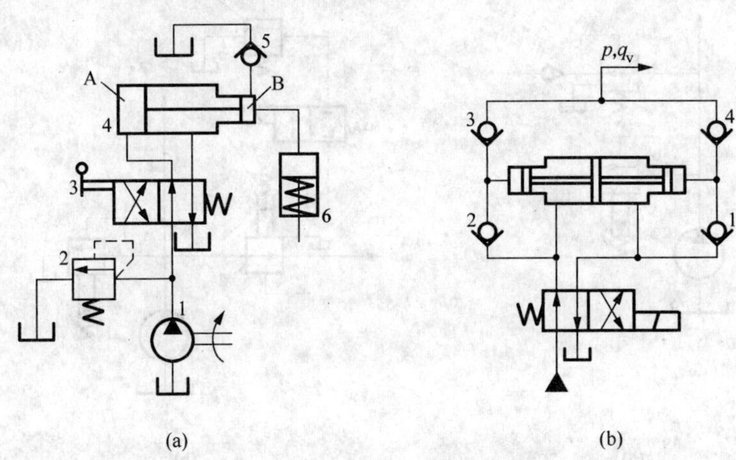

图 7－3　增压回路

（a）单作用增压缸的增压回路；（b）双作用增压缸的增压回路

当手动换向阀 3 右位工作时，液压泵 1 输出的压力油通过换向阀 3 进入增压缸 4 的左边大腔 A，推动活塞向右运动，增压缸 4 右边小腔 B 的油液经换向阀 3 流回油箱，但增压缸 4 右边小腔 B 输出高压油。该高压油进入工作缸 6 的上腔，推动工作缸 6 内活塞下移。（在不考虑摩擦损失与泄漏的情况下，单作用增压器的增压比等于增压器大小腔有效面积之比）

当手动换向阀 3 左位工作时，增压缸 4 的活塞向左退回，工作缸 6 的活塞靠弹簧复位。

为补偿增压缸 4 右边小腔 B 和工作缸 6 的泄漏，可通过单向阀 5 由辅助油箱补油。

因而该回路只能间歇增压，所以称之为单作用增压回路。

2. 双作用增压缸的增压回路

如图 7－3（b）所示为双作用增压缸的增压回路，能连续输出高压油。双作用增压缸中有大活塞一个，小活塞两个，并由一根活塞杆连接在一起。

当活塞处在图示位置时，电磁换向阀左位工作，液压泵输出的压力油通过换向阀左位进入增压缸的左端大、小油腔，推动活塞向右移动；增压缸右端大油腔的油液经换向阀左位流回油箱，增压缸右端小油腔的油液经单向阀 4 输出。此时单向阀 1、3 被封闭。

当活塞移到右端时，电磁换向阀右位工作，液压泵输出的压力油通过换向阀右位进入增压缸的右端大、小油腔，推动活塞反向向左移动；增压缸左端大油腔的油液经换向阀右位流回油箱，增压缸左端小油腔的油液经单向阀 3 输出。此时单向阀 2、4 被封闭。

这样，增压器的活塞不断往复运动，左右两端便交替输出高压油，从而实现了连续增压。

四、卸荷回路

液压传动系统在工作循环中短时间间歇时，为减少功率损耗，降低系统发热，避免因液压泵频繁启、停影响液压泵的使用寿命，就要设置卸荷回路。卸荷回路的功用是在液压泵不停止转动的情况下，使其输出的流量以很低的压力直接流回油箱。常见的压力卸荷方式有以下几种。

1. 利用三位换向阀中位机能的卸荷回路

利用诸如 M 型、H 型、K 型的三位四通换向阀处于中位时，使液压泵输出的液压油经换向阀的进油口 P 和回油口 T 直接流回油箱而卸荷。

如图 7－4（a）所示为采用 M 型中位机能的电液换向阀的卸荷回路，这种回路切换时压力冲击小，但回路中必须设置单向阀，以使系统能保持 0.3 MPa 左右的压力，供操纵控制油路用。

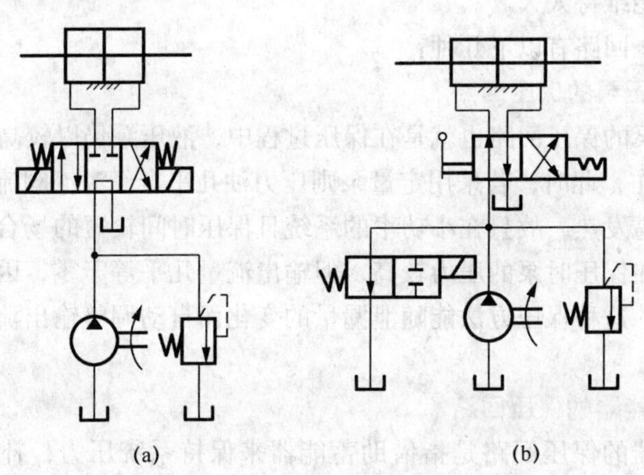

图 7－4　卸荷回路

（a）利用三位换向阀中位机能的卸荷回路；（b）利用两位两通换向阀的卸荷回路

2. 利用两位两通换向阀的卸荷回路

如图 7－4（b）所示，在图示状态中，当液压泵出油口左侧的两位两通电磁换向阀断电左位工作时，液压泵与油箱连通，实现卸荷。

3. 利用先导型溢流阀的卸荷回路

如图 7－5 所示，先导型溢流阀 2 的控制口直接与二位二通电磁阀 3 相连，便构成一种利用先导型溢流阀的卸荷回路。当电磁阀 3 通电右位工作时，液压泵 1 与油箱相通，实现卸荷。这种卸荷回路卸荷压力小，切换时冲击也小。

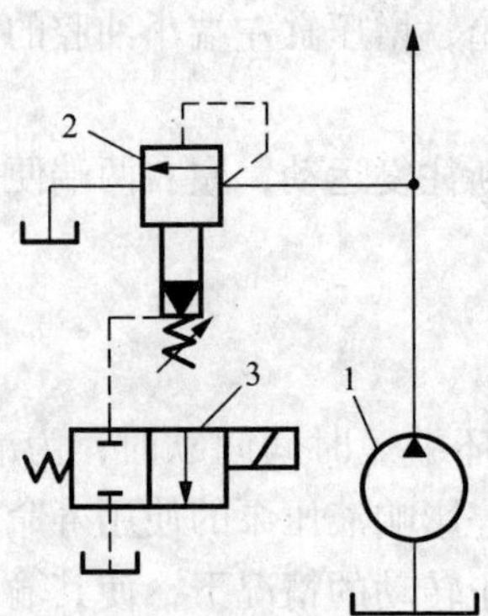

图 7－5　利用先导溢流阀的卸荷回路

五、保压回路

在液压传动系统中，常要求液压执行机构在一定的行程位置上停止运动或在有微小的位移下稳定地维持一定的压力，这就要采用保压回路。最简单的保压回路是密封性能较好的液控单向阀的回路，但是，阀类元件处的泄漏使得这种回路的保压时间不能维持太久。

常用的保压回路有以下几种：

1. 利用液压泵的保压回路

利用液压泵的保压回路也就是在保压过程中，液压泵仍以较高的压力（保压所需压力）工作，此时，若采用定量泵则压力油几乎全经溢流阀流回油箱，系统功率损失大，易发热，故只在小功率的系统且保压时间较短的场合下才使用；若采用变量泵，在保压时泵的压力较高，但输出流量几乎等于零，因而，液压系统的功率损失小，这种保压方法能随泄漏量的变化而自动调整输出流量，因而其效率也较高。

2. 利用蓄能器的保压回路

利用蓄能器的保压回路是指借助蓄能器来保持系统压力，补偿系统泄漏的回路。

如图 7－6（a）所示为泵卸荷的保压回路，当主换向阀在左位工作时，液压缸向右前进并压紧工件，进油路压力升高达到压力继电器的调定值时，压力继电器发出信号使二位二通阀通电，泵即卸荷，单向阀自动关闭，液压缸则由蓄能器保压。液压缸压力不足时，压力继电器复位使泵重新工作。保压时间取决于蓄能器的容量，调节压力继电器的通断调节区间即可调节液压缸压力的最大值和最小值。如图 7－6（b）所示为多缸系统的保压回路，这种回路当主油路压力降低时，单向阀 3 关闭，支路由蓄能器 4 保压补偿泄漏，压力继电器 5 的作用是当支路中压力达到预定值时发出信号，使主油路开始工作。

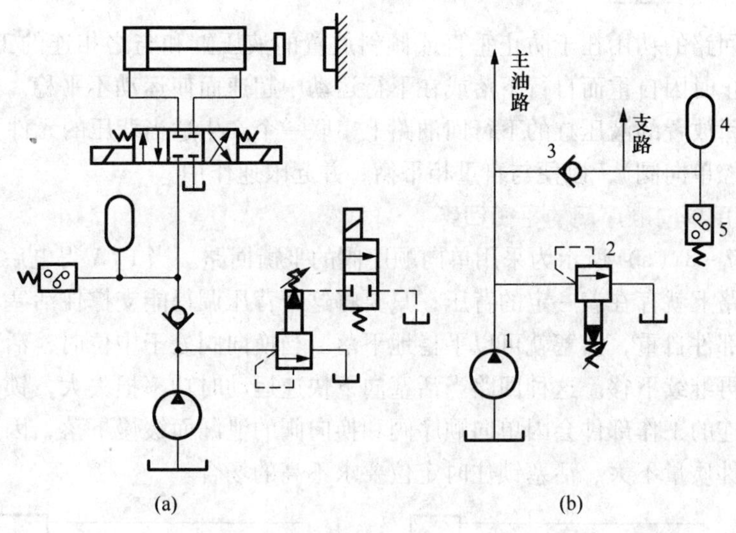

图 7－6　利用蓄能器的保压回路

（a）泵卸荷的保压回路；（b）多缸系统保压的回路

3. 自动补油保压回路

如图 7－7 所示为采用液控单向阀和电接触式压力表的自动补油式保压回路，其工作原理为：当 1YA 得电，换向阀右位接入回路，液压缸上腔压力上升至电接触式压力表的上限值时，上触点接电，使电磁铁 1YA 失电，换向阀处于中位，液压泵卸荷，液压缸由液控单向阀保压。当液压缸上腔压力下降到预定下限值时，电接触式压力表又发出信号，使 1YA 得电，液压泵再次向系统供油，使压力上升。当压力达到上限值时，上触点又发出信号，使 1YA 失电。因此，这一回路能自动地使液压缸补充压力油，使其压力能长期保持在一定范围内。

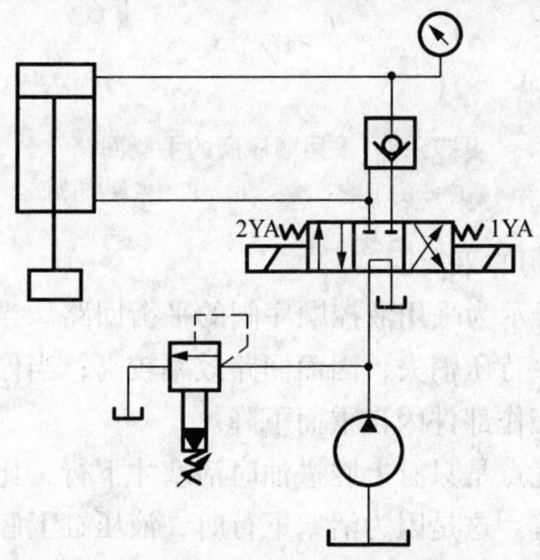

图 7－7　自动补油的保压回路

六、平衡回路

平衡回路的功用在于防止垂直或倾斜放置的液压缸和与之相连的工作部件，在上位停止时因自重而自行下落或在下行运动中超速而使运动不平稳。通常，在垂直或倾斜放置的液压缸的下行回油路上串联一个产生适当背压的元件（单向顺序阀或液控单向阀），以便与自重相平衡，并起限速作用。

1. 采用单向顺序阀的平衡回路

如图7－8（a）所示为采用单向顺序阀的平衡回路。当1YA得电后活塞下行时，回油路上就存在着一定的背压；只要将这个背压调得能支撑住活塞和与之相连的工作部件自重，活塞就可以平稳地下落。当换向阀处于中位时，活塞就停止运动，不再继续下移。这种回路当活塞向下快速运动时功率损失大，锁住时活塞和与之相连的工作部件会因单向顺序阀和换向阀的泄漏而缓慢下落，因此只适用于工作部件质量不大、活塞锁住时定位要求不高的场合。

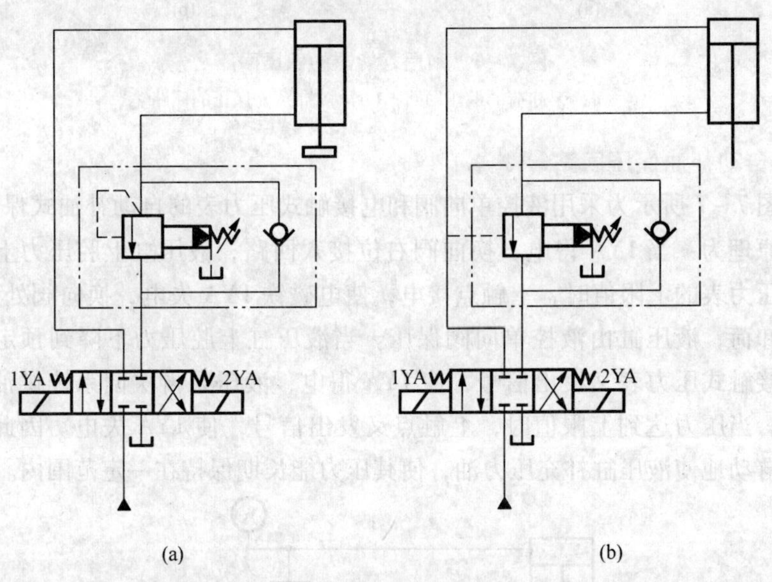

图7－8　采用顺序阀的平衡回路

（a）采用单向顺序阀的平衡回路；（b）采用液控顺序阀的平衡回路

2. 采用液控顺序阀的平衡回路

如图7－8（b）所示为采用液控顺序阀的平衡回路。当活塞下行时，控制压力油打开液控顺序阀，背压消失，因而回路效率较高；当停止工作时，液控顺序阀关闭以防止活塞和工作部件因自重而下降。

这种平衡回路的优点是只有上腔进油时活塞才下行，比较安全可靠；缺点是活塞下行时平稳性较差。这是因为活塞下行时，液压缸上腔油压降低，将使液控顺序阀关闭。当顺序阀关闭时，因活塞停止下行，使液压缸上腔油压升高，又会打开液控顺序阀，液控顺序阀始终工作于启闭的过渡状态，比较影响工作的平稳性。因此，这种回路适用于运动部件质量不很大、停留时间较短的液压系统中。

课题二　速度控制回路

学习目标

1. 掌握速度控制回路的功用和类型。
2. 熟悉常用的速度控制回路。

知识学习

速度控制回路是用于控制调节液压执行元件运动速度的一种液压基本回路。常用的速度控制回路有调速回路、快速回路和速度换接回路

一、调速回路

调速是为了满足液压执行元件对工作速度的要求，在不计液压油的压缩性和泄漏的情况下，从液压马达的工作原理可知，液压马达的转速 n_M 由输入流量 q 和液压马达的排量 V_m 决定，即

$$n_M = \frac{q}{V_M} \tag{7-1}$$

液压缸的运动速度 v 由输入流量 q 和液压缸的有效作用面积 A 决定，即

$$v = \frac{q}{A} \tag{7-2}$$

由以上两式可知，要想调节液压马达的转速 n_M 或液压缸的运动速度 v，可通过改变输入液压执行元件的流量 q、改变液压马达的排量 V_m 和改变液压缸的有效作用面积 A 等方法来实现。由于液压缸的有效面积 A 是定值，只有改变输入流量 q 和液压马达的排量 V_m 的大小来调速。为了改变输入执行元件的流量 q，可采用流量控制阀或变量泵来实现。为了改变液压马达的排量 V_m，可采用变量液压马达来实现。因此，调速回路主要节流调速回路、容积调速回路和容积节流调速回路有 3 种方式。

1. 节流调速回路

节流调速回路是采用定量泵供油，通过调节流量控制阀（节流阀和调速阀）的通流截面积大小来改变进入或流出执行元件的流量，以调节其运动速度的回路。根据流量控制阀在回路中的位置不同，可分为进油路节流调速回路、回油路节流调速回路和旁油路节流调速回路。前两种节流调速回路中的进油压力由溢流阀调定而基本不随负载变化，称为定压式节流调速回路；而旁油路节流调速回路中的进油压力会随负载的变化而变化，称为变压式节流调速回路。

1）进油路节流调速回路

进油路调速回路是将流量控制阀串联在液压执行元件的进油路上来实现调速

的回路。如图7-9（a）所示，将节流阀串联在液压缸的进油路上，液压泵输出的油液大部分经节流阀进入液压缸工作腔推动活塞运动，多余的油液经溢流阀流回油箱。由于溢流阀经常处于溢流状态，就可以保持液压泵的出口压力 p_P 基本恒定，形成溢流定压。只要调节节流阀的通流面积，就可实现调节通过节流阀的流量，从而调节液压缸的运动速度。

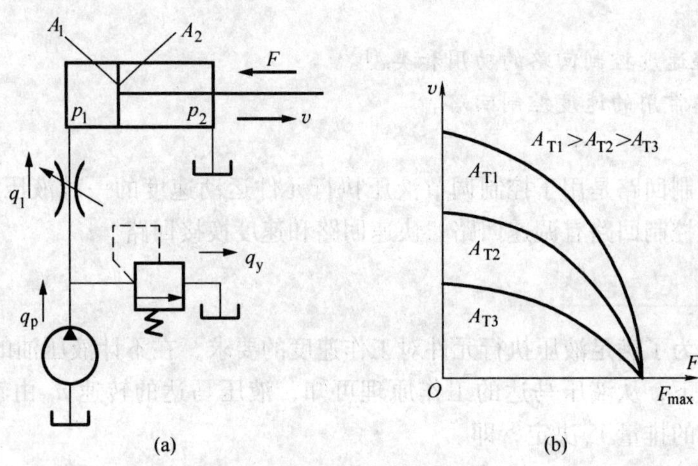

图7-9　进油路节流调速回路

（a）回路图；（b）速度负载特性

（1）速度负载特性。

液压缸在稳定工作时，压力平衡方程为

$$p_1A_1 = p_2A_2 + F$$

式中：p_1、A_1——分别为液压缸进油腔的压力和有效作用面积；

p_2、A_2——分别为液压缸回油腔的压力和有效作用面积；由于液压缸回油腔通油箱，可设 $p_2=0$；

F——液压缸的负载。

所以液压缸进油腔的压力为

$$p_1 = \frac{F}{A_1}$$

经节流阀进入液压缸的流量为

$$q_1 = KA_T\Delta p^m = KA_T\left(p_P - \frac{F}{A_1}\right)^m$$

式中：A_T——节流阀的通流面积；

K、m——分别为节流系数及由孔口形状决定的指数；

Δp——节流阀两端的压力差，$\Delta p = p_P - p_1 = p_P - \dfrac{F}{A_1}$。

液压缸的运动速度为

$$v = \frac{q_1}{A_1} = \frac{KA_T\left(p_P - \frac{F}{A_1}\right)^m}{A_1} \tag{7-3}$$

式（7-3）称为进油路节流调速回路的速度负载特性方程。由式（7-3）可知，液压缸的运动速度 v 与节流阀的通流截面 A_T成正比。调节 A_T即可实现无级变速。这种回路的调速范围比较大，当 A_T调定后，速度随负载 F 的增大而减小。

根据式（7-3）选用不同的 A_T值绘制 $v-F$ 坐标曲线图，可得一组曲线，即为进油路节流调速回路的速度负载特性曲线，如图 7-9（b）所示。该曲线表示液压缸运动速度随负载变化的规律，曲线越陡，负载变化对速度的影响越大，速度刚性越差。由式（7-3）和图 7-9（b）还可以看出，当 A_T 一定时，重载区域比轻载区域的速度刚性差；而在相同负载下，A_T 大时，亦即速度高时速度刚性差，所以这种回路只适用于低速、轻载的场合。

（2）最大承载能力。

由式（7-3）可知，无论 A_T为何值，当 $F = p_P A_1$时，节流阀两端压力差 Δp 为零，活塞停止运动（$v=0$），液压泵输出的流量全部经溢流阀流回油箱，所以进油路节流调速回路的最大载荷 $F_{max} = p_P A_1$。

（3）功率和效率。

在进油路节流调速回路中，由于液压泵出口压力 p_P由溢流阀调定基本为一定值，故液压泵的输出功率 P_P为一常量（因为液压泵的流量 q_P也一定）。液压泵的输出功率为

$$P_P = p_P \cdot q_P = 常量$$

液压缸的输出功率为

$$P_1 = Fv = F\frac{q_1}{A_1}$$

该回路的功率损失为

$$\begin{aligned}\Delta P &= P_P - P_1 = p_P q_P - p_1 q_1 \\ &= p_P(q_1 + \Delta q) - (p_P - \Delta p)q_1 \\ &= p_P \Delta q + \Delta p q_1\end{aligned}$$

式中：Δq ——通过溢流阀的溢流量，$\Delta q = q_P - q_1$。

由上式可知，该调速回路的功率损失由溢流功率损失和节流功率损失两部分组成。该回路的效率为

$$\eta = \frac{P_1}{P_P} = \frac{Fv}{p_P q_P} = \frac{p_1 q_1}{p_P q_P} \tag{7-4}$$

由于存在两部分的功率损失，该调速回路的效率较低，当负载恒定或变化很小时，η 可达 0.2~0.6；当负载变化时，回路的效率 η_{max}=0.385。

2）回油路节流调速回路

回油路节流调速回路是将流量控制阀串联在液压执行元件的回油路上来实现调速的回路。如图 7－10 所示，将节流阀串联在液压缸的回油路上，通过调节其通流面积来控制从液压缸回油腔流出的流量，从而实现对液压缸的运动速度的调速。

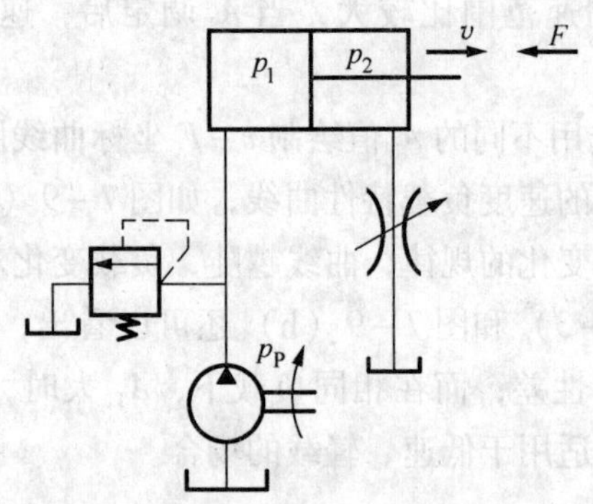

图 7－10　回油路节流调速回路

回油路节流调速回路的静态特性与进油路节流调速回路具有相同的速度负载特性、功率和效率特性。

两种回路有以下不同之处。

（1）进油路节流调速启动冲击小。系统不工作时，执行元件由于泄漏产生空腔，重新启动时，回油路节流调速中进油路无阻力，而回油路有阻力，导致活塞突然向前运动，产生冲击；而进油路节流调速回路中，进油路的节流阀对进入液压缸的液体产生阻力，可减缓冲击。

（2）回油路节流调速，可承受一定的负方向载荷（即超越负载）。因回油路有背压，当负载减小，速度增加时，背压增大，故可使运动变化平缓，对双杆液压缸，可获得较低的稳定速度；对单杆液压缸，若进油路为无杆腔，因相同速度下进油腔所需流量大，可获得较低的最小稳定速度。如果要获得较低的稳定速度，结构允许时，最好把有杆腔作为回油腔，并采用回油路节流调速。

3）旁油路节流调速回路

旁油路节流调速回路是将流量控制阀安装在液压执行元件的进油路和回油路之间来实现调速的回路。如图 7－11（a）所示为采用节流阀的旁油路节流调速回路，节流阀安装在与液压缸并联的旁油路上。节流阀调节了液压泵溢流回油箱的流量，控制了进入液压缸的流量，从而实现了对液压缸的调速。液压泵输出的流量分为两部分，一部分进入液压缸，另一部分通过节流阀流回油箱。溢流阀在这里起安全阀作用，回路正常工作时，溢流阀关闭，当供油压力超过正常工作压力时，溢流阀才打开，以防过载，溢流阀的调节压力为最大工作压力的 1.1～1.2 倍。液压泵输出的压力取决于负载，负载变化将引起液压泵工作压力的变化，所以该回路也称为变压式节流调速回路。

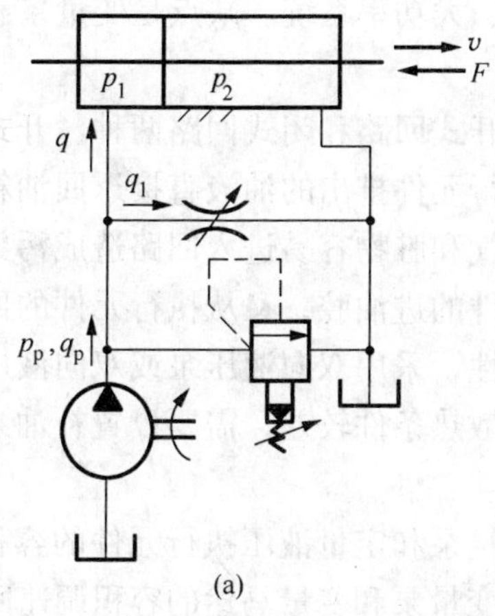

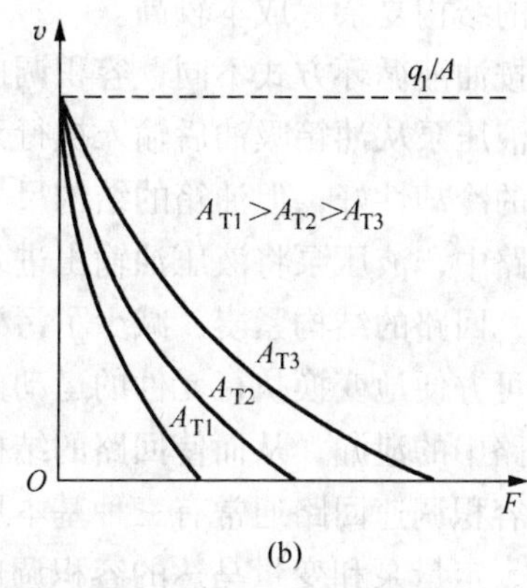

图 7-11　旁油路节流调速回路

(a) 回路图；(b) 速度负载特性

(1) 速度负载特性。

旁油路节流阀调速回路的速度负载特性公式为

$$v = \frac{q}{A} = \frac{q_t - K_1\left(\frac{F}{A}\right) - KA_T\left(\frac{F}{A}\right)^m}{A} \tag{7-5}$$

式中：q_t——液压泵的理论流量；

K_1——液压泵的泄漏系数。

该根据式（7-5）选用不同的 A_T 值可绘制出一组曲线，即为旁油路节流调速回路的速度负载特性曲线，如图 7-11（b）所示。由速度负载特性曲线可知，当节流阀的通流面积一定而负载增大时，执行元件速度显著下降，特性很软。但当节流阀通流面积一定时，负载越大，速度刚性越大；当负载一定时，节流阀通流面积越小，速度刚度越大。因而该回路适用于高速重载的场合。

(2) 最大承载能力。

旁油路节流调速回路的最大承载能力随节流阀通流面积 A_T 的增大而减小，即该回路低速时承载能力很差，调速范围也较小。同时该回路最大承载能力还受溢流阀的安全压力值的限制。

(3) 功率和效率。

旁油路节流调速回路只有节流损失而无溢流损失，液压泵的输出压力随负载而变化，即节流损失和输入功率随负载而变化，比前两种节流调速回路的效率高。

2. 容积调速回路

容积调速回路是通过改变变量液压泵或变量液压马达的排量来实现调速的回

路。其主要优点是没有溢流损失和节流损失，功率损失小，工作压力随负载变化而变化，所以效率高、发热少，适用于高速、大功率系统。缺点是变量泵和变量马达的结构复杂，成本较高。

按油液循环方式不同，容积调速回路有开式回路和闭式回路两种。开式回路中，液压泵从油箱吸油后输入执行元件，执行元件排出的油液直接返回油箱，故油液的冷却性好，但油箱的结构尺寸大，空气和脏物容易进入回路造成污染。闭式回路中，液压泵将液压油输出进入执行元件的进油腔，又从执行元件的回油腔吸油，回路的结构紧凑，减少了污染的可能性，采用双向液压泵或双向液压马达时还可方便地变换执行元件的运动方向，但散热条件较差，需要设置补油泵以补偿回路中的泄漏，从而使回路的结构复杂。

容积调速回路通常有三种基本形式：变量泵和定量液压执行元件的容积调速回路、定量泵和变量马达的容积调速回路和变量泵和变量马达的容积调速回路。

1）变量泵和定量液压执行元件的容积调速回路

如图 7－12 所示为变量泵与液压缸或变量泵与定量液压马达组成这种容积调速回路。

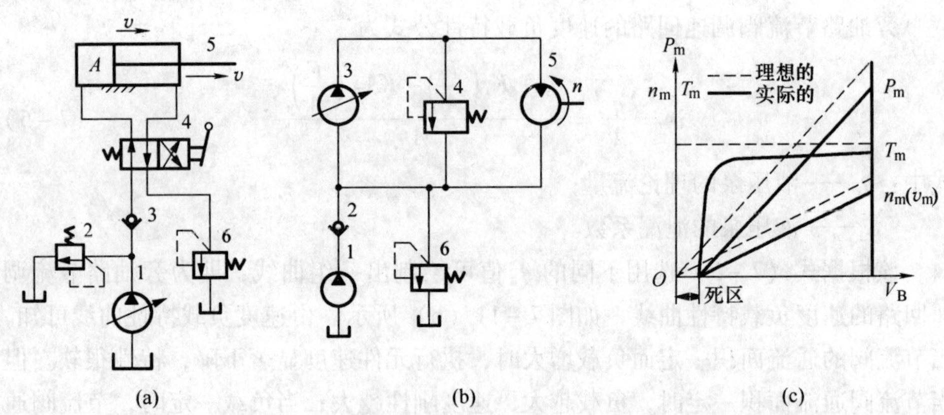

图 7－12　变量泵和定量液压执行元件的容积调速回路

（a）变量泵—缸；（b）变量泵—定量马达；（c）调速特性曲线

图 7－12（a）为变量泵与液压缸所组成的开式容积调速回路，回路中液压缸 5 中活塞的运动速度由变量泵 1 调节，2 为安全阀，4 为换向阀，6 为背压阀。

图 7－12（b）为变量泵与定量液压马达组成的闭式容积调速回路，回路中通过变量泵 3 来调节定量液压马达 5 的转速，安全阀 4 用以防止马达过载。低压定量泵 1 为补油泵，用于补偿泵 3、马达 5 及管路的泄漏以及置换部分热油、降低回路温升，其补油压力由低压溢流阀 6 来调节和设定。

在图 7－12（a）中，改变变量泵的排量就可以调节液压缸的流量，从而调节活塞的运动速度。忽略液压泵、液压缸及管道的泄漏，液压缸活塞的运动速度为

$$v = \frac{q_P}{A} = \frac{n_P V_B}{A} \tag{7-6}$$

式中：n_P，V_B——分别为变量泵的转速和排量；

A——液压缸工作腔的有效工作面积；

q_P——变量泵的输出流量。

在图7-12（b）中，忽略变量泵和定量马达的损失和泄漏时，定量马达的转速n_m、输出转矩T_m和输出功率P_m分别为

$$n_m = \frac{q_P}{V_m} = \frac{n_P V_B}{V_m} \tag{7-7}$$

$$T_M = \frac{\Delta P_M}{2\pi} \tag{7-8}$$

$$P_m = \Delta p_M V_m n_m = \Delta p_m V_B n_P \tag{7-9}$$

式中；Δp_m——变量泵或定量马达两端的压差；

V_m——定量马达的排量。

式（7-6）和式（7-7）表明，调节变量泵的输出流量q_P，可对液压缸或定量马达的转速n_m进行调节。由于液压缸工作腔的有效工作面积A和定量马达的排量V_m是恒定不变的，当变量泵的转速n_P不变时，液压缸的运动速度v或定量马达的转速n_m与变量泵的排量V_B成正比，是一条通过坐标原点的直线，如图7-12（c）中虚线所示。实际上回路的泄漏是不可避免的，在一定负载下，需要一定流量才能启动和带动负载，实际的v或n_m与V_m的关系如实线所示。这种回路在低速下承载能力差，速度不稳定。

式（7-8）表明，如果系统负载转矩恒定，回路的工作压力恒定不变，即Δp_M不变，定量马达的输出转矩T_m恒定，但实际上由于泄漏和机械摩擦的影响，也存在一个“死区”，如图7-12（c）所示。

式（7-9）表明，定量马达的输出功率P_m随变量泵的排量V_B的增减而线性地增减，其理论与实际的功率特性，如图7-12（c）所示。

综上所述，变量泵和定量执行元件所组成的容积调速回路为恒转矩调速，可正反向实现无级调速，调速范围较大。适用于调速范围较大，要求恒转矩输出的场合，如大型机床的主运动或进给系统中。

2）定量泵和变量马达的容积调速回路。

定量泵与变量马达的容积调速回路如图7-13所示。图7-13（a）为开式回路：由定量泵1、变量马达2、安全阀3、换向阀4组成；图7-13（b）为闭式回路，由定量泵1、变量马达2，安全阀3，低压溢流阀4，补油泵5组成。

这种容积调速回路是通过改变变量马达的排量来改变变量马达的输出转速。回路中定量泵的输出流量恒定，由式（7-7）、式（7-8）、式（7-9）可知，变量马达的转速n_m与其排量V_m成反比，变量马达的输出转矩T_m与其排量V_m成正

比；当负载转矩恒定不变时，回路的工作压力和变量马达的输出功率 P_M 都不因调速而发生变化，故这种回路又称为恒功率调速回路。其理论与实际的特性曲线如图 7－13（c）中虚、实线所示。

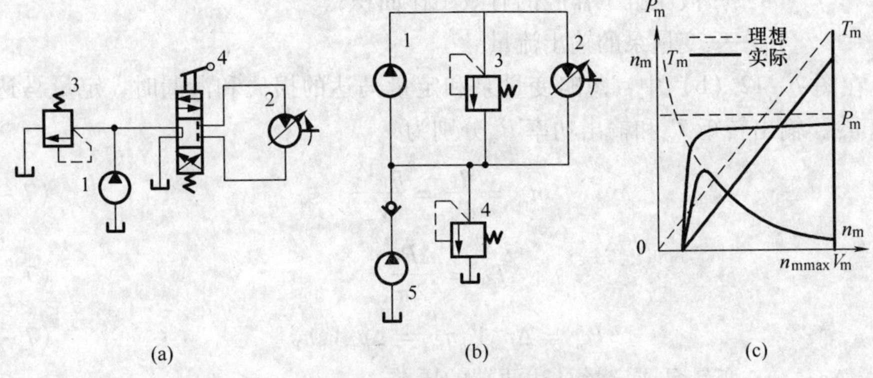

图 7－13　定量泵和变量马达的容积调速回路

（a）开式回路；（b）闭式回路；（c）调速特性曲线

综上所述，定量泵和变量马达的容积调速回路，由于不能用改变马达的排量来实现平稳换向，调速范围比较小（一般为 3～4），因而较少单独应用，仅在造纸、纺织机械的卷绕装置中有一些应用。

3）变量泵和变量马达的容积调速回路

如图 7－14（a）所示，由双向变量泵 1 和双向变量马达 2 等组成闭式容积调速回路。改变双向变量泵 1 的供油方向，可使双向变量马达 2 正向或反向转换。回路左侧的两个单向阀 6 和 8 用于使补油泵 4 能双向地向变量泵 1 的吸油腔补油，补油压力由溢流阀 5 调定。回路右侧的两个单向阀 7 和 9 使安全阀 3 在双向变量泵 2 的正反向运动时都能起到过载保护的作用。

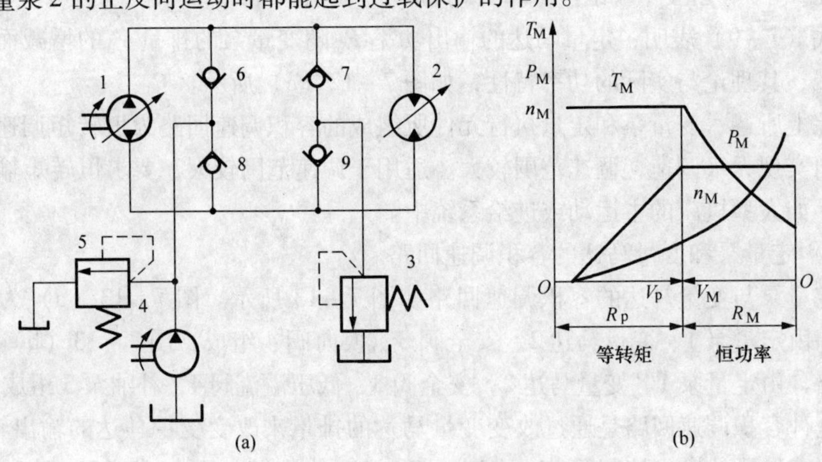

图 7－14　变量泵和变量马达的容积调速回路

（a）调速回路；（b）调速特性曲线

这种调速回路是上述两种调速回路的组合，双向变量马达转速的调节可以分成低速和高速两段进行，调速特性如图 7－14（b）所示。

在低速阶段，将双向变量马达的排量调到最大，使双向变量马达能够获得最大的输出转矩，然后调节双向变量泵的输出流量来调节双向变量马达的转速。在此过程中，双向变量马达的输出转矩保持恒定，相当于变量泵和定量马达的容积调速方式。

在高速阶段，使双向变量泵处于最大排量状态，然后调节变量马达的排量来调节双向变量马达的转速。随着双向变量马达转速的升高，马达的输出转矩逐渐减小，而输出功率保持恒定，这一阶段相当于定量泵和变量马达的容积调速方式。

这种容积调速回路的调速范围大、效率较高，适用于大功率的场合，如矿山机械、起重运输机械以及大型卷布机等大功率机械设备的液压系统中。

3. 容积节流调速回路

容积节流调速回路是由变量泵和流量控制阀配合进行调速的回路，采用变量泵供油，用流量控制阀调节进入或流出液压缸的流量来控制其运动速度，并使变量泵的输出流量自动地与液压缸所需负载流量相适应。

常用的容积节流调速回路有限压式变量泵与调速阀等组成的容积节流调速回路和变压式变量泵与节流阀等组成的容积调速回路。

1）限压式变量泵与调速阀组成的容积节流调速回路

如图 7－15（a）所示为限压式变量泵与调速阀组成的容积节流调速回路。在图示位置中，液压缸 4 中的活塞快速向右运动，限压式变量泵 1 按快速运动要求输出最大流量 q_{max}，同时调节限压式变量泵 1 的压力调节螺钉，使泵 1 的限定压力 p_C 大于快速运动所需压力〔如图 7－15（b）中 AB 段〕。当换向阀 3 通电左位工作时，泵 1 输出的压力油经调速阀 2 进入缸 4，其回油经背压阀 5 流回油箱。调节调速阀 2 的流量 q_1 就可调节缸 4 中的活塞的运动速度 v，由于 $q_1 < q_B$，压力油迫使泵 1 的出口与调速阀 2 的进口之间的油压憋高，即泵 1 的供油压力升高，泵 1 的流量便自动减小到 $q_B \approx q_1$ 为止。由此可见，调速阀不仅能调节进入液压缸的流量，而且可以作为反馈元件，将通过调速阀的流量转换成压力信号反馈到变量泵的变量机构，使泵的输出流量自动地和调速阀的开度相适应，只有节流损失而无溢流损失。

调速特性如图 7－15（b）所示。限压式变量泵与调速阀等组成的容积节流调速回路，具有效率较高、调速较稳定、结构较简单等优点。目前已广泛应用于负载变化不大的中、小功率的组合机床的液压系统中。

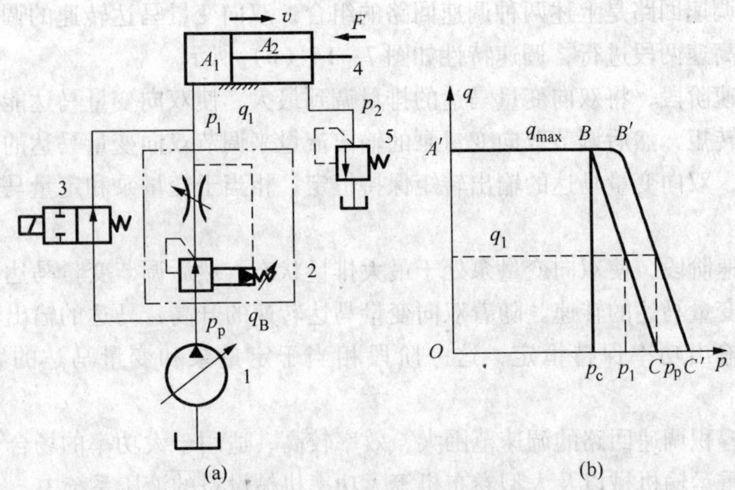

图 7－15　限压式变量泵和调速阀的容积节流调速回路

（a）回路图；（b）调速特性曲线

2）差压式变量泵和节流阀组成的容积调速回路

如图 7－16 所示为差压式变量泵和节流阀组成的容积调速回路，其中，3 是背压阀，9 是节流阀。这种回路通过改变节流阀 9 的流通截面积来控制进入液压缸 10 的流量，并使变量泵 8 的输出的流量自动与流入液压缸 10 工作腔的流量相适应。

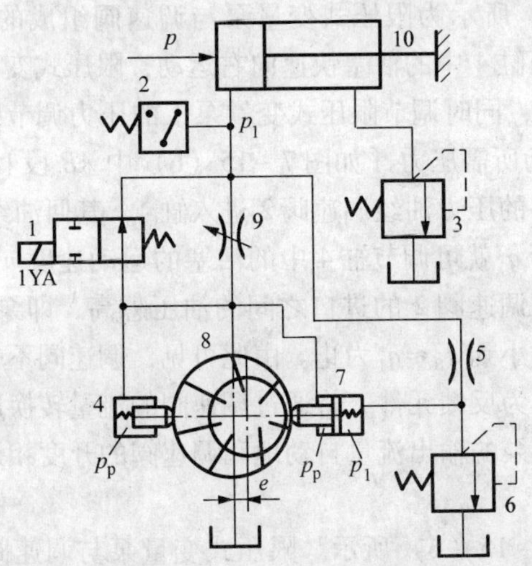

图 7－16　差压式变量泵和节流阀组成的容积节流调速回路

1—二位二通电磁阀；2—压力继电器；3—背压阀；4，7—控制缸；
5—不可调节流阀；6—溢流阀；8—变量泵；9—节流阀；10—液压缸

在图示位置，变量泵 8 排出的液压油经过二位二通电磁阀 1 进入液压缸 10，变量泵 8 的定子仅受弹簧力的作用，因而使定子与转子间的偏心距 e 为最大，变量泵 8 的输出流量最大，液压缸 10 实现快进；快进结束时，电磁铁 1 YA 通电，二位二通电磁阀 1 关闭，变量泵 8 输出的液压油经过节流阀 9 进入液压缸 10，故 $P_P > P_1$，定子右移，使定子与转子间的偏心距 e 减小，变量泵 8 的输出流量就自动减小至与节流阀 9 调定的开度相适应为止，液压缸 10 实现慢速工进。

这种回路只有节流损失，无溢流损失，而且泵的供油压力随负载而变化，回路的功率损失小，效率高。适用于负载变化大，速度较低的中、小功率场合，如某些组合机床的进给系统。

4. 调速回路的比较和选用

1）调速回路的比较（见表 7－1）

表 7－1　调速回路的比较

回路类型		节流调速回路					容积节流调速回路	
主要性能		用节流阀		用调速阀		容积调速回路	限压式	稳流式
		进、回油路	旁油路	进、回油路	旁油路			
机械特性	速度稳定性	较差	差	好		较好	好	
	承载能力	较好	较差	好		较好	好	
调速范围		较大	小	较大		大	较大	
功率特性	效率	低	较高	低	较高	最高	较高	高
	发热	大	较小	大	较小	最小	较小	小
适用范围		小功率、轻载的中、低压系统				大功率、重载、高速的中、高压系统	中、小功率的中压系统	

2）调速回路的选用

调速回路的选用主要考虑以下问题：

（1）执行机构的负载性质、运动速度、速度稳定性等要求：负载小，且工作中负载变化也小的系统可采用节流阀节流调速；在工作中负载变化较大且要求低速稳定性好的系统，宜采用调速阀的节流调速或容积节流调速；负载大、运动速度高、油的温升要求小的系统，宜采用容积调速回路。

一般来说，功率在3kW以下的液压系统宜采用节流调速；功率为3～5 kW宜采用容积节流调速；功率在5kW以上的宜采用容积调速回路。

（2）工作环境要求：处于温度较高的环境下工作，且要求整个液压装置体积小、质量轻的情况，宜采用闭式回路的容积调速。

（3）经济性要求：节流调速回路的成本低，功率损失大，效率也低；容积调速回路因变量泵、变量马达的结构较复杂，所以价钱高，但其效率高、功率损失小；而容积节流调速则介于两者之间。所以需综合分析选用哪种回路。

二、快速运动回路

为了提高生产效率，机床工作部件常常要求实现空行程（或空载）的快速运动，这时要求液压系统流量大而压力低，这和工作运动时一般需要的流量较小和压力较高的情况正好相反。为此常在其液压系统中设置快速运动回路，又称增速回路，用来加快液压执行元件空载运行时的速度，缩短机械的空载运动时间，提高系统的工作效率和充分利用功率。对快速运动回路的要求主要是在快速运动时，尽量减小需要液压泵输出的流量，或者在加大液压泵的输出流量后，但在工作运动时又不致于引起过多的能量消耗。以下介绍几种机床上常用的快速运动回路。

1. 差动连接快速回路

差动连接快速回路是在不增加液压泵输出流量的情况下，来提高工作部件运动速度的一种快速回路，其实质是减小液压缸在快速运动时的有效作用面积。

如图7－17所示，当阀1和阀3在左位工作时，液压缸差动连接，实现快速运动；当阀3通电右位工作时，差动连接即被切除，液压缸回油经过调速阀2，实现工进；当阀1在右位工作时，液压缸快退。

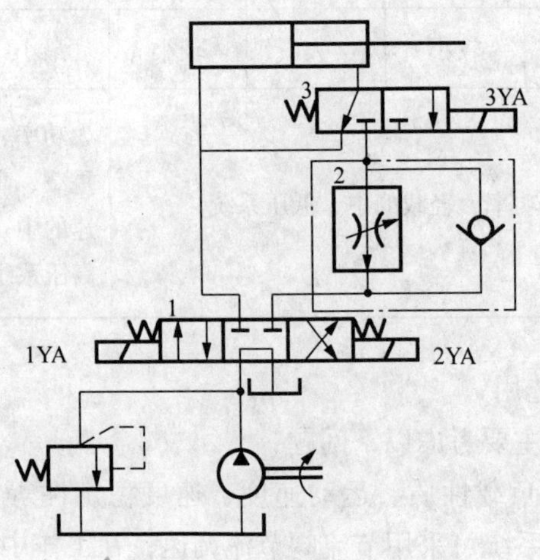

图7－17　液压缸差动连接快速运动回路

采用差动连接的快速回路方法简单，较经济，但快、慢速度的换接不够平稳。必须注意，差动油路的换向阀和油管通道应按差动时的流量选择，不然流动液阻过大，会使液压泵的部分油从溢流阀流回油箱，速度减慢，甚至不起差动作用。

2. 双泵供油的快速运动回路

这种回路是利用低压大流量泵和高压小流量泵并联为系统供油，通过增大执行元件的供油流量来实现液压缸快速运动。

如图 7－18 所示。图中 1 为高压小流量泵，用以实现工作进给运动。2 为低压大流量泵，用以实现快速运动。在快速运动时，液压泵 2 输出的油经单向阀 4 和液压泵 1 输出的油共同向系统供油。在工作进给时，系统压力升高，打开液控顺序阀（卸荷阀）3 使液压泵 2 卸荷，此时单向阀 4 关闭，由液压泵 1 单独向系统供油。溢流阀 5 控制液压泵 1 的供油压力是根据系统所需最大工作压力来调节的，而卸荷阀 3 使液压泵 2 在快速运动时供油，在工作进给时则卸荷，因此它的调整压力应比快速运动时系统所需的压力要高，但比溢流阀 5 的调整压力低。双泵供油的快速运动回路的优点是功率利用合理、效率高，并且速度换接较平稳，在快、慢速度相差较大的机床中应用很广泛，其缺点是要用一个双联泵，油路系统也稍复杂。

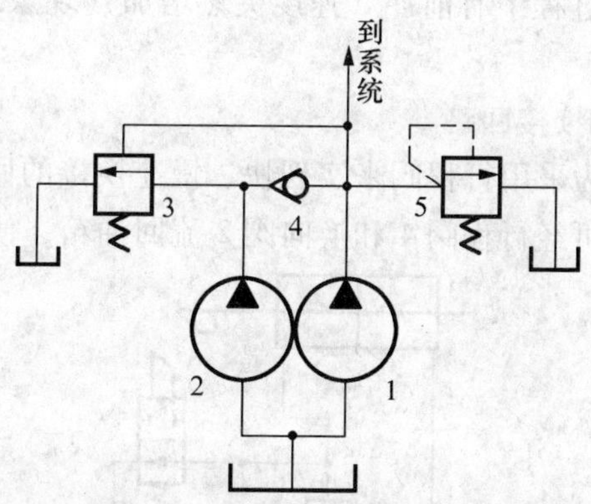

图 7－18　双泵供油的快速运动回路

3. 采用蓄能器的快速运动回路

如图 7－19 所示为采用蓄能器的快速运动回路，采用蓄能器的目的是可以用流量较小的液压泵，当系统中短期需要大流量时，这时换向阀 5 的阀芯是处于左端或右端位置，就由泵 1 和蓄能器 4 共同向缸 6 供油，当系统停止工作时，换向阀 5 处在中间位置，这时泵便经单向阀 3 向蓄能器供油，蓄能器压力升高后，控制卸荷阀 2，打开阀口，使液压泵卸荷。

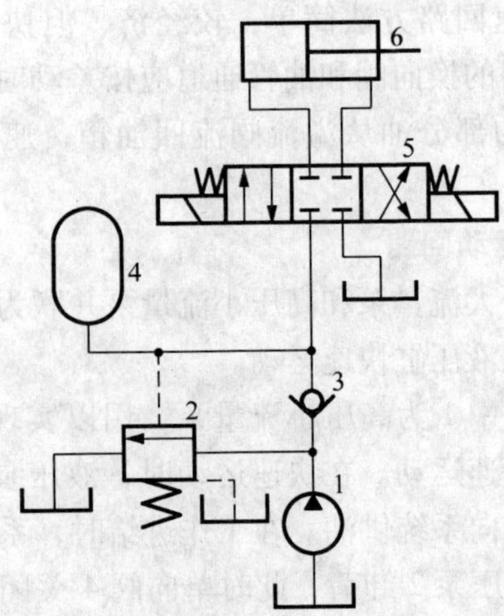

图 7-19　采用蓄能器的快速运动回路

三、速度换接回路

速度换接回路用来实现运动速度的变换，即在原来设计或调节好的几种运动速度中，从一种速度换成另一种速度。对这种回路的要求是速度换接要平稳，即不允许在速度变换的过程中有前冲（速度突然增加）现象。下面介绍几种常用的速度换接回路。

1. 快速和慢速的换接回路

如图 7-20 所示为采用行程阀来实现快、慢速换接的回路。在图示位置中，液压缸 3 右腔的回油可经行程阀 4 和换向阀 2 流回油箱，使活塞快速向右运动。

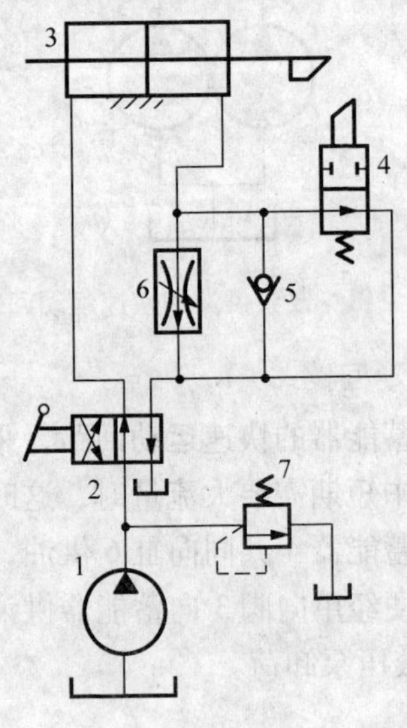

图 7-20　采用行程阀来实现快、慢速换接的回路

当快速运动到达所需位置时，活塞上挡块压下行程阀 4，将其通路关闭，这时液压缸 3 右腔的回油就必须经过节流阀 6 流回油箱，活塞的运动转换为工作进给运动（简称工进）。当操纵换向阀 2 使活塞换向后，压力油可经换向阀 2 和单向阀 5 进入液压缸 3 右腔，使活塞快速向左退回。

在这种速度换接回路中，因为行程阀的通油路是由液压缸活塞的行程控制阀芯移动而逐渐关闭的，所以换接时的位置精度高，冲出量小，运动速度的变换也比较平稳。这种回路在机床液压系统中应用较多，其缺点是行程阀的安装位置受一定限制（要由挡铁压下），所以有时管路连接稍复杂。行程阀也可以用电磁换向阀来代替，这时电磁阀的安装位置不受限制（挡铁只需要压下行程开关），但其换接精度及速度变换的平稳性较差。

如图 7－21 所示是利用液压缸本身的管路连接来实现快、慢速换接的回路。在图示位置时，活塞快速向右移动，液压缸右腔的回油经油路 1 和换向阀流回油箱。当活塞运动到将油路 1 封闭后，液压缸右腔的回油须经节流阀 3 流回油箱，活塞则由快速运动变换为工作进给运动。

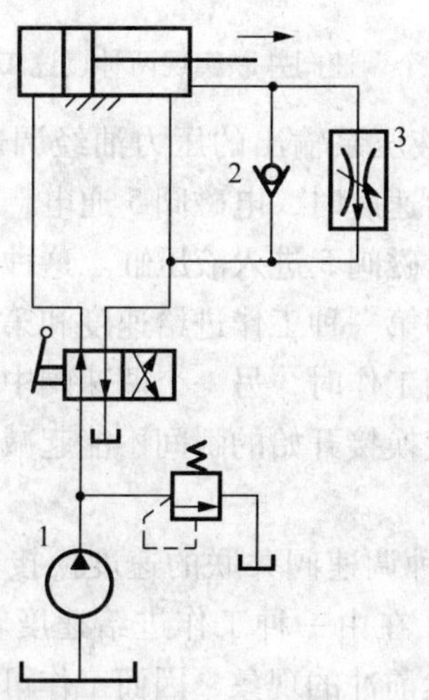

图 7－21 利用液压缸自身结构来实现快、慢速换接的回路

这种速度换接回路的方法简单，换接较可靠，但速度换接的位置不能调整，工作行程也不能过长以免活塞过宽，所以仅适用于工作情况固定的场合。这种回路也常用作活塞运动到达端部时的缓冲制动回路。

2. 两种慢速工进的速度换接回路

对于某些自动机床、注塑机等，需要在自动工作循环中变换两种以上的工作进给速度，这时需要采用两种（或多种）工作进给速度的换接回路。

1）采用两个调速阀并联实现两种慢速工进速度换接的回路

如图 7－22 所示是两个调速阀并联以实现两种工作进给速度换接的回路。

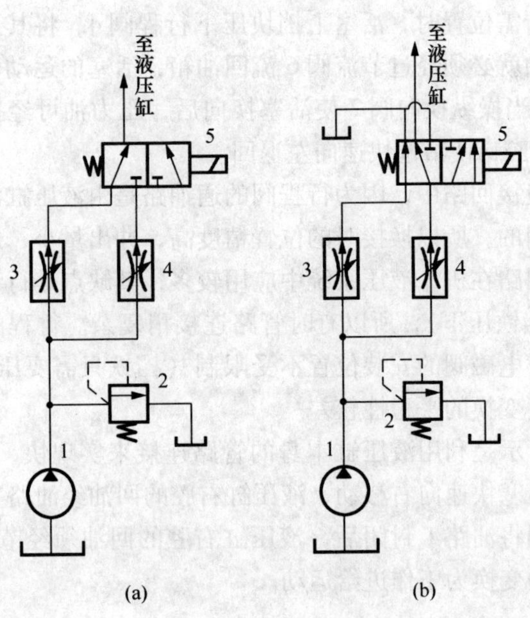

图 7－22　采用两个调速阀并联实现两种慢速工进速度换接的回路

在图 7－22（a）中，液压泵输出的压力油经调速阀 3 和电磁阀 5 进入液压缸。当需要第二种工作进给速度时，电磁阀 5 通电，其右位接入回路，液压泵输出的压力油经调速阀 4 和电磁阀 5 进入液压缸。这种回路中两个调速阀的节流口可以独调节，互不影响，即第一种工作进给速度和第二种工作进给速度互相间没有什么限制。但一个调速阀工作时，另一个调速阀中没有油液通过，减压阀则处于完全打开的位置，在速度换接开始的瞬间不能起减压作用，容易出现部件突然前冲的现象。

图 7－22（b）为另一种调速阀并联的速度换接回路。在这个回路中，两个调速阀始终处于工作状态，在由一种工作进给速度转换为另一种工作进给速度时，不会出现工作部件突然前冲的现象，因而工作可靠。但是液压系统在工作中总有一定量的油液通过不起调速作用的那个调速阀流回油箱，造成能量损失，使系统发热。

2）采用两个调速阀串联实现两种慢速工进速度换接的回路

如图 7－23 所示是两个调速阀串联的速度换接回路。在图示位置，液压泵 1 输出的压力油经调速阀 3 和电磁阀 5 进入液压缸，使液压缸以第一种速度工作进给，这时输入液压缸的流量由调速阀 3 控制。当需要液压缸以第二种速度工作进给时，电磁阀 5 通电右位接入回路，则液压泵 1 输出的压力油先经调速阀 3，再经调速阀 4 进入液压缸，这时输入液压缸的流量应由调速阀 4 控制。

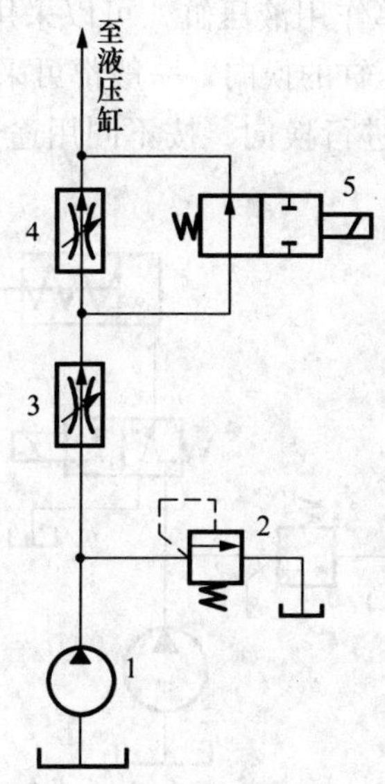

图 7-23　采用两个调速阀串联实现两种慢速工进速度换接的回路

这种速度换接回路中调速阀 4 的节流口应调得比调速阀 3 小，否则调速阀 4 在速度换接回路将不起作用。这种回路在工作时，调速阀 3 一直工作，限制着进入液压缸或调速阀 4 的流量，因此在速度换接时不会使液压缸产生前冲的现象，换接平稳性较好。在调速阀 4 工作时，油液需经两个调速阀，故能量损失较大，系统发热也较大。

课题三　方向控制回路

学习目标

1. 掌握方向控制回路的功用和类型。
2. 熟悉常用的方向控制回路。

知识学习

在液压系统中，控制执行元件的启动、停止及换向作用的回路，称方向控制回路。方向控制回路有换向回路和锁紧回路。

一、换向回路

运动部件的换向，一般可采用各种换向阀来实现。在容积调速的闭式回路中，也可以利用双向变量泵控制油流的方向来实现液压缸（或液压马达）的换向。

1. 换向阀组成的换向回路

1）采用二位三通换向阀使单作用缸换向的回路

依靠重力或弹簧返回的单作用液压缸，可以采用二位三通换向阀进行换向，如图 7－24 所示。双作用液压缸的换向，一般都可采用二位四通（或五通）及三位四通（或五通）换向阀来进行换向，按不同用途还可选用各种不同的控制方式的换向回路。

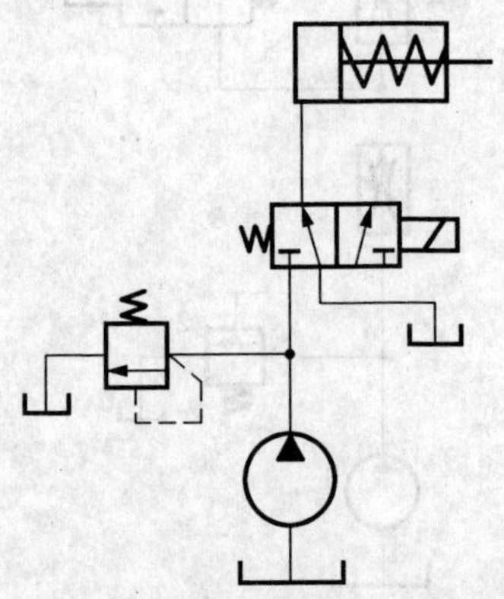

图 7－24　采用二位三通换向阀使单作用缸换向的回路

2）采用电磁换向阀的换向回路

电磁换向阀的换向回路应用最为广泛，尤其在自动化程度要求较高的组合机床液压系统中被普遍采用。

如图 7－25 所示，为利用行程开关控制三位四通电磁换向阀动作的换向回路。按下启动按钮，1YA 通电，电磁阀左位工作，液压缸左腔进油，活塞右移；当活塞杆上的挡铁触动行程开关 2ST 时，1YA 断电，2YA 通电，电磁阀右位工作，液压缸右腔进油，活塞左移；当活塞杆上的挡铁触动行程开关 1ST 时，1YA 通电，2YA 断电，电磁阀左位工作，液压缸左腔进油，活塞又向右移。这样往复变换换向阀的工作位置，就可自动改变活塞的移动方向。1YA 和 2YA 都断电，活塞停止运动。

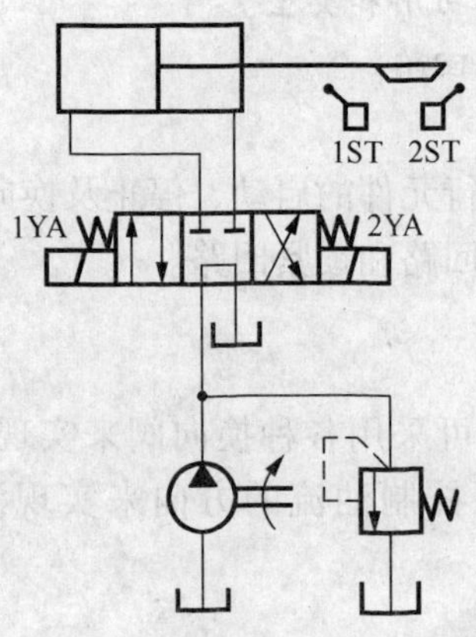

图 7－25　采用电磁换向阀的换向回路

3）采用先导阀控制的液动换向阀的换向回路

对于流量较大和换向平稳性要求较高的场合，电磁换向阀的换向回路已不能适应上述要求，往往采用手动换向阀或机动换向阀作先导阀，而以液动换向阀为主阀的换向回路，或者采用电液动换向阀的换向回路。

如图 7－26 所示为手动转阀（先导阀）控制液动换向阀的换向回路。回路中用辅助泵 2 提供低压控制油，通过手动先导阀 3（三位四通转阀）来控制液动换向阀 4 的阀芯移动，实现主油路的换向，当转阀 3 在右位时，控制油进入液动阀 4 的左端，右端的油液经转阀回油箱，使液动换向阀 4 左位接入工件，活塞下移。当转阀 3 切换至左位时，即控制油使液动换向阀 4 换向，活塞向上退回。当转阀 3 中位时，液动换向阀 4 两端的控制油通油箱，在弹簧力的作用下，其阀芯回复到中位、主泵 1 卸荷。这种换向回路，常用于大型液压机。

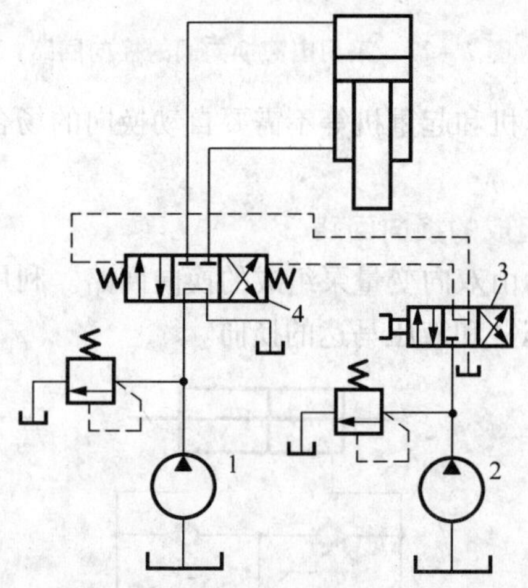

图 7－26　采用手动先导阀控制液动换向阀的换向回路

如图 7－27 所示为由电液换向阀组成的换向回路。当 1YA 通电、2YA 断电时，三位四通电磁阀左位工作，控制油路的压力油推动液动换向阀的阀芯右移，液动换向阀左位工作，液压泵输出的液压油经液动换向阀的左位进入液压缸左腔，推动活塞右移；当 1YA 断电、2YA 通电时，三位四通电磁阀右位工作，控制油路的压力油推动液动换向阀的阀芯左移，液动换向阀右位工作，液压泵输出的液压油经液动换向阀的右位进入液压缸右腔，推动活塞左移；当 1YA 和 2YA 都断电时，电磁阀中位工作，液动换向阀中位工作，液压泵卸荷，活塞停止运动。

在液动换向阀的换向回路或电液动换向阀的换向回路中，控制油液除了用辅助泵供给外，在一般的系统中也可以把控制油路直接接入主油路。但是，当主阀采用 M 型或 H 型中位机能时，必须在回路中设置背压阀，保证控制油液有一定的压力，以控制换向阀阀芯的移动。

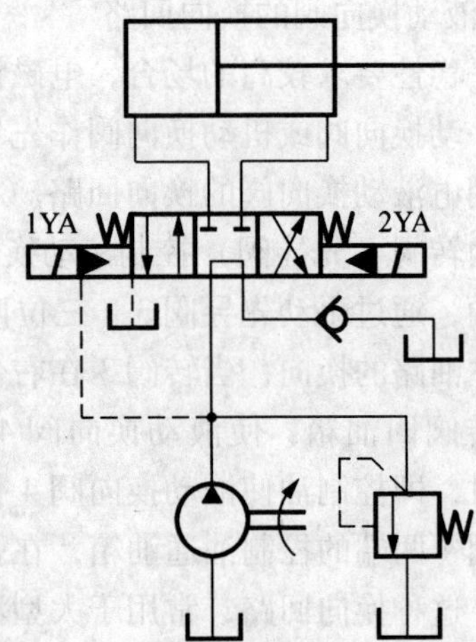

图 7－27　采用电液换向阀的换向回路

在机床夹具、油压机和起重机等不需要自动换向的场合，常常采用手动换向阀来进行换向。

2. 由双向变量泵组成的换向回路

如图 7－28 所示为由双向变量泵组成的换向回路。利用双向变量泵直接改变输油方向，以实现液压缸和液压马达的换向。

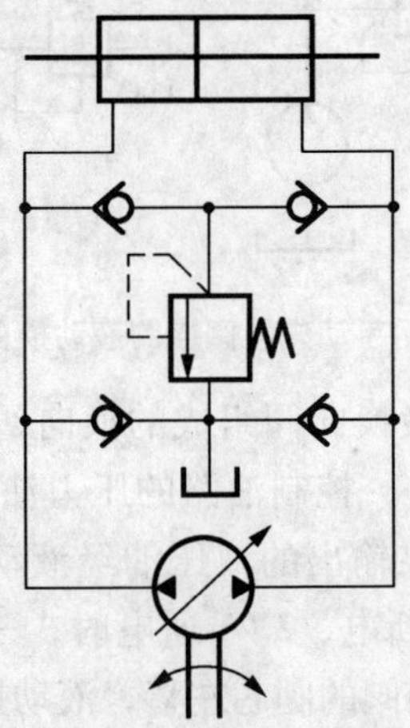

图 7－28　由双向变量泵组成的换向回路

这种换向回路比普通换向阀组成的换向回路的换向更平稳，多用于大功率的液压传动系统中，如龙门刨床、拉床等液压传动系统。

二、锁紧回路

为了使工作部件能在任意位置上停留，以及在停止工作时，防止在受力的情况下发生移动，可以采用锁紧回路。

如图 7－29 所示，采用 O 型或 M 型机能的三位换向阀的中位机能封闭液压缸左右两腔的进、出油口，使液压缸锁紧。该锁紧回路结构简单，不需要其他装置即可实现液压缸的锁紧。由于换向阀的泄漏，锁紧精度较差，所以经常用于锁紧精度要求不高、停留时间不长的液压系统中。如图 7－30 所示是采用液控单向阀的锁紧回路。在液压缸的进、回油路中都串接液控单向阀（又称液压锁），活塞可以在行程的任何位置锁紧。其锁紧精度只受液压缸内少量的内泄漏影响，因此，锁紧精度较高。采用液控单向阀的锁紧回路，换向阀的中位机能应使液控单向阀的控制油液卸压（换向阀采用 H 型或 Y 型），此时，液控单向阀便立即关闭，活塞停止运动。假如采用 O 型机能，在换向阀中位时，由于液控单向阀的控制腔压力油被闭死而不能使其立即关闭，直至由换向阀的内泄漏使控制腔泄压后，液控单向阀才能关闭，影响其锁紧精度。

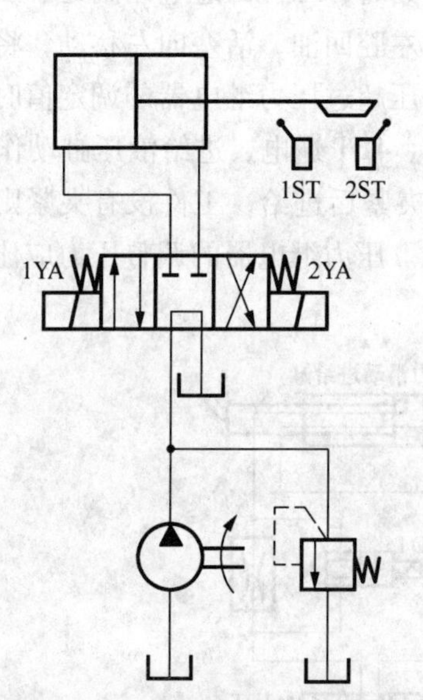

图 7－29　利用三位换向阀的中位机能的锁紧回路

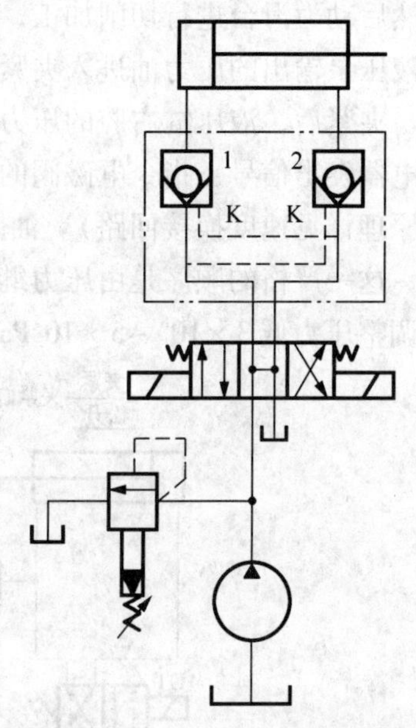

图 7－30　采用液控单向阀的锁紧回路

课题四　多缸工作控制回路

学习目标

1. 掌握多缸工作控制回路的功用和类型。
2. 熟悉常用的多缸工作控制回路。

知识学习

一、顺序动作回路

在多缸液压系统中，往往需要按照一定的要求顺序动作，例如，自动车床中刀架的纵横向运动，夹紧机构的定位和夹紧等。

顺序动作回路按其控制方式不同，分为压力控制、行程控制和时间控制 3 类，其中前两类用得较多。

1. 用压力控制的顺序动作回路

压力控制就是利用油路本身的压力变化来控制液压缸的先后动作顺序，它主要利用压力继电器和顺序阀来控制顺序动作。

1）用压力继电器控制的顺序回路

如图 7－31 所示是机床的夹紧、进给系统，要求的动作顺序是，先将工件夹紧，然后动力滑台进行切削加工，动作循环开始时，二位四通电磁阀处于图示位置，液压泵输出的压力油进入夹紧缸的右腔，左腔回油，活塞向左移动，将工件夹紧。夹紧后，液压缸右腔的压力升高，当油压超过压力继电器的调定值时，压力继电器发出信号，指令电磁阀的电磁铁 2DT、4DT 通电，进给液压缸动作（其动作原理详见速度换接回路）。油路中要求先夹紧后进给，工件没有夹紧则不能进给，这一严格的顺序是由压力继电器保证的。压力继电器的调整压力应比减压阀的调整压力低 $3\times10^5\sim5\times10^5$ Pa。

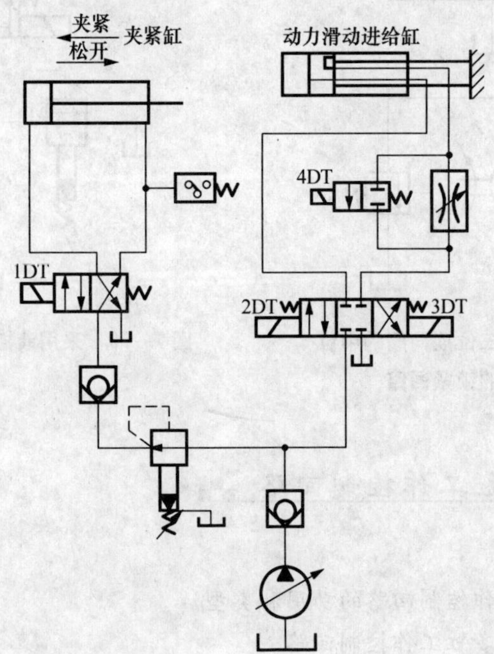

图 7－31　压力继电器控制的机床夹紧、进给系统顺序回路

2）用顺序阀控制的顺序动作回路

如图 7－32 所示是采用两个单向顺序阀的压力控制顺序动作回路。其中单向顺序阀 4 控制两个液压缸前进时的先后顺序，单向顺序阀 3 控制两液压缸后退时的先后顺序。当电磁换向阀通电时，压力油进入液压缸 1 的左腔，右腔经阀 3 中的单向阀回油，此时由于压力较低，顺序阀 4 关闭，缸 1 的活塞先动。当液压缸 1 的活塞运动至终点时，油压升高，达到单向顺序阀 4 的调定压力时，顺序阀开启，压力油进入液压缸 2 的左腔，右腔直接回油，缸 2 的活塞向右移动。当液压缸 2 的活塞右移达到终点后，电磁换向阀断电复位，此时压力油进入液压缸 2 的右腔，左腔经阀 4 中的单向阀回油，使缸 2 的活塞向左返回，到达终点时，压力油升高打开顺序阀 3 再使液压缸 1 的活塞返回。

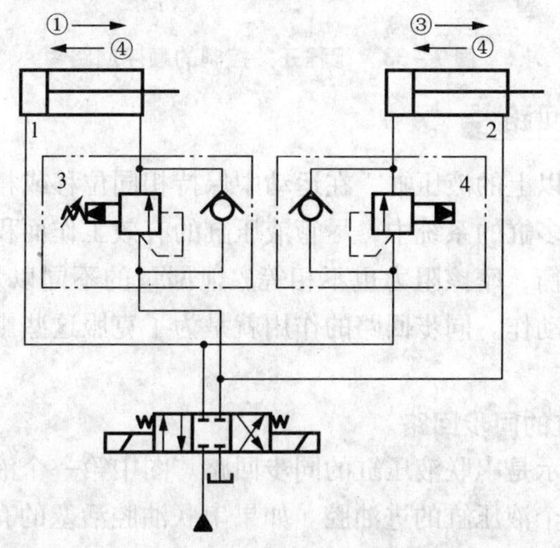

图 7－32　顺序阀控制的顺序回路

这种顺序动作回路的可靠性，在很大程度上取决于顺序阀的性能及其压力调整值。顺序阀的调整压力应比先动作的液压缸的工作压力高 $8\times10^5\sim10\times10^5$ Pa，以免在系统压力波动时，发生误动作。

2. 用行程控制的顺序动作回路

行程控制顺序动作回路是利用工作部件到达一定位置时，发出信号来控制液压缸的先后动作顺序，可以利用行程开关、行程阀或顺序缸来实现。

如图 7－33 所示是利用电气行程开关发讯来控制电磁阀先后换向的顺序动作回路。其动作顺序是，按下启动按钮，电磁铁 1DT 通电，缸 1 活塞右行；当挡铁触动行程开关 2XK，使 2DT 通电，缸 2 活塞右行；缸 2 活塞右行至行程终点，触动 3XK，使 1DT 断电，缸 1 活塞左行；而后触动 1XK，使 2DT 断电，缸 2 活塞左行。至此完成了缸 1、缸 2 的全部顺序动作的自动循环。采用电气行程开关控制的顺序回路，调整行程大小和改变动作顺序均甚方便，且可利用电气互锁使动作顺序可靠。

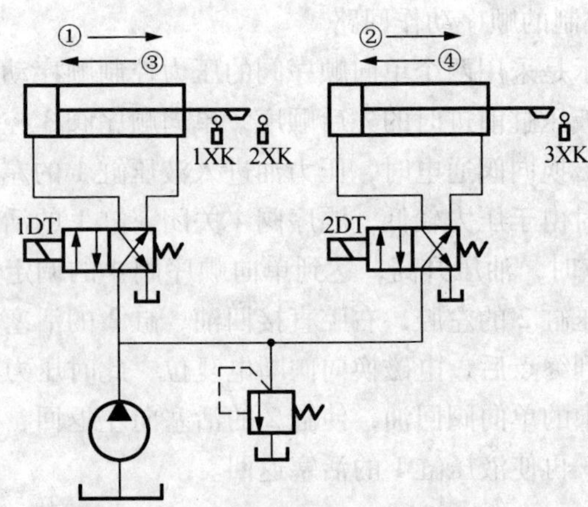

图 7－33　行程开关控制的顺序回路

二、同步回路

使两个或两个以上的液压缸，在运动中保持相同位移或相同速度的回路称为同步回路。在一泵多缸的系统中，尽管液压缸的有效工作面积相等，但是由于运动中所受负载不均衡，摩擦阻力也不相等，泄漏量的不同以及制造上的误差等，不能使液压缸同步动作。同步回路的作用就是为了克服这些影响，补偿它们在流量上所造成的变化。

1. 串联液压缸的同步回路

如图 7－34 所示是串联液压缸的同步回路。图中第一个液压缸回油腔排出的油液，被送入第二个液压缸的进油腔。如果串联油腔活塞的有效面积相等，便可实现同步运动。这种回路两缸能承受不同的负载，但泵的供油压力要大于两缸工作压力之和。

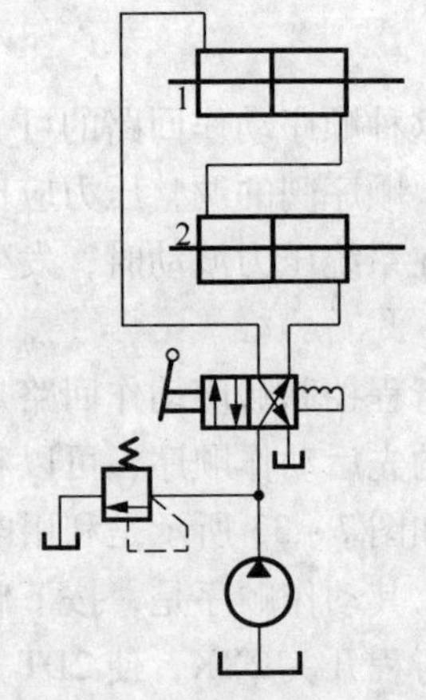

图 7－34　串联液压缸的同步回路

由于泄漏和制造误差，影响了串联液压缸的同步精度，当活塞往复多次后，会产生严重的失调现象，为此要采取补偿措施。如图 7－35 所示是两个单作用缸串联，并带有补偿装置的同步回路。为了达到同步运动，缸 1 有杆腔 A 的有效面积应与缸 2 无杆腔 B 的有效面积相等。在活塞下行的过程中，如液压缸 1 的活塞先运动到底，触动行程开关 1XK 发讯，使电磁铁 1DT 通电，此时压力油便经过二位三通电磁阀 3、液控单向阀 5，向液压缸 2 的 B 腔补油，使缸 2 的活塞继续运动到底。如果液压缸 2 的活塞先运动到底，触动行程开关 2XK，使电磁铁 2DT 通电，此时压力油便经二位三通电磁阀 4 进入液控单向阀的控制油口，液控单向阀 5 反向导通，使缸 1 能通过液控单向阀 5 和二位三通电磁阀 3 回油，使缸 1 的活塞继续运动到底，对失调现象进行补偿。

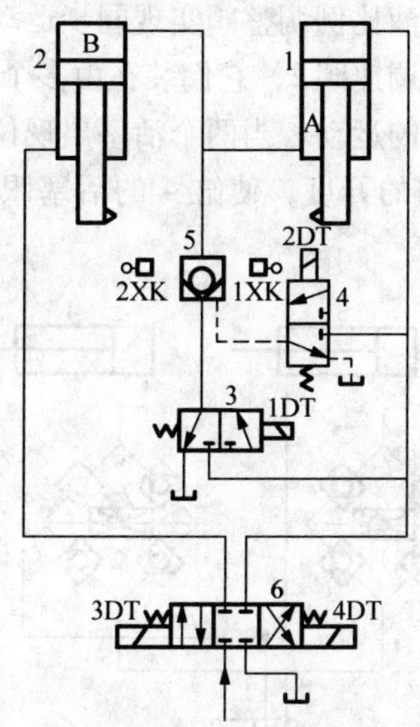

图 7－35　采用补偿措施的串联液压缸同步回路

2. 流量控制式同步回路

1）用调速阀控制的同步回路

如图 7－36 所示是两个并联的液压缸，分别用调速阀控制的同步回路。两个调速阀分别调节两个液压缸活塞的运动速度，当两缸有效面积相等时，则流量也调整得相同；若两个液压缸的面积不等时，则改变调速阀的流量也能达到同步的运动。

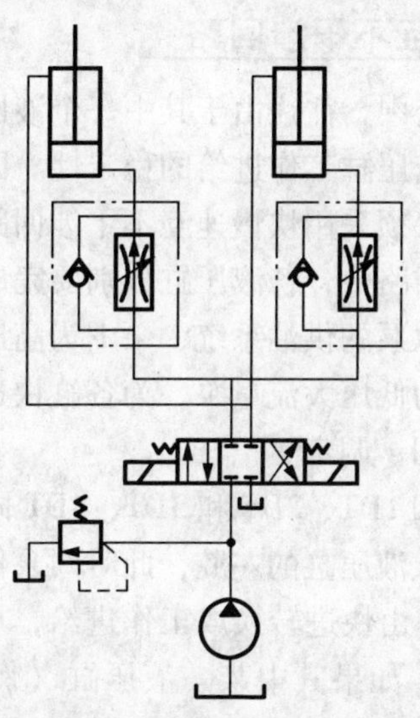

图 7－36　调速阀控制的同步回路

用调速阀控制的同步回路，结构简单，并且可以调速，但是由于受到油温变化以及调速阀性能差异等影响，同步精度较低，一般为5%～7%。

2）用电液比例调速阀控制的同步回路

如图7－37所示为用电液比例调整阀实现同步运动的回路。回路中使用了一个普通调速阀1和一个比例调速阀2，它们装在由多个单向阀组成的桥式回路中，并分别控制着液压缸3和4的运动。当两个活塞出现位置误差时，检测装置就会发出信号，调节比例调速阀的开度，使缸4的活塞跟上缸3活塞的运动而实现同步。

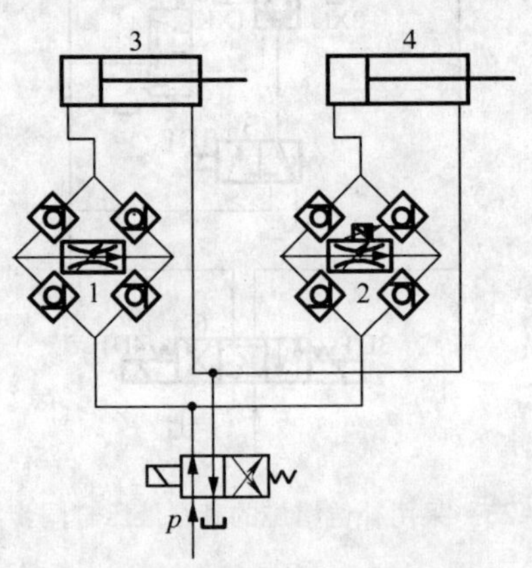

图7－37　电液比例调整阀

这种回路的同步精度较高，位置精度可达0.5mm，已能满足大多数工作部件所要求的同步精度。比例阀性能虽然比不上伺服阀，但费用低，系统对环境适应性强，因此，用它来实现同步控制被认为是一个新的发展方向。

三、多缸快慢速互不干涉回路

在一泵多缸的液压系统中，往往由于其中一个液压缸快速运动时，会造成系统的压力下降，影响其他液压缸工作进给的稳定性。因此，在工作进给要求比较稳定的多缸液压系统中，必须采用快慢速互不干涉回路。

在如图7－38所示的回路中，各液压缸分别要完成快进、工作进给和快速退回的自动循环。回路采用双泵的供油系统，泵1为高压小流量泵，供给各缸工作进给所需的压力油；泵2为低压大流量泵，为各缸快进或快退时输送低压油，它们的压力分别由溢流阀3和4调定。

当开始工作时，电磁阀1DT、2DT和3DT、4DT同时通电，液压泵2输出的压力油经单向阀6和8进入液压缸的左腔，此时两泵供油使各活塞快速前进。当电磁铁3DT、4DT断电后，由快进转换成工作进给，单向阀6和8关闭，工进所需压力油由液压泵1供给。如果其中某一液压缸（例如缸A）先转换成快速退回，即换向阀9失电换向，泵2输出的油液经单向阀6、换向阀9和阀11的单向元件进入液压缸 A 的右腔，左腔经换向阀回油，使活塞快速退回。

而其他液压缸仍由泵 1 供油，继续进行工作进给。这时，调速阀 5（或 7）使泵 1 仍然保持溢流阀 3 的调整压力，不受快退的影响，防止了相互干扰。在回路中调速阀 5 和 7 的调整流量应适当大于单向调速阀 11 和 13 的调整流量，这样，工作进给的速度由阀 11 和 13 来决定，这种回路可以用在具有多个工作部件各自分别运动的机床液压系统中。换向阀 10 用来控制 B 缸换向，换向阀 12、14 分别控制 A、B 缸快速进给。

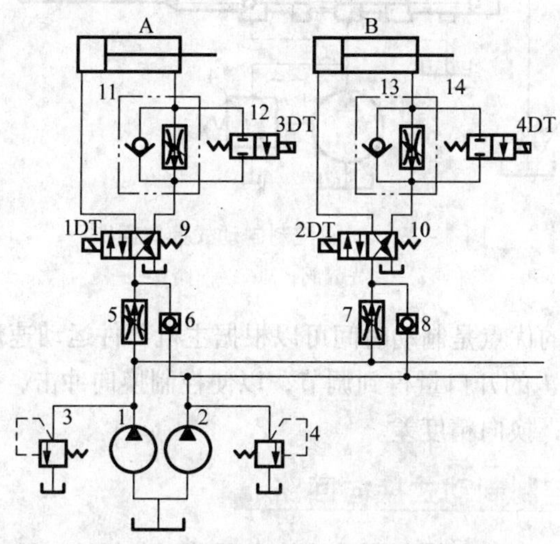

图 7－38　防干扰回路控制式同步回路

拓展知识　控制制动式换向回路

一、时间控制制动式换向回路

这种回路从发出换向信号到实现减速制动（停止），这一时间基本上是可以控制的，所以称为时间控制制动式，其特点是换向时间短，但其换向精度取决于执行元件起始的运动速度，适用于对换向精度要求不高的场合，如平面磨床。

如图 7－39 所示为时间控制制动式换向回路。在这个回路中的主油路只受换向阀 3（主阀）的控制。在图示位置，液压缸的左腔进油，右腔回油经过节流阀 1 流回油箱。当先导阀 2 位于左端时，控制油路（虚线所示）中的液压油经过单向阀 I_2 作用于换向阀 3 的右端，换向阀 3 左端的液压油经过节流阀 J_1 流回油箱，换向阀 3 的阀芯向左运动，阀芯右侧的锥面逐渐关小回油通路，活塞的运动速度逐渐减慢，在换向阀 3 的阀芯移过距离 l 后将回油通道关闭，使活塞停止运动。当节流阀 J_1 和 J_2 的开口大小调定后，换向阀阀芯移过的距离 l 所需的时间就确定不变，因此，这种制动方式被称为时间控制制动式。

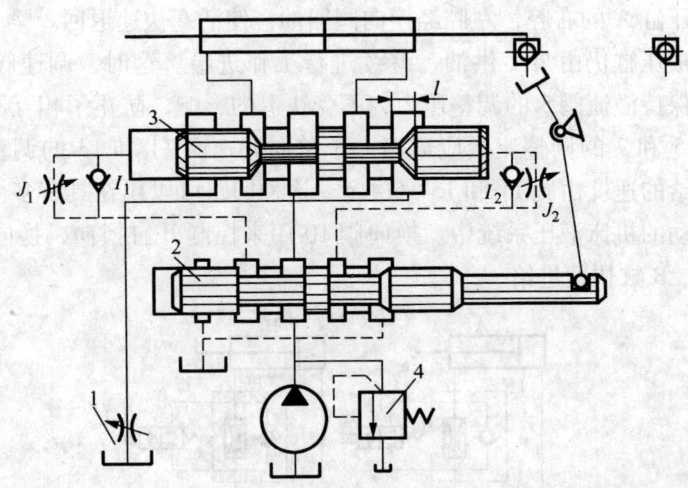

图 7－39　时间控制制动式换向回路

1 一节流阀；2 一先导阀；3 一换向阀；4 一溢流阀

这种换向回路的优点是制动时间可以根据主机部件运动速度的快慢、惯性大小来使节流阀 J_1 和 J_2 的开口量得到调节，以便控制换向冲击，提高工作效率。缺点是换向时冲击大，换向精度差。

二、行程控制制动式换向回路

如图 7－40 所示为行程控制制动式换向回路，与图 7－38 相比，其主要特点是液压缸的回油需要经过换向阀 3（主阀）、先导阀 2 以及节流阀 1 才流回油箱。在图示位置，液压缸向右运动，当活塞运动到右端终点时与活塞相连的挡铁碰到杠杆，通过杠杆推动先导阀 2 向左运动。这时主回油路通过先导阀 2 的油口（右侧锥面）就逐渐减小，活塞的运动速度逐渐减慢，对活塞进行预制动。当回油路被关得很小时，活塞运动速度变得很慢，此时液控单向阀 I_2 打开。即换向阀（主阀）3 的控制油路被打开，换向阀换向，阀芯向右移动，切断主油路通道，使活塞停止运动并随即在反方向上启动。

活塞行程的极限位置就是当先导阀 2 的油口完全封闭时的位置，这时活塞完全停止运动。因此，采用这种制动方式时，不管活塞原来的速度大小，先导阀总要先移动一段固定的行程 l，将执行件进行预制动后，再由换向阀来使它换向。所以这种制动方式被称为行程控制制动式。

这种回路的换向精度较高、冲击小，但是由于先导阀的制动行程恒定不变，制动时间的长短将受到执行件运动速度快慢的影响，所以这种换向回路适用于在主机工作部件运动速度不大但是对换向精度要求比较高的场合，如外圆磨床的液压传动系统中。

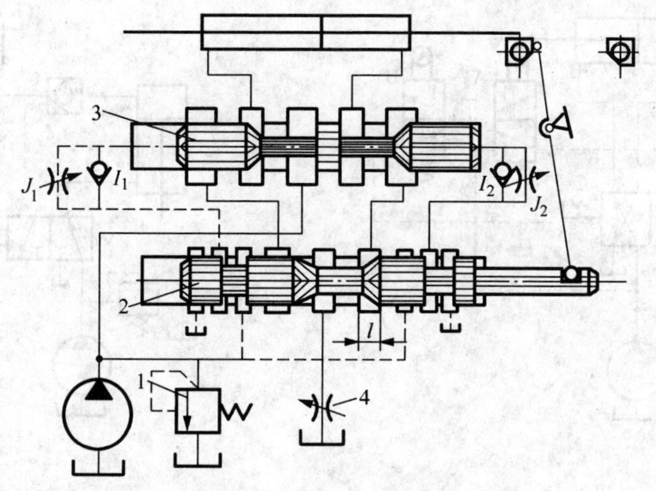

图 7-40　行程控制制动式换向回路

1—节流阀；2—先导阀；3—换向阀；4—溢流阀

课后练习

一、问答题

1. 什么是液压传动基本回路？常见的液压传动基本回路有几类？各起什么作用？

2. 液压传动系统中为什么要设置背压回路？在什么情况下需要使用背压回路？

3. 什么是平衡回路？背压回路与平衡回路有何区别？

4. 卸荷回路有什么功能？

5. 进油路节流阀调速回路有什么特点？出油路节流阀调速回路又有什么特点？旁油路节流阀调速回路有什么特点？

6. 为什么采用调速阀能提高调速性能？

7. 试分析三种容积式调速回路的特性。

8. 液压传动系统中为什么设置快速运动回路？实现执行元件快速运动的方法有哪些？

9. 如何分别用行程阀、顺序阀实现执行元件的顺序动作？

10. 如何实现并联液压缸和串联液压缸的同步？

11. 多缸液压传动系统中，如果要求以相同的位移或相同的速度运动时，应采用什么回路？这种回路通常有几种控制方法？哪种方法同步精度最高？

12. 如图 7-41 所示采用行程换向阀 A、B 及带定位机构的液动换向阀 C 组成的自动换向回路，试说明自动换向过程。

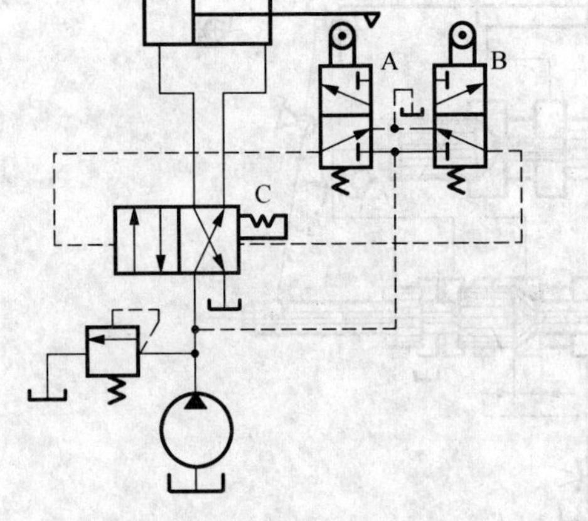

图 7-41

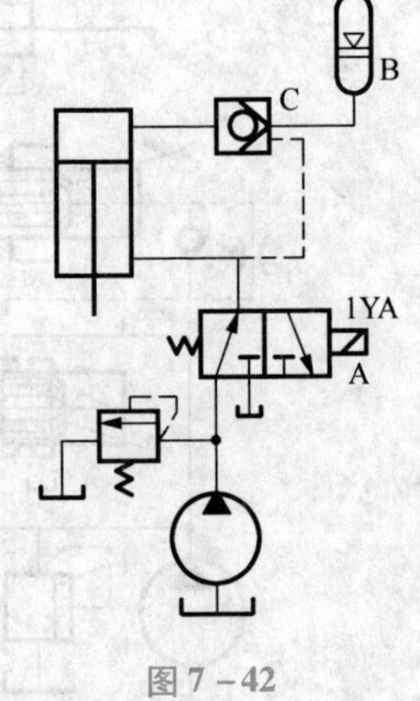

图 7-42

13. 如图 7-42 所示采用二位三通电磁阀 A、蓄能器 B 和液控单向阀 C 组成换向回路，试说明液压缸是如何实现换向的？

二、计算题

1. 在如图 7-43 所示的回路，液压缸活塞直径 $D=100$ mm，活塞杆外径 $d=70$ mm，负载 $F=25\ 000$ N。试求：

（1）为使节流阀前后压差为 0.3 MPa，溢流阀的调整压力应为多少？

（2）溢流阀调定后，若负载降为 15 000 N，则节流阀前后的压差为多少？

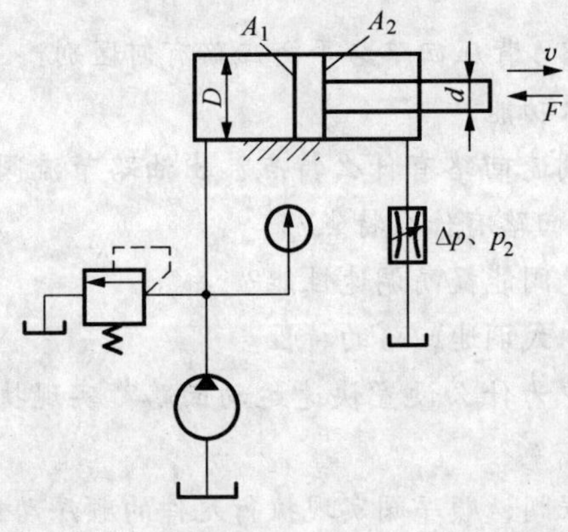

图 7-43

（3）节流阀的最小稳定流量为 50 cm^3/min，则回路最低稳定速度是多少？

（4）当负载 F 突然降为 0 时，液压缸有杆腔压力为多少？

（5）若把节流阀装在进油路上，液压缸有杆腔接油箱，当节流阀的最小稳定流量不变时，回路的最低稳定速度为多少？

2. 如图 7-44 所示的液压系统，已知各压力阀的调整压力分别是 $p_{Y1}=6$ MPa，$p_{Y2}=5$ MPa，$p_{Y3}=2$ MPa，$p_{Y4}=1.5$ MPa，$p_J=2.5$ MPa。图中活塞已经顶在工件

上且可以忽略管路和换向阀的压力损失。试问表中电磁铁的通电顺序组合，系统分别处于什么工况，A、B 点的压力值各是多少？（将结果填入表 7－2 中）

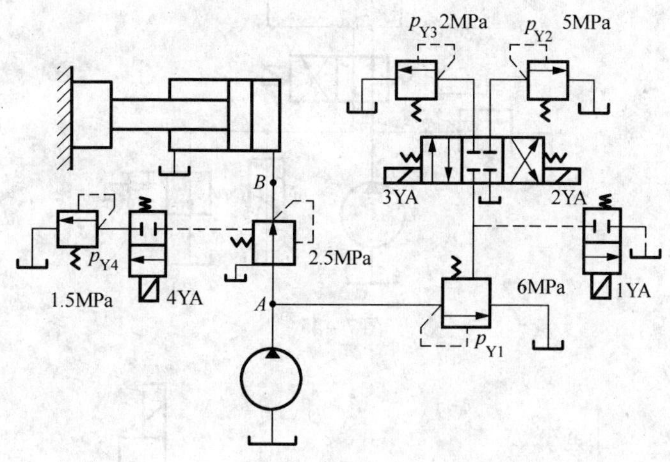

图 7－44

表 7－2　电磁铁的通电顺序

	1	2	3	4	5
1YA	－	－	－	－	+
2YA	+	－	－	－	－
3YA	－	+	－	－	+
4YA	+	－	+	－	－
A					
B					

3. 如图 7－45 所示为一调速回路。已知，液压缸活塞直径 $D=60$ mm，活塞杆外径 $d=20$ mm，工件速度 $v_1=0.6$ m/min，负载力 $F_1=5\ 000$ N；快进速度 $v_1=10$ m/min，负载力 $F_2=500$ N。试求工进时回路效率。

4. 在如图 7－46 所示的回路中，溢流阀的调整压力 $p_1=6$ MPa，$p_2=4.5$ MPa，泵出口处的负载压力为无限大，试问在不计管道损失和压力偏差时：

（1）换向阀下位接入回路时，泵的工作压力为多少？A 点和 B 点的压力各为多少？

（2）换向阀上位接入回路时，泵的工作压力为多少？A 点和 B 点的压力又是多少？

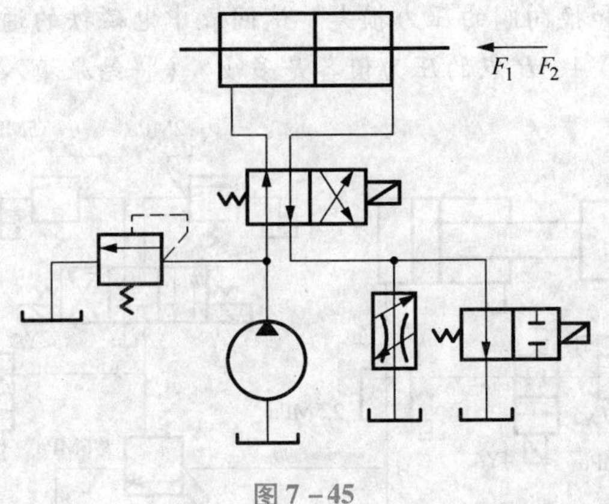

图 7-45

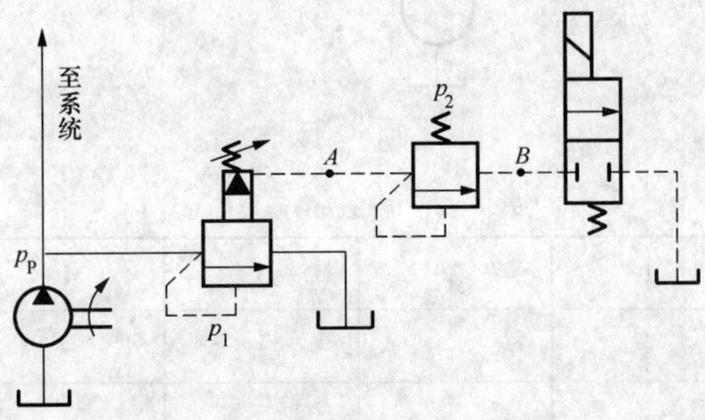

图 7-46

5. 在如图 7-10 所示的回油路节流调速回路中，已知液压泵的供油流量 $q=25$ L/min，负载 $F=40\ 000$ N，溢流阀调定压力 $p_p=5.4$ MPa，液压缸无杆腔面积为 $A_1=80\times10^{-4}\text{m}^2$，有杆腔面积 $A_2=40\times10^{-4}\text{m}^2$，液压缸工进速度 $v_1=0.18$ m/min，不考虑管路损失和液压缸的摩擦损失，试计算：

(1) 液压缸工进时液压系统的效率。

(2) 当负载 $F=0$ 时，活塞的运动速度和回油腔的压力。

项目八　典型的液压传动系统

学习目标

1. 掌握阅读液压传动系统图的基本方法。
2. 熟悉并理解液压元件的功能。
3. 熟悉并理解基本回路的工作原理。
3. 熟悉通过系统分析，归纳总结出系统特点的方法。

课时分配　共 14h

课题一　组合机床动力滑台系统　2h

课题二　压力机液压系统　4h

课题三　汽车起重机液压系统　4h

课题四　M1432B 型万能外圆磨床液压系统　4h

课题一　组合机床动力滑台系统

学习目标

1. 掌握液压传动系统的定义。
2. 熟悉 YT 4543 型动力滑台液压传动系统的工作原理。
3. 了解 YT 4543 型动力滑台液压传动系统的特点。

知识学习

一、定义

为了使液压设备实现特定的运动循环或工作，将实现各种不同运动的执行元件及其液压回路拼集、汇合起来，用液压泵组集中供油，形成一个网络，就构成了设备的液压传动系统，简称液压系统。

二、YT 4543 型动力滑台液压系统

1. 概述

组合机床是由按系列化、标准化、通用化原则设计的通用部件以及按工件形状和加工工艺要求而设计的专用部件所组成的高效专用机床。液压动力滑台是组合机床上用以实现进给运动的一种通用部件，其运动是靠液压缸驱动的。主要由通用滑台和辅助部分的液压系统组成，滑台台面上可安装动力箱、多轴

箱及各种专用切削头等工作部件。滑台与床身、中间底座等通用部件可组成各种组合机床，完成钻、扩、铰、镗、铣、车、刮端面、攻螺纹等工序的机械加工，并能按多种进给方式实现半自动工作循环。组合机床一般为多刀加工，切削负荷变化大，快慢速差异大。故其液压系统应满足其以下要求：切削时速度低而平稳；空行程进退速度快；快慢速度转换平稳；系统效率高，发热少，功率利用合理。

2. YT 4543 型动力滑台液压系统的工作原理

液压动力滑台有不同规格，但其液压系统的组成和工作原理基本相同。现以 YT 4543 型液压动力滑动台为例，分析其工作原理及特点。如图 8－1 所示为 YT 4543 液压动力滑台的液压系统图，其进给速度为 6.6～600 mm/min，最大进给力为 45 kN。其典型工作循环为快进—第一次工作进给—第二次工作进给—止位钉停留—快退—原位停止。电磁铁和行程阀的动作顺序见表 8－1。

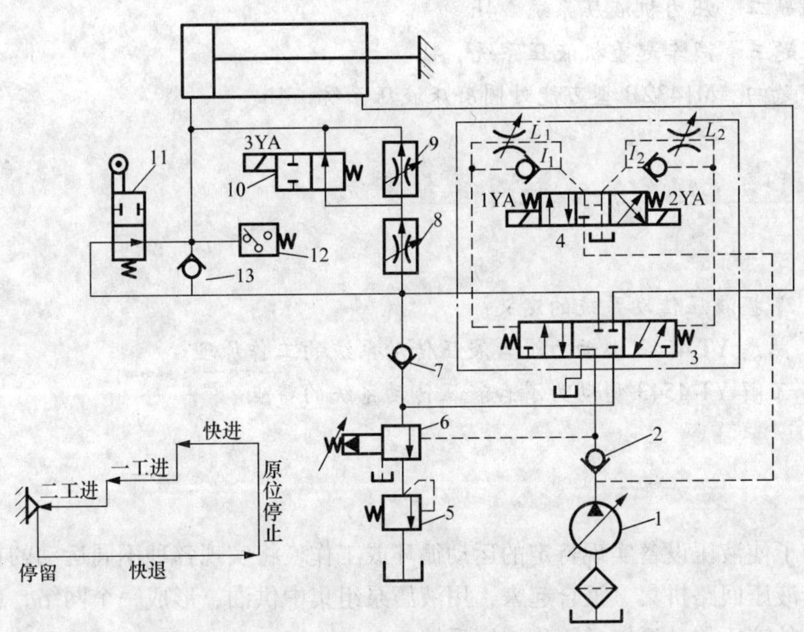

图 8－1　YT 4543 型动力滑台液压系统图

1—泵；2—单向阀；3、4—电液换向阀；5—背压阀；6—液控顺序阀；7、13—单向阀；8、9—调速阀；10—电磁换向阀；11—行程阀；12—压力继电器

表 8－1 电磁铁和行程阀的动作顺序

液压缸工作循环	信号来源	电磁铁						行程阀 11	
		1YA		2YA		3YA			
		+	－	+	－	+	－	+	－
快进	启动按钮								
一工进	挡块压行程阀								
二工进	挡块压行程开关								
止位钉停留	止位钉、压力继电器								
快退	时间继电器								
原位停止	挡块压终点开关								

注："+"表示电磁铁通电或行程阀压下；"－"表示电磁电断电或行程阀复位。

1）快进（$1YA^+$）

此时由于负载小、压力低，所以液控顺序阀 6 关闭，液压缸左右腔形成差动连接，变量泵 1 输出最大流量，滑台快进。

按下启动按钮，电磁铁 1YA 通电，电磁换向阀 4 左位接入系统，液动换向阀 3 在控制压力油作用下也将左位接入系统工作，其油路为

控制油路—进油路：泵 1→阀 4（左）→I_1→阀 3（左）。

回油路：阀 3（右）→L_2→阀 4（左）→油箱。

可知，液动换向阀 3 的阀芯右移，其左位接入系统（换向时间由 L_2 调节）。

主油路—进油路：泵（1）→单向阀 2→阀 3（左）→行程阀 11→缸左腔。

回油路：缸右腔→阀 3（左）→单向阀 7→行程阀 11→缸左腔

2）第一次工作进给（$1YA^+$、行程阀压下）

当滑台快进终了时，滑台上的挡块压下行程阀 11，切断 3 快速运动的进油路。其控制油路未变，而主油路中，压力油只能通过调速阀 8 和二位二通电磁阀 10（右位）进入液压缸左腔。由于油液流经调速阀而使系统压力升高，液控顺序阀 6 开启，单向阀 7 关闭，液压缸右腔的油液经液控顺序阀 6 和背压阀 5 流回油箱。同时，泵 1 的流量也自动减小。滑台实现由调速阀 8 调速的第一次工作进给。其油路为

主油路—进油路：泵 1 →单向阀 2→阀 3（左）→调速阀 8 →电磁换向阀 10（右）→缸左腔。

回油路：缸右腔→阀 3（左）→液控顺序阀 6 →背压阀 5 →油箱。

3）第二次工作进给（$1YA^+$、$3YA^+$）

第二次工作进给与第一次工作进给时的控制油路和主油路的回油路相同，不同之处是主油路的进油路。当第一次工作进给终了，挡块压下行程开

关，使电磁铁 3YA 通电，电磁换向阀 10 左位接入系统使其油路关闭时，压力油须通过调速阀 8 和 9 进入液压缸左腔。由于调速阀 9 的通流面积比调速阀 8 的通流截面积小，因而滑台实现由调速阀 9 调速的第二次工作进给，其主油路的进油路为

进油路：泵 1 →阀 2 →阀 3（左）→调速阀 8 →调速阀 9 →缸左腔

4）止位钉停留（$1YA^+$、$3YA^+$）

滑台完成第二次工作进给后，液压缸碰到滑台座前端的止位钉（可调节滑台行程的螺钉）后停止运动。这时液压缸左腔压力升高，当压力升高到压力继电器 12 的开启压力时，压力继电器动作，向时间继电器发出电信号，由时间继电器控制滑台停留时间。这时的油路同第二次工作进给的油路。但实际上系统内的油液已停止流动，液压泵的流量已减至很小，仅用于补充泄漏油。

5）快退（$2YA^+$）

滑台停留时间结束时，时间继电器发出信号，使电磁铁 2YA 通电，1YA、3YA 断电。这时电磁换向阀 4 右位接入系统，、液动换向阀 3 也换为右位工作，主油路换向。因滑台返回时为空载，系统压力低，泵 1 的流量自动增至最大，由此动力滑台快速退回。其油路为

控制油路—进油路：泵 1→阀 4（右）→I_2→阀 3（右）。

回油路 ：阀 3（左）→L_1→阀 4（右）→ 油箱。

可知，液动换向阀 3 由控制油路使其换为右位（换向时间由 L_1 调节）。

主油路—进油路：泵 1→单向阀 2→阀 3（右）→缸右腔。

回油路 ：缸左腔→阀 13→阀 3（右）→ 油箱。

实现快退。

6）原位停止

当滑台快速退回到其原始位置时，挡块压下原位行程开关，使电磁铁 2YA 断电，电磁换向阀 4 恢复中位，液动换向阀 3 也恢复中位，液压缸两腔油路被封闭，液压缸失去动力，滑台被锁紧在起始位置上而停止运动。这时液压泵则经单向阀 2 及阀 3 的中位卸荷，其油路为

控制油路—回油路：阀 3（左）→L_1→阀 4（中）→油箱。

阀 3（右）→L_2→阀 4（中）→油箱。

主油路—进油路：泵 1→单向阀 2→阀 3（中）→油箱。

回油路：液压缸左腔→阀 13。

可知，阀 3 中堵塞（液压缸停止并被锁住）。

单向阀 2 的作用是使滑台在原位停止时，控制油路仍保持一定的控制压力（低压），以便能迅速启动。

三、动力滑台液压系统的特点

动力滑台的液压系统是能完成较复杂工作循环的典型的单缸中压系统，具有以下特点。

(1) 容积节流调速回路。该系统采用了“限压式变量叶片泵+调速阀+背压阀”式容积节流调速回路。用变量泵供油可使空载时获得快速（泵的流量最大），工进时，负载增加，泵的流量会自动减小，且无溢流损失，因而功率的利用合理。用调速阀调速可保证工作进给时获得稳定的低速，有较好的速度刚性。调速阀设在进油路上，便于利用压力继电器发信号实现动作顺序的自动控制。回油路上加背压阀能防止负载突然减小时产生前冲现象，并能使工进速度平稳。

(2) 电液动换向阀的换向回路。采用反应灵敏的小规格电磁换向阀作为先导阀控制能通过大流量的液动换向阀实现主油路的换向，发挥了电液联合控制的优点。而且由于液动换向阀芯移动的速度可由节流阀 L_1、L_2 调节，因此能使流量较大，速度较快的主油路换向平稳，无冲击。

(3) 液压缸差动连接的快速回路。主换向阀采用了三位五通阀，因此换向阀左位工作时能使缸右腔的回油又返回缸的左腔，从而使液压缸两腔同时通压力油，实现差动快进。这种回路简便可靠。

(4) 用行程控制的速度转换回路。系统采用行程阀和液控顺序阀配合动作实现快进与工作进给速度的转换，使速度转换平稳、可靠、且位置准确。采用两个串联的调速阀及用行程开关控制的电磁换向阀实现两种工进速度的转换。由于进给速度较低，故能保证换接精度和平稳性的要求。

(5) 压力继电器控制动作顺序。滑台工进结束时液压缸碰到止位钉时，缸内工作压力升高，因而采用压力继电器发信号，使滑台反向退回方便可靠。止位钉的采用还能提高滑台工进结束时的位置精度及进行刮端面、锪孔、镗台阶孔等工序的加工。

课题二 压力机液压系统

学习目标

1. 熟悉 YB 32—200 型液压机的液压系统的工作原理。
2. 了解 YB 32—200 型液压系统的特点。

知识学习

一、YB 32—200 型液压机的液压系统

1. 概述

液压压力机是锻压、冲压、冷挤、校直、弯曲、粉末冶金、成形等加工工艺

中应用广泛的压力加工机械设备，是最早应用液压传动的机械之一。液压压力机通过液压系统产生很大的静压力实现对工件的冲裁、挤压、弯曲等加工。其液压系统工作压力高，液压缸的尺寸大，流量也大，是较为典型的高压大流量系统。在压制工件时虽然系统压力高，但速度低，而空行程时速度快、流量大、压力低，因此液压压力机各工作阶段的换接要平稳，功率的利用应合理。而且，为满足不同工艺需求，系统的压力要能够方便地变换和调节。由于压力机是立式设备，因此对工作时的安全亦要有可靠地保证。

现以 YB32—200 型四柱万能液压压力机为例，分析其液压系统的工作原理及特点。该压力机有上、下两个液压缸，安装在四个立柱之间。上液压缸为主缸，驱动上滑块实现“快速下行→慢速加压→保压延时→卸压换向→快速退回→原位停止”的工作循环。下液压缸为顶出缸，驱动下滑块实现“向上顶出→停留→向下退回→原位停止”的工作循环。图 8－2 为 YB32—200 型液压压力机工作循环图。

YB32—200 型四柱万能液压压力机主缸最大压制力为 2 000kN，其液压系统的最高工作压力为 32 MPa。图 8－3 为它的液压系统图。在分析其液压系统时，可参阅 YB32—200 型液压压力机电磁铁的动作顺序见表 8－2。

表 8－2　电磁铁动作顺序表

工作循环 液压缸		信号来源	电磁铁							
			1YA		2YA		3YA		4YA	
			+	−	+	−	+	−	+	−
主缸	快速下行	按启动按钮								
	慢速加压	下滑块压住工件								
	保压延时	压力继电器发信号								
	卸压换向	时间继电器发信号								
	快速退回	预泄阀换为下位								
	原位停止	行程开关 S_1								
顶出缸	向上顶出	行程开关 S_1 或按钮								
	向下退回	时间继电器发信号								
	原位停止	终点开关 S_2								
注：“＋”表示电磁铁通电；“－”表示电磁电断电。										

2. YB 32 — 200 型液压机的液压系统的工作原理

该压力机的液压系统由主缸、顶出缸、轴向柱塞式变量泵 1、安全阀 2、远程调压阀 3、减压阀 4、电磁换向阀 5、液动换向阀 6、顺序阀 7、预泄换向阀 8、主缸安全阀 13、顶出缸电液换向阀 14 等元件组成。该系统采用变量泵—液压缸式容积调速回路，工作压力为 10 ~ 32 MPa，其主油路的最高工作压力由安全阀 2 限定，实际工作压力可由远控调压阀 3 调整。控制油路的压力由减压阀 4 调整。液压泵的卸荷压力可由顺序阀 7 调整。

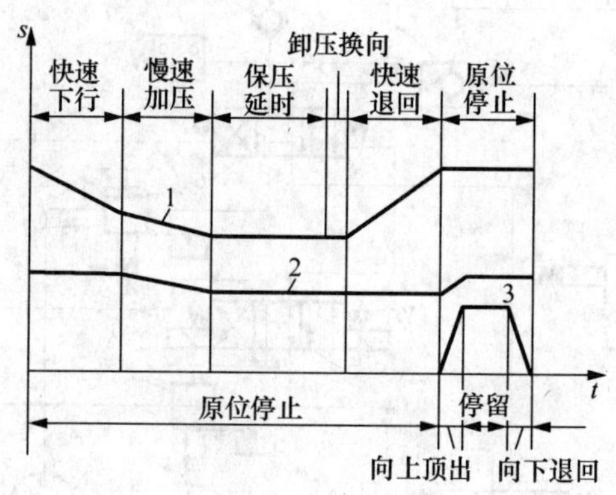

图 8 - 2　YB 32—200 型液压压力机工作循环图

1—主缸工作循环；2—浮动压边工作循环；3—顶出缸工作循环

YB32—200 型压力机在压制工件时，其液压系统中主缸和顶出缸分别完成如图 8 - 2 所示工作循环时的油路分析如下，系统图如图 8 - 3 所示。

1）主缸运动

（1）快速下行。按下启动按钮，电磁铁 IYA 通电，电磁换向阀 5 左位接入系统，控制油进入液动换向阀 6 的左端，阀右端回油，故阀 6 左位接入系统。主油路中压力油经顺序阀 7 换向阀 6 及单向阀 10 进入主缸上腔，并将液控单向阀 11 打开，使主缸下腔回油，上滑块快速下行，缸上腔压力降低，主缸顶部充液箱的油经液控单向阀 12 向主缸上腔补油。其油路为

控制油路—进油路：泵 1→减压阀 4→阀 5（左）→阀 6 左端。

回油路：阀 6 右端→单向阀 I_2→阀 5（左）→油箱。

可知，换向阀 6 左位接入系统。

主油路—进油路：泵 1→顺序阀 7→阀 6（左）→阀 11（使液控单向阀开启）

阀 6（左）→阀 10→缸上腔。

充液箱→阀 12→缸上腔。

回油路：缸下腔→阀 11→阀 6（左）→ 阀（14）→油箱。

可知，上滑块快速下行。

（2）慢速加压。当主缸上滑块接触到被压制的工件时，主缸上腔压力升高，液控单向阀 12 关闭，且液压泵流量自动减小，滑块下移速度降低，慢速压制工件。这时除充液箱不再向液压缸上腔供油外，其余油路与快速下行油路完全

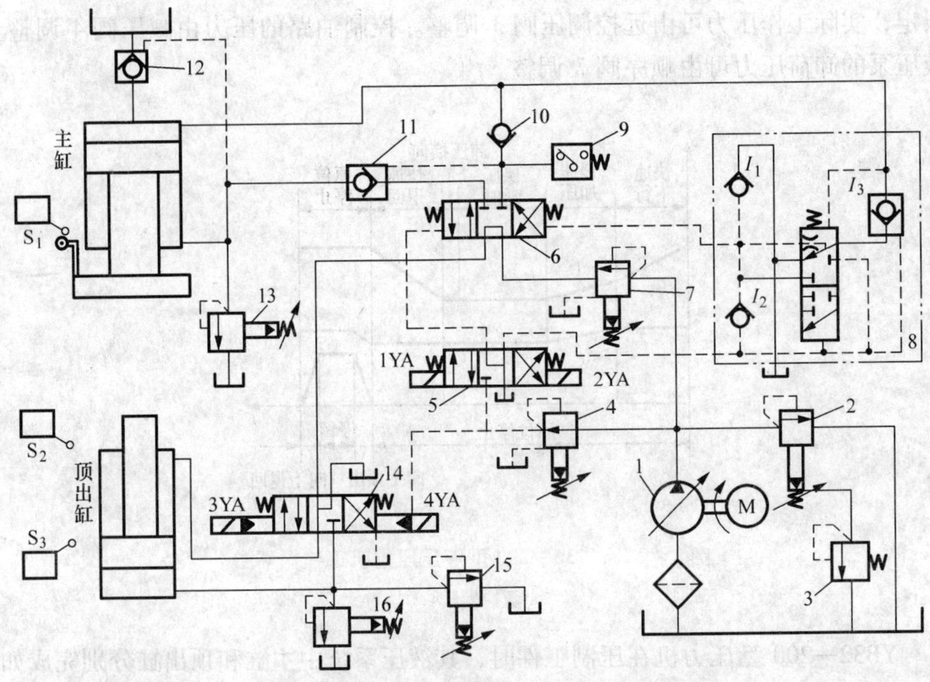

图 8－3　YB 32－200 型液压机的液压系统图

1—变量泵；2—安全阀；3—远程调压阀；4—减压阀；5—电磁换向阀；6—液动换向阀；7—顺序阀；8—预泄换向阀；9—压力继电器；10—单向阀；11、12—液控单向阀；13—安全阀；14—电液换向阀；15—背压阀；16—安全阀

相同。

（3）保压延时。当主缸上腔油压升高至压力继电器 9 的开启压力时，压力继电器发信号，使电磁铁 1YA 断电，阀 5 换为中位。这时阀 6 两端油路均通油箱，因而阀 6 在两端弹簧力作用下换为中位，主缸上、下腔油路均被封闭保压；液压泵则经阀 6 中位、阀 14 中位卸荷。同时，压力继电器还向时间继电器发信号，使时间继电器开始延时。保压时间由时间继电器在 0～24 min 范围内调节。保压延时的油路为

控制油路。

回油：阀 6 左端→阀 5（中）→油箱。

阀 6 右端→单向阀 I_2→阀 5（中）→油箱。

可知，换向阀 6 换为中位。

主油路—进油路：泵 1→顺序阀 7→阀 6（中）→阀 14（中）→油箱（泵卸荷）。

回油路：主缸上腔→液控单向阀 10（闭）。

主缸上腔→液控单向阀 I_3（闭）。

主缸下腔→液控单向阀 11（闭）。

可知，油路封闭，系统延时保压。

该系统也可利用行程控制使系统由慢速加压阶段转为保压延时阶段，即当慢速加压，上滑块下移至预定的位置时，由与上滑块相连的运动件上的挡块压下行程开关（图中未画出）发出信号，使阀 5、阀 6 换为中位停止状态，同时向时间继电器发出信号，使系统进入保压延时阶段。

（4）泄压换向。保压延时结束后，时间继电器发出信号，使电磁铁 2YA 通电，阀 5 换为右位。控制油经阀 5 进入液控单向阀 I_3 的控制油腔，顶开其卸荷阀芯（液控单向阀 I_3 带有卸荷阀芯），使主缸上腔油路的高压油经 I_3 卸荷阀芯上的槽口及预泄换向阀 8 上位（图示位置）的孔道与油箱连通，从而使主缸上腔油泄压。其油路为

控制油路。

进油：泵 1→阀 4→阀 5（右）→I_3（使 I_3 卸荷阀芯开启）。

主油路。

回油：主缸上腔→I_3（卸荷阀芯槽口）→阀 8（上）→油箱（主缸上腔卸压）。

（5）快速退回。主缸上腔泄压后，在控制油压作用下，阀 8 换为下位，控制油经阀 8 进入阀 6 右端，阀 6 左端回油，因此阀 6 右位接入系统。主油路中，压力油经阀 6、阀 11 进入主缸下腔，同时将液控单向阀 12 打开，使主缸上腔油返回充液箱，上滑块则快速上升，退回至原位。其油路为

控制油路。

进油路：泵 1→阀 4→阀 5（右）→阀 8（下）→阀 6 右端。

回油路：阀 6 左端→阀 5（右）→油箱。

可知，使阀 6 换为右位。

主油路。

进油路：泵 1→阀 7→阀 6（右）→阀 11→主缸下腔。

阀 11→阀 12 控制口。

可知，上滑块快速退回。

回油路：主缸上腔→阀 12→充液箱。

（6）原位停止。当上滑块返回至原始位置，压下行程开关 S_1 时，使电磁铁 2YA 断电，阀 5 和阀 6 均换为中位（阀 8 复位），主缸上、下腔封闭，上滑块停止运动。阀 13 为上缸安全阀，起平衡上滑块重量作用，可防止与上滑块相连的运动部件在上位时因自重而下滑。

2）顶出缸运动

(1) 向上顶出。当主缸返回原位，压下行程开关 S_1 时，除使电磁铁 2YA 断电，主缸原位停止外，还使电磁铁 4YA 通电，阀 14 换为右位。压力油经阀 14 进入顶出缸下腔，其上腔回油，下滑块上移，将压制好的工件从模具中顶出。这时系统的最高工作压力可由溢流阀 15 调整。其油路为

主油路—进油路：泵 1→阀 7→阀 6（中）→阀 14（右）→缸下腔。

回油路：缸上腔→阀 14（右）→油箱。

可知：滑块上移顶出工件

(2) 停留。当下滑块上移到其活塞碰到缸盖时，便可停留在这个位置上。同时碰到上位开关 S_2，使时间继电器动作，延时停留。停留时间可由时间继电器调整。这时的油路未变。

(3) 向下退回。当停留结束时，时间继电器发出信号，使电磁铁 3YA 通电（4YA 断电），阀 14 换为左位。压力油进入顶出缸上腔，其下腔回油，下滑块下移。其油路为

进油路：泵 1→阀 7→阀 6（中）→阀 14（右）→缸上腔。

回油路：缸下腔→阀 14（左）→油箱。

可知，滑块下移。

(4) 原位停止。当下滑块退至原位时，挡块压下下位开关 S_3，使电磁铁 3YA 断电，阀 14 换为中位，运动停止。缸上腔和泵油均由阀 14 中位通油箱。

3）浮动压边

(1) 上位停留。先使电磁铁 4YA 通电，阀 14 换为右位，顶出缸下滑块上升至顶出位置，由行程开关或按钮发信号使 4YA 再断电，阀 14 换为中位，使下滑块停在顶出位置上。这时顶出缸下腔封闭，上腔通油箱。

(2) 浮动压边。浮动压边时主缸上腔进压力油（主缸油路同慢速加压油路），主缸下腔油进入顶出缸上腔，顶出缸下腔油可经阀 15 流回油箱。

主缸上滑块下压薄板时，下滑块也在此压力下随之下行。这时阀 15 为背压阀，能保证顶出缸下腔有足够的压力。阀 16 为安全阀，能在阀 15 堵塞时起过载保护作用。浮动压边时的油路为

进油路：主缸下腔→阀 11→阀 6（左）→阀 14（中）→顶出缸上腔。

油箱→顶出缸上腔。

回油路：顶出缸下腔→阀 15→油箱

可知：上下滑块同时下移，浮动压边。

二、YB 32—200 型液压系统的特点

(1) 系统采用了变量泵—液压缸式容积调速回路。所用液压泵为恒功率斜盘式轴向柱塞泵，其特点是空载快速时，油压低而供油量大，压制工件时，压力高，泵的流量能自动减小，可实现低速。系统中无溢流损失和节流损失，效率

高，功率利用合理。

在压制不同材质、不同规格的工件时，系统中的远程调压阀可对系统的最高工作压力进行调节，以获得最理想的压制力，使用很方便。

(2) 两液压缸均采用电液换向阀换向，便于用小规格的、反应灵敏的电磁阀控制高压大流量的液动换向阀，使主油路换向。其控制油路采用了串有减压阀的减压回路，其工作压力比主油路低而平稳，既能减少功率消耗，降低泄漏损失，还能使主油路换向平稳。

(3) 采用两主换向阀中位串联的互锁回路。即当主缸工作时，顶出缸油路被断开，停止运动；当顶出缸工作时，主缸油路断开，停止运动。这样能避免操作不当出现事故，保证了安全生产。当两缸主换向阀均为中位时，液压泵卸荷，其油路上串接一顺序阀，其调整压力约为 2.5 MPa，可使泵的出口保持低压，以便于快速启动。

(4) 液压压力机是大功率立式设备。压制工件时需要很大的力。因而主缸直径大，上滑块快速下行时需要很大的流量，但顶出缸工作时却不需要很大的流量。因此，该系统采用顶置充液箱，在上滑块快速下行时直接从缸的上方向主缸上腔补油。这样既可使系统采用流量较小的泵供油，又可避免在长管道中有高速大流量油流而造成能量的损耗和故障，还减小了下置油箱的尺寸（充液箱与下置油箱有管路连通，上箱油量超过一定量时可溢回下油箱）。此外，两个立式液压缸各有一个安全阀，构成平衡回路，能防止上、下滑块在上位停止时因自重而下滑，起支撑作用。

(5) 在保压延时阶段时，由多个单向阀、液控单向阀组成主缸保压回路，利用管道和油液本身的弹性变形实现保压，方法简单。由于单向阀密封好，结构尺寸小，工作可靠，因而使用和维护也比较方便。

(6) 系统中采用了预泄换向阀，使主缸上腔卸压后才能换向。这样可使换向平稳，无噪声和液压冲击。

拓展知识

人造纤维板生产的工艺路线一般是：原材料破碎→加入添加剂搅拌→上模板→上热液压机→压制→下热液压机→剪裁→堆放储存。热液压系统工作原理如图 8-4 所示，其工作原理如下。

当上料完毕，1YA、2YA 通电，液压泵 4 和 5 经单向阀 10 和 13、节流阀 8 同时向液压缸供油，液压缸快速上升。当系统压力升至 p_1 设定值时，电接点压力表 9 发出信号使 1YA 断电，泵 5 卸荷，泵 4 继续向系统供油，液压缸转入慢速上升，并挤出坯料中水分（脱水）。

当系统压力达到 p_2 设定值时，电接点压力表 21 发出信号使 2YA 断电，泵 4

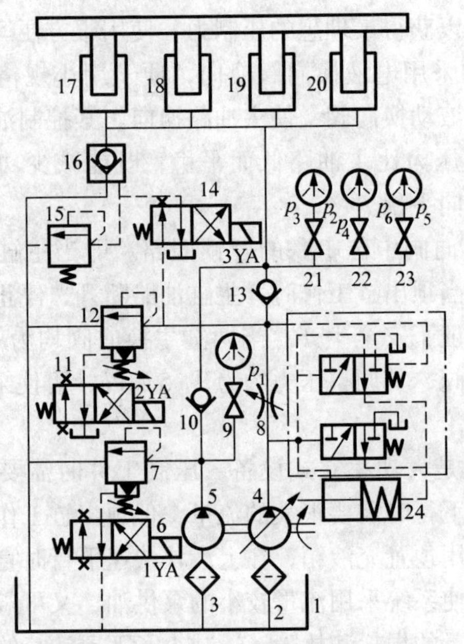

图 8-4 热液压机液压系统原理图

1—油箱；2、3 —过滤器；4—变量泵；5—定量泵；6、11、14—二位四通换向阀；7、12、5—溢流阀；8—节流阀；9、21、22、23 —电接点压力表及开关；10、13 —单向阀；16—液控单向阀；17、18、19、20—液压缸；24—压力流量补偿阀组

卸荷，系统转入脱水保压延时。

在转入脱水保压延时过程中，由于泄漏等原因，压力可能会降低。当压力降到 p_3 时，电接点压力表 21 发出信号使 2YA 通电，泵 4 向液压缸补油。当压力又升至 p_2 时，电接点压力表 21 发出信号使 2YA 断电，泵 4 卸荷。

脱水保压延时时间到后，3 YA 得电，液压缸内油液通过液控单向阀 16 卸压。当压力降至 p_4 时，电接点压力表 22 发出信号使 3 YA 断电，系统转入干燥保压延时。

当保压延时时间到后 2YA 通电，泵 4 向液压缸供油。当压力升至 p_5 时，电接点压力表 23 发出信号使 2YA 断电，系统转入塑化保压延时过程。

在转入塑化保压延时过程中，由于泄漏等原因，压力可能会降低。当压力降到 p_6 时，电接点压力表 23 发出信号使 2YA 得电，泵 4 向系统补油。当压力又升至 p_5 时，电接点压力表 23 发出信号使 2YA 断电，泵 4 卸荷。

当保压延时时间到后，2YA、3YA 同时通电，液压缸工作腔内的油液通过液控单向阀 16 卸荷，液压缸下降开模，直至降到使行程开关（未画出）压合后开模完成。至此，热液压机完成一次工作循环。

课题三　汽车起重机液压系统

学习目标

1. 掌握 Q2—8 型汽车起重机的结构原理。
2. 熟悉 Q2—8 型汽车起重机液压系统的工作原理。
3. 了解 Q2—8 型汽车起重机液压系统的特点。

知识学习

一、Q2—8 型汽车起重机液压系统

1. 概述

汽车起重机是一种使用广泛的工程机械，这种机械能以较快的速度行走，机动性好，适应性强，自备动力不需要配备电源，能在野外作业，操作简便灵活，因此在交通运输、城建、消防、大型物料场、基建、急救等领域得到了广泛的使用。在汽车起重机上采用液压起重技术，具有承载能力大，可在有冲击、振动和环境较差的条件下工作。由于系统执行元件需要完成的动作较为简单，位置精度要求较低，所以系统以手动操纵为主。对于起重机液压系统，设计中确保工作可靠与安全最为重要。

汽车起重机是用相配套的载重汽车为基本部分，在其上添加相应的起重功能部件，组成完整的汽车起重机，并且利用汽车自备的动力作为起重机的液压系统动力。起重机工作时，汽车的轮胎不受力，依靠 4 条液压支撑腿将整个汽车抬起来，并将起重机的各个部分展开，进行起重作业。当需要转移起重作业现场时，能够将起重机的各个部分收回到汽车上，使汽车恢复到车辆的运输功能状态，进行转移。一般的汽车起重机在功能上有以下要求。

（1）整机能方便地随汽车转移，满足其野外作业机动、灵活、不需要配备电源的要求。

（2）当进行起重作业时支腿机构能将整车抬起，使汽车所有的轮胎离地，免受起重载荷的直接作用，且液压支腿的支撑状态能长时间保持位置不变，防止起吊重物时出现软退现象。

（3）在一定范围内能任意调整、平衡锁定起重臂长度和俯角，以满足不同起重作业的要求。

（4）使起重臂能 360°任意转动和锁定。

（5）使起吊重物在一定速度范围内任意升降，并能在任意位置上负重停止，负重启动时不出现溜车现象。

2. Q2—8 型汽车起重机结构原理

如图 8－5 所示为汽车起重机的结构原理图，主要由 5 个部分构成。

(1) 支腿装置。起重作业时使汽车轮胎离开地面，架起整车，不使载荷压在轮胎上，并可调节整车的水平度，一般为四腿结构。

(2) 吊臂回转机构。使吊臂实现360°任意回转，在任何位置能够锁定停止。

(3) 吊臂伸缩机构。使吊臂在一定尺寸范围内可调，并能够定位，用以改变吊臂的工作长度。一般为3节或4节套筒伸缩机构。

(4) 吊臂变幅机构。使吊臂在15°~80°之间任意可调，用以改变吊臂的倾角。

(5) 吊臂起降机构。使重物在吊臂范围内任意升降，并在任意位置负重停止，起吊和下降速度在一定范围内无级可调。

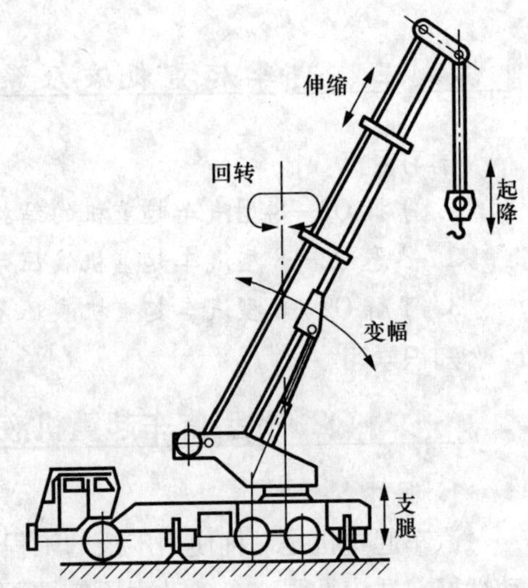

图8-5　汽车起重机的结构原理图

二、Q2—8型汽车起重机液压系统工作原理

如图8-6所示是一种中小型起重机的液压系统图，最大起重能力为8 t。该起重机的起重操作，主要通过手动操纵来实现多缸各自动作。起重作业时一般为单个动作，少数情况下有两个缸的复合动作。为简化结构，系统采用一个液压泵串联供油方式。在轻载情况下，各串联的执行元件可任意组合，使几个执行元件同时动作，如伸缩和回转，或伸缩和变幅同时进行等。

汽车起重机液压系统中液压泵的动力，都是由汽车发动机通过安装在底盘变速箱上的取力箱提供的，液压泵为高压定量齿轮泵。由于发动机的转速可以通过油门人为地调节控制，因此定量泵输出的流量可以在一定范围内通过控制汽车油门的大小来调节，从而实现无级调速。该泵的额定压力为21 MPa，排量为40 min/r，额定转速为1 500 r/min。液压泵通过中心回转接头9、开关10和过滤器n从油箱吸油；输出的压力油经中心回转接头9、多路换向阀手动阀组1和2的操作，将压力油串联地输送到各执行元件。当起重机不工作时，液压系统处于卸荷状态。系统各部分工作的情况叙述如下。

1. 支腿缸收放回路

该起重机底盘前后各有两条支腿，通过机械机构可以使每一条支腿伸出和缩回。在每一条支腿上都装有一个液压缸，支腿的动作由液压缸驱动。两条前支腿和两条后支腿分别由多路换向阀手动阀组1中的三位四通手动换向阀A和B控制其伸出和缩回。换向阀均采用M型中位机能，且油路采用串联方式。由于每条支腿伸出去的可靠性至关重要，因此每个液压缸均设有双向锁紧回路，以保证支

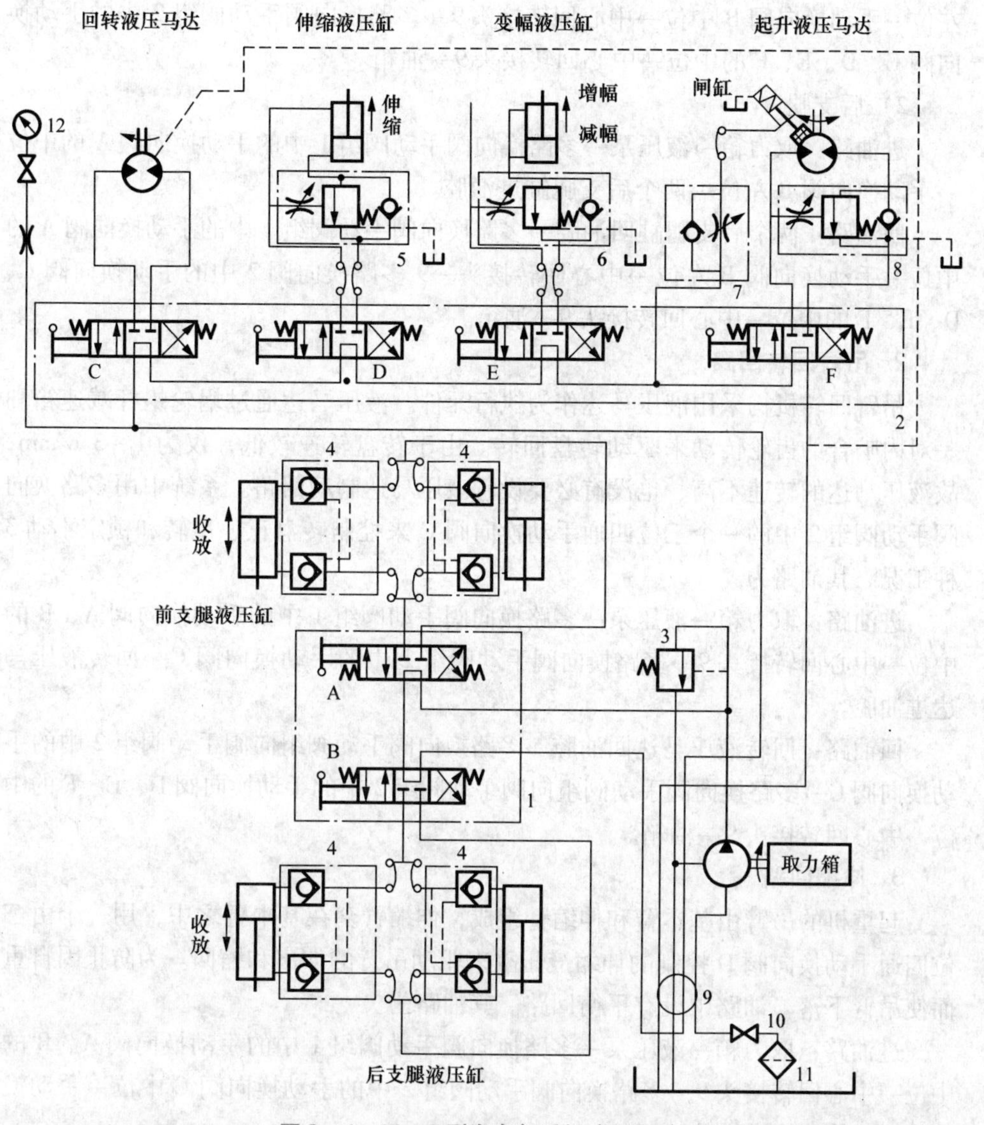

图 8-6　Q2—8 型汽车起重机液压系统

1、2—多路换向阀手动阀组；3—溢流阀；4—液控单向阀组成的双向液压锁；5、6、8—平衡阀；7—节流阀；9—中心回转接头；10—开关；11—过滤器；12—压力计；A、B、C、D、E、F—手动换向阀

腿被可靠地锁住，防止在起重作业时发生“软退”现象或行车过程中支腿自行滑落。

1）前支腿

进油路：取力箱→液压泵→多路换向阀手动阀组 1 中的手动换向阀 A 的左位→两个前支腿缸进油腔。

回油路：两个前支腿缸回油腔→多路换向阀手动阀组 1 中的手动换向阀 A 的

左位→手动换向阀 B 中位→中心回转接头 9→多路换向阀手动阀组 2 中的手动换向阀 C、D、E、F 的中位→中心回转接头 9→油箱。

2）后支腿

进油路：取力箱→液压泵→多路换向阀手动阀组 1 中的手动换向阀 A 的中位→手动换向阀 B 左位→两个后支腿缸进油腔。

回油路：两个后支腿缸回油腔→多路换向阀手动阀组 1 中的手动换向阀 A 的中位→手动换向阀 B 左位→中心回转接头→9 多路换向阀 2 中的手动换向阀 C、D、E、F 的中位→中心回转接头 9→油箱。

2. 吊臂回转回路

吊臂回转机构采用液压马达作为执行元件。液压马达通过蜗轮蜗杆减速箱和一对内啮合的齿轮传动来驱动转盘回转。由于转盘转速较低，仅为 1 ~ 3 r/min，故液压马达的转速不高，也没有必要设置液压马达制动回路。系统中用多路换向阀手动阀组 2 中的一个三位四通手动换向阀 C 来控制转盘正、反转和锁定不动 3 种工况。其油路为

进油路：取力箱→液压泵→多路换向阀手动阀组 1 中的手动换向阀 A、B 的中位→中心回转接头 9→多路换向阀手动阀组 2 中的手动换向阀 C→回转液压马达进油腔。

回油路：回转液压马达回油腔→多路换向阀手动阀组向阀手动阀组 2 中的手动换向阀 C→多路换向阀手动阀组向阀手动阀组 2 中的手动换向阀 D、E、F 的中位→中心回转接头 9→油箱。

3. 伸缩回路

起重机的吊臂由基本臂和伸缩臂组成，伸缩臂套在基本臂之中，用一个由三位四通手动换向阀 D 控制的伸缩液压缸来驱动吊臂的伸出和缩回。为防止因自重而使吊臂下落，油路中设有平衡回路。其油路为

进油路：取力箱→液压泵→多路换向阀手动阀组 1 中的手动换向阀 A、B 的中位→中心回转接头 9→多路换向阀手动阀组 2 中的手动换向阀 C 中位→手动换向阀 D→伸缩缸进油腔。

回油路：伸缩缸回油腔→多路换向阀手动阀组 2 中的手动换向阀 D→多路换向阀手动阀组 2 中的手动换向阀 E、F 的中位→中心回转接头 9→油箱。

4. 变幅回路

吊臂变幅是用一个液压缸来改变起重臂的俯角角度。变幅液压缸由三位四通手动换向阀 E 控制。同样，为防止在变幅作业时因自重而使吊臂下落，在油路中设有平衡回路。其油路为

进油路：取力箱→液压泵→手动换向阀 A 中位→手动换向阀 B 中位→中心回转接头 9 —手动换向阀 C 中位→手动换向阀 D 中位→手动换向阀 E→变幅缸进油腔。

回油路：变幅缸回油腔→手动换向阀 E→手动换向阀 F 中位→中心回转接头 9→油箱。

5. 起降回路

起降机构是汽车起重机的主要工作机构，由一个低速大转矩定量液压马达带动卷扬机工作。液压马达的正、反转由三位四通手动换向阀 F 控制。起重机起升速度的调节是通过改变汽车发动机的转速从而改变液压泵的输出流量和液压马达的输入流量来实现的。在液压马达的回油路上设有平衡回路，以防止重物自由落下。在液压马达上还设有单向节流阀的平衡回路，设有单作用闸缸组成的制动回路，当系统不工作时，通过闸缸中的弹簧力实现对卷扬机的制动，防止起吊重物下滑。当起重机负重起吊时，利用制动器延时张开的特性，可以避免卷扬机起吊时发生溜车下滑现象。其油路为

进油路：取力箱→液压泵→手动换向阀 A 中位→手动换向阀 B 中位→中心回转接头 9→手动换向阀 C 中位→手动换向阀 D 中位→手动换向阀 E 中位→手动换向阀 F→卷扬机液压马达进油腔。

回油路：卷扬机液压马达回油腔→手动换向阀 F→中心回转接头 9→油箱。

三、汽车起重机液压系统的特点

分析图 8－6 可知，该液压系统由调压、调速、换向、锁紧、平衡、制动、多缸卸荷等基本回路组成，具有以下性能特点。

（1）在调压回路中，采用安全阀来限制系统的最高工作压力，防止系统过载，对起重机起到超重起吊安全保护作用。

（2）在调速回路中，采用手动调节换向阀的开口度大小来调整工作机构（起降机构除外）的速度，方便灵活，充分体现以人为本、用人来直接操纵设备的思想。

（3）在锁紧回路中，采用由液控单向阀构成的双向液压锁将前后支腿锁定在一定位置上，工作可靠、安全，确保整个起吊过程中每条支腿都不会出现“软腿”现象，即使出现发动机熄火或液压管路破裂的情况，双向液压锁仍能正常工作，且有效时间长。

（4）在平衡回路中，采用经过改进的单向液控顺序阀作平衡阀，以防止在起升、吊臂伸缩和变幅作业过程中因重物自重而下降，且工作稳定、可靠。但在一个方向上有背压，会对系统造成一定的功率损耗。

（5）在多缸卸荷回路中，采用多路换向阀结构，其中的每一个三位四通手动换向阀的中位机能都为 M 型中位机能，并且将阀在油路中串联起来使用，这样可以使任何一个工作机构单独动作。这种串联结构也可在轻载下使机构任意组合地同时动作。但采用 6 个换向阀串联连接，会使液压泵的卸荷压力加大，系统效率降低。不过，由于起重机不是频繁的作业机械，这些损失对系统的影响

不大。

(6) 在制动回路中，采用由单向节流阀和单作用闸缸构成的制动器，利用调整好的弹簧力进行制动，可靠且动作快；由于要用液压缸压缩弹簧来松开制动，所以制动松开的动作慢，可防止负重起重时的溜车现象发生，能够确保起吊安全，并且在汽车发动机熄火或液压系统出现故障时能够迅速实现制动，防止被起吊的重物下落。

拓展知识

如图 8－7 所示为单斗挖掘机示意图，单斗全液压挖掘机主要由工作装置、回转机构和行走机构 3 部分组成。挖掘机的工作过程主要包括动臂升降、斗杆收放、铲斗翻转、平台回转、整机行走 5 个动作。为了提高作业效率，在一个循环作业中可以由几个动作同时进行组合形成复合操作。根据工作需要，可组成以下复合操作：①挖掘作业— 铲斗和斗杆复合；②回转作业— 动臂提升同时平台回转；③油料作业一斗杆和铲斗工作同时大臂可调整位置高度；④铲斗返回一平台回转、动臂科杆配合回到挖掘开始位置，进入下一个挖侧环，在挖掘过程中应避免平台回转。

其液压系统具有如下特点。

(1) 采用恒功率斜轴式轴向柱塞泵供油，系统效率高，功率损失小。

(2) 多路换向阀采用减压式手动控制阀操纵，使换向压力逐渐升高，换向平稳，操纵轻松且手感好，操纵位置可调节性高。

(3) 多路换向阀采用串并联方式，安全性好，且具有一定的复合操纵性。

(4) 系统具有多个载荷限定阀，使各工作过程设置不同的限定压力，合理利用功率，满足不同工况。

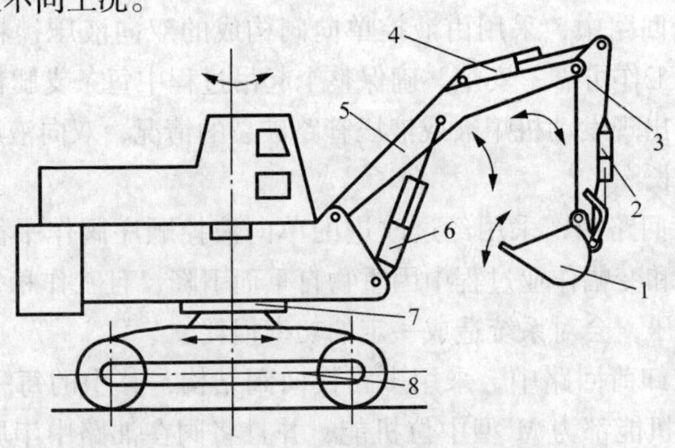

图 8－7　单斗挖掘机示意图

1—铲斗；2—铲斗缸；3—斗杆；4—斗杆缸；5—动臂；
6—动臂缸；7—平台回转机械；8—整机行走机构

（5）油箱冷却器单设，使系统温升小，油箱体积小，工作稳定性高，适合长时间工作作业。

思考：如图 8－8 所示为汽车库升降平台的结构示意图和液压系统图，分析其工作过程和回路的特点。

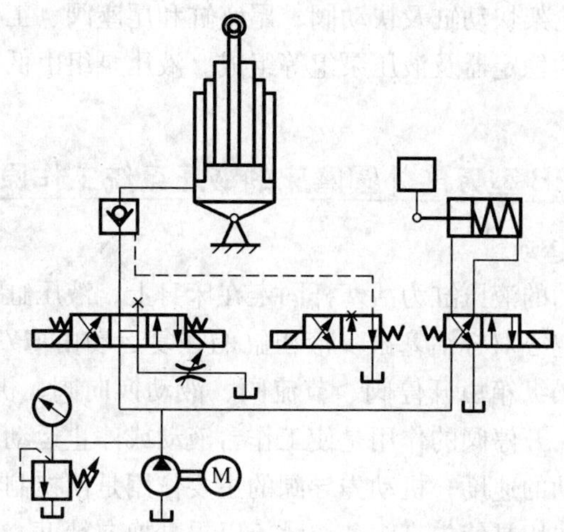

图 8－8　汽车库升降平台的结构示意图和液压系统图

课题四　M1432B 型万能外圆磨床液压系统

学习目标

1. 熟悉 M1432B 型万能外圆磨床液压系统工作原理。
2. 了解 M1432B 型万能外圆磨床液压系统的特点。

知识学习

一、M1432B 型万能外圆磨床的液压系统

1. 概述

万能外圆磨床是用砂轮磨削零件上的内、外圆柱面、圆锥面或台阶面的精加工设备，是利用“机—电—液”联合控制实现多种运动间“联动”，“互锁”或顺序动作的自动化程度较高的较为典型的设备。其液压系统是利用专用液压操纵箱进行控制的多缸低压系统。磨床工作台的往复运动和高速往复抖动、砂轮架的快速进、退运动和周期自动进给运动、尾座顶尖的退回运动、丝杠传动副间隙的消除、工作台液动与手动的互锁及床身导轨等的润滑均是由液压系统实现的。

现以 M1432B 万能外圆磨床的液压系统为例来分析其工作原理和特点。系统的工作压力一般为 0.8 ~ 2 MPa，泵的额定流量为 16 L/ min，额定压力为 2.5 MPa。

该机床能实现工作台往复运动液动与手动的互锁；砂轮架快进与工件头架的转动、冷却液的供给联动；砂轮架快进与尾架顶尖退回运动的互锁；内圆磨头的工作与砂轮架快退运动的互锁。如图 8－9 所示为 M1432B 万能外圆磨床的液压系统图。主要由工作台往复运动液压缸及快跳操纵箱、砂轮架进给缸及其周期自动进给操纵箱、砂轮架快动缸及快动阀、尾座缸和尾座阀、工作台液动和手动互锁缸、闸缸、润滑油稳定器及液压泵组等组成。液压泵组由低压齿轮泵和直动式低压溢流阀组成。

二、M1432B 型万能外圆磨床的液压系统工作原理

1. 工作台往复运动

工作台往复运动的液压缸为活塞杆固定在床身上，液压缸体与工作台相连并沿床身导轨移动的空心双杆活塞缸。液压缸的往复运动由 HYY21/3P—25T 快跳操纵箱集中控制。操纵箱由开停阀、节流阀、液动换向阀、机动先导阀、及左、右二抖动缸等组成。开停阀的作用是使工作台液动或停止运动；节流阀的作用是调节工作台往复运动的速度；机动先导阀的主要作用是使控制油路换向和主回油路制动。抖动缸的作用是使先享阀芯快跳，以提高换向精度，避免工作台低速运动时换向时间过长，及在切入磨削时实现工作台抖动。工作抖动可提高表面加工质量和生产效率。

1）工作台向右运动（即图 8－9 所示位置）

开停阀处于“开”的位置（右位），节流阀也被打开，由于先导阀芯和换向阀芯均处于右端位置，压力油进入缸右腔，缸左腔回油，因而工作台向右运动。其油路为

控制油路—进油路：泵→滤油器→先导阀（6、8）→I_1→换向阀左端。

回油路：换向阀右端→先导阀（9、15）→油箱。

可知，换向阀芯移至右端。

主油路—进油路：泵→换向阀（1、1）→开停阀（右）→互锁缸。

泵→换向阀（1、3）→液压缸左腔（使手摇机构不起作用）。

回油路：缸左腔 →换向阀（3、5）→先导阀（5、16）→开停阀（右）→节流阀→油箱。

可知，由节流阀调速，工作台向右运动。

2）工作台向左运动

当工作台上的左挡块碰到先导阀杠杆并带动杠杆右移时，杠杆拨动先导阀芯移动至左端，使控制油路换向，推换向阀芯也移动至左端，压力油进入缸的左腔，缸右腔回油，因而工作台向左运动。其油路为

控制油路—进油路：泵→滤油器→先导阀（7、9）→I_2→换向阀右端。

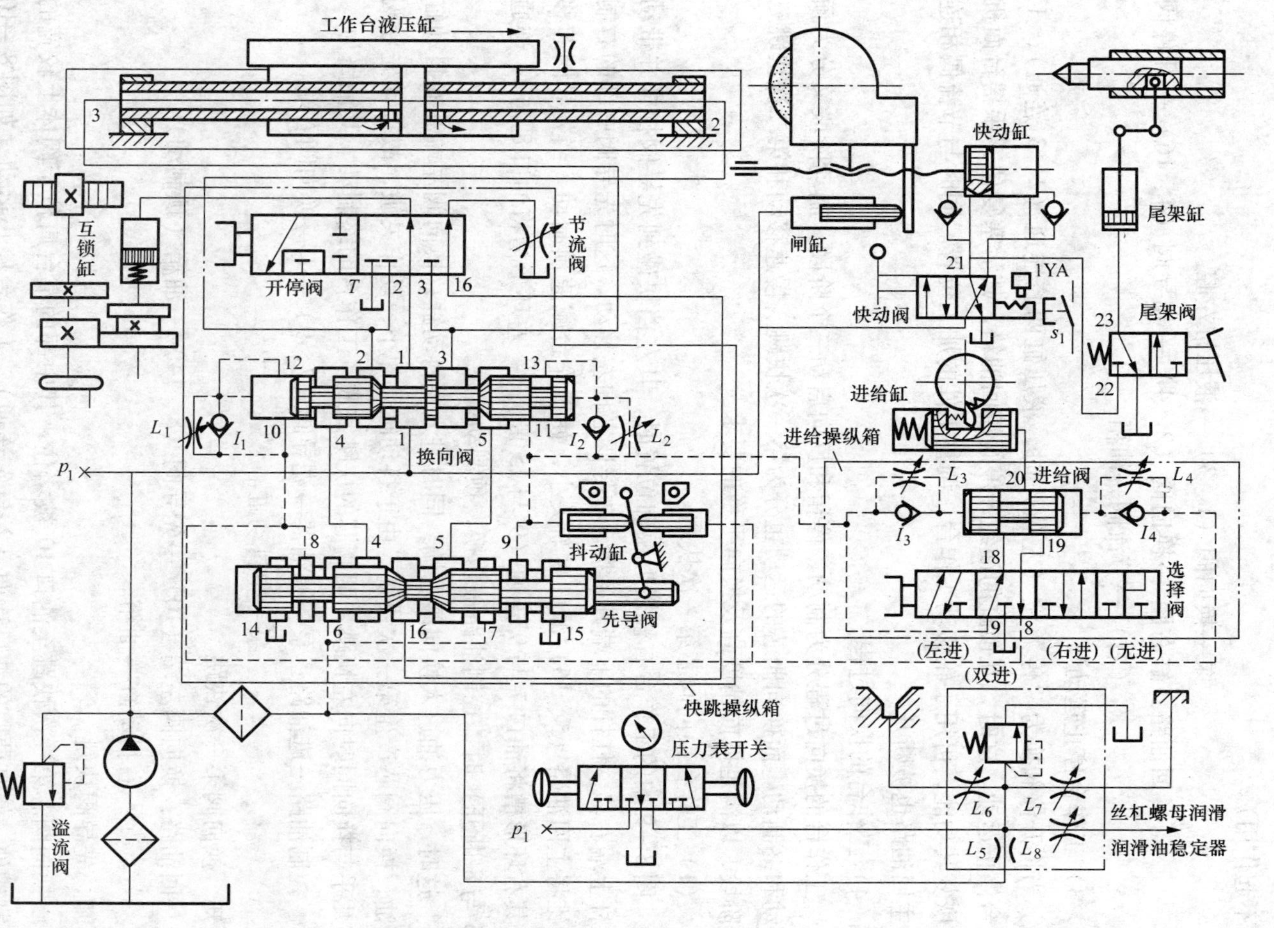

图 8－9　M1432B 型万能外圆磨床液压系统示意图

回油路：换向阀右端→先导阀（8、14）→油箱。

可知，换向阀芯移至左端。

主油路—进油路：泵→换向阀（1、1）→开停阀（右）→互锁缸（手摇机构不起作用）。

泵→换向阀（1、3）→液压缸左腔。

回油路：缸右腔→换向阀（2、4）→先导阀（4、16）→开停阀（右）→节流阀→油箱。

3）工作台停止运动

当将开停阀换为“停”位（左位）时，液压缸两腔连通（2、3 连通），工作台停止运动。这时，互锁缸的油经开停阀流回油箱，其活塞复位，手摇台面机构恢复其功能，可用手轮移动工作台，调整工件的加工位置。同时与节流阀相连的主回油路也被断开。

4）工作台的换向过程

工作台的换向过程分为制动、停留和反向启动三个阶段。制动阶段又分为预制动和终制动。而换向阀芯的运动也分为第一次快跳、慢速移动和第二次快跳三个阶段，以满足换向精度高及换向平稳的要求。

(1) 工作台换向阀芯第一次快跳。

图 8-9 中的工作台右移接近换向位置时，其左挡块碰到先导阀杠杆并带动杠杆上端右移，杠杆的下端开始拨动先导阀芯向左移动。这时先导阀中部的右制动锥将主回油路（5、16）油口逐渐关小，使工作台减速预制动。当先导阀芯移至其右环形槽将油口 7 与 9 连通（9 与 15 断开），左环形槽将油口 8 与 14 连通（6 与 8 断开）时，控制油路被切换，预制动结束。

这时，压力油进入换向阀右端，同时进入左抖动缸；换向阀左端和右抖动缸回油，换向阀芯产生第一次快跳。由于抖动缸尺寸小，动作灵敏，故拨动先导阀芯几乎与换向同时向左快跳。两阀芯的快跳完成了工作台的终制动。其油路为

控制油路—进油路：泵→滤油器→先导阀（7、9）→I_2→换向阀右端。

泵→左抖动缸。

可知，换向阀第一次快跳。

回油路：换向阀左端（10）→先导阀（8、14）→油箱（预制动）。

右抖动缸→油箱。

可知，先导阀快跳。

换向阀芯第一次快跳至油口 10 被堵住，其中部的窄台肩位于阀体上较宽的沉割槽处，使缸两腔的油口连通（2 与 3 连通），工作台停止运动（如图 8-10(a) 所示）。先导阀芯快跳后，其中部台肩切断了主回油路（5、16），其两边的控制槽将刚刚打开的控制油口迅速开大。这时其主油路为

主油路—进油路：泵→换向阀（1、1）→开停阀（右）→互锁缸（手摇机

构不起作用）

泵→换向阀（1、2）→缸右腔

泵→换向阀（1、3）→缸左腔

可知：工作台停止运动

回油路：（封闭）

（2）工作台停留。

工作台停止运动后，换向阀右端仍继续进油，但其左端油则必须经节流阀 L_1 回油，因而换向阀芯由 L_1 调速缓慢左移。这时因阀芯中部台肩比阀体沉割槽窄，故主油路仍保持缸两腔连通状态（即工作台停留状态）。其停留时间由 L_1 的开口大小而定，可为 0 ~5 s。因此节流阀 L_1（L_2）也称停留阀。

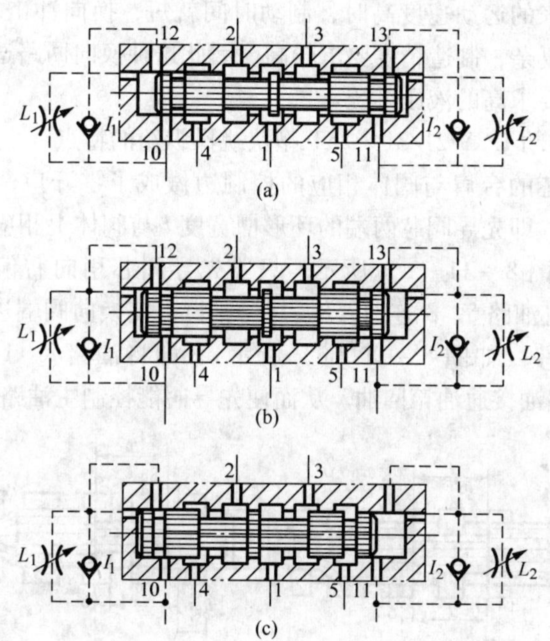

图 8 – 10　换向过程换向阀油路变换

（a）阀芯第一次快跳后，工作台停止运动；（b）工作台停留阶段结束；（c）阀芯第二次快跳后，工作台反向启动

（3）换向阀芯第二次快跳与工作台反向启动。

换向阀在停留阶段结束时的油路如图 8 – 10（b）所示。当换向阀芯左移至其左环形槽将油口 12 和 10 连通时，换向阀左端的油改由“12 →换向阀左环形槽→10 ”回油，不再经过停留阀 L_1，因此阀芯产生第 二次快跳，使主油路迅速切换。这时换向阀芯中部的窄台肩迅速切断 1、2 油路并开大 1、3 油路，压力油进入缸左腔，缸右腔油流回油箱，工作台反向启动。其主油路同工作台左行油路，其控制油路为进油路：泵→滤油器→先导阀（7、9）→I_2→换向阀右端。

回油路：换向阀左端→12→换向阀芯左环槽→10→先导阀（8、14）→油箱。换向阀芯第二次快跳后的油路如图 8－10（c）所示。

该系统采用机构换向阀作为先导阀控制液动换向阀实现主油路换向。这种机—液换向回路的优点是，不论工作台原来运动速度的快慢如何，当工作台上的挡块碰到先导阀的杠杆后，总是先使先导阀芯移动关小主回油路，并且在工作台移动了大致一定的行程后完成预制动，使换向阀芯和先导阀芯几乎同时快跳，连通液压缸两腔的油路，实现工作台终制动。所以这种制动方式称为行程控制式。这种行程控制式机—液换向回路具有较小的冲出量和较高的换向精度，适用于内、外圆磨床加工阶梯轴及台肩面的需要。但是由于运动部件的制动行程基本上是一定的，故原来的运动速度高时，制动时间就短，换向冲击会大一些。此外，先导阀的结构较复杂，制造精度要求较高，因此这种换向回路适用于运动速度不高，但换向精度要求高的液压系统。

5）工作台抖动 HYY 21/3P—25T 型快跳操纵箱的特点

其先导阀阀芯的台肩与阀体相应的控制边做成了零开口，并增加了二抖动缸。所谓零开口，即先导阀芯两端的环形槽宽度 l 与阀体上相应沉割槽控制边的距离 l' 相等，如图 8－11（a）所示。只要先导阀芯稍向右偏移（如图 8－11（b）所示），即将油路 6、8 连通（8、14 关闭），使换向阀端进压力油；只要先导阀芯稍向左偏移（如图 8－11（c）所示），即将油路 8、14 连通（6、8 关闭），使换向阀端油接通油箱回油。从而使先导阀能控制主油路高速频繁换向。

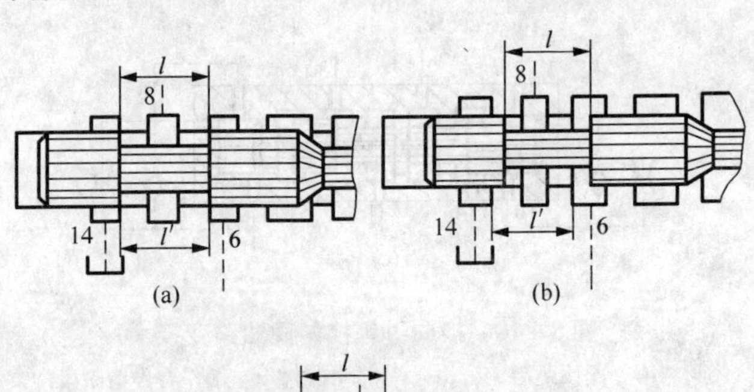

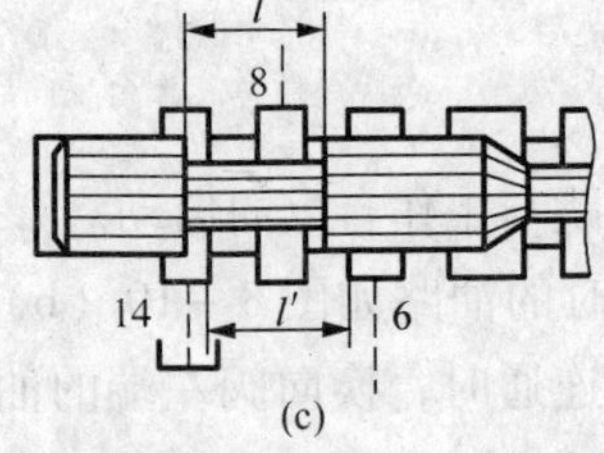

图 8－11　先导阀的“零开口”

在进行切入磨削时，将停留阀 L_1、L_2 开至最大，并把工作台上的两挡块间距调得很小，甚至夹住杠杆。由于先导阀为“零开口”，故杠杆稍有移动（与水平方向不垂直），阀芯稍有偏移，控制油路即换向。而抖动缸柱塞直径小，动作灵敏，反应快。故只要开停阀为“开”位，工作台稍动，先导阀即偏移（l与l'不重合），抖动缸柱塞快速伸出顶杠杆拨动先导阀芯快跳开大控制油口，使换向阀芯快跳，切换主油路，工作台换向，挡块又反向拨杠杆使先导阀芯反向偏移……。如此形成先导阀芯、抖动缸柱塞、换向阀芯、工作台依次、周而复始的同频率高速往复运动，即抖动。其频率可达 100 ~ 150 次/min，能改善表面加工质量和提高生产效率。

2. 砂轮架快速进退及与其他动作的关系

1）砂轮架快速进退

砂轮架的快速运动由快动阀控制快动缸实现。在图 8 - 6 中，快动阀为右位，压力油进入快动缸后腔，其前腔回油，砂轮架在快进位置，可进行磨削加工。当手动快动阀换为左位时，压力油进入快动缸前腔，缸后腔油回油箱，砂轮架可快退 50 mm。这样即可在高速旋转的砂轮不停转的情况下测量工件尺寸，或装卸工件。既能保证安全，又能节省辅助时间。快动缸两端设有缓冲装置，可减小换向冲击。快动缸前进位置有定位装置，能保证其重复定位精度，其重复位置误差不大于 0.005 mm。

2）工件的转动与冷却液的供给

当快动阀处于右位（“快进”位）时，其阀芯端部压下行程开关S_1，使工件头架电动机及冷却泵电动机同时启动，因而工件转动，冷却液供给；当快动阀处于左位（“快退”位）时，S_1松开，工件停止转动，冷却液不再供给。该动作的联动使工人操作十分简便。

3）尾座顶尖的退回运动

当快动阀左位，砂轮架在“快进”位置时，由于通尾座阀的油路经快动阀与油箱连通（22，21），因此操作者即使误踏尾座阀踏板，使尾架阀换为右位，尾座缸也不会进入压力油而使尾座顶尖后退，即不会使工件被松开。只有砂轮架处在“快退”位置时，快动阀换为左位，脚踏踏板使尾座阀换为右位时，压力油才能进入尾座缸，并通过杠杆使尾座顶尖后退，卸下工件，从而能保证操作安全。

4）内圆磨头工作

当内圆磨头座翻转下来时，其侧面抵在砂轮主轴箱的前面上，压住了磨头上的微动开关，使安装在快动阀芯上方的电磁铁 1YA 通电吸合，将快动阀芯锁紧在砂轮架“快进”位置上。从而避免内圆磨头伸入孔中加工时因操作失误，砂轮架快退而造成事故。

5）闸缸

在砂轮架的下面设有闸缸，只要液压泵开启，其柱塞即在压力油的作用下伸出，并抵在砂轮架下的挡板上，以消除砂轮架进给时精密丝杠传动副的间隙。

3. 砂轮的周期自动进给

砂轮周期自动进给运动由进给操纵箱控制进给缸实现。进给操纵箱由选择阀和进给阀等组成。当砂轮在工件左端停留或右端停留时，可使其进行径向进给。也可在工件两端停留时均进给，还可以无进给（这时可用手动进给）。因而选择阀有“左进”、“右进”、“双进”、“无进”四个位置，可由手动旋钮进行预选。进给阀是三通液动阀，当其左端经节流阀 L_3 进压力油，右端经单向阀 I_4 回油时，阀芯由 L_3 调速右移。先将进给缸油路与进油路接通（18、20 接通），再将进给缸油路与回油路接通（20、19 接通）。当其右端进油，左端回油时，先将油路 19、20 连通，再将油路 20、18 连通。因此，只要选择阀能接通油路 18、19，就能实现砂轮的进给。

例如，若选择阀为“双进”（图示位置），则当工作台向右移近换向点（砂轮位于工件左端），其左挡块拨动杠杆使先导阀芯左移，当先导阀右端的油口 7、9 连通，左端油口 8、14 连通时，压力油即经选择阀和进给阀进入进给缸，推动柱塞左移，柱塞上的棘爪拨动棘轮并通过齿轮传动副使进给丝杠转动，使砂轮架下面的螺母带动砂轮架前进，完成一次左进给。进给后，缸内的油立即流回油箱，使柱塞进给缸复位。其油路为

进给阀控制油路。

进油路：泵→滤油器→先导阀（7、9）→ L_3→进给阀左端。

回油路：进给阀右端→I_4→先导阀（8、14）→油箱。

可知，进给阀先接通 18、20 油路，后接通 20、19 回路。

进给缸油路。

进油路：泵→先导阀（7、9）→选择阀（双 9、18）→进给阀（18、20）→进给缸（左进给一次）。

回油路：进给缸→进给阀（20、19）→选择阀（19、8）—先导阀（8、14）→油箱（进给缸复位）。

当工作台左移至换向点（砂轮位于工件右端），右挡块拨动杠杆使先导阀芯右移，当左端油口 6、8 连通、右端油口 9、15 连通时，压力油也经选择阀和进给阀进入进给缸，使砂轮完成一次右进给，进给后进给缸立即回油复位。其油路为

进给阀控制油路。

进油路：泵→先导阀（6、8）→L_4→进给阀右端。

回油路：进给阀左端→I_3→先导阀（9、15）→油箱。

进给缸油路。

进油路：泵→先导阀（6、8）→选择阀（双 8、19）→进给阀（19、20）→进给缸（右进给一次）。

回油路：进给缸→进给阀（20、18）→选择阀（18、9）→先导阀（9、15）→油箱（进给缸复位）。

进给量的大小可由棘轮机构及滑移齿轮变速机构分 8 级调整。进给运动所需时间的长短可通过节流阀 L_3、L_4调整。

选择阀在“无进”位时，其 8、9 两油口均堵塞，压力油不能经进给阀到进给缸，故左、右换向时均不能自动进给。选择阀在“左进”位时，每当砂轮在工件的左端位置，油路 7、9 通压力油，油路 8、14 通油箱时，压力油能进入进给缸，实现一次左进给；而当砂轮在工件右端位置时，选择阀的油口 8 堵塞，故不能右进给。同理，选择阀在“右进”位时，只能右进给，不能左进给。

4. 润滑油路及测压油路

该系统设有润滑油稳定器，由调节润滑油压力的小溢流阀和 3 个小节流阀 L_6、L_7、L_8等组成。L_6、L_7、L_8分别调节 V 型导轨、平面导轨、丝杠螺母传动副等处润滑油的流量。L_5为固定节流阀（其开口大小不可调），其阀芯上有三角形节流口，且每当工作台换向，压力有波动时，其阀芯即跳动一下，将槽口的污物抖掉，故能防止小孔堵塞，所以也称其为跳动阻尼。润滑油的压力一般调至 0.1 MPa 左右。

系统中压力表座有 3 个位置，可手动调节换位。左位时，可观测主油路的压力，并通过溢流阀调整系统的工作压力。右位时，可观测润滑油路的压力，并可通过调整润滑油稳定器中的溢流阀调整润滑油的压力。中位时，压力表油路与油箱相通。机床正常运转时，应使其置于中位，以保护压力表。

三、M1432B 万能外圆磨床液压系统的特点

（1）该机床往复运动负载相等，要求速度相等，且行程较长，因而采用了活塞杆固定的双杆活塞缸，其占地面积相对减小。采用空心活塞杆，并经活塞杆进出油，避免了采用软管带来的不便。

（2）工作台往复运动（含抖动）及砂轮的周期自动进给运动均采用了专用液压操纵箱控制，结构紧凑、安装使用方便。操纵箱由专业厂生产质量能保证，因而能降低故障率。磨床类机床的液压系统大多采用液压操纵箱控制。抖动缸的采用不仅提高了换向精度，能实现切入磨削时工作台的抖动，还能使慢速运动换向时避免换向时间过长或阀芯移动不到位工作台就停止的现象。在磨削台阶轴或不通孔时，可借助先导阀开始快跳时的位置（即手柄处于竖直位置）调整挡块，得到准确地对刀。

（3）采用了由机动先导阀和液动换向阀组成的行程制动式机—液换向回路，使工作台换向平稳，换向精度高。这也是精密设备的液压系统常采用的换向方式。

（4）采用节流阀回油路节流调速回路。节流阀结构简单、造价低、压力损失小，这对于负载较小，且基本恒定（余量均匀）的磨床来说是适宜的。节流

阀置于回油路上，可使液压缸有背压，运动速度平稳，也有助于实现工作台的制动。

(5) 该系统由机—电—液联合控制，实现了多种运动间的联动，互锁等联系，使操作方便安全，也提高了该机床的自动化程度。

拓展知识

盘式热分散机是处理废纸的专用设备，能有效地对废纸浆料中的胶粘物、油脂、石蜡、塑料、橡胶或油墨粒子等杂质进行分散处理，以改进纸张的外观质量，提高纸张的外观质量，提高纸张性能，工作过程中将浓缩至30%以上的废纸浆经动静磨盘之间的间隙分散并细化至粉末状，然后送至下一造纸工序。盘式热分散机的液压系统如图 8－12 所示，它采用了比例压力和比例流量符合控制，其工作过程为：液压泵启动后，由于电磁阀的电磁铁均处于断电状态，因此，动盘进给缸 12、机体维修缸 17 均停留在原始位置；此时，液压泵经比例溢流阀 8（此时比例溢流阀的控制电压为零）卸荷。当比例溢流阀 8 的控制电压在 ZV（目的避开比例阀的死区）以上并且 IYA 通电时，电磁换向阀 9 换向处于左位，动盘进给油缸 12 的无杆腔经液控单向阀 10、单向节流阀 11 进油，有杆腔经比例流

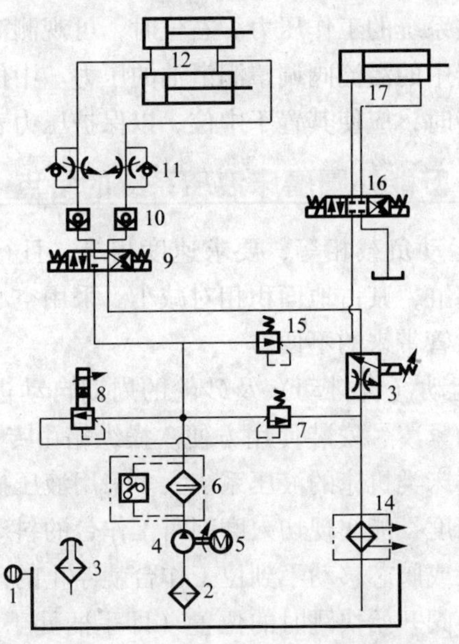

图 8－12 盘式热分散机的工作原理图

1—液位计；2—吸油过滤器；3—空气滤清器；4—液压泵；
5—电动机；6—精密过滤器；7—溢流阀；8—比例溢流阀；9、16—电磁换向阀；
10—双液控单向阀；11—单向节流阀；12—动盘进给液压缸；13—比例流量阀；
14—冷却器；15—减压阀；17—机体维修液压缸

量阀 13、冷却器 14 回油，活塞杆伸出；当 ZYA 通电时，电磁换向阀 9 处于右位，动盘进给液压缸 12 的有杆腔进油，无杆腔回油，活塞杆缩回，完成液压缸 n 的工作循环。应当说明的是在实际工作过程中，两条液压缸 12 经刚性连接将位移信号经位移传感器、A/D 转换模块、输送到 PLC，通过 PLC 的处理，再经 D/A 转换，控制比例流量阀的开度大小，从而实现对液压缸 12 的实时控制恒间隙的目的；同理，根据主电动机电流的反馈信号，控制比例压力阀的压力大小，实现对主电动机的恒功率（恒电流）控制。在该工作循环过程中，比例流量阀 13 控制热分散机的位移和间隙大小，比例溢流阀 8 根据负载大小控制主电动机工作在恒功率状态。当 3YA 通电时，电磁换向阀 16 换向处于左位，机体维修液压缸 17 的无杆腔进油，有杆腔回油，活塞杆伸出；当 4YA 通电时，电磁换向阀 16 换向处于右位，机体维修液压缸 17 有杆腔进油，无杆腔回油，活塞杆缩回，完成工作全过程。应当注意的是：系统压力只有在比例溢流阀 8 有控制电压的情况下才能随着控制电压的变化而变化，液压执行元件才能工作；溢流阀 7 起安全阀的作用，其目的是当比例溢流阀 8 本身或其控制器有故障时，整个液压系统的压力不至于突然大幅升高，以保护磨片和主电动机。

课后练习

1. 如图 8－1 所示液压动力滑台的液压系统由哪些基本回路所组成？是如何实现差动连接的？采用行程阀进行快、慢速度的转换，有何特点？液控顺序阀 6 起什么作用？

2. 如图 8－3 所示 YB32—200 型四柱万能液压压力机的液压系统由哪些基本回路组成？说明单向阀 10、液控单向阀 11、12 和 13 的作用。

3. 填好图 8－13 中车床液压系统完成图示工作循环时，各工作阶段电磁铁的动作顺序见表 8－3。通电用“＋”表示。不通电用“－”表示。

表 8－3　电磁铁的动作顺序

电磁铁 动作	1YA	2YA	3YA	4YA	5YA	6YA
装件夹紧						
横快进						
横工进						
纵工进						
横快退						
纵快退						
卸下工件						

4. 外圆磨床的液压系统中，为什么要采用行程控制操纵箱？外圆磨床工作台换向时有哪几个阶段？

5. 外圆磨床主油路和润滑油路的油压应调至多高？如何调整？

6. M1432B 万能外圆磨床工作台往复运动液压缸中的空气如何排除？其工作台导轨面上的润滑油流量应如何调整？

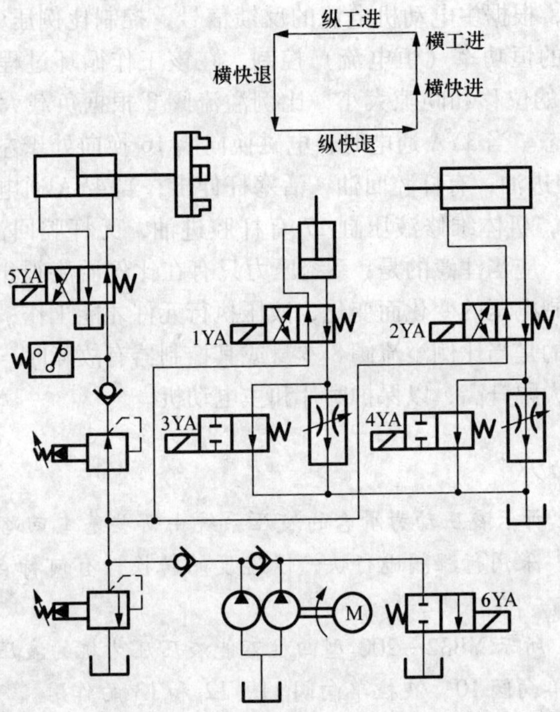

图 8－13　车床液压系统

项目九 液压传动系统的设计与计算

学习目标

1. 掌握液压系统图的拟定方法。
2. 掌握液压系统主要性能的验算。
3. 熟悉液压系统的设计步骤。
4. 熟悉选择液压元件，确定各个元件压力和流量值的基本方法。

课时分配 10h

课题一 液压系统的设计步骤和设计计算 1h

课题二 工况分析和确定执行元件主要参数 1h

课题三 拟定液压系统原理图 2h

课题四 选择液压元件并确定安装连接形式 2h

课题五 液压系统主要性能的验算 1h

课题六 绘制工作图和编制技术文件 0.5h

课题七 液压系统设计计算举例 1.5h

课题一 液压系统的设计步骤和设计计算

学习目标

1. 熟悉液压系统的设计步骤。
2. 了解液压系统的设计要求。

知识学习

一、液压系统的设计步骤

液压系统的设计与是整机设计的一部分，主要采用的方法是传统的经验法。其设计与整机设计联系紧密，必须同时进行。液压系统设计的一般流程如图 9-1 所示。

上述步骤的各阶段工作内容，有时需要穿插进行，交叉展开。对某些比较复杂的液压系统，需经过多次反复比较，才能最后确定。但对较简单的液压系统，有些步骤可以合并或简化。

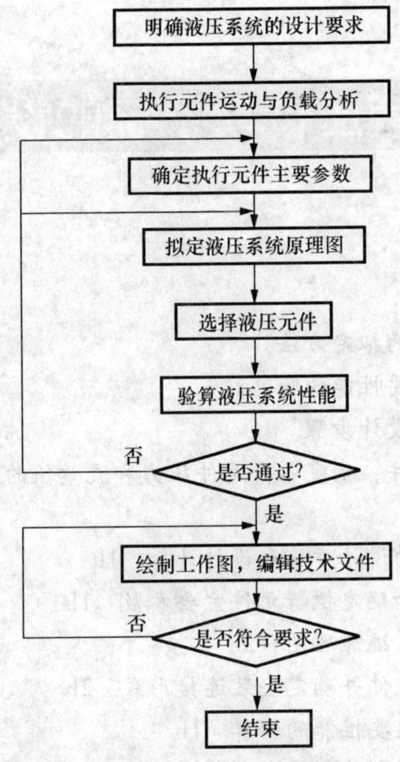

图9-1 液压系统设计的一般流程

二、液压系统的设计要求

液压系统的设计依据就是液压系统设计任务书中规定的各项要求，具体有以下几个方面。

1. 液压系统的动作和性能要求

例如，运动方式、行程和速度范围、负载条件、运动平稳性和精度、工作循环和动作周期、同步或互锁要求以及工作可靠性等。

2. 液压系统的工作环境要求

例如，环境温度、湿度、外界情况以及安装空间等。

3. 其他方面的要求

例如，液压装置的质量、外观造型、外观尺寸及经济性等。

课题二 工况分析和确定执行元件主要参数

学习目标

1. 熟悉液压系统的工况分析方法。

2. 了解液压缸主要参数的确定方法。

3. 了解执行元件工况图的绘制方法。

知识学习

一、运动分析

运动分析即对液压执行件一个工作循环中各阶段的运动速度变化情况进行分析，并画出速度循环图。如图 9－2 所示为某机床动力滑台的运动分析图。其中，图 9－2（a）为滑台工作循环图，这是一个示意图，用来对液压系统的运动进行定性分析；图 9－2（b）为滑台的速度—位移曲线图，通常称为速度循环图，表明了滑台在二个工作循环内各阶段运动速度的大小及变化情况。

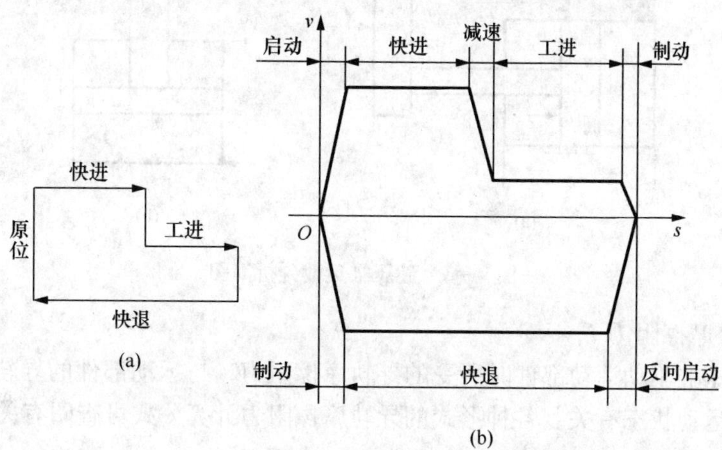

图 9－2　动力滑台工作循环和速度循环图

（a）滑台工作循环图；（b）滑台的速度—位移曲线图

二、负载分析

把执行元件工作的各个阶段所需克服的负载，用负载—位移曲线表示，称为负载循环图。绘制负载循环图时，应先分析计算执行元件的受力情况。

如图 9－3 所示为液压负载分析简图。液压缸的实际总负载 F 可用下式计算：

$$F = F_w + F_f + F_b + F_s + F_i \tag{9-1}$$

式中：F——液压缸总负载（N）；

F_w——液压缸工作负载（N）；

F_f——外摩擦阻力（N）；

F_b——液压缸回油阻力（N）；

F_s——密封摩擦阻力（N）；

F_i——惯性负载（N）。

现分别讨论如下。

1）液压缸工作负载 F_w

液压缸工作负载与设备的工作性质有关。对于卧式机床，与运动部件方向平行的切削力分量是工作负载，如图 9－3（a）所示；而对于立式机床或提升机、千斤顶来说，工作负载中还要包括运动部件的质量，如图 9－3（b）所示。另外，外负载可以是定量，也可以是变量；可以是正值，也可以是负值，有时还可能是交变的，因此，在计算前需要根据工作条件对负载特性进行深入的分析。其数值可参阅有关手册中的计算公式，或由样机实测确定。

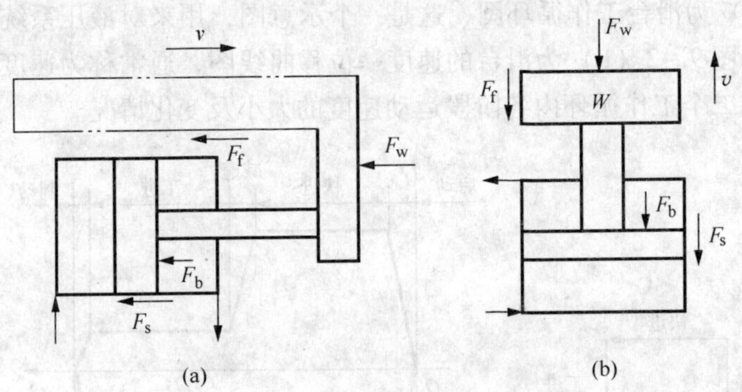

图 9－3　液压缸负载分析简图

2）外摩擦阻力 F_f

指液压缸驱动运动部件时所受的导轨摩擦阻力，与运动部件的导轨形式、放置情况和运动状态有关。各种形式的导轨摩擦阻力计算公式可查阅有关手册。

3）液压缸回油阻力 F_b

如果回油时存在背压，就有回油阻力。但在液压系统方案以及液压缸结构尚未确定之前；回油阻力是无法确定的，所以在液压缸工况分析时，先假定回油阻力 F_b 为零。在验算液压系统的主要技术性能时，再按液压缸的实际尺寸和背压计算。

4）密封摩擦阻力 F_S

液压缸密封装置产生的摩擦阻力的计算比较繁琐，通常可取 $Fs = (0.05 \sim 0.1) F$。

5）惯性负载 F_i

惯性负载是运动部件的速度变化时，由其惯性而产生的负载，可按牛顿第二定律计算。在加速时取 $+F_i$；减速时取 $-F_i$；恒速时取 $F_i = 0$。

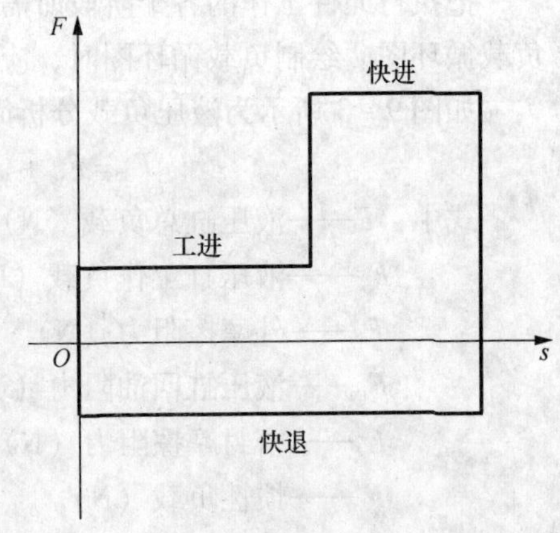

图 9－4　液压缸工作负载循环图

用式（9－1）计算出工作循环中各阶段的工作负载后，便可以绘出液压缸工作负载循环图，如图 9－4 所示。为使图示直观简单，可将各阶段的负载线按其段内的最大负载等值绘出，以便分析。

三、液压缸主要参数的确定

在工况分析过程中，初步确定的液压缸主要参数是指液压缸活塞直径 D 和活塞杆直径 d。关于这一部分内容，在项目四已经介绍过了。但由于计算出来的液压缸工作面积与液压缸推力和运动速度都有关，因此主机若有最低速度要求时，还需进行速度方面的验算，即

$$A \geqslant \frac{q_{\min}}{v_{\min}}$$

式中：A——液压缸的有效工作面积（m^2）；

$Q_{\min}$——节流阀、调速阀或变量泵的最小稳定流量，可由产品样本查得（m^3/s）；

$v_{\min}$——液压缸最低速度（m/s）。

若不符合上述条件，A 的数值就必须修改。液压缸的结构参数（如 D、d）最后还必须圆整成标准值（见 GB2348—1980）。根据选定的标准值，再计算液压缸的实际有效面积。

四、绘制执行元件工况图

液压缸尺寸确定之后，就可根据液压缸的速度循环图和负载循环图，算出液压缸在工作循环中不同阶段的工作压力、流量和功率，绘制液压缸的工况图，工况图则包括压力循环图（p－s 图）、流量循环图（q－s 图）和功率循环图（P－

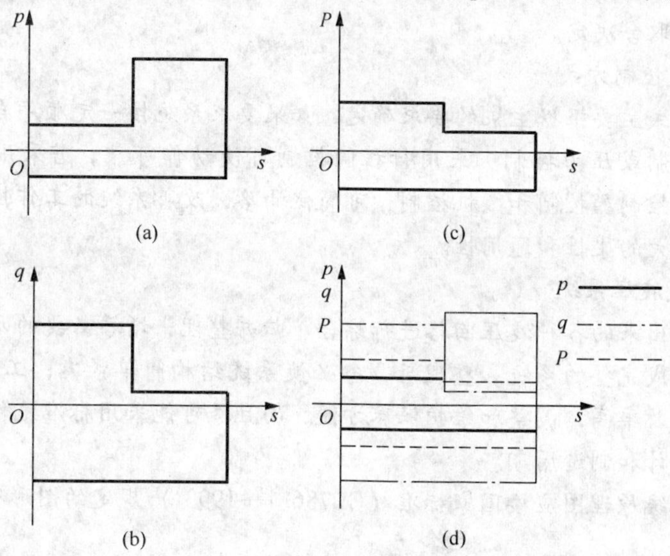

图 9－5　液压缸工况图

（a）$p-s$ 图；（b）$q-s$ 图；（c）$P-s$ 图；（d）工况图

s图）。也可将3个图合在一起绘制，如图9－5所示。工况图的具体绘制方法可参考后面的设计举例。

课题三　拟定液压系统原理图

学习目标

掌握拟定液压系统原理图的内容。

知识学习

液压系统原理图是用图形符号表示的液压系统油路结构图，应体现设计任务书中提出的性能要求，因此拟定液压系统原理图是整个液压系统设计中的重要一步。

1. 确定油路类型

结构简单的液压系统或采用节流调速的液压系统，一般采用开式油路；容积调速系统或要求效率较高的系统，多采用闭式油路。

2. 选择液压回路

油路的类型确定后，可根据工况图和系统的设计要求来选择液压回路。

选择工作应从对主机主要性能起决定性作用的回路开始（例如：组合机床液压系统首选调速回路；磨床液压系统首选选择换向回路；压力机液压系统首选选择调压回路；注塑机液压系统首选选择多缸顺序回路等），然后再考虑其他液压回路。

选择液压回路时，若出现多种可能方案时，宜平行展开，反复进行对比，不要轻易作出取舍决定。

3. 确定控制方式

控制方式主要根据主机的要求确定，如果要求系统按一定顺序自动循环，可使用行程控制或压力控制。采用行程阀控制可使动作可靠。若采用电液比例控制、可编程控制器控制和微机控制，可简化油路，改善系统的工作性能，而且使系统具有较大的柔性和通用性。

4. 组成液压系统

把选择出来的各种液压回路进行综合、归并整理，增添必要的元件或辅助回路，使之组成完整的系统。整理后，务必使系统结构简单紧凑，工作安全可靠，动作平稳，效率高，调整和维护保养方便，而且尽可能采用标准元件，以降低成本，缩短设计和制造周期。

液压系统原理图应按国家标准（GB786.1—1993）规定的图形符号绘制。

课题四　选择液压元件并确定安装连接形式

学习目标

1. 掌握液压元件的选择方法。

2. 了解液压元件的安装连接形式。

知识学习

一、选择液压泵

首先确定液压泵的类型，然后根据液压缸工况图中的最高工作压力和系统压力损失，确定液压泵最高工作压力，其计算公式为：

$$P_p \geq p + \sum \Delta p$$

式中：P_p——液压系统最高工作压力（MPa）；

p——液压缸工况图中所示的最高工作压力（MPa）；

$\sum \Delta p$——液压系统压力损失（MPa）。

系统压力损失为进油路总压力损失与回油路总压力损失、合流路总压力损失折算值之和（$\sum \Delta p$ 的计算方法见课题五）。在液压元件没有确定之前，系统压力损失可凭经验进行估计：一般用节流阀调速和管路简单的液压系统，取 $\sum \Delta p = 0.2 \sim 0.5$ MPa；油路中有调速阀或复杂的液压系统，可取 $\sum \Delta p = 0.5 \sim 1.5$ MPa；如果系统在执行元件停止运动时才出现最高工作压力，则确定液压泵量高工作压力时，取 $\sum \Delta p = 0$。

液压泵的最大供油量 q_p 由液压缸工况图中的最大流量 q 确定，其计算公式为：

（1）一般情况

$$q_p = K \sum q_{max} \tag{9-4}$$

（2）采用节流调速

$$q_p = K \sum q_{max} + \Delta q \tag{9-5}$$

（3）采用蓄能器

$$q_p = K \bar{q} \tag{9-6}$$

式中：q_p——液压泵最大供油量（m^3/s）；

$K \sum q_{max}$——同时动作的各液压缸所需流量之和的最大值（m^3/s）；

Δq——溢流阀最小溢流量，$\Delta q =（3.3 \sim 5）\times 10^{-5}$；（$m^3/s$）；

K——考虑系统泄漏的修正系数，一般取 $K = 1.1 \sim 1.3$；

$\bar{q}$——采用蓄能器时的液压缸平均流量（m^3/s）。

液压泵的规格型号按上面求得的 P_p 和 q_p 值，在产品样本中选取。为保证液压泵正常工作，所选液压泵的公称压力可比系统的最高工作压力高出 25% ~

40%。液压泵的流量则与系统所需流量相当，不宜超过太多。

液压泵电动机的功率可以按下式计算。

$$P=\frac{p_p q_p}{\eta_p}\times 10^3$$

式中：P——电动机功率（kW）；

η_p——液压泵的总效率，见液压泵产品样本。

二、选择阀类元件

各种阀类元件的规格型号按液压系统原理图和工况图中提供的情况从产品样本中选取。各种阀的公称压力和额定流量一般应与其工作压力和最大通过流量相接近。必要时，通过阀的流量可略大于该阀的额定流量，但一般不超过20%。流量阀按系统中流量调节范围选取，其最小稳定流量应满足工作部件最低运动速度的要求。

三、选择液压辅助元件

1. 油管

油管的规格尺寸大多由它所连接的液压元件接口处的尺寸决定，对一些重要的管道应验算其内径和壁厚。油管内径按下式计算。

$$d=2\sqrt{\frac{qv}{\pi v}}$$

式中：d——油管内径（m）；

q_v——通过油管的流量（m^3/s）；

v——油管允许流速（m/s），其值见表9－1。

表9－1　管道允许流速推荐值

管道名称	$v/(m\cdot s^{-1})$	说明
吸油管	0.6～1.5	流量大时可取大值
压油管	2.5～5	压力较高、流量较大和管道较短时可取大的值
回油管	1.5～2	

油管壁厚可按下式计算。

$$\delta=\frac{pd}{2[\sigma]}$$

式中：δ——油管壁厚（m）；

p——管内压力（MPa）；

d——油管内径（m）；

$[\sigma]$——油管才聊的许用拉应力（MPa），对于钢管$[\sigma]=\sigma_b/n$，σ_b

是材料抗拉强度，n 是安全系数（$n=4\sim8$）。铜管可取〔σ〕≤25 MPa。

算出的有关尺寸须按有关资料选取相应规格的标准油管。

2. 油箱

为了储油和散热，油箱必须有足够的容积和散热面积。油箱的有效容量（指液面高度为油箱高度的80%时，油箱所储液压油的体积）确定如下。

当 $P_p \leqslant 2.5$ MPa 时，$V=(120\sim240)\ q_p$ (9－10)

当 2.5 MPa $< P_p < 6.3$ MPa 时，$V=(300\sim420)\ q_p$ (9－11)

当 $P_p > 6.3$ MPa 时，$V=(360\sim720)\ q_p$ (9－12)

式中：V——油箱有效容量（m^3）；

q_p——液压泵流量（m^3/s）。

3. 其他辅件

其他辅件（如滤油器、压力表和管接头等）由有关资料或手册选取。

四、液压元件安装连接形式的确定

液压元件的安装连接形式与液压系统的结构形式和元件的配置形式有关，现分别加以讨论。

1. 按系统的结构形式确定

液压系统的结构形式分为集中式和分散式两种。

集中式结构是将液压系统的动力装置、控制调节装置和油箱等放在主机之外，单独设置一个液压站。这种形式的优点是安装连接方便，液压源的振动、发热都不会影响主机的工作性能。缺点是设置液压站，增加了占地面积和管路长度。分散式结构是将液压元件分散放置在主机的某些部位，与主机合为一体，其优点是结构紧凑、占地少、管路短。缺点是安装连接（包括维护）复杂，液压源的振动和发热都会影响主机的工作性能和精度。

为此，对于一般的液压系统，为使结构紧凑，可采用分散式安装连接的方式，而对于组合机床、自动线和精密设备的液压系统为减少油箱发热、液压源振动的影响，保持主机的工作精度，多采用集中式安装连接的方式。

2. 按阀类元件的配置形式确定

液压元件的配置形式分为管式、板式和集成式配置 3 种形式。配置形式不同，液压系统的压力损失和元件的连接安装结构也有所不同。目前，阀类元件的配置形式广泛采用集成式配置的形式，故仅对这种配置形式加以介绍。

1）箱体式配置

按照液压系统的油路要求，设计出专用的箱体。板式阀类元件可紧固在箱体的侧面和顶面上；插入阀、插装阀和管接头等元件亦可插入或旋接于箱体内，各元件之间的油路全部由在箱体内所加工出的孔道形成，如图 9－6 所示。这种配置形式的优点是可以使元件致密安装，使制造安装费用减至最低限度，缺点是加工较困难。

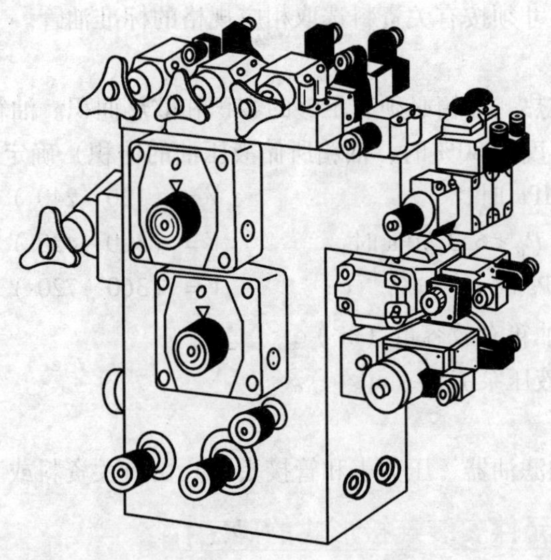

图 9－6　箱体式配置

2）集成块式配置

根据液压系统各种典型回路做成通用的集成块。每个集成块上下两面是块体间叠加的接触面；四个侧面中，一个面上安装管接头，另外三个面用来安装板式阀、插入阀和插装阀元件；块内孔道由钻孔形成。各集成块与顶盖、底板一起用长螺栓叠装起来，即组成液压系统，如图 9－7 所示。这种配置形式的优点是元件按回路模块化，便于设计与制造，更改设计方便，通用性好。

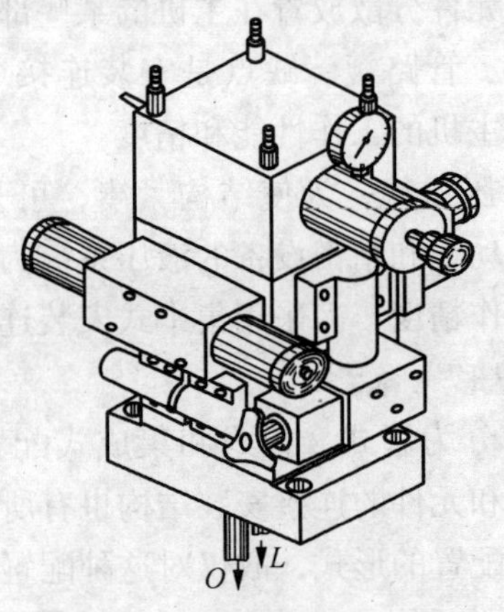

图 9－7　集成块式配置

3）叠加阀式配置

同一通径的叠加阀按一定次序叠加起来，即可组成所需的液压系统，如图 9－8 所示。这种配置形式的特点是标准化、通用化、集成化程度高，结构紧凑，不需设计专用的连接块。

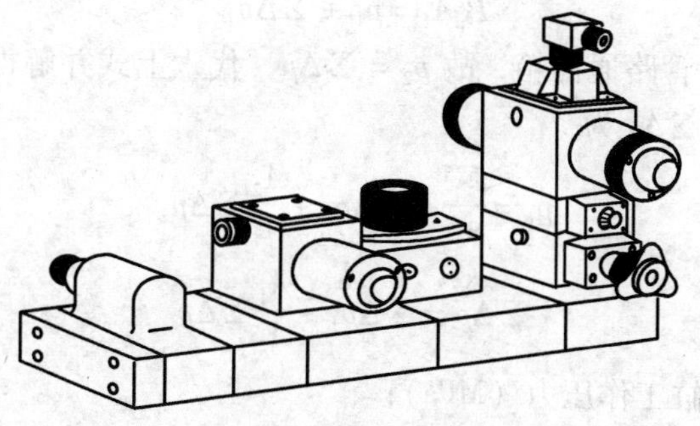

图9－8　叠加式配置

课题五　液压系统主要性能的验算

学习目标

掌握液压系统主要性能的验算方法。

知识学习

一、液压系统的压力损失及泵的工作压力

通过系统压力损失的计算，可以把整个系统的各段压力损失折合到液压泵出口处，以便于更确切地算出液压泵出口、液压缸进、出口的实际工作压力，从而确定各压力阀（溢流阀、顺序阀、卸荷阀、压力继电器等）的调整压力。现将单杆液压缸在不同连接时的系统压力损失计算公式讨论如下。

1. 单杆液压缸一般连接时$\Sigma\Delta p$的计算

如图9－9（a）所示，根据液压缸活塞上的受力平衡关系得

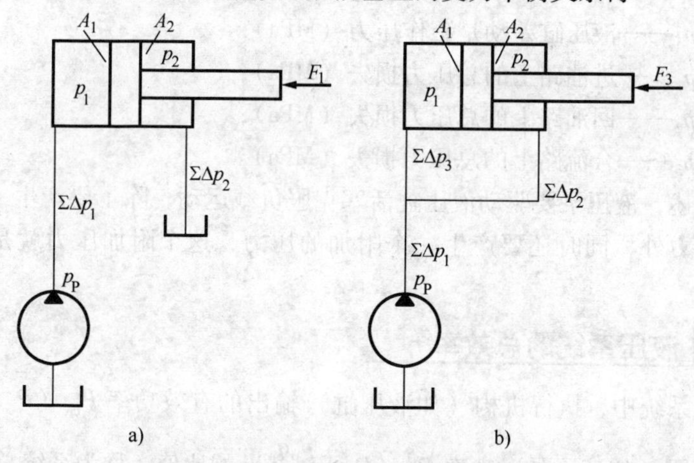

图9－9　系统压力损失计算简图

$$p_1A_1 = F_1 + p_2A_2$$

$$P_pA_1 = p_1 + \Sigma\Delta p_1$$

由于系统回油管路通油箱，故 $p_2 = \Sigma\Delta p$，代入上式并解得泵的工作压力 p_P 及系统总压力损失 $\Sigma\Delta p$ 为

$$p_P = \frac{F_1}{A_1} + \Sigma\Delta p_1 + \frac{A_2}{A_1}\Sigma\Delta p_2 \tag{9-13}$$

$$\Sigma\Delta p = \Sigma\Delta p_1 + \frac{A_1}{A_2}\Sigma\Delta p \tag{9-14}$$

式中：p_1——液压缸工作压力（MPa）；

$$p_1 = F_1/A_1$$

$\Sigma\Delta p_1$——进油路上的总压力损失（MPa）；

$\Sigma\Delta p_2$——回油路上的总压力损失（MPa）。

同理，对于双杆液压缸，因为 $A_1 = A_2$，其系统压力损失为 $\Sigma\Delta p = \Sigma\Delta p_1 + \Sigma\Delta p_2$

2. 液压缸差动时 $\Sigma\Delta p$ 的计算

如图 9-9（b）所示，根据液压缸活塞受力平衡关系得

$$p_1A_1 = F_3 + p_2A_2$$

$$p_P = p_1 + \Sigma\Delta p_1 + \Sigma\Delta p_3$$

由于液压缸两腔相连通，其两腔的液压关系为 $p_2 - \Sigma\Delta p_2 - \Sigma\Delta p_3 = p_1$。代入上两式可解得

$$p_P = \frac{F_3}{A_1 - A_2} + \Sigma\Delta p_1 + \frac{A_2}{A_1 - A_2}\Sigma\Delta p_2 + \frac{A_1}{A_1 - A_2}\Sigma\Delta p_3 \tag{9-15}$$

$$p_3 = F_3/(A_1 - A_2)$$

$$\Sigma\Delta p = \Sigma\Delta p_1 + \frac{A_2}{A_1 - A_2}\Sigma\Delta p_2 + \frac{A_1}{A_1 - A_2}\Sigma\Delta p_2$$

式中：p_3——液压缸差动是工作压力（MPa）；

$\Sigma\Delta p_1$——进油路上的总压力损失（MPa）；

$\Sigma\Delta p_2$——回油路上的总压力损失（MPa）；

$\Sigma\Delta p_3$——合流路上的总压力损失（MPa）。

综上所述，液压泵要驱动液压缸活塞克服负载运动，除了要产生一个与负载相平衡的压力外，同时还要产生一个附加的压力，这个附加压力就是系统压力损失。

二、液压系统的总效率 η

在液压系统中，执行机构（如液压缸）输出的有效功率 P_{co}（$P_{co} = Fv$）。与输入动力装置（如液压泵）功率 P_{pi}（$P_{pi} = \frac{p_Pq_P}{\eta_P}$）的比值，称为系统总效率，即

$$\eta = \frac{P_{co}}{P_{pi}} = \eta_p \frac{Fv}{p_p q_p} \quad (9-16)$$

三、液压系统发热及温升校核

液压系统在单位时间内的发热量，可以由液压泵的总输入功率和执行元件的有效功率或系统效率计算，即

$$\Delta Q_1 = P_{pi} - P_{co} \quad (9-17)$$

或

$$\Delta Q_2 = P_{pi}(1-\eta) \quad (9-18)$$

式中：ΔQ_1——液压系统单位时间发热量（kW）；

P_{pi}——液压泵的输入功率（kW）；

P_{co}——执行元件的有效功率（kW）。

当油箱温度比外界温度高时，油箱向四周空间散热，单位时间散热按下式计算，即

$$\Delta Q_2 = KA\Delta T \quad (9-19)$$

式中：ΔQ_2——油箱单位时间散热量（kW）；

ΔT——油箱中油液温度与周围空气温度的温差（℃）；

K——油箱的散热系数（kM/（m^2·℃）），见表9-2；

A——油箱散热面积（m^2），若油面高度为油箱高度的80%时，已知油箱的有效容积V（m^3），则散热面积近似为$A \approx 6.66V^{2/3}$。

表9-2　油箱散热系数

散热条件	散热系数K（kW/（m^2·℃））
周围通风较差	$(8 \sim 9) \times 10^{-3}$
周围通风良好	15×10^{-3}
用风扇冷却	23×10^{-3}
用循环水强制冷却	$(110 \sim 175) \times 10^{-3}$

当液压系统产生的热量和油箱散出的热量相等时（即$\Delta Q_1 = \Delta Q_2$），油温不再上升，在热平衡状态下油液所达到的温度为

$$t_1 = t_2 + \frac{P_{pi}(1-\eta)}{KA} \quad (9-20)$$

式中：t_1——热平衡状态时油液温度（℃）；

t_2——环境温度（℃）。

由式（9-14）计算出的油液温度t_1若超过表9-3中规定的允许最高温度时，液压系统中就必须考虑添设冷却装置或采取适当措施，提高液压系统的效率。

表 9-3　某些液压系统中规定的油液温度允许值　℃

主机类型	正常工作温度	允许温升	允许最高温度
普通机床	30~55	25~30	55~65
数控机床	30~50	≤25	55~65
粗加工机械	40~70	35~40	60~90
工程机械	50~80	35~40	70~90

课题六　绘制工作图和编制技术文件

学习目标

1. 了解工作图的绘制内容。
2. 了解技术文件的编制内容。

知识学习

一、绘制工作图

1. 绘制液压系统图

在图上应注明各元件的规格、型号以及压力、流量调整值，并附有执行元件的工作循环图，控制元件的动作顺序表和简要说明。

2. 绘制液压系统装配图

液压系统的装配图是正式安装、施工的图样，包括油箱装配图、液压泵装置图、油路装配图和管路装配图等。在管路装配图中要标明液压元、部件的位置和固定方式、油管的规格尺寸和布管情况以及各种管接头的形式和规格等。液压专用件或阀块须画全装配图和专用零件图。

二、编制技术文件

技术文件一般包括设计计算说明书，零、部件目录表，标准件、通用件和外购件明细表，技术说明书，操作使用说明书等。

课题七 液压系统设计计算举例

学习目标

1. 掌握液压系统的设计方法。
2. 熟悉液压系统的有关计算。

知识学习

设计课题：四轴卧式钻孔专用机床液压系统，结构简图如图 9－10 所示。

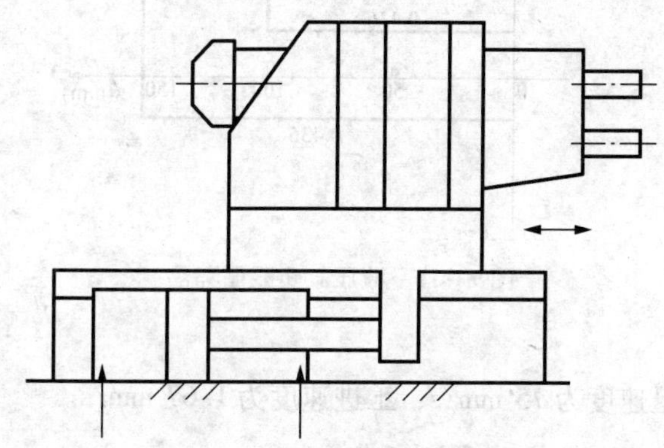

图 9－10 钻孔专用机床方案简图

钻孔动力部件质量 $m = 2\times10^3$ kg，液压缸机械效率 $\eta_{cm}=0.9$，钻削力 $F_t = 1.0\times10^4$ N。工作循环为快进→工进→死挡铁停留→快退→原位停止。行程长度为 150 mm，其中工进长度 50 mm。快进快退速度为 75 mm／s，工进速度为 1.67 mm／s。导轨为矩形，启动、制动时间为 0 .15 s。要求快进转工进时平稳可靠，工作台能在任何位置停止。

一、工况分析

1. 负载分析

暂时不考虑回油腔的背压力，可按式（9－1）计算工作负载。取液压缸密封装置产生的摩擦阻力 $F_f=0.1F$，外负载 F_w 包括切削力 F_t 和导轨的摩擦力 F_f。由手册查得导轨静摩擦系数 $\mu_s=0.2$，动摩擦系数 $\mu_v=0.1$，导轨的正压力就等于动力部件的重力。设导轨的静摩擦阻力为 F_{fs}，动摩擦阻力为 F_{fv}，则

$$F_{fs}=\mu_s F_N=0.2\times2\times10^3\times9.8\text{N}=3.92\times10^3\text{N}$$

$$F_{fv}=\mu_v F_N=0.1\times2\times10^3\times9.8\text{N}=1.96\times10^3\text{N}$$

运动部件启动或制动将产生惯性力 F_i，取启动或制动时间为 0. 15 s，则惯性力为

$$F_i=m\frac{\Delta v}{\Delta t}=2\times10^3\times\frac{75\times10^{-3}}{0.15}\text{N}=1\times10^3\text{N}$$

已知钻孔时的切削力 $F_t = 1.6 \times 10^4$ N，所以计算出导轨摩擦力和惯性力后，液压缸各工作阶段的负载就可以算出，见表 9－4。液压缸的负载循环图如图 9－11 所示。

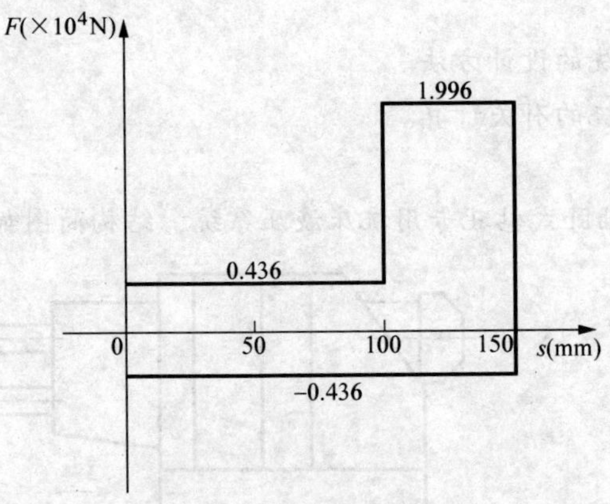

图 9－11　液压缸负载循环图

2. 速度分析

已知快进快退速度为 75 mm/s，工进速度为 1.67 mm/s。

二、运动分析

根据已知条件绘制出速度循环图，如图 9－12 所示。

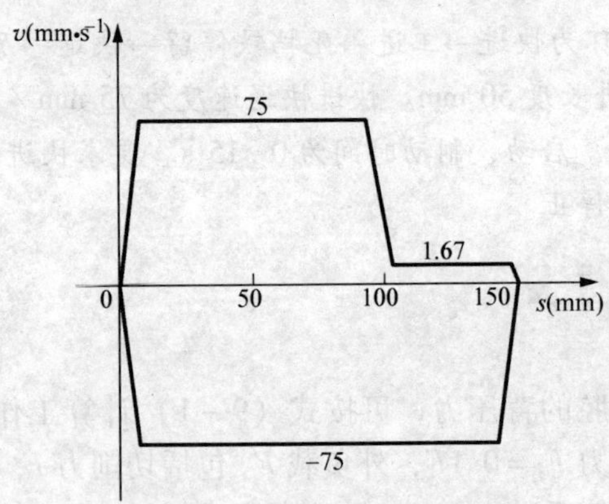

图 9－12　液压缸速度循环图

表 9－4　液压缸各运动阶段负载图

工况	阶段负载 F（最大值）
快进	4.36×10^3
工进	1.996×10^4
快退	4.36×10^3

三、确定液压缸尺寸

1. 计算液压缸内径

参照表4－2选取液压缸的工作压力 $p=4$ MPa。由图9－12可知，液压缸的最大工作负载 $F=1.996\times10^4$ N，由式（4－13）计算液压缸的内径 D

$$D=\sqrt{\frac{4F}{\pi p}}=\sqrt{\frac{4\times1.996\times10^4}{\pi\times4\times10^6}}\text{ m}=0.0798\text{ m}$$

取 $D=80$ mm。

2. 确定活塞杆直径

根据条件可知液压缸快进速度和快退速度相等，在油路上采用差动连接，这时活塞杆的直径可按下式计算

$$d=0.71D=0.71\times80=56.8\text{ mm}$$

取 $d=56$ mm。

3. 液压缸的实际有效面积

无杆腔　$A_1=\pi D^2/4=\pi\times8^2/4=50.3\text{ cm}^2$

有杆腔　$A^2=\pi（D^2-d^2）/4=\pi（8^2-5.6^2）/4=25.6\text{ cm}^2$

4. 按最低速度验算液压缸有效面积

根据图9－13速度循环图可知，最低速度就是工进速度，并且 $v=1.67$ mm/s，工进时无杆腔进油，所以应验算无杆腔有效面积。由产品样本可知流量阀的最小稳定流量通常是 $q_{\min}=0.051$ L/min，应用式（9－2）可得

$$A=\frac{q_{\min}}{V_{\min}}=\frac{0.05\times10^3}{1.67\times10^{-1}\times60}\text{cm}^2=5\text{ cm}^2<50.3\text{ cm}^2$$

所以上面确定的液压缸尺寸能满足最低速度要求。

四、绘制液压缸工况图

根据液压缸负载循环图、速度循环图和有效面积，就可以算出液压缸工作过程各阶段的压力、流量和功率，计算结果见表9－5。根据表9－5画出的液压缸工况图如图9－13所示。

表9－5　液压缸的压力、流量和功率

工况		压力（MPa）	流量（L/min）	功率（kW）
快进（差动）	启动	1.77	0	0
	加速	1.33		
	恒速	0.88	8.89	0.13

续表

工进		3.97	0.50	0.033
快退	启动	1.70	0	0
	加速	1.29		
	恒速	0.85	9.21	0.13

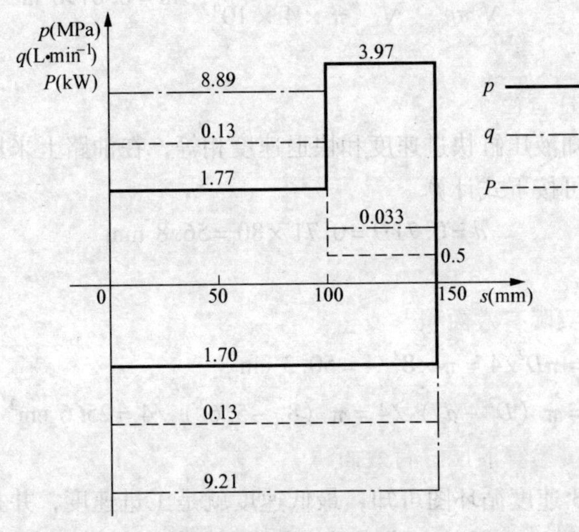

图 9－13 液压缸工况图

五、拟定液压系统原理图

（一）确定调速方法及供油形式

为了减小负载变化对液压缸运动速度的影响，满足系统对执行元件速度稳定性的要求，采用调速阀的进油路节流调速。由工况图可知，工进时液压力高，但流量小；快进时压力低，但流量大。为减小功率损失，采用双泵供油的开式油路。

（二）确定换向方式

为了满足工作台能在任何位置停止以便调整机床，同时考虑到采用差动连接方式以实现快进，故采用滑阀机能为 Y 型的三位五通电磁阀。

（三）确定工作进给油路

使用调速阀和三位五通电磁阀实现工作进给时，液压缸回油腔油液需经换向阀左位流回油箱；同时又为了实现差动连接，回油腔的油液也需经换向阀左位流入进油腔。为了满足这两方面的要求，可在回油路上加一只液控顺序阀。钻削动力部件快进时，系统压力较低，顺序阀关闭，实现差动快进。工作进给时系统压力升高，顺序阀打开，回油腔油液经三位五通换向阀和顺序阀流回油箱。图中单向阀的作用是防止高压油液倒流。

（四）确定快进转工进方案

由工况图可知，快进转工进时，流量变化很大，为了保证快进转工进时速度换接平稳可靠，采用行程换向阀比采用电磁换向阀好。为了保证回油腔有一定背压力，防止工作台前冲，在回油路上设置一个背压阀（溢流阀）。

（五）终点转换方式的选择

为了加工不通孔，采用死挡铁停留，由压力继电器发信号控制电磁换向阀换向。

钻孔专用机床液压系统如图 9－14 所示，电磁铁和行程换向阀动作表见表 9－6。

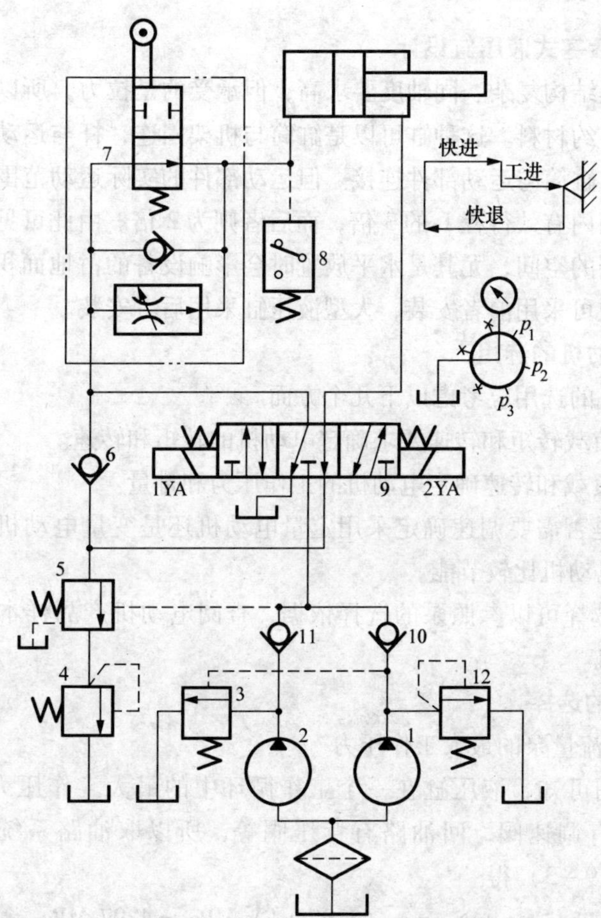

图 9－14 钻孔专用机床液压系统图

1、2—双联泵；3—液控顺序阀；5—液控顺序阀；4—背压阀；6、10、11—单向阀；7—单向行程调速阀；8—压力继电器；9—换向阀；12—溢流阀

表 9-6 电磁铁和行程阀动作表

顺序动作	1YA	2YA	行程换向阀
快进	+	−	−
工进	+	−	+
快退	−	+	±
停止	−	−	−

拓展知识

1. 双出杆活塞式液压缸设计

这种缸虽然结构复杂、同轴度要求高，但承受的是拉力，所以活塞杆可设计得小些，从而节约材料。这种缸可以是缸筒与机架固连，杆与运动部件相连；也可以固定不动，缸筒与运动部件连接。但运动部件的实际运动范围大小不同。前者为活塞在缸筒内有效行程 L 的 3 倍，而后者则为 2 倍。由此可见，安装形式直接影响设备占用的空间，尤其是水平放置时会影响设备的占地面积。设计时，对于中小型液压缸可采用前者安装，大型液压缸采用后者安装。

2. 液压电动机的选用

液压电动机的选用应考虑以下几个方面。

（1）根据负载转矩和转速要求确定电动机的转矩和转速。

（2）通过负载和转速确定电动机的工作压力和排量。

（3）根据是否需要调速确定采用定量电动机还是变量电动机。如果需要调速，采用变量电动机比较节能。

（4）种类选择可以参照泵的选择依据，查阅电动机产品样本或相关手册选用合适的电动机。

3. 液压泵的选择

1）估算小流量泵的最大工作压力

根据工况图可知，液压缸在一个工作循环中的最大工作压力为 3.97 MPa，因为在进油路有调速阀，回油路有背压阀等，所以取油路系统压力损失为 1 MPa，代入式（9-3）得

$$p_{\mathrm{p}} = p + \Sigma \Delta p = (3.97 + 1)\ \mathrm{MPa} = 4.97\ \mathrm{MPa}$$

2）估算快速移动时的工作压力

由工况图可知，快进时的压力 $p = 0.88$ MPa，按差动连接计算所需流量是 8.89 L/min，加上有杆腔的回油流量 9.21 L/min，进入液压缸无杆腔的流量是 18.1 L/min，这样管道内和阀口的压力损失增大，所以取油路的系统压力损失为

$\Sigma\Delta p = 1.2$ MPa，代入式（9－3）得

$$p_p = p + \Sigma\Delta p = (0.88 + 1.2)\ \text{MPa} = 2.05\ \text{MPa}$$

3）液压泵所需流量计算

由工况图可知，液压缸所需的最大流量为 9.21 L/min，若取回路泄漏系数 $K = 1.1$，代入式（9－4）计算，两液压泵的总流量为

$$q_p = Kq_{max} = 1.1 \times 9.21\ \text{L/min} = 10.1\ \text{L/min}$$

工进时液压缸所需流量是 0.50 L min，取溢流阀的溢流量 3 L/min，代入式（9－5）得

$$q_p = Kq_{max} + \Delta q = (1.1 \times 0.50 + 3)\ \text{L/min} = 3.55\ \text{L/min}$$

根据上面计算的压力和流量，查产品样本，选用 YB_1－4/6 型双联叶片泵。

4. 估算液压泵的输入功率

由工况图可知，液压缸的最大功率出现在快速移动阶段，由双联叶片泵型号可知总流量

$q_p = 10$ L/min，快进估算工作压力 $p_p = 2.08$ MPa，取叶片泵的效率 $\eta_p = 0.70$，代入式（9－7）得

$$P_{pi} = \frac{P_p q_p}{\eta_p} \times 10^3 = \frac{2.08 \times 10^6 \times 10 \times 10^{-3} \times 10^{-3}}{0.07 \times 60}\text{kW} = 0.50\ \text{kW}$$

查产品样本，选用 Y802—4 电动机，电动机的功率为 0.75 kW。

课后练习

1. 液压系统的设计步骤和要求是什么？
2. 液压系统负载分析包括哪些内容？
3. 液压系统执行元件工况图包括哪些内容？
4. 如何拟定液压系统原理图？
5. 怎样选择液压泵？
6. 液压元件的安装形式有几种？
7. 差动液压缸的压力损失如何计算？
8. 液压系统发热和温升如何校核？
9. 绘制液压系统装配图应注意哪些问题？
10. 设计一台卧式单面钻镗两用组合机床，其工作循环是“快进—工进—快退—原位停止”；工作时最大轴向力为 30 kN，运动部件重为 19.6 kN；快进、快退速度为 6 m/min，工进速度为 0.02～0.12 m/min；最大行程为 400 mm，其中工进行程为 200 mm；启动换向时间 $\Delta t = 0.2$ s；采用平导轨，其摩擦系数 $f = 0.1$。

项目十 液压系统的安装和使用及常见故障

学习目标

1. 了解液压系统安装调试前技术准备及安装方法。
2. 了解液压系统的调试过程。
3. 掌握液压系统的安装过程。
4. 掌握液压系统的维护及调试要求。
5. 掌握液压系统故障排除常见的方法。

课时分配　3h

课题一　液压系统的安装和调试　1h

课题二　液压系统的使用和维护　1h

课题三　液压系统的常见故障和排除　1h

课题一　液压系统的安装和调试

学习目标

1. 了解液压系统安装前的技术准备。
2. 掌握液压系统的安装过程。
3. 掌握液压系统的清洗方法。

知识学习

重点通过学习液压系统安装前的技术准备和液压系统安装、清洗过程，掌握液压系统的维护技巧，使液压系统能够安全稳定的运行。

一、液压系统安装前的技术准备

液压系统是由各种液压元件和辅件组成，正确、安全可靠的安装过程对液压系统的工作性能有很大的影响。因此，必须对液压系统的安装过程进行正确指导和管理。

在安装液压系统前应熟悉有关技术资料如液压系统图、系统管道连接图、电气原理图及液压元件使用说明书等。按图样准备好所需的液压元件、辅件，并检查其质量和规格是否符合要求和完好，如不符合要求的应及时更换。同时还要准备好合适的工具。在安装前，对装入设备的液压元件和辅助元件必须进行严格的清洗以清除一切污物、防锈剂等。

二、液压系统安装

1. 液压元件的安装

（1）液压泵和液压马达。液压泵、液压马达与电动机、工作机构间的同轴度偏差应在 0.1 mm 以内，轴线间倾角不大于 1°，应避免过力敲击泵及液压马达轴，以免损伤转子。同时泵和马达的旋向及进出油口不得接反。

（2）液压缸的安装：安装时，要保证活塞杆的轴线与运动部件导轨平行度的要求。

（3）阀类元件的安装（以板式阀为例）：方向阀一般应保持轴线水平安装；各油口的位置不能接反或接错，各油口处的密封圈在安装后应有一定的压缩量；元件的安装平面与底板或集成块安装平面应紧密贴合。

（4）其他辅件的安装：辅件应严格按照设计要求的位置进行安装并注意整齐、美观，在满足设计要求的前提下，应考虑使用维护和调整的方便。例如，蓄能器应安装在易用气瓶充气的地方；过滤器应尽量安装在易于拆卸、检查的位置等。

2. 管路的安装

管路的安装质量影响漏油、漏气、振动和噪声以及压力损失的大小。

全部管路应分两次安装，即预安装、耐压试验、拆卸、酸洗、正式安装、循环冲洗和组成系统。

首先要准确下料和弯制，然后进行配管试验。合适后将油管拆下，用温度为 50℃ 左右的 10% ~20% 的稀盐酸溶液酸洗 30 ~40 ml，取出后再用 40℃左右的苏打水中和，最后用温水清洗，在干燥、涂油后进行正式安装。安装时应注意以下问题：油管长度要适宜，管道尽可能短，避免出现急转弯，弯曲的位置越少越好，平行及交叉的管道间距至少为 10 mm 以上；吸油管宜短而粗，回油管尽量远离吸油管并应该插入油箱液面以下，以防止回油飞溅而产生气泡并被吸入泵内；回油管管口应切成 45°斜面并朝箱壁以扩大通流面积，改善回油状态以及防止空气进入系统。溢流阀的回油为热油，应远离吸油管，以避免热油未经冷却即被吸入系统造成油温升高。

三、液压系统清洗

液压系统清洗主要是对系统进行内部清洗。可分为主系统清洗和全系统清洗两种形式。主系统清洗是指主要循环回路而言，如图 10 -1 所示。此回路简单实用，不需要复杂的更换作业。清洗初期，回油路用 80 ~100 目的过滤网，当达到清洗时间的 60% 左右时，再换用 150 目的过滤网。清洗时，a、b 两点用管路连通，液压缸不参加循环，避免液压缸内壁和密封件受到杂质的损害。若仅作管路清洗时，可将换向阀进出口 c、d 封断，a、c 用细管连通，b、d 用粗管连通，构成管路清洗回路。前段用细管是为了提高清洗介质速度，以增加冲击能力。后段用粗管可使清洗介质速度降低，以利于杂质沉积过滤。全系统清洗是指液压系统整个回路而言。全系统清洗前应将系统恢复到实际运转状态。清洗介质通常是系统实际工作使用的液压油，油中添加增强溶解力的溶剂和防锈剂，这样容易除去管道中的橡胶剥落屑和油淤泥等。清洗时间不宜太长，通常为 2 ~4 h，清洗效果以回路滤网上无杂质为标准。

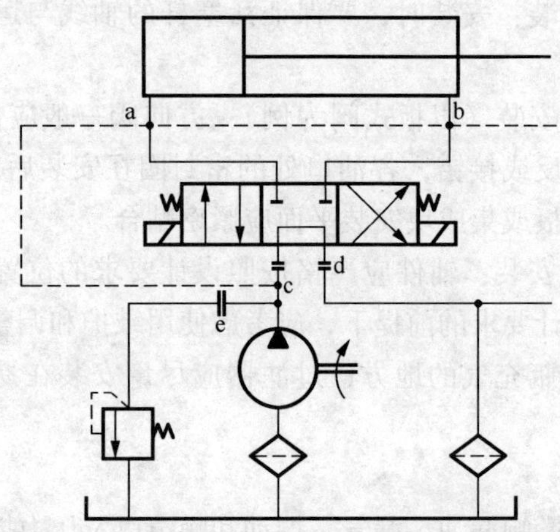

图 10 – 1　主系统清洗回路

液压系统清洗时应注意下列事项：

(1) 清洗介质应避免选用煤油、汽油、酒精、蒸汽或其他有损元件或辅件的液体，防止系统遭到腐蚀。清洗液用量一般以系统工作容量的 60% ~70% 为宜，但必须超过液压泵吸油口。

(2) 清洗介质的温度为 50 ~80℃。

(3) 清洗过程中，可用非金属棒敲击管道，以便清除管道内附着物。

(4) 为了提高清洗效果，液压泵以每隔 10 ~30 min 间歇运转为宜。

(5) 清洗结束时，为了防止外界湿气引起锈蚀，液压泵应继续运转，直到油温恢复正常，并将回路内的清洗油液排除干净。放油后用绸布或乙烯树脂海绵将油箱擦干净。禁止用棉纱或易燃的纤维品擦拭。

四、液压系统调试

新（或经过修理、保养、重新装配）的液压设备，在安装、清洗和精度检验合格后，必须经过调试（即调整试车）才能投入使用。调试可使该系统在正常运行状态下满足生产工艺对它提出的各项要求，同时也可了解和掌握该系统的工作性能和技术状况。调试应有书面记载，以便作为该设备使用和维修的原始技术依据。调整试车一般不能截然分开，往往交替进行，调试的主要内容有单项调整、空载试车和负载试车等，调整多在安装、试车过程中进行，在使用过程中也随时进行一些项目的调整，在此仅介绍试车。

在试车之前应先检查电动机和电磁铁的电源是否符合要求，油箱中油液品种、粘度等级和油位是否合适，各液压元件的管道连接是否正确可靠，各液压元件安装是否牢靠，液压泵旋转方向是否正确，各压力控制阀的调压弹簧是否松开，各行程挡块位置是否合适，各仪表起始位置是否正确等。待各处按试车要求调整好之后，方可进行试车。

1. 空载试验

空载试验的作用是使整个系统在无工作负载的条件下运转，全面检查液压系统的各部分回路和控制调节装置的工作是否正常可靠，工作循环是否符合要求，同时也为进行负载试验作准备。空载试验有以下内容：

（1）启动前先检查各控制手柄是否在关闭位置、空挡位置和卸荷位置。用手转动液压泵，使液压泵吸进一些液压油，避免启动时因干摩擦烧伤或咬死。

（2）多次点动液压泵。使整个系统有相对滑动的部位都得到润滑。再启动液压泵运转，让整个液压系统处于卸荷状态，检查液压泵卸荷后系统压力的大小，检查系统状态是否正常，有无刺耳噪声。检查油箱液位，油面泡沫是否过多。运转时间一般为 20 ~ 30 min，液压油温升幅度不超过 6℃。

（3）无负载程序运转。操纵液压换向阀，使液压缸往复运动或使液压马达作回转运动。在此过程中，一方面检查液压阀、液压缸、电器元件、机械控制机构是否灵敏可靠，一方面进行系统排气。排气时，最好是全管道依次进行。

（4）压力调整运转。对系统压力阀依次调整，同时检查稳定性、调压范围和准确程度。压力调整可借助于压力表、压力传感器及显示仪表进行测定压力振摆与偏移值必须在规定范围内。若出现较大的压力波动，应立即查明原因，并予以排除。若系统压力表抖动，则是由于系统内混入空气、压力阀内部泄漏、孔口不通（堵塞）、液体流动阻力过大及机械振动等引起的。

（5）流量调整运转。系统执行元件的运动速度由于工况需要，有时要作快慢调整，主要依靠流量控制阀开度由小变大来实现。调整时注意观察速度变化范围和最小稳定速度。

（6）在空载试验中，还要检查压力继电器和互锁装置的工作可靠性，检查内、外泄漏，检查各动作的协调性和准确性。

2. 负载试验

负载试验的目的是检验最大负载压力，检验消耗功率，检验整个液压系统和部件在负载条件下工作的稳定性和使用的可靠性。

调试时应先在低于最大负载的情况下调整，待情况正常，才能进行最大负载下调整。调试中检查噪声和振动是否在允许的范围内，检查内、外泄漏情况，检查系统的稳定性和响应性。

课题二 液压系统的使用和维护

学习目标

1. 掌握液压系统使用和维护要求。

2. 掌握液压系统的定期维护要求。

知识学习

重点通过学习液压系统使用和定期维护要求，通过合理使用液压系统，定期对液压系统进行维护，从而达到延长液压系统的使用寿命。

一、液压系统的使用和维护要求

为了保证液压系统达到预定的生产能力和稳定可靠的技术性能，在使用维护时应有下列要求。

(1) 合理地调整系统压力和速度，当压力控制阀和流量控制阀调整到符合要求后，锁紧调节手柄。通常合理地选用液压油，在加油前须将油液过滤，应注意新旧油液不能混合使用。

(2) 油液的工作温度通常应为35～55℃。

(3) 为保证电磁阀正常工作，电压波动值不应超过额定电压的+5%～-15%

(4) 不准使用有缺陷的压力计，更不能在无压力计的情况下工作或调整。

(5) 经常检查和定期紧固管接头、法兰等以防松动，高压软管要定期更换。

(6) 经常观察蓄能器工作状况，若发现气压不足或油气混合时，应及时充气或修理。

二、定期维护内容与要求

液压系统能否正常工作，定期维护十分重要，其内容如下。

(1) 定期紧固中压以上的液压系统，其管接头、法兰螺钉、液压缸固定螺钉、蓄能器的连接管路、电气行程开关和挡块固定螺钉等，应每月紧固一次。对于中压以下的系统，可3个月紧固一次。

(2) 定期更换密封件定期更换密封件是液压系统维护工作的主要内容之一，应根据其具体使用条件制订更换周期，并将周期表纳入设备技术档案。根据我国目前密封件质量，更换周期一般为一年半左右。

(3) 定期清洗或更换液压元件。对于工作环境较差的铸造设备，液压阀一般每3个月清洗一次，液压缸一般每半年清洗一次；若工作环境较好，液压元件清洗周期可适当延长。在清洗液压元件的同时应更换密封件，装配后应对元件主要技术参数进行测试，达到使用要求再进行安装。

(4) 定期清洗或更换滤芯。一般液压设备上的过滤器滤芯 2 个月左右清洗一次，而铸造设备则 1 个月左右清洗一次。

(5) 定期换油与清洗。系统新投入使用的液压系统，使用 3 个月左右即应清洗油箱、管道系统和更换新油，以后一般累计工作 1000 h 进行一次。若工况条件差，可适当缩短周期，间断使用的系统一般以半年至一年为周期。

课题三 液压系统的常见故障和排除

学习目标

1. 掌握液压系统的故障诊断方法。
2. 掌握常见的液压系统故障处理方法。

知识学习

通过学习液压系统的故障诊断法，能够通过看、听、摸、嗅、阅、问来处理常见的液压系统故障。

一、液压系统的故障诊断方法

诊断方法是靠维修人员利用简单的诊断仪器和个人实际经验对液压系统的故障进行诊断，判别产生故障的原因和部位，这是最常用的方法。感官诊断法可概括如下：

1. 看

用视觉来判别液压系统的工作是否正常。看运动部件运动速度有无变化和异常现象；看油液是否清洁和变质，油量是否满足要求，黏度是否合适，油面是否有泡沫等；看各管接头、结合面、液压泵轴伸出处和液压缸活塞杆伸出处是否泄漏；看运动部件有无爬行现象和各组成元件有无振动现象；看加工的产品质量。

2. 听

用听觉来判别液压系统的工作是否正常。听液压泵和系统工作时的噪声是否过大，溢流阀等元件是否有尖锐声；听液压缸换向时冲击声是否过大，是否有活塞撞击缸盖声；听油路板或集成块内是否有细微而连续不断的泄漏声。

3. 摸

用触觉来判别液压系统的工作是否正常。摸泵体、阀体和油箱外壁的温度，若接触一会儿就感到烫手，应检查原因；摸运动部件管道和压力阀等的振动，若感觉到有高频振动，应查找原因；摸运动部件低速运动时的爬行；摸挡块、电气行程开关和行程阀等的紧固螺钉是否松动。

4. 嗅

用嗅觉来判别油液是否发臭变质。

5. 阅

查阅设备技术档案中有关的故障分析与修理记录；查阅点检和定检卡；查阅交接班记录及维护保养记录。

6. 问

询问设备操作者，了解设备平时运行清况，问什么时候换的油，什么时候清洗或换过滤芯；问液压泵有无异常现象；问发生事故前调压阀和流量阀是否调节过，有哪些异常现象；问发生事故前密封件或液压元件是否更换过；问发生事故前后出现过哪些不正常现象；问过去常出现哪些故障，是怎样排除的等。

总之，对所有客观情况部全部了解后，才能判别产生故障的原因和部位。这种诊断方法因不同人的感觉不同，判断能力的差异和实际经验的不同，其结果会有差别，所以主观诊断法只能给出简单的定性结论。为了弄清液压系统产生故障的原因，有时还需要停机拆卸某些液压元件并对其进行定量测试。

二、液压系统常见故障诊断和排除

液压系统在使用中一旦出现故障，可用两种方法分析故障：一种是区域判断法，即根据故障现象和特征确定与该故障有关的区域，检测此区域内的元件情况，分析发生故障的原因。另一种是综合分析法，即对系统故障作出全面的分析，找出根本原因。液压系统一旦出现故障，绝不能将所有的液压元件逐个拆开检查，也不能漫无边际地乱拆，要根据具体系统或元件，构思检查方法和路径，制定故障检查流程图，运用逻辑推理，逐项逼近方法，准确迅速查明故障原因，排除故障。

液压系统常见故障的产生原因及排除方法见表10－1。

表10－1 液压系统常见故障排除方法

故障现象	产生原因	排除方法
系统无压力或压力不足	①溢流阀开启由于阀芯被卡住，不能关闭，阻尼孔堵塞，阀芯与阀座配合不好或弹簧失效 ②其他控制阀阀芯由于故障卡住，引起卸荷 ③液压元件磨损严重或密封损坏，造成内、外泄漏 ④液位过低，吸油堵塞或油温过高 ⑤泵转向错误，转速过低或动力不足	①修研阀芯与壳体，清洗阻尼孔，更换弹簧 ②找出故障部位，清洗或修研，使阀芯在阀体内运动灵活 ③检查泵、阀及管路各连接处的密封性，修理或更换零件和密封 ④加油清洗吸油管或冷却系统 ⑤检查动力源

续表

故障现象	产生原因	排除方法
流量不足	①油箱液位过低，油液黏度大，滤油器堵塞引起吸油阻力大 ②液压泵转向错误，转速过低或空转磨损严重，性能下降 ③回油管在液位以上，空气进入 ④蓄能器漏气，压力及流量供应不足 ⑤其他液压元件及密封元件损坏引起泄露 ⑥控制阀动作不灵活	①检查液位，补油，更换黏度适宜的液压油，保证吸油管畅通 ②检查原动机、液压泵及液压泵变量机构，必要时换泵 ③检查管路连接及密封是否正确可靠 ④检查蓄能器性能与压力 ⑤修理或更换 ⑥调整或更换
泄露	①接头松动，密封损坏 ②板式连接或法兰连接接合面螺钉预紧力不够或密封损坏 ③系统压力长时间大于液压元件或辅件额定工作压力 ④油箱内安装水冷式冷却器，如油位高，则水漏入油中，如油位低，则油漏入水中	①拧紧接头，更换密封 ②预紧力应大于液压力，更换密封 ③元件壳体内压力不应大于油封压力 ④拆修
过热	①冷却器通过能力小或出现故障 ②液位过低或黏度不适合 ③油箱容量小或散热性差 ④压力调整不当，长期在高压下工作 ⑤油管过细过长，弯曲太多造成压力损失均增大，引起发热 ⑥系统中由于泄露、机械摩擦造成功率损失增大 ⑦环境温度高	①排除故障或更换冷却器 ②加油或换黏度合适的油液 ③增大油箱容量，增设冷却装置 ④调整溢流阀压力至规定值，必要时改进回路 ⑤改变油管规格及油管路 ⑥检查泄露改善密封，提高运动部件加工精度、装配精度和润滑条件 ⑦尽量减少环境温度对系统的影响

续表

故障现象	产生原因	排除方法
振动	①液压泵：吸入空气，安装位置过高，吸油阻力大，齿轮齿形精度不够，叶片卡死断裂，柱塞卡死移动不灵话，零件磨损使间隙过大 ②液压油：液位太低，吸油管插入液面深度不够，油液黏度太大，滤油器堵塞 ③溢流阀：阻尼孔堵塞阀芯与阀座配合间隙过大弹簧失效 ④其他阀芯移动不灵活 ⑤管道细长，没有固定装置，互相碰击，吸油管与回油管太近 ⑥电磁铁：电磁铁焊接不良，弹簧过硬或损坏，阀芯在阀体内卡住 ⑦机械液压泵与电机联轴器不同心或松动，运动部件停止时有冲击换向缺少阻尼，电动机振动	①更换进油口密封，吸油口管口至泵吸油口高度加油度要小于500 mm，保证吸油管直径，修复或更换损坏零件 ②加油 ③清洗阻尼孔 ④增设固定装置
冲击	①蓄能器充气压力不够 ②工作压力过高 ③先导阀、换向阀制动不灵及节流缓冲慢 ④液压缸端部没有缓冲装置 ⑤溢流阀故障使压力突然升高 ⑥系统中有大量空气	①给蓄能器充气 ②调整压力至规定值 ③减少制动锥斜角或增加制动锥长度，修复节流缓冲装置 ④ 增设缓冲装置或背压阀 ⑤ 修理或更换 ⑥ 排除空气

课后习题

1. 液压系统安装前需要哪些技术准备？
2. 液压元件拆洗需注意哪些问题？
3. 液压系统常见故障有哪些？如何维护？
4. 常用的液压系统故障诊断方法有哪些？
5. 液压系统定期维护的内容有哪些？

项目十一 气压传动

学习目标

1. 了解气压传动历史及发展趋势，掌握气压传动的优缺点。

2. 掌握气压传动的基本工作原理和气压传动的基本组成结构。

3. 掌握气压传动与液压传动的不同之处。

4. 掌握各个气动元件的使用方法。

5. 掌握气压传动的各种基本回路，能够看懂较复杂的气动回路图并设计出简单实用的气动回路。

课时分配 11h

课题一 气压传动概述 1h

课题二 气源装置和辅助元件 2h

课题三 气动执行元件 2h

课题四 气动控制元件 3h

课题五 气动控制回路 3h

课题一 气压传动概述

学习目标

1. 掌握气压传动与液压、机械及电气传动的区别。

2. 掌握气压传动的优缺点。

3. 掌握气动剪切机的结构及其工作原理。

知识学习

气压传动与液压传动一样，都是利用流体作为工作介质而产生的传动，在工作原理、系统组成、元件结构及图形符号等方面，二者之间存在着不少相似的地方。

一、气压传动的特点

气压传动所具有的特点与其他传动方式的比较见表 11－1。

表 11－1　气压传动与其他传动方式的比较

比较项目 / 传动项目		操作力大小	动作快慢	工作环境	负载变化影响	操纵距离	无级调速	使用寿命	维护	构造	价格
气压传动		中等	较快	适应性强	较大	中距离	较好	较长	简单	简单	便宜
液压传动		最大	较慢	要求较高	较小	短距离	良好	一般	要求高	复杂	稍贵
电传动	电气	中等	快	要求高	基本没有	远距离	良好	较短	要求高	稍贵	稍复杂
	电子	最小	快	要求高	没有	远距离	良好	短	要求更高	最复杂	最贵
机械传动		较大	一般	一般	没有	短距离	困难	一般	简单	简单	便宜

1. 气压传动的优点

(1) 空气来源方便，用后直接排出，无污染。

(2) 空气黏度小，气体在传输中摩擦力较小，故可以集中供气和远距离输送。

(3) 气动系统对工作环境适应性好。特别在易燃、易爆、多尘埃、强磁、辐射、振动等恶劣工作环境工作时，安全可靠性优于液压、电子和电气系统。

(4) 气动动作迅速、反应快、调节方便，可利用气压信号实现自动控制。

(5) 气动元件结构简单、成本低且寿命长，易于标准化、系列化和通用化。

2. 气压传动的缺点

(1) 运动平稳性较差。因空气可压缩性较大，其工作速度受外负载变化影响大。

(2) 工作压力较低 (0.3 ~1 MPa)，输出力或转矩较小。

(3) 空气净化处理较复杂。气源中的杂质及水蒸气必须净化处理。

(4) 因空气黏度小，润滑性差，需设置单独的润滑装置。

(5) 有较大的排气噪声。

二、气压传动系统的组成

如图 11 -1 所示为用于气动剪切机的气压传动实例。气压传动与液压传动都是利用流体作为工作介质，具有许多共同点，气压传动系统由以下 5 个部分组成。

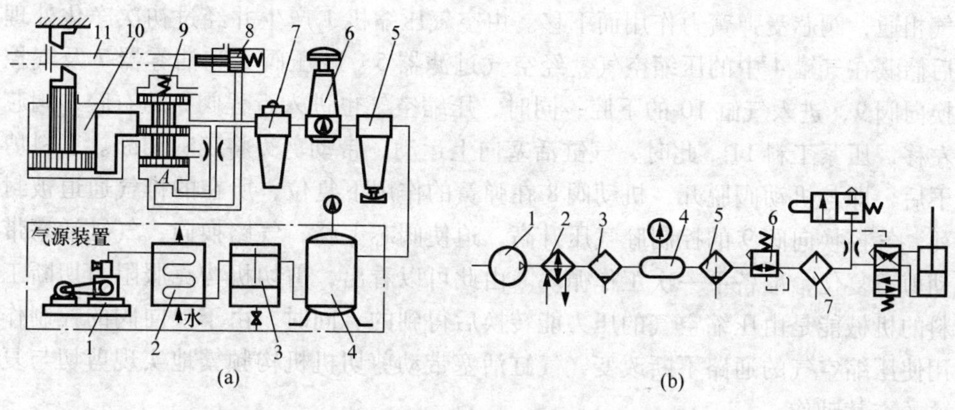

图 11 -1　气动剪切机的气压传动原理图

1—空气压缩机；2—冷却器；3—分水排水器；4—气罐；5—空气过滤器；6—减压阀；7—油雾器；8—行程阀；9—气控换向阀；10—气缸；11—工料

1. 动力元件

其主体部分是空气压缩机，将原动机供给的机械能转变为气体的压力能，为各类气动设备提供动力。为了方便管理并向各用气点输送压缩空气，用气量较大的厂矿企业都专门建立压缩空气站。

2. 执行元件

执行元件包括各种气缸和气动马达，其功用是将气体的压力能转变为机械能，带动工作部件作功。

3. 控制元件

控制元件包括各种阀体，如各种压力阀、方向阀、流量阀、逻辑元件等，用以控制压缩空气的压力、流量和流动方向以及执行元件的工作程序，以便使执行元件完成预定的运动规律。实际工作中，可以使用PLC控制各个阀，从而实现自动控制。

4. 辅助元件

辅助元件是使压缩空气净化、润滑、消声以及用于元件间连接等所需的装置。如各种冷却器、分水排水器、气罐、干燥器、油雾器及消声器等，对保持气动系统可靠、稳定和持久工作起着十分重要的作用。

5. 工作介质

工作介质即为具有一定压力的气体，气压系统是通过压缩空气实现运动和动力的传递。

三、气压传动系统的工作原理

图 11－1（a）所示为气动剪切机的工作原理简图（图示位置为工料被剪前的情况），工料 11 由上料装置（图中未画出）送入剪切机并到达规定位置时，机动阀 9 的顶杆受压而使阀内通路打开，气控换向阀 10 的控制腔便与大气相通，阀芯受弹簧力作用而下移。由空气压缩机 1 产生并经过初次净化处理后储藏在气罐 4 中的压缩空气，经空气过滤器 5、减压阀 6 和油雾器 7 及气控换向阀 9，进入气缸 10 的下腔；同时，压缩空气也进入行程阀 8 的右腔，阀芯左移，压紧工料 11。此时，气缸活塞向上运动，带动剪刃将工料切断。工料剪下后，即与机动阀脱开，机动阀 8 在弹簧的作用下复位，所在的排气通道被封死，气控换向阀 9 的控制腔气压升高，迫使阀芯上移，气路换向，气缸活塞带动剪刃复位，准备下一次工作循环。由此可以看出，剪切机构克服阻力切断工料的机械能是由压缩空气的压力能转换后得到的。同时，由于换向阀的控制作用使压缩空气的通路不断改变，气缸活塞带动剪切机机构频繁地实现剪切与复位的交替动作。

图 11－1（b）所示为该系统的图形符号。可以看出，某些气动图形符号和液压图形符号有一定的相似性，但也存在很多不同之处。例如，气动元件向大气排气，就不同于液压元件回油接入油箱的表示方法。

课题二 气源装置和辅助元件

学习目标

1. 掌握压缩机的分类及活塞式压缩机结构的工作原理。

2. 掌握针对不同需求而选择空气压缩机。

3. 掌握气动净化装置的结构及工作原理。

4. 了解气动辅件与液压辅件的区别。

知识学习

向气动系统提供压缩空气的装置称为气源装置，气动系统各部分气动元件使用的压缩空气的都是从气源装置获得的。气源装置的主体部分是空气压缩机，由空气压缩机产生的压缩空气，因为不可避免的含有过高的杂质（灰尘、水分等），不能直接输入气动系统使用，还必须进行降温、除尘、除油、过滤等一系列处理后才能用在气动系统。这就需要在空气压缩机出口管路上安装一系列辅助元件，如冷却器、油水分离器、过滤器、干燥器等。此外，为了提高气动传动系统的工作性能，还需要用到其他辅助元件，如油雾器、转换器、消声器等。

一、气源装置

一般来说，气源装置是由空气压缩机、储存压缩空气的装置和传输压缩空气的管路系统 3 个部分组成。

1. 空气压缩机

1）空气压缩机的分类

空压机的种类很多，按下作原理可分为容积式和速度式两类。

容积式空压机是通过机件的运动使密封容积大小发生周期性的变化，而完成对空气吸入和压缩过程。这种空压机又有几种不同的结构形式，如螺杆式和活塞式等。其中最常用的是活塞式低压空压机，由它产生的空气压力通常小于1 MPa。

速度式空压机，其气体压力的提高是由于气体分子在高速流动时突然受阻而停滞下来，动能转化为压力能而达到的。

2）空气压缩机的工作原理

气压动力元件是气动系统的动力源，即空气压缩机（简称空压机）。

如图 11 - 2 为活塞式空气压缩机的工作原理图。曲柄由原动机（电动机）带动旋转，通过曲柄连杆机构 7、活塞杆 4，带动气缸活塞 3 在缸体内作直线往复运动。当活塞向右运动时，缸内密封容积增大，形成部分真空，在大气压力作用下打开吸气阀 8 进入气缸中，此过程称为吸气过程。当活塞向左运动时，吸气阀先关闭，缸内密封容积减小，空气受到压缩而使压力升高，此过程为压缩过程。

当压力增大到排气管路中的压力时，排气阀 1 打开，气体被排出，并经排气管输送到储气罐中，此过程为排气过程。曲柄每旋转一周，活塞就往复运动一次，完成一个工作循环。图 11 - 2 所示为单缸空气压缩机，大多数空气压缩机是多缸组合。

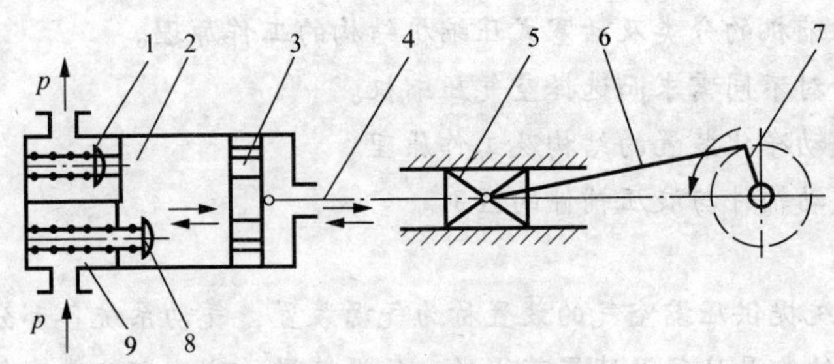

图 11 - 2　活塞式压缩机工作原理图

1—排气阀；2—气缸；3—活塞；4—活塞杆；5—滑块；
6—连杆；7—曲柄；8—吸气阀；9—阀门弹簧

3）空气压缩机的选用

空气压缩机的选用应以气压传动系统所需要的工作压力和流量两个参数为依据。一般气动系统需要的工作压力为 0.5 ~ 0.8 MPa，因此选用额定排气压力为 0.7 ~ 1 MPa 的低压空气压缩机。此外还有中压空气压缩机，额定排气压力 1 MPa。高压空气压缩机，额定排气压力为 10 MPa；超高压空气压缩机，额定排气压力为 100 MPa。输出流量要根据整个气动系统对压缩空气的需要，再加一定的备用余量，作为选择空气压缩机流量的依据。一般空气压缩机按流量可分为微型（流量小于 1 m^3/min）、小型（流量为 1 ~ 10 m^3/min）、中型（流量为 10 ~ 100 m^3/min）和大型（流量大于 100 m^3/min）。

2. 压缩空气净化装置

由空气压缩机输出的压缩空气，虽然能够满足一定的压力和流量的要求，但不能直接被气动装置使用，因为一般气动设备所使用的空气压缩机都是属于工作压力较低（小于 1 MPa）、用油润滑的活塞式空气压缩机。它从大气中吸入含有水分和灰尘的空气，经压缩后空气温度升高到 140 ~ 170℃，这时压缩机气缸里的部分润滑油也成为气态。油分、水分以及灰尘便形成混合的胶体微雾及杂质，混合在压缩空气中，会带来如下问题：

（1）油气聚集在储气罐内，形成易燃物，同时油分被高温汽化后，形成有机酸，对金属设备有腐蚀作用。

（2）水、油、灰尘的混合物沉积在管道内，使管道面积减小，增大气流阻力，造成管道堵塞。

（3）在冰冻季节，水汽凝结使附件因冻结而损坏。

（4）灰尘等杂质对运动部件产生研磨作用，泄漏增加，影响其使用寿命。

因此，必须设置一些除油、除水、除尘并使压缩空气干燥的气源净化处理辅助设备，提高压缩空气质量。净化设备一般包括后冷却器、油水分离器、干燥器、空气过滤器和储气罐。

1）后冷却器

后冷却器一般安装在空气压缩机的出口管路上，其作用是把空气压缩机排出的压缩空气的温度由 140～170℃ 降至 40～50℃，使得其中大部分的水汽、油汽转化成液态，以便排出。

后冷却器一般采用水冷却法，为了能增大管道的散热面积，采取的结构形式有：蛇管式、列管式、散热片式、套管式等。如图 11－3 所示为蛇管式后冷却器的结构示意图和图形符号。热的压缩空气由管内流过，冷却水从管外水套中流动以进行冷却，在安装时应注意压缩空气进、出口的方向和水的流动方向。

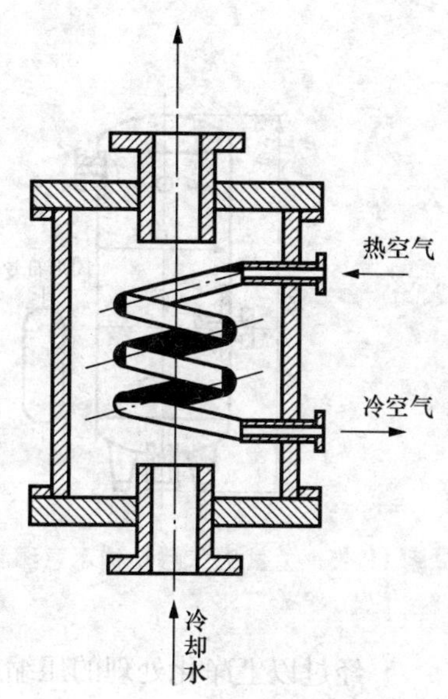

图 11－3　蛇管式后冷却器

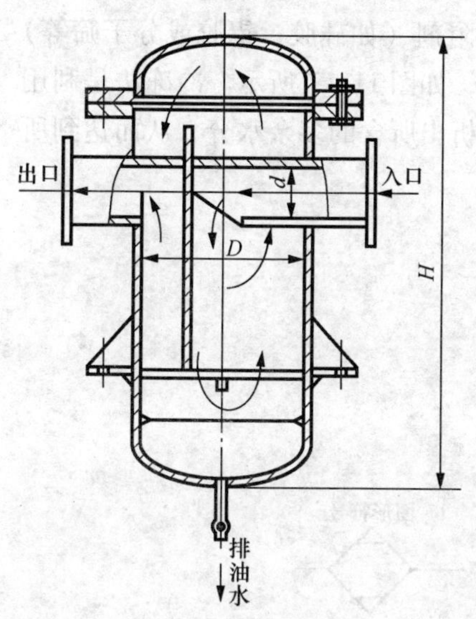

图 11－4　撞击挡板式油水分离器

2）油水分离器

油水分离器的作用是将从后冷却器降温析出的水滴、油滴等杂质从压缩空气中分离出来。其结构形式有：环行回转式、撞击挡板式、离心旋转式、水浴式等。

如图 11－4 所示为撞击挡板式油水分离器，压缩空气自入口进入分离器壳体，气流受隔板的阻挡被撞击折向下方，然后产生环形回转而上升，水滴、油滴受到碰撞而沉降于壳体的底部，由排污阀定期排出。为达到良好的效果，气流回转后上升速度缓慢。

3）贮气罐

贮气罐的作用是消除压力波动，保证供气的连续性、稳定性；贮存一定数量的压缩空气以备应急时使用。同时，进一步分离空气中的油分、水分。贮气罐的最下面为放油水和杂质的装置。如图 11－5 所示为立式贮气罐的结构示意图和图形符号，如图 11－6 所示为实物照片。

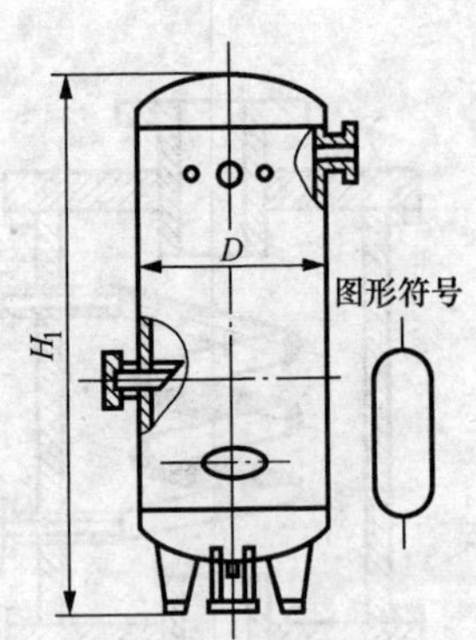

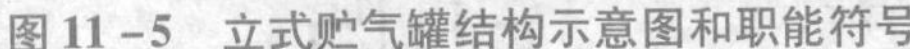

图 11－5　立式贮气罐结构示意图和职能符号

图 11－6　立式贮气罐实物照片

经过以上净化处理的压缩空气已基本满足一般气动系统的需求，但对于精密的气动装置和气动仪表用气，还需要经过进一步的净化处理后才能使用。

4）干燥器

干燥器的作用是进一步除去压缩空气中的水、油和灰尘。其方法主要有吸附法和冷冻法。吸附法是利用具有吸附性能的吸附剂（如硅胶、铝胶或分子筛等）吸附压缩空气中的水分而使其达到干燥的目的，如图 11－7 所示。冷冻法是利用制冷设备使压缩空气冷却到一定的露点温度，析出所含的多余水分，从而达到所需要的干燥度。

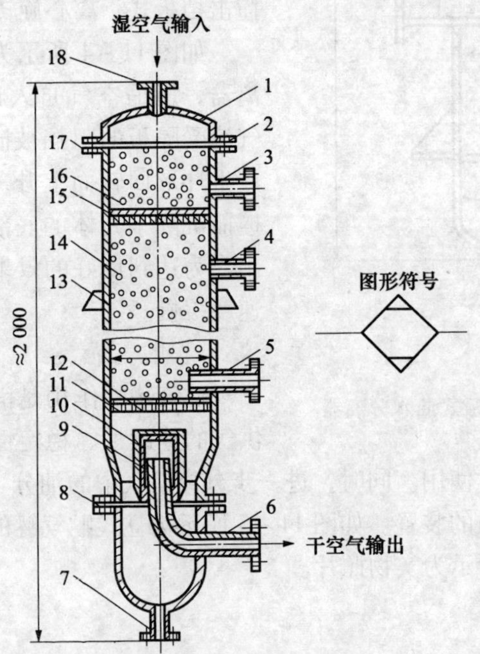

图 11－7　吸附式干燥器

当吸附剂在使用一段时间后，吸附剂中的水分会达到饱和状态时，使吸附剂失去继续吸湿的能力，因此需要设法将吸附剂中的水分排除，使吸附剂恢复到干燥状态，即重新恢复吸附剂吸附水分的能力，这就是吸附剂的再生。图 11－7 中的管 3、4、5 即是供吸附剂再生时使用的。工作时，先将压缩空气的进气管 18 和出气管 6 关闭，然后从再生空气进气管 5 向干燥器内输入干燥热空气（温度一般高于 180℃），热空气通过吸附层，使吸附剂中的水分蒸发成水蒸气，随热空气一起经再生空气排气管 3、4 排入大气中。经过一段时间的再生以后，吸附剂即可恢复吸湿的性能，在气压系统中，为保证供气的连续性，一般设置两套干燥器，一套使用，另一套对吸附剂再生，交替工作。

5）分水滤气器

分水滤气器又称二次过滤器，其主要作用是分离水分，过滤杂质。滤灰效率可达 70%～99%。QSL 型分水滤气器在气动系统中应用很广，其滤灰效率大于 95%，分水效率大于 75%。在气动系统中，一般称分水滤气器、减压阀和油雾器为气动三大件，又称气动三联件，是气动系统中必不可少的辅助装置。

如图 11－8 所示为分水滤气器的结构简图。从输入口进入的压缩空气被旋风叶子 1 导向，沿存水杯 3 的四周产生强烈的旋转，空气中夹杂的较大的水滴、油滴等在离心力的作用下从空气中分离出来，沉到杯底。当气流通过滤芯时，气流中的灰尘及部分雾状水分被滤芯拦截滤去，较为洁净干燥的气体从输出口输出。为防止气流的漩涡卷起存水杯中的积水，在滤芯的下方设置了挡水板 4。为保证分水过滤器的正常工作，应及时打开其底部的排水阀，排放分离出来的污水。

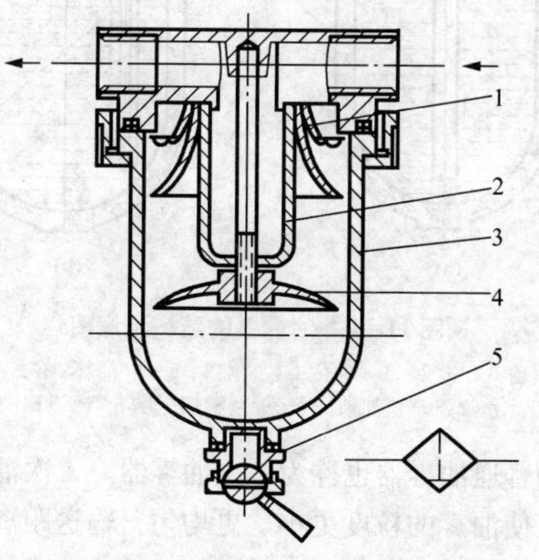

图 11－8　分水滤气器的结构简图

1—旋风叶子；2—滤芯；3—存水杯；4—挡水板；5—排水阀

二、气动辅助元件

1. 油雾器

油雾器是一种特殊的注油装置。其作用是使润滑油雾化后，随压缩空气一起进入需要润滑的部件，达到润滑的目的。

如图 11－9 所示是普通油雾器的结构示意图。

压缩空气从入口 1 进入，大部分气体从出口 4 流出。小部分气体由小孔 2 通过特殊单向阀 10 进入贮油杯 5 的出口 4，使杯中油面受压，迫使贮油杯中的油液经吸油管 11、单向阀 6 和可调节阀 7 滴入透明的视油器 8 内，然后再滴入喷嘴小孔 3，被主管道通过的气流引射出来。雾化后油随气流出口 4 输出，送入气动系统。此外，透明的视油器 8 可供观察滴油情况，上部的节流阀 7 可用来调节滴油量。

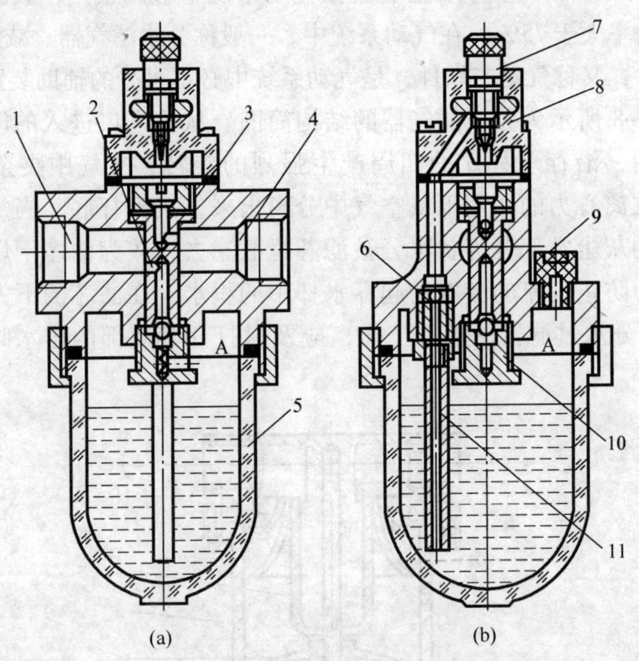

图 11－9　油雾器的结构示意图

1—气流入口；2、3—小孔；4—出口；5—贮油杯；6—单向阀；
7—节流阀；8—视油器；9—旋塞；10—截止阀；11—吸油管

图 11－9 所示的普通油雾器也称为一次油雾器。二次油雾器能使油滴在油雾器内进行两次雾化，使油雾的粒度更小、更均匀，输送距离更远。不论是一次油雾器，还是二次油雾器，其雾化原理是一样的。

油雾器的供油量应根据气动设备的情况确定。一般情况下，以 10 m^3 未压缩空气供给 1 cm^3 润滑油为宜。

油雾器的安装尽量靠近换向阀，与阀的距离一般不应超过 5m。但必须注意管径的大小和管道的弯曲程度。应尽量避免将油雾器安装在换向阀与气缸之间，以免造成润滑油的浪费。

有许多气动应用场所是不允许供油润滑的，如食品和药品的包装，这时就应该使用不供油润滑和无油润滑元件。不供油润滑元件内的滑动部位的密封件由橡胶制成，采用特殊形状，设有滞留槽，内部存有润滑剂，以保证密封件的润滑。其他材料也要用不易生锈的金属材料。无油润滑元件使用自润滑材料，不需润滑即可长期工作。

2. 消声器

在大多情况下，气压传动系统用后的压缩空气直接排入大气。这样因气体排出执行元件后，压缩空气的体积急剧膨胀，会产生刺耳的噪声。排气的速度越快、功率越大、噪声也越大，一般可达 100～120 dB。这种噪声使工作环境恶化，危害人体健康。一般来说。噪声高于 85 dB 的时候都要设法降低，为此可在换向阀的排气口安装消声器来降低排气噪声。

常用的消声器有以下几种。

1）吸收型消声器

这种消声器主要依靠吸音材料消声，其结构见图 11－10 所示。消声罩 2 为多孔的吸音材料，一般用聚苯乙烯颗粒或铜珠烧结而成。当消声器的通径小于 20 mm 时，多用聚苯乙烯作消音材料制成消声罩。当消声器的通径大于 20 mm 时，消声罩多采用铜珠烧结，以增加强度。其消声原理是：当压力气体通过消声罩时，气流受到阻力，声能量被部分吸收而转化为热能，从而降低了噪声强度。吸收型消声器结构简单，具有良好的消除中、高频噪声的性能，消声效果大于 20dB。在气压传动系统中，排气噪声主要是中、高频噪声，尤其是高频噪声较多，所以大多情况下采用这种消声器。

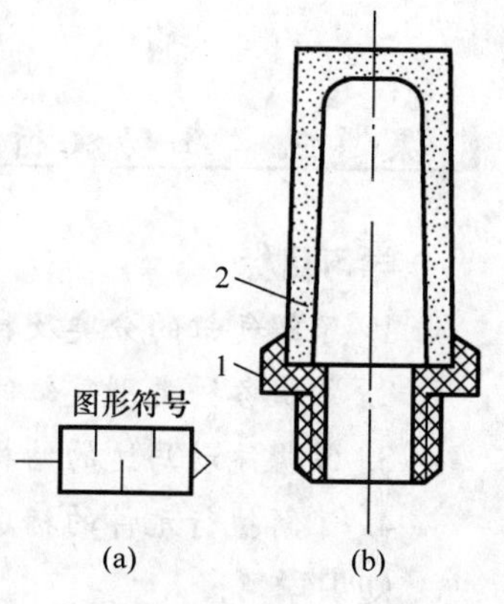

图 11－10　吸收型消声器

1—连接件；2—消声罩

2）膨胀干涉型消声器

这种消声器呈管状，其直径比排气孔大得多，气流在里面扩散发射，互相干涉，减弱了噪声强度，最后经过用非吸音材料制成的、开孔较大的多孔外壳排入大气。其特点是排气阻力小，可消除中、低频噪声。缺点是结构较大，不够紧凑。

3）膨胀干涉吸收型消声器

膨胀干涉吸收型消声器是结合前两种消声器的特点综合应用的情况。其结构如图 11－11 所示。进气气流由斜孔引入，在 A 室扩散、减速、碰壁撞击后反射到 B 室，气流束相互撞击，干涉，进一步减速，从而使噪声减弱。然后气流经过吸音材料的多孔侧壁排入大气，噪声被再次削弱，所以这种消声器的降低噪声效果更好，低频可消声 20 dB，高频可消声 45 dB。

对于消声器的型号的选择，主要依据是气动元件排气口直径的大小、噪声的频率范围。

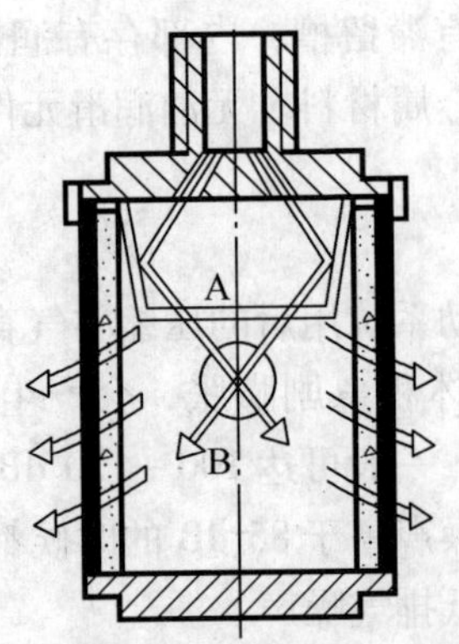

图 11－11　膨胀干涉吸收型消声器

课题三　气动执行元件

学习目标

1. 了解气缸的分类及特点。
2. 掌握各种类型气缸的结构、使用范围及工作原理。
3. 掌握气动马达的结构及工作原理。
4. 了解执行元件的标准化参数。

知识学习

在气压传动系统中，气缸和气压马达是气动执行元件，其功用都是将压缩空气的压力能转换为机械能，所不同的是气缸用于实现直线往复运动或摆动，而气压马达则用于实现回转运动。

一、气缸

1. 气缸的分类

气缸是用于实现直线运动并做功的元件，其结构、形状有多种形式，分类方法也很多，常用的有以下几种。

(1) 按压缩空气作用在活塞端面上的方向，可分为单作用气缸和双作用气缸。

(2) 按结构特点可分为活塞式气缸、叶片式气缸、薄膜式气缸、气液阻尼缸等。

（3）按安装方式可分为耳座式、法兰式、轴销式和凸缘式。

（4）按气缸的功能可分为：①普通气缸。主要指活塞式单作用气缸和双作用气缸。②特殊气缸。包括气液阻尼缸、薄膜式气缸、冲击式气缸、增压气缸、步进气缸、回转气缸等。

2. 气缸的工作原理及用途

普通气缸的工作原理及用途类似于液压缸，此处不再详述，下面仅介绍特殊气缸。

1）气液阻尼缸

气液阻尼缸是由气缸和液压缸组合而成，它以压缩空气为能源利用油液的不可压缩性和控制流量来获得活塞的平稳运动和调节活塞的运动速度。与气缸相比，它传动平稳，定位精确，噪声小；与液压缸相比，它不需要液压源，经济性好，同时具有气动和液压的优点，因此得到了越来越广泛的应用。如图 11－12 所示为气液阻尼缸的工作原理图，气缸活塞的左行速度可由节流阀 1 来调节，油箱 2 起补油作用。一般将双活塞杆腔作为液压缸，这样可使液压缸两腔的排油量相等，以减小补油箱 2 的容积。

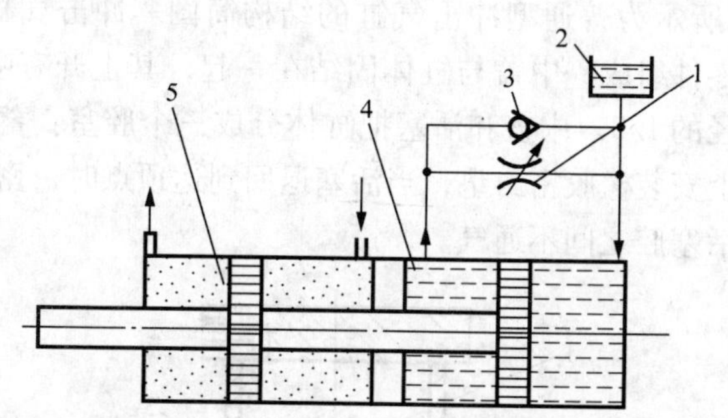

图 11－12　气液阻尼缸的工作原理图

1—节流阀；2—补给油箱；3—单向阀；4—液压缸；5—气动缸

2）薄膜式气缸

薄膜式气缸是以薄膜取代活塞带动活塞杆运动的气缸。如图 11－13（a）所示为单作用薄膜式气缸，此气缸只有一个气口。当气口输入压缩空气时，推动膜片 2、膜盘 3、活塞杆 4 向下运动，而活塞杆的上行需依靠弹簧力的作用。图 11－13（b）为双作用薄膜式气缸，有两个气口，活塞杆的上下运动都依靠压缩空气来推动。

薄膜式气缸和活塞式气缸相比较具有结构紧凑、简单、制造容易、成本低、维修方便寿命长、泄漏少、效率高等优点。但是因膜片的变形量有限故其行程短（一般不超过 40 ~ 50 mm ）。

3）冲击气缸

冲击气缸是将压缩空气的能量转化为活塞高速运动能量的一种气缸，活塞的

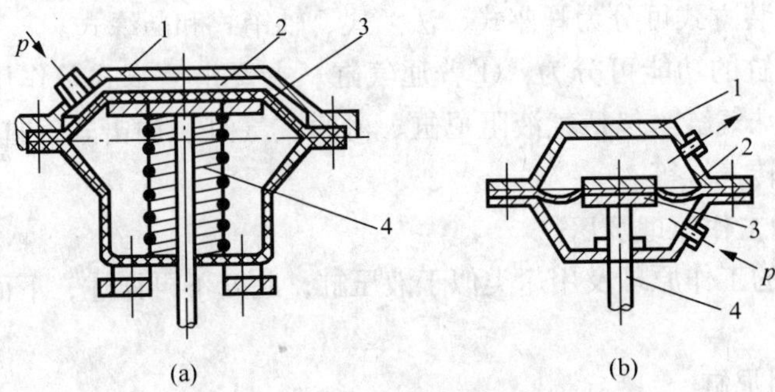

图 11－13　薄膜式气缸

（a）单作用式；（b）双作用式
1—缸体；2—膜片；3—膜盘；4—活塞杆

最大速度可达每秒十几米，能完成下料、冲孔、镦粗、打印、弯曲成形、铆接、破碎、模锻等多种作业。具有结构简单、体积小、加工容易、成本低、使用可靠、冲裁质量好等优点。

冲击气缸有普通型、快排型、压紧活塞式 3 种。

如图 11－14 所示为普通型冲击气缸的结构简图。冲击气缸由缸体、中盖、活塞、活塞杆等零件组成，中盖与缸体固结在一起，其上开有喷嘴口和泄气口，喷嘴口直径为缸径的 1/3。中盖和活塞把缸体分成三个腔室：蓄能腔、活塞腔和活塞杆腔，活塞上安装橡胶密封垫，当活塞退回到达顶点时，密封垫便封住喷嘴口，使蓄能腔和活塞腔之间不通气。

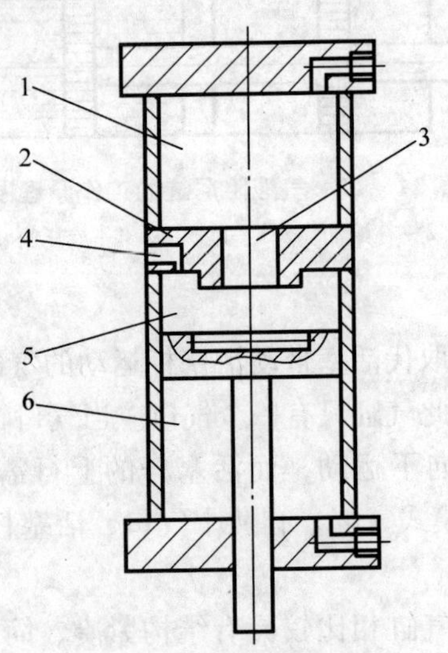

图 11－14　冲击气缸

1—蓄能腔；2—中盖；3—排气小孔；4—喷嘴口；
5—活塞腔；6—活塞杆腔

当压缩空气刚进入蓄能腔时，其压力只能通过喷嘴口，小面积作用在活塞上，还不能克服活塞杆腔的排气压力所产生的向上推力以及活塞和缸之间的摩擦阻力，喷嘴口处于关闭状态。随着空气的不断进入，蓄能腔的压力逐渐升高，当作用在喷嘴口面积上的总推力足以克服活塞受到的阻力时，活塞开始向下运动，喷嘴口打开。此时蓄能腔的压力很高，活塞腔的压力为大气压力，所以蓄能腔内的气体通过喷嘴口以声速流向活塞腔作用于活塞的整个面积上。高速气流进入活塞腔，进一步膨胀并产生冲击波，其压力可达气源压力的几倍到几十倍，而此时活塞杆腔的压力很低，所以活塞在很大压差的作用下迅速加速，活塞在很短的时间（约为0.25～1.25 s）内，以极高的速度（平均速度可达8m／s）冲下，从而获得巨大的动能。

4）回转气缸

如图 11－15 所示为回转气缸的工作原理图，该气缸的缸体连同缸盖及导气头芯 6 可被携带着一起回转，活塞 4 及活塞杆 1 只能作往复直线运动，导气头体 9 外接管路而固定不动。

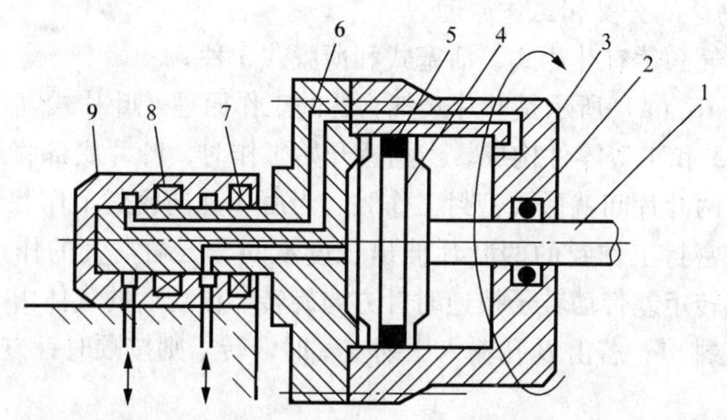

图 11－15　回转气缸

1—活塞杆；2、5—密封装置；3—缸体；4—活塞；
6—缸盖及导气头芯；7、8—轴承；9—导气头体

3. 标准化气缸简介

1）标准化气缸简介

标准化气缸使用的标记是用符号“QG”表示气缸，用符号“A、B、C、D、H”表示五种系列，具体的标记方法为：

QG　　A、B、C、D、H　　缸径×行程

五种标准化气缸系列为

QGA—无缓冲普通气缸

QGB—细杆（标准杆）缓冲气缸

QGC—粗杆缓冲气缸

QGD—气液阻尼缸

QGH—回转气缸

例如，QGA 100×125 表示直径为 100 mm，行程为 125 mm 的无缓冲普通气缸。

2）标准化气缸的主要参数

标准化气缸的主要参数是缸筒内径 D 和行程 L。因为在一定的气源压力下，缸筒内径表明气缸活塞杆输出力的大小，行程说明气缸的作用范围是多大。

标准化气缸系列有 11 种规格。

缸径 D（mm）：40、50、63、80、100、125、160、200、250、320、400

行程 L（mm）：对无缓冲气缸 $L=(0.5\sim2)D$

对有缓冲气缸 $L=(1\sim10)D$

二、气压马达

气压马达是把压缩空气的压力能转换成回转机械能的能量转换装置，其作用相当于电动机或者液压马达。气压马达输出转矩，带动被动机构作旋转运动。

1. 气压马达的分类和工作原理

最常用的气马达有叶片式、活塞式和薄膜式 3 种。

如图 11－16（a）所示是叶片式气马达的工作原理。叶片式气马达由定子 1、转子 2、叶片 3 和 4 等零件构成。当马达开始工作时，叶片底部将通过压缩空气把叶片推出，两叶片间就形成密封工作腔。当由 A 孔向密封工作腔输入压缩空气时，由于相应密封工作腔的两叶片伸出长度不同，压缩空气的作用面积也就不同，因而产生转矩差带动转子按逆时针方向旋转，作功后的气体由 C 孔排出。剩余残气经 B 孔排出；若由 B 孔输入压缩空气时，转子则按顺时针方向旋转。

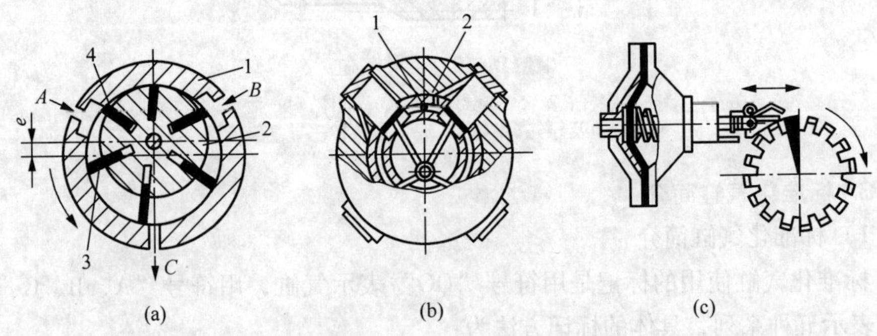

图 11－16 气马达工作原理

（a）叶片式；（b）活塞式；（c）薄膜式

如图 11－16（b）所示是径向活塞式气马达的原理。压缩空气经进气口进入配气阀后再进入气缸，推动活塞及连杆组件运动，迫使曲轴旋转，同时，带动固定在曲轴上的配气阀同步转动使压缩空气随着配气阀角度位置的改变而进入不同的缸内，依次推动各个活塞运动。由各活塞及连杆带动曲轴连续运转，与此同时，与进气缸相对应的气缸则处于排气状态。

如图 11－16（c）所示是薄膜式气马达原理。它实际上是一个薄膜式气缸，当它作往复运动时，通过推杆端部的棘爪使棘轮作间歇性转动。

2. 气马达的特点

（1）工作安全，可以在易燃、易爆、高温、振动、潮湿、灰尘等恶劣环境和气候下工作，同时不受高温、振动、地理条件的影响。

（2）具有过载保护作用，可长时间满载工作，而温升较小，过载时马达只是降低转速或停车，当过载解除后，立即可重新正常运转。

（3）气动马达具有结构简单、体积小、质量轻、操纵容易、维修方便等特点，其用过的空气也不需处理，不会造成污染。

（4）气动马达有很宽的功率和速度调节范围。气动马达功率小到几百瓦，大到几万瓦，转速可以为 25 000 r/min 或更高，通过对流量的控制即可非常方便地达到调节功率和速度的目的。

（5）正、反转实现方便。大多数气动马达只需通过简单地操纵来改变马达进、排气方向，即能实现气动马达输出轴的正转和反转，并且可以瞬时换向。在正、反向转换时，冲击很小。气动马达换向工作的一个主要优点是它具有几乎在瞬时可升到全速的能力。叶片式气动马达可在一转半的时间内升至全速。只要改变进气和排气方向就能实现正、反转换向，而且回转部分质量小，且空气本身的质量也小，所以能快速地启动和停止。

（6）可以实现无级调速，通过调节、控制节流阀的开度来控制进入气马达的压缩空气的流量，就能实现马达的无级调速。

（7）具有较高的启动转矩，启动、停止迅速。

（8）气马达的主要缺点是速度稳定性较差，相比液压传动来讲输出功率小、耗气量大、效率低、噪声大。

（9）气动马达，特别是叶片式气动马达转速高，零、部件磨损快，需及时检修、清洗或更换零部件。

（10）气动马达还具有输出功率小、耗气量大、效率低、噪声大和易产生振动等缺点。由于气动马达具有以上诸多特点，故它可在潮湿、高温、高粉尘等恶劣的环境下工作。除被用于矿山机械中的凿岩、钻采、装载等设备中外，气动马达也在船舶、冶金、化工、造纸等行业得到广泛应用

3. 气马达的选择及使用要求

1）气马达的选择

不同类型的气马达具有不同的特点和适用范围，见表 11－3，在实际应用中，一般是根据气马达所要负载的功率大小来选择气马达的。

表 11-3 常用气马达的特点及应用

形式	转矩	速度	功率	每千瓦时耗气量 Q/($m^3\cdot min^{-1}$)	特点及应用范围
活塞式	中高转矩	低速和中速	0.1~17kW	小型：1.9~2.3 大型：1~1.4	在低速时，有较大的输出功率和较好的转矩特性，启动准确，适用载荷较大和要求低速、转矩较高的机械。如起重机、拉管机等
叶片式	低转矩	高转速，可达 300~50 000 r/min	0.1~13kW	小型：1.8~2.3 大型：1~1.4	制造简单、结构紧凑，低速性能不好。 适用于要求低或中功率的机械，如手提工具、升降机、泵、复合工具和传送带等。
薄膜式	高转矩	低速度	小于 1kW	1.2~1.4	适用于控制要求很精确，起动转矩极高和速度低的机械。

2）气马达的润滑

气马达的润滑是气马达正常工作不可缺少的一个环节，一般在气马达的换向阀前安装油雾器，使气马达得到及时的、不间断润滑。在良好润滑的情况下，气马达可在两次检修之间至少运转 2 500~3 000 h。

知识扩展

注意目前各种类型气马达的型号及技术参数见表 11-4。

表 11-4 常用气马达的主要技术参数

类　别	型　号	功率/W	转速/（r·min⁻¹）
叶片式	TJ*	662—14710	2500—4500
	Z*	662—14710	2400—4500
	YQ*	8840—14710	2400—3200
	YP*	662—14710	625—7000
活塞式	TM*	735.5—18388	280—1100
	TJH*	2060—7355	700—2800
	HS*	3677.5—18388	500—1500
摆动式	型号	转矩/N·m	摆动角度/（°）
	QGB1	11～214	280±3
	QGB2	22～422	100±3
	QGKa	12～25	90、180、360
	QGK	14～800	90、180、360

课题四　气动控制元件

学习目标

1. 掌握各种气动控制阀的结构及工作原理。
2. 掌握各种气动控制阀的选用方法及技巧。
3. 掌握气动控制阀与液压阀之间的区别。

知识学习

在气压传动系统中，气动控制元件的作用是调节压缩空气的压力、流量、方向以及发送相应的信号，以保证气动执行元件能得到合适的压力、流量等气体参数，能按照规定的程序进行动作。按功能分，气动控制元件一般分为方向控制阀、压力控制阀、流量控制阀等。在学习中，需重点掌握各种阀的工作特点及选用方法。

一、方向控制阀

在气压系统中，控制执行元件启动、停止、改变运动方向的元件叫方向控制阀，方向控制阀的作用是改变压缩空气的流动方向和气流的通断。

1. 气压控制方向阀

用压缩空气推动气压控制方向阀的阀芯移动，使换向阀换向，从而实现气路换向或通断。气压控制方向阀适用于易燃、易爆、潮湿、灰尘多等工作环境恶劣的场合，操作安全可靠。

气压控制方向阀的类别如下。

1）单气控制换向阀

单向阀是指气流只能朝一个方向流动而不能反向流动的阀，且压降较小。单向阀的工作原理、结构和职能符号与液压传动中的单向阀基本相同。这种单向阻流作用可由锥密封、球密封、圆盘密封或膜片来实现。如图 11－17 所示为单向控制阀，利用弹簧力将阀芯顶在阀座上，故压缩空气要通过单向控制阀时必须先克服弹簧力。

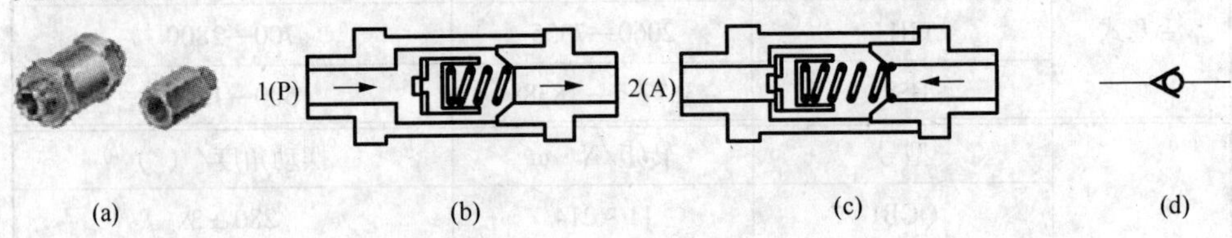

图 11－17　单气控换向阀的工作原理

（a）外观；（b）正向流通结构；（c）反向截止结构；（d）职能符号

2）双气控制换向阀

如图 11－18（a）所示为双气控制滑阀式换向阀结构图。双压阀又称“与”门梭阀。在气动逻辑回路中，其作用相当于“与”门作用。如图 11－18 所示，该阀有两个输入口 P_1、P_2 和一个输出口 A。若只有一个输入口有气信号，则输出口 A 没有气信号输出。只有当双压阀的两个输入口均有气信号时，输出口 A 才有气信号输出。双压阀相当于两个输入元件串联。图 11－18（b）为该阀的图形符号。

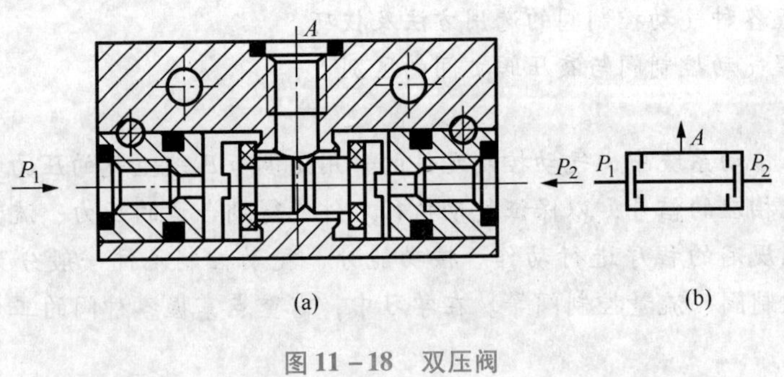

图 11－18　双压阀

（a）结构；（b）图形符号

2. 电磁控制换向阀

1）直动式单电控制电磁换向阀

与单气控制换向阀类似，只不过该阀是利用电磁力的作用使电磁控制换向阀的阀芯移动，实现阀的切换，从而控制气流流动方向。

如图 11－19（a）所示是直动式单电控电磁阀的外观，图 11－19（b）所示是直动式单电控制电磁阀在电磁线圈不通电的状态，此时阀在复位弹簧的作用下处于上端位置，其通路状态为 A 与 T 相通。当电磁线圈通电时，电磁铁 1 吸动阀芯 2 向下移，气路换向，其通路状态为 P 与 A 相通，如图 11－19（c）所示。图 11－19（d）是该阀的图形符号。

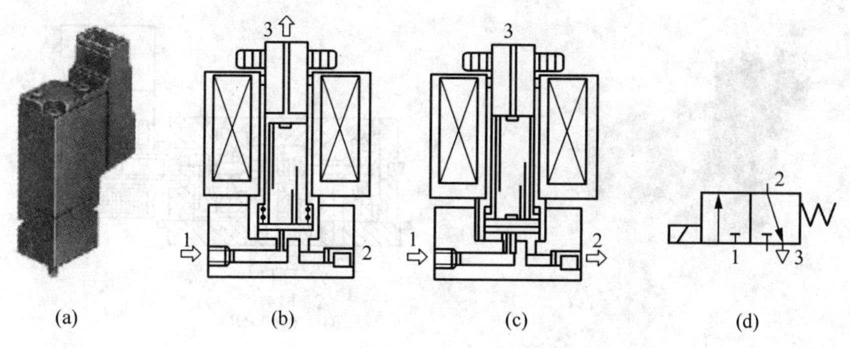

图 11－19　直动式单电控电磁阀的工作原理

（a）外观；（b）电磁线圈不通电；（c）电磁线圈通电；（d）图形符号

2）直动式双电控制电磁换向阀

直动式双电控制电磁换向阀有两个电磁铁。

如图 11－20（a）所示是直动式双电控制电磁阀图片。当电磁线圈 1 通电、2 断电时，阀芯 3 被推向右端，其通路状态是 P 与 A 相通、B 与 O_2 相通，如图（b）所示。当电磁线圈 2 通电、1 断电时，阀芯被推向左端，其通路状态为 P 与 B 相通、A 与 O_1 相通，如图 11－20（c）所示。若电磁线圈 2 断电，气流通路仍会保持电磁线圈 2 断电前的工作状态。图 11－20（d）是该阀的图形符号。

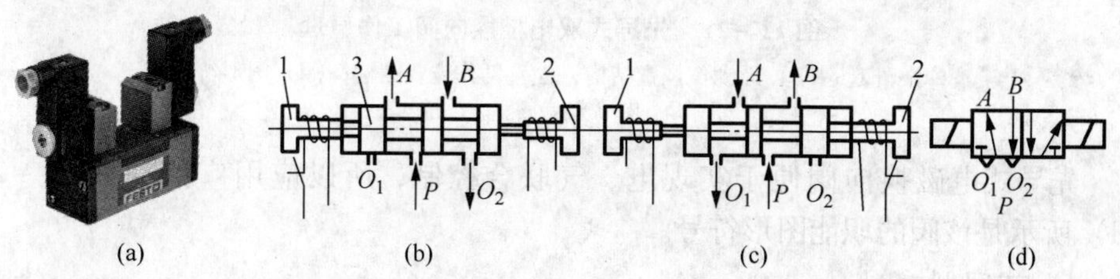

图 11－20　直动式双电控制电磁阀的工作原理

1、2—电磁线圈；3—阀芯

（a）外观；（b）阀芯向右移；（c）阀芯向左移；（d）图形符号

3）先导式电磁换向阀

先导式电磁换向阀的组成主要有电磁先导阀和主阀两部分。其原理是用先导阀的电磁铁首先控制气路，产生先导压力，再由先导压力去推动主阀阀芯，使其换向。

如图 11－21 所示为先导式单电控二位五通换向阀，在结构上属于滑柱式，主要用于控制双作用缸的运动。如图 11－21（b）所示，当没有通电时，先导阀的柱塞顶在阀座上，阀的滑柱右边没有先导气压。如图 11－21（c）所示，当电磁铁通电时，先导阀的柱塞被吸右移，压缩空气经 1 口的小孔通到滑柱右边，使滑柱左移，所以空气从 1 口流向 4 口，从 2 口流向 3 口，5 口被隔断。当断电时，滑柱左侧弹簧将滑柱向右推，换向阀复位。

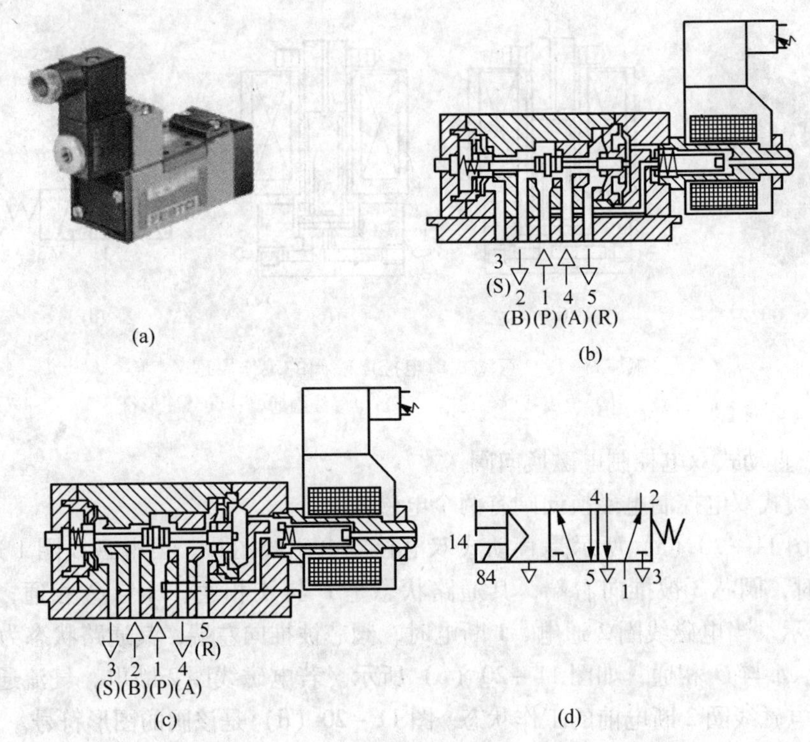

图 11－21　先导式双电控换向阀工作原理

（a）外观；（b）无动作位置结构；（c）动作位置结构；（d）图形符号

1、2—电磁先导阀；3—主阀

先导式电磁换向阀便于实现电、气联合控制，所以应用广泛。图 11－21（d）所示是该阀的职能图形符号。

4）或门型梭阀

梭阀相当于两个单向阀组合而成，其作用相当于“或门”的逻辑功能。

如图 11－22 所示为其结构示意图。梭阀有两个进气口 P_1 和 P_2，一个工作口 A，阀芯 2 在两个方向上起单向阀的作用。其中 P_1 和 P_2 口都可以与 A 口相通，但 P_1 与 P_2 不相通，当 P_1 进气时，阀芯 2 右移，封住 P_2 口，使 P_1 与 A 相通。当 P_2 进气时，阀芯 2 左移，封住 P_1 口，使 P_2 与 A 相通。若 P_1 与 P_2 都进气时，阀芯就可停在任意一边，若 P_1 与 P_2 不等，则高压气流的通道打开，低压口则被封闭，高压气流从 A 输出。

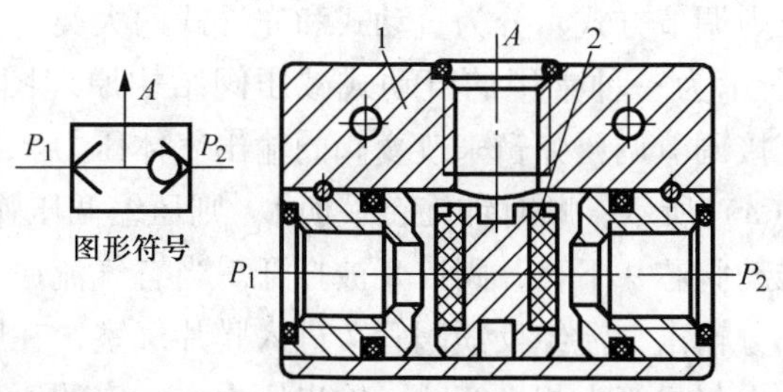

图 11－22　梭阀的结构与图形符号

1—阀体；2—阀芯

此外，还有机械控制换向阀和手动换向阀，其功能与液压相关阀类较为相似，在本书中不再详述。

二、压力控制阀

在气动系统中，压力控制阀是调节和控制气体压力大小的控制阀，一般常用的有减压阀、溢流阀、顺序阀。

1. 气体减压阀

气体减压阀又称为调压阀，利用减压阀可以把压力比较高的压缩空气调节到符合使用要求的较低压力，减压阀与节流阀不同，不但能降压，而且能使调后的输出气压保持稳定。节流阀能降低压力，但不能使降低后的输出压力保持稳定。

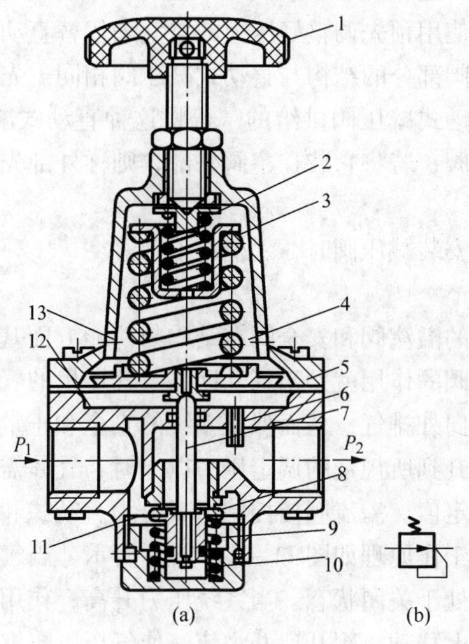

图 11－23　减压阀

1—手柄；2、3—调压弹簧；4—溢流口；5—膜片；6—阻尼管孔；7—阀管；8—阀口；9—阀芯；10—弹簧；11—进气阀口；12—膜片室；13—排气口

减压阀按照压力调节方式，分为直动式和先导式两大类。

如图 11－23 所示为一种常用的直动式减压阀结构原理图和职能图形符号。此阀可利用手柄直接调节调压弹簧来改变阀的输出气体压力。

如图 11－23（a）所示，顺时针旋转手柄 1，则压缩调压弹簧 2，推动膜片 5 下移，膜片同时推动阀芯 9 下移，阀口 8 被打开。当有气流通过阀口时，压力降低；与此同时，部分输出气流经反馈阀管 7 进入膜片气室，在膜片上产生一个向上的推力，当此推力与弹簧力相平衡时，输出压力在一定的值上稳定下来。

若输入压力发生波动，例如压力 P_1 瞬时升高，则输出压力 P_2 也随之升高，作用在膜片的推力增大，膜片上移，向上压缩弹簧，从溢流口 4 有瞬时溢流，并靠复位弹簧 9 及气压力的作用，使阀杆上移，阀门开度减小，节流作用增大，使输出压力 P_2 回降，直到新平衡为止。重新平衡后的输出压力又基本恢复原值。

反之，要是输入压力瞬时降低，则输出压力也跟着相应下降，膜片下移，阀门开度增大，阻力减少，对气流的节流作用也减少，输出压力也基本恢复原值。

如执行元件所需的输出压力不变，输出流量有所变化，引起输出压力发生波动（增高或降低）时，依靠溢流口的溢流作用和膜片上力的平衡作用推动阀杆，仍能起稳定作用。

逆时针旋转手柄时，压缩弹簧力不断减小，膜片气室中的压缩空气经溢流口不断从排气孔 a 排出，进气阀芯逐渐关闭，直至最后输出压力降为零。

先导式减压阀是使用预先调整好压力的空气来代替直动式调压弹簧进行调压的。其调节原理和主阀部分的结构与直动式减压阀相同。先导式减压阀的调压空气一般是由小型的直动式减压阀供给的。若将这种直动式减压阀装在主阀内部，则称内部先导式减压阀；若将它装在主阀外部，则称外部先导式或远程控制式减压阀。

为了方便操作，安装减压阀时，手柄在上部。

2. 溢流阀

气压传动系统中的溢流阀和安全阀在结构与功能方面基本类似，甚至有时可以不加以区别。溢流阀的作用就是当气动回路及容器里的气体压力上升到超过规定值的时候，能自动向外排气，从而保证系统的安全和正常运行。

当回路中气压上升到所规定的调定压力以上时，气体需经溢流阀排出，以保持输入压力不超过设定值。溢流阀按控制形式分为直动式和先导式两种。

直动式溢流阀的工作原理如图 11－24（a）所示，当气体作用在阀芯上的力小于弹簧的力时，阀处于关闭状态。当系统压力升高，作用在阀芯上的作用力大于弹簧力时，阀芯向上移动，阀开启并溢流，使气压不再继续升高，而维持在一个调定的值。当系统压力降至低于调定值时，阀又重新关闭。图 11－24（b）是该阀的图形符号。

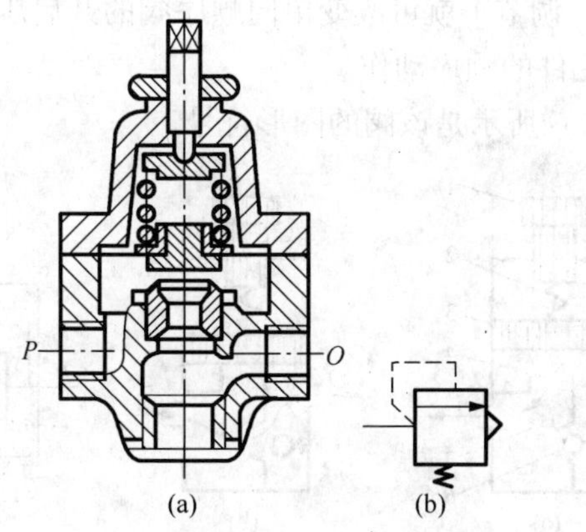

图 11－24　直动型溢流阀

（a）结构；（b）图形符号

如图 11－25 所示为先导式溢流阀，用一个小型直动式减压阀或气动定值器作为它的先导阀。工作时，由减压阀减压后的空气从上部 K 口进入阀内，从而代替了直动型溢流阀的弹簧控制，故不会因调压弹簧在阀不同开度时的不同弹簧力而使调定压力产生变化，阀的流量特性好，但需一个减压阀。先导式溢流阀适用于大流量和远距离控制的场合。

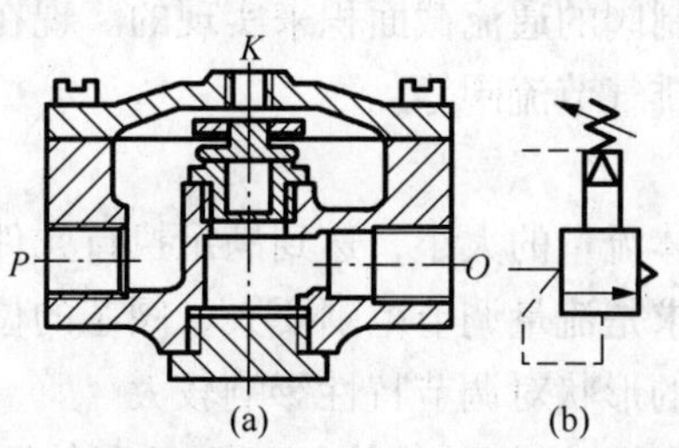

图 11－25　先导式溢流阀

（a）结构原理；（b）图形符号

3. 顺序阀

利用气路中压力的变化来控制各执行元件按顺序动作的压力阀称为顺序阀。

与液动顺序阀类似，气动顺序阀也是根据调节弹簧的压缩量来控制其开启压力。当输入压力达到顺序阀的调定压力时，阀口打开，有气流输出，反之，阀口关闭，无气流输出。

顺序阀一般很少单独使用，往往与单向阀组合在一起。构成单向顺序阀。

如图 11－26（a）所示为单向顺序阀正向流动的情况。压缩空气由 P 口进入顺序阀体后，单向阀 4 在压差及弹簧 5 的作用下处于关闭状态。作用在活塞 3 上的气压超过压缩弹簧 2 的力时，将活塞顶起，顺序阀打开，压缩空气由 A 输出。如图 11－26（b）所示，反向流动时，输入侧变成排气口，输出侧压力将顶开单

向阀 4 由 O 口排气，调节 1 就可改变单向顺序阀的开启压力，以便在不同的空气压力下，控制执行元件的顺序动作。

如图 11－26（c）所示是该阀的图形符号。

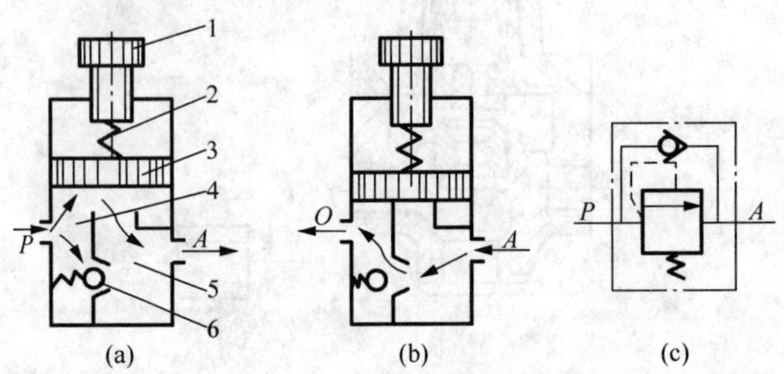

图 11－26　可调式顺序阀

（a）未驱动时结构；（b）已驱动结构；（c）图形符号

1—手柄；2—压缩弹簧；3—活塞；4—左腔；5—右腔；6—单向阀

三、流量控制阀

在气动系统中，控制气缸运动速度的快慢、控制油雾器的滴油量、控制缓冲气缸的缓冲能力等都需要用控制压缩空气的流量来实现，压缩空气流量的调节和控制是通过改变流量控制阀的通流截面积来实现的。现在常用的流量控制阀包括节流阀、单向节流阀、排气节流阀等。

1. 节流阀

节流阀用于调节气体流量的大小，达到满足执行元件对气体流量的要求。对于节流阀调节特性的要求是流量调节范围要大、阀芯的位移量与通过的流量成线性关系。节流阀节流口的形状对调节特性影响较大。

如图 11－27 所示的是节流阀的结构原理图及职能图形符号。当压缩空气从入口输入时，气流通过节流通道出口输出。旋转流量调整手轮，就可改变节流口的开度，从而改变阀的流通面积，达到调节气体流量的目的。

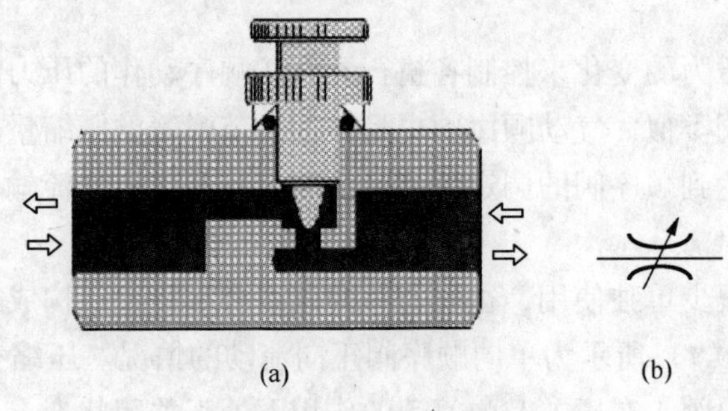

图 11－27　可调节流阀

（a）结构；（b）图形符号

2. 单向节流阀

单向节流阀是由单向阀和节流阀并联而成的组合式流量控制阀。一般情况下用该阀控制气缸的运动速度，故也称“速度控制阀”。

如图 11－28 所示是单向节流阀的外观、结构图和职能符号。当气流正向流动时（$P \to A$），单向阀关闭，流量由节流阀控制。反向流动时（$A \to O$），在气压作用下单向阀被打开，无节流作用，气流自由流出。

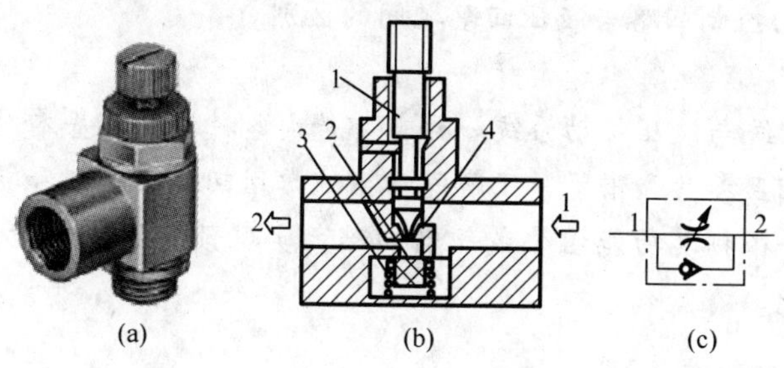

图 11－28 单向节流阀

（a）外观；（b）结构；（c）图形符号

若用单向节流阀控制气缸的运动速度，安装时该阀应尽量靠近气缸。在回路中安装单向节流阀时不要将方向装反，否则，不能工作。在对气缸运动稳定性有要求时，要按出口节流方式安装单向节流阀。如图 11－29 所示为单向节流阀的工作原理图。

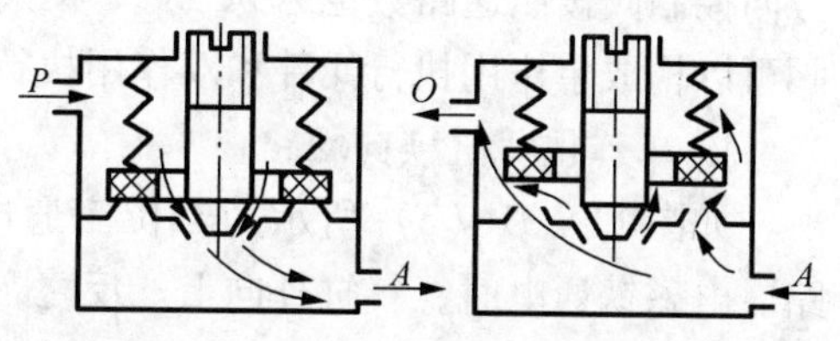

图 11－29 单向节流阀的工作原理

3. 排气节流阀

排气节流阀安装在气动装置的排气口处，调节排入大气的流量，达到改变、控制执行元件运动速度的目的。在大多情况下，为了减少排气的噪声，排气节流阀上装有消声器，同时能防止不清洁的气体通过排气孔污染气动元件。

如图 11－30 所示为排气节流阀的结构原理图和职能图形符号。

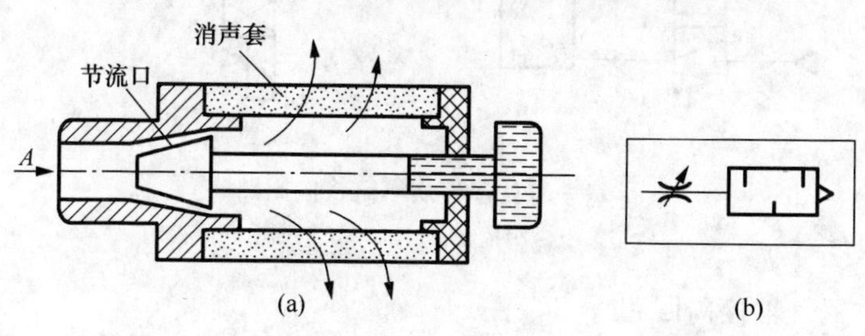

图 11－30 排气节流阀工作原理

（a）结构；（b）图形符号

课题五　气动基本回路

学习目标

1. 掌握各种气动控制回路的结构及工作原理。
2. 掌握各种气动控制回路的选用方法及技巧。
3. 掌握气动控制回路与液压回路之间的区别。

知识学习

气压传动系统与液压传动系统一样，都是由各种不同的基本功能的回路组成的，而且可以相互参考和借鉴。了解气动系统常用回路的类型和功能，合理选择各种气动元件并根据其功能组合成气动回路，实现预定的方向控制、压力控制、位置控制等功能。

一、换向控制回路

气动执行元件的换向主要是利用方向控制阀来实现的。如同液压系统一样，方向控制阀按照通路数也分为二通、三通、四通、五通阀等，利用这些方向控制阀可以构成单作用执行元件和双作用执行元件的各种换向控制回路。

1. 单作用气缸换向回路

如图 11－31（a）所示为二位三通电磁阀控制的单作用气缸上行、下行回路。电磁铁通电时，气缸杆向上。反之，气缸杆向下。

如图 11－31（b）所示为三位四通电磁阀控制的单作用气缸回路，可以控制气缸上、下、停止。该阀在两磁铁都断电时自动对中，能使气缸停止在任何位置，但定位精度不高，并且定位时间不长。

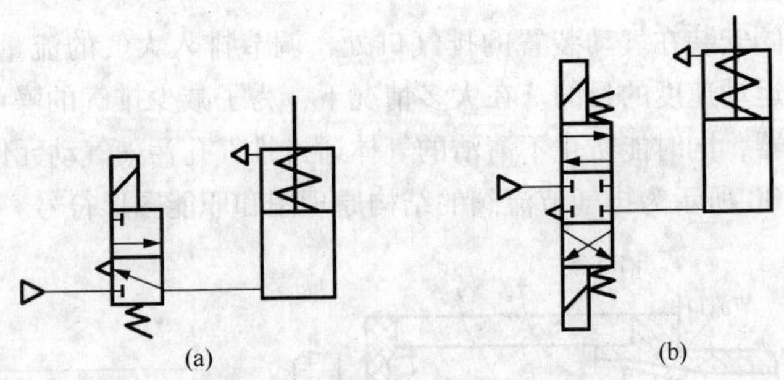

图 11－31　单作用气缸换向回路

（a）二位三通电磁阀控制；（b）三位四通电磁阀控制

2. 双作用气缸换向回路

如图 11－32 所示为各种双作用气缸的换向回路，在实际中，可以根据执行元件的动作与操作方式等，对这些回路进行灵活选用和组合。图（a）（b）（c）

是简单换向回路。图（d）（e）（f）是双稳回路，双稳回路的功用在于其“记忆”机能。当有置位（或复位）信号作用后，输出对应某一工作状态。在该信号取消后，其他复位（或置位）信号作用前，原输出状态一直保持不变。例如，图 11－32（d）是二位四通阀的双稳回路。当有换向阀左边有置位信号后，缸 1 右行，即使置位信号消失，在复位信号到来之前，由于双稳型阀切换在右位，所以缸仍处于右行状态；当复位信号作用后，则缸处于左行状态。

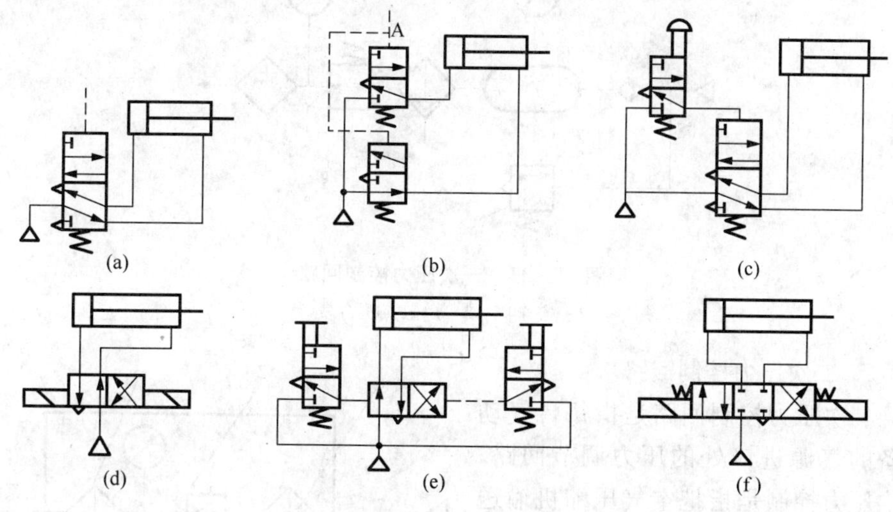

图 11－32　双作用气缸换向回路

（a）（b）（c）简单换向回路；（d）（e）（f）具备双稳功能的换向回路

二、压力控制回路

对系统压力进行调节和控制的回路称为压力控制回路。压力控制回路是使气动系统中有关回路的压力保持在一定的范围内，或者根据需要使回路得到高、低不同的空气气体压力的基本回路。

1. 一次压力控制回路

一次压力控制，是指把空气压缩机的输出压力控制在一定值以下。一般情况下，空气压缩机的出口压力为 0.8 MPa 左右，并设置储气罐，储气罐上装有压力表、安全阀等。气源的选取可根据使用单位的具体条件，采用压缩空气站集中供气或小型空气压缩机单独供气，只要它们的储量能够与用气系统压缩空气的消耗量相匹配即可、当空气压缩机的容量选定以后，在正常向系统供气时，储气罐中的压缩空气压力由压力表显示出来，其值一般低于安全阀的调定值，因此安全阀通常处干关闭状态。当系统用气量明显减少，储气罐中的压缩空气过量而使压力升高到超过安全阀的调定值时，安全阀自动开启溢流，使罐中压力迅速下降，当罐中压力降至安全阀的调定值以下时，安全阀自动关闭，使罐中压力保持在规定范围内。可见，安全阀的调定值要适当．若调得过高，则系统不够安全，压力损失和泄漏也要增加；若调得过低，则会使安全阀频繁开启溢流而消耗能量。安全阀压力的调定值，一般可根据气动系统工作压力范围，调整在 0.7 MPa 左右。用于控制空压站气罐使其压力不超过规定压力，如图 11－33 所示常采用外控式溢流阀 1 来控制，也可用带电触点的压力表 2 代替溢流阀 1 来控制空压机电机的启、停。此回路结构简单，工作可靠。

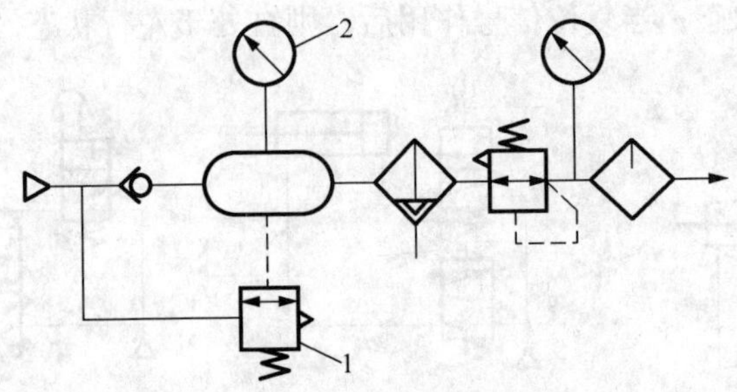

图 11－33　一次压力控制回路

1—安全阀；2—电触点压力表

2. 二次压力控制回路

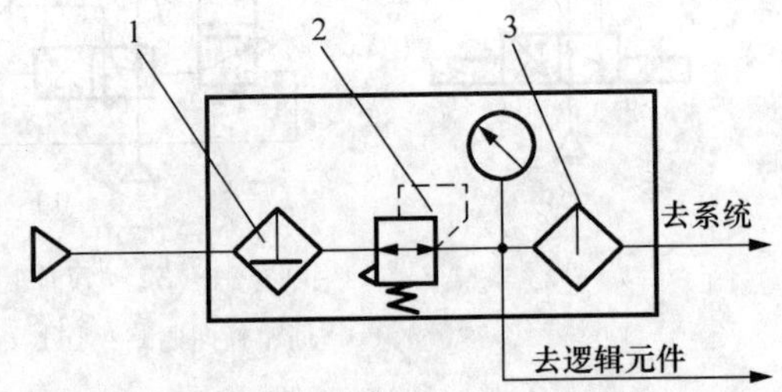

图 11－34　二次压力控制回路

1—空气过滤器；2—减压阀；3—油雾器

二次压力控制回路是指每台气动设备的气源进口处的压力调节回路。二次压力控制是指把空气压缩机输送出来的压缩空气，经一次压力控制后作为减压阀的输入压力 P_1，再经减压阀减压稳压后所得到的输出压力 P_2（称为二次压力）；作为气动控制系统的工作气压使用。可见，气源的供气压力 P_1 应高于二次压力 P_2 所必需的调定值。在选用图 11－34 所示的回路时，可以用三个分离元件（即空气过滤器、减压阀和油雾器）组合而成，也可以采用气动三联件的组合件。在组合时三个元件的相对位置不能改变。由于空气过滤器的过滤精度较高，因此，在它的前面还要加一级粗过滤装置。若控制系统不需要加油雾器，则可省去油雾器或在油雾器之前用三通接头引出支路即可。

3. 高、低压转换回路

如图 11－35 所示为利用减压阀控制高低压力输出的回路。在实际应用中，某些气动控制系统需要有高、低压力的选择。例如，加工塑料门窗的三点焊机的气动控制系统中，用于控制工作台移动的回路的工作压力为 0.25～0.3 MPa，而用于控制其他执行元件的回路的工作压力为 0.5～0.6 MPa。对于这种情况若采用调节减压阀的办法来解决，会感到十分麻烦。因此可采用如图 11－35 所示的高、低压选择回路，该回路只要分别调节两个减压阀，就能得到所需的高压和低压的输出，该回路适用于负载差别较大的场合。

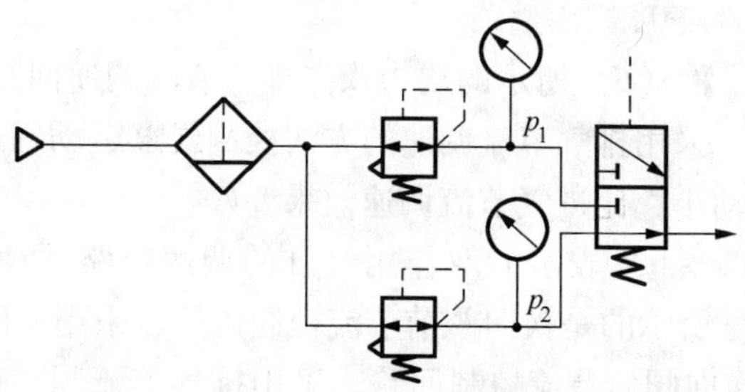

图 11－35　高、低压转换回路

三、速度控制回路

控制气动执行元件运动速度的一般方法是控制进入或排出执行元件的气流量。因此，利用流量控制阀来改变进气管、排气管的有效截面积，就可以实现速度控制。

1. 单作用气缸速度控制回路

1）节流阀调速

如图 11－36（a）所示为两只反向安装的单向节流阀，通过调节各单向节流阀的开度大小，调节气体流量，可以分别控制活塞杆伸出和退回的运动速度。该回路的运动平稳性和速度刚度都较差，易受外负载变化的影响，用于对速度稳定性要求不高的场合。

2）快排气阀节流调速

如图 11－36（b）所示为汽缸的活塞杆上升时可以通过节流阀调速，活塞杆下降时通过快排气阀排气，实现快速退回。

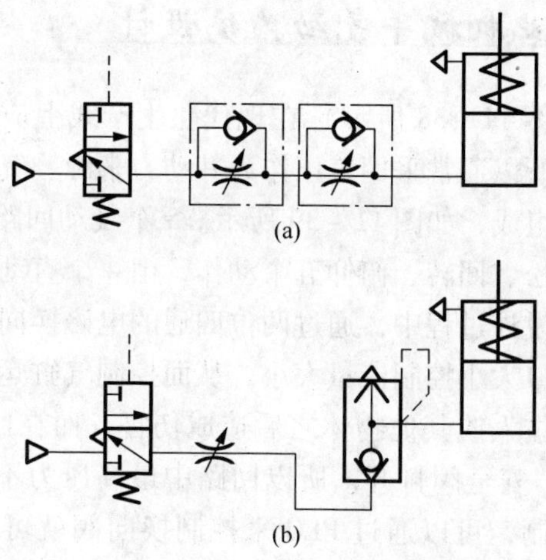

图 11－36　单作用气缸速度控制回路

（a）升降均通过节流阀调速；（b）上升时调速

2. 双作用气缸的速度控制回路

如图 11－37（a）、（b）所示的均为双向排气节流调速回路。

在气压系统中，采用排气节流调速的方法控制气缸运动的速度，活塞的运动速度比较平稳，振动小，比进气节流调速效果要好。

图 11－37（a）、（b）表示的双作用气缸的调速回路原理上没有什么区别，只是图 11－37（a）所示的是换向阀前节流控制回路，采用单向节流阀。图 11－37（b）所示的为换向阀后节流控制回路，采用排气节流阀。这两种调速回路的调速效果基本相同，都是属于排气节流调速。从成本上考虑，图 11－37（b）所示的回路要经济一些。

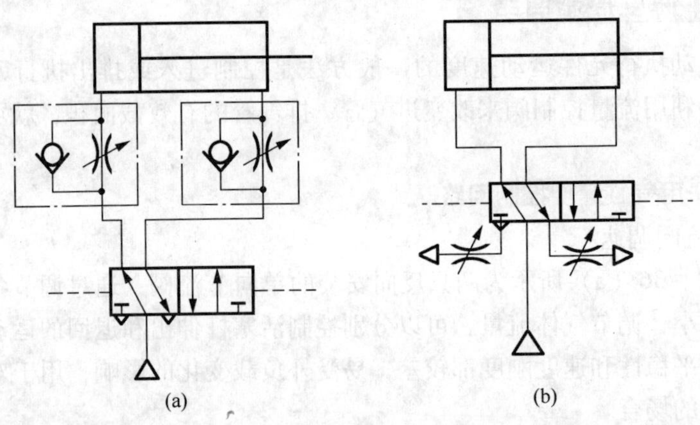

图 11－37　双向调速回路

（a）采用单向节流阀式；（b）采用排气节流阀

知识扩展　工业机械手气动系统设计

工业机械手（如图 11－38 所示）在现代化生产线上应用越来越广泛，由于生产线的恶劣环境，所以通常采用气压作为其动力来源。气动机械手的气动回路设计主要由 5 个回路组成，如图 11－39 所示。5 个气动回路分别控制机械手的升降、伸缩、抓紧与放松、回转、俯仰五个动作，由 4 个直动式气缸和一个回转气缸组成。在气压回路设计过程中，通过两位四通的电磁换向阀控制换向，可以通过调节节流阀的节流口大小控制流量大小，从而控制气缸运动的速度。此外，为了防止机械手抓误抓住人或其他物体之后造成伤害，而在回路中安装了安全阀，当压力达到 3MPa 时，安全阀打开，所以回路中最高压力不超过 3 MPa。气动回路很容易实现自动控制，可以通过 PLC 来控制换向阀就可以实现自动换向。此外，由于气动回路可以适应任何恶劣环境，比较容易维护，所以在自动控制系统中应用越来越广泛。

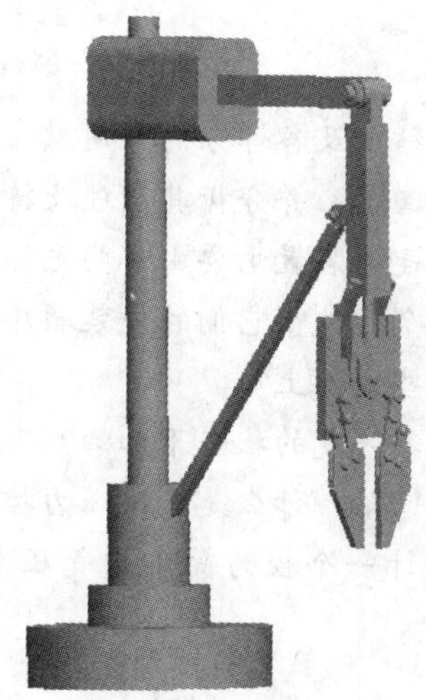

图 11－38 工业机械手三维造型

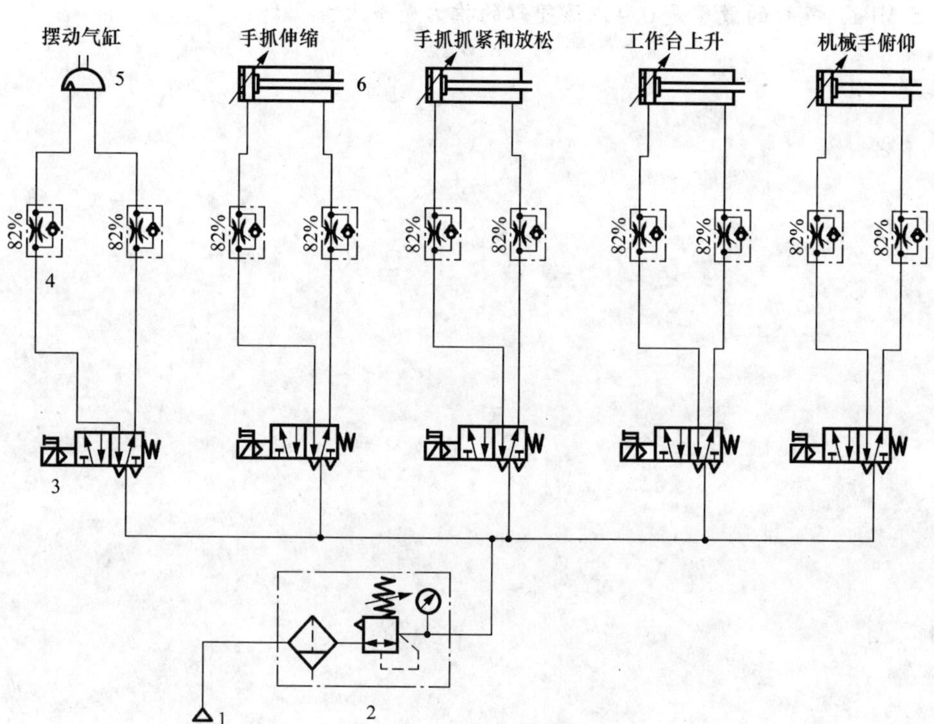

图 11－39 气动回路图

1—气缸；2—气动二联件；3—单电控二位五通阀；4—可调单向节流阀；5—摆动气缸；6—双作用缸

课后习题

一、问答题

1. 简述气压传动系统的结构及各部分的作用。

2. 简述气动有哪些常用回路？并分析其原理及特点。

3. 气源为什么要净化？气源装置主要由哪些元件组成？

4. 气动三联件包括哪三个元件？它们的安装顺序如何？

5. 冲击气缸可作用在哪些设备上？

6. 油雾器为什么可以在不停气的状态下加油？

7. 什么是一次压力控制回路？什么是二次压力控制回路？

8. 试通过观察思考，设计一个较为简单的气压支架，使用四个气缸，保证其同时上升和下降。

二、计算题

单作用气缸的内经 $D=63$ mm，复位弹簧的最大反力为150 N，工作压力 $P=0.5$ MPa，气缸的效率是0.4，该气缸的推力是多大？

附　录

常用液压与气压元（辅）图形符号件（摘自 GB/T 786.1—1993）

附表 1　基本符号、管路及连接

名称	图形符号	名称	图形符号
工作管路		管端连接于油箱底部	
控制管路		密闭式油箱	
连接管路		直接排气	
交叉管路		带连接措施的排气口	
柔性管路		带单向阀的快换接头	
组合元件线		不带单向阀的快换接	
管口在液面以下的油箱		单通路旋转接头	
管口在液面以上的油箱		三通路旋转接头	

附表 2　控制机构和控制方法

名称	图形符号	名称	图形符号
按钮式人力控制	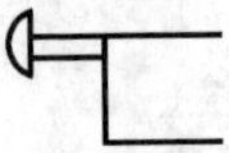	气压先导控制	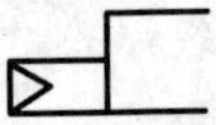
手柄式人力控制	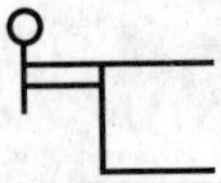	比例电磁铁	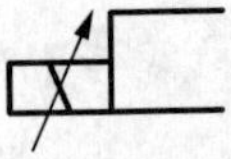
踏板式人力控制	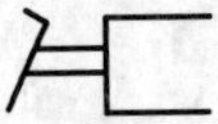	加压或泄压控制	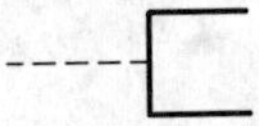
顶杆式机械控制	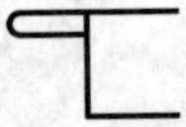	内部压力控制	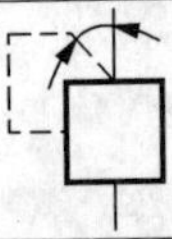
滚轮式机械控制	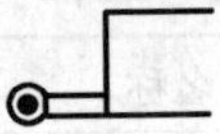	外部压力控制	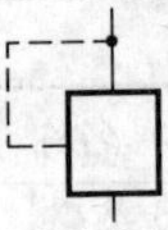
弹簧控制		液压先导控制	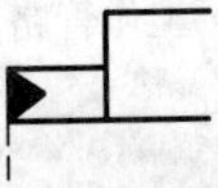
单作用电磁控制	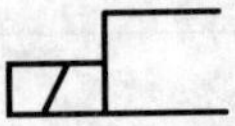	电—液先导控制	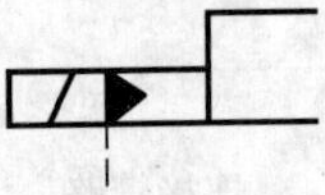
双作用电磁控制	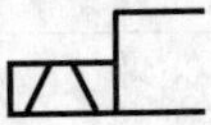	电磁—气压先导控制	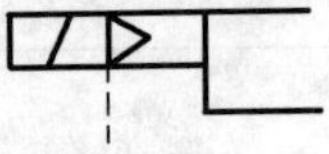

附表 3　液压泵、液压马达、液压缸

名称	图形符号	名称	图形符号
单向定量液压泵		单向变量液压泵	
双向定量液压泵	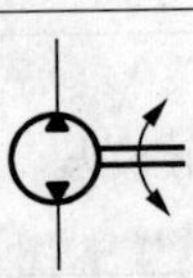	双向变量液压泵	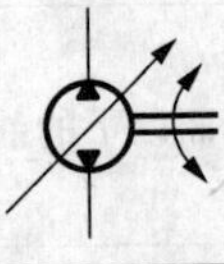
单向定量马达	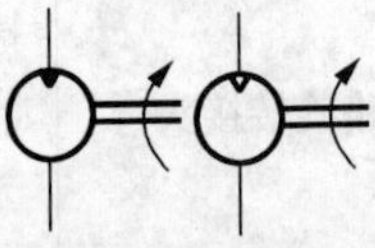	摆动马达	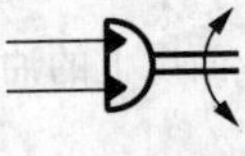

续表

名称	图形符号	名称	图形符号
双向定量马达	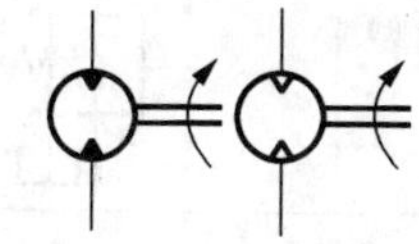	单作用弹簧复位缸	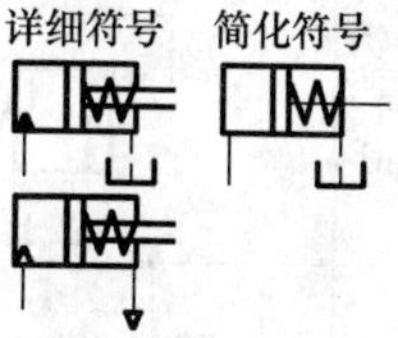 详细符号 简化符号
单向变量马达	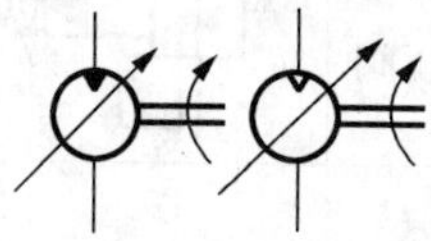	单作用伸缩缸	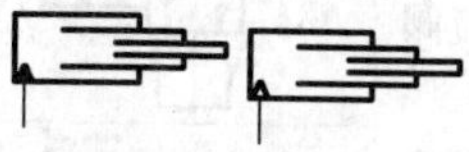
双向变量马达	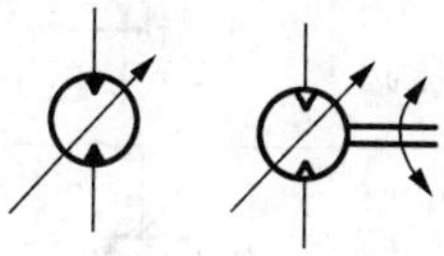	双作用单活塞杆缸	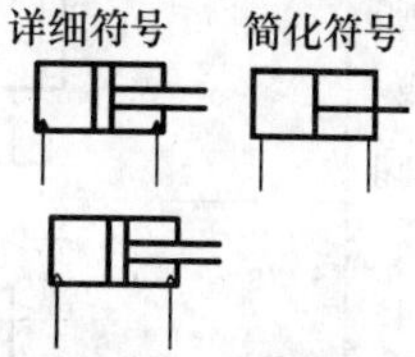 详细符号 简化符号
定量液压泵—马达	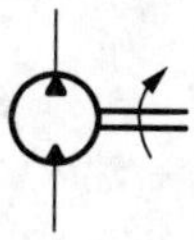	双作用双活塞杆缸	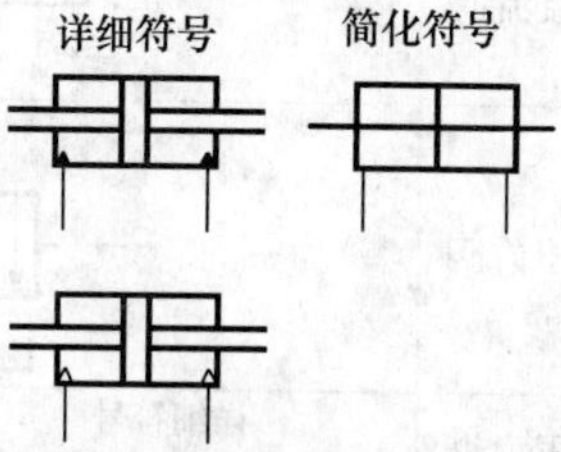 详细符号 简化符号
变量液压泵—马达	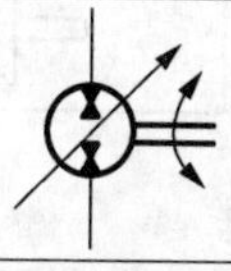	双作用伸缩缸	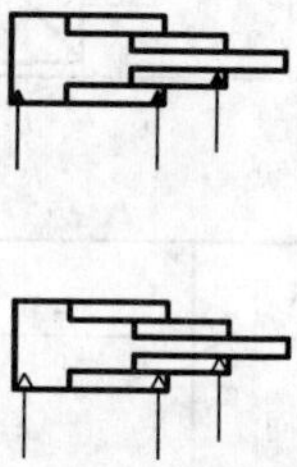
压力补偿变量泵	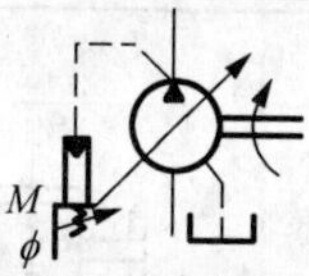 M φ		
液压油源		双项缓冲缸（可调）	详细符号 简化符号
单项缓冲缸（可调）	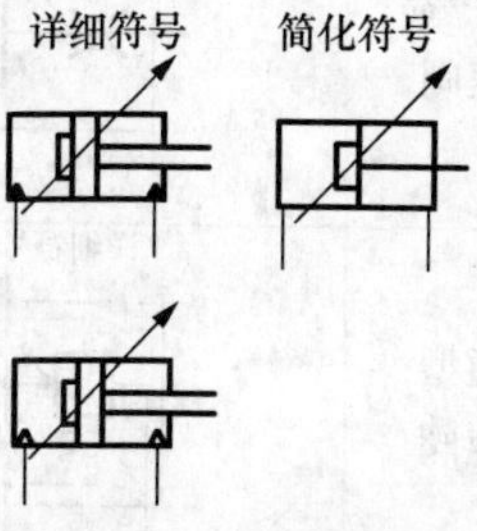 详细符号 简化符号		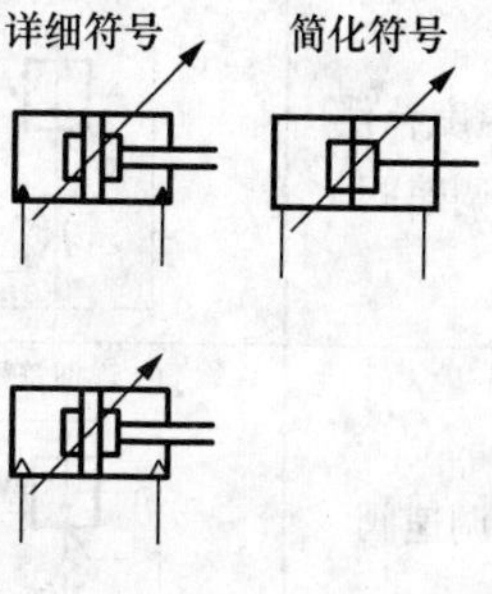

附表 4　压力控制元件

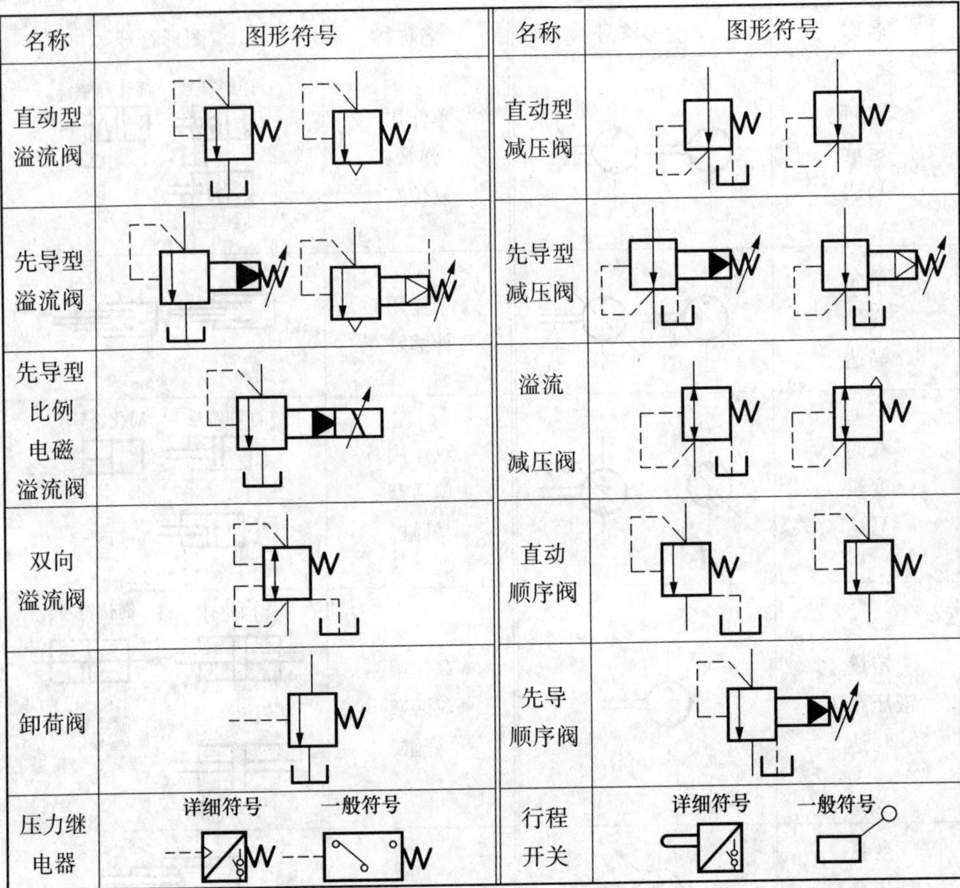

名称	图形符号	名称	图形符号
直动型溢流阀		直动型减压阀	
先导型溢流阀		先导型减压阀	
先导型比例电磁溢流阀		溢流减压阀	
双向溢流阀		直动顺序阀	
卸荷阀		先导顺序阀	
压力继电器	详细符号　一般符号	行程开关	详细符号　一般符号

附表 5　流量控制元件

名称	图形符号	名称	图形符号
不可调节流阀		可调节流阀	详细符号　简化符号
温度补偿调速阀	详细符号　简化符号	带消声器调速阀	
调速阀	详细符号　简化符号	旁通型调速阀	详细符号　简化符号

附表 6　方向控制元件

名称	图形符号	名称	图形符号
二位二通换向阀	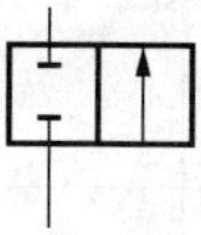 （常闭）	二位四通换向阀	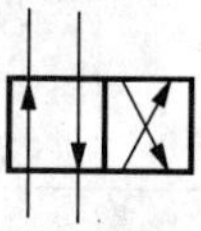
二位三通换向阀	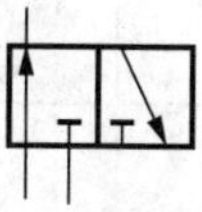	二位五通换向阀	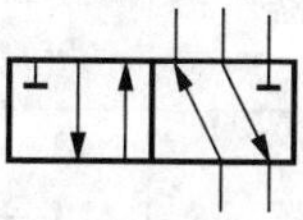
三位四通换向阀	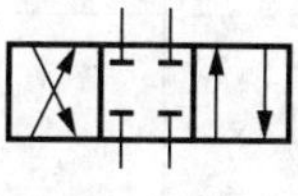	三位五通换向阀	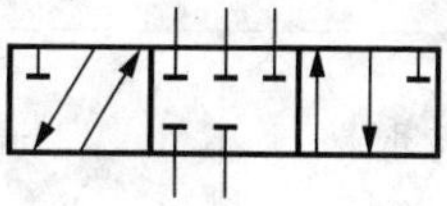
单向阀	详细符号 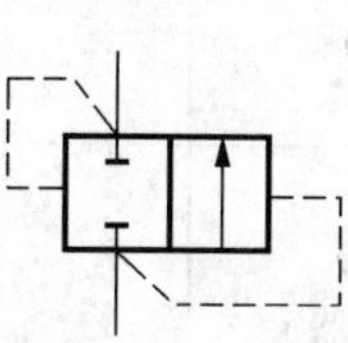	液控单向阀	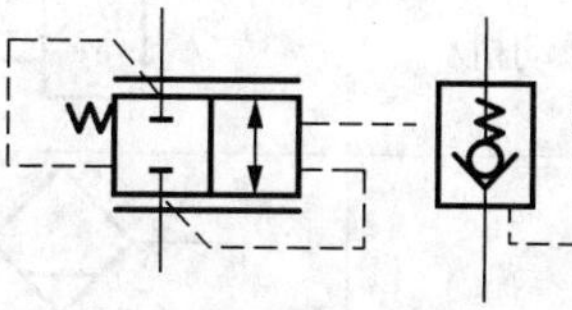 弹簧可以省略
液压锁	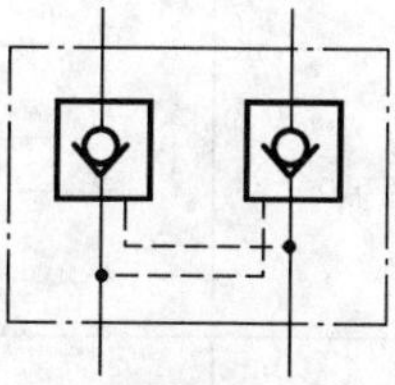	快速排气阀	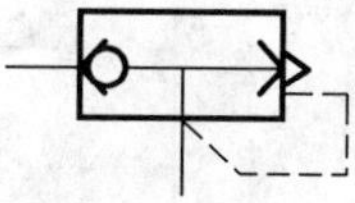

附表 7　辅助元件

名称	图形符号	名称	图形符号
过滤器	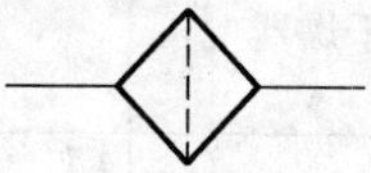	蓄能器（一般符号）	
污染指示过滤器	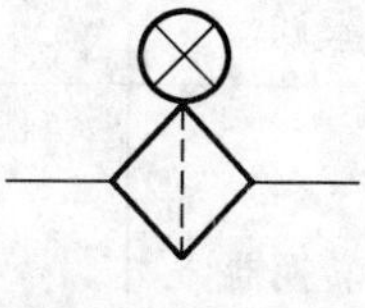	蓄能器（气体隔离式）	

续表

名称	图形符号	名称	图形符号
磁芯过滤器		压力计	
冷却器		温度计	
加热器		液面计	
流量计		电动机	M
原动机	M	气压源	
分水排水器		压力指示器	
		油雾器	
空气过滤器		消声器	
		空气干燥器	
除油器		气源调节装置	
		气—液转换器	

参考文献

［1］李登万．液压与气压传动［M］．江苏：东南大学出版社，2004.

［2］张宏友．液压与气动技术［M］．辽宁：大连理工大学出版社．2001.

［3］陈桂芳．液压与气动技术［M］．北京：北京理工大学出版社，2007.

［4］王焕菊．液压与气压传动［M］．河南：河南科学技术出版社，2006.

［5］曹玉平，阎禅安．液压传动与控制［M］．天津：天津大学出版社，2003.

［6］何存兴，张铁华．液压传动与气压传动［M］．湖北：华中科技大学出版社，2000.

［7］关景泰．机电液压控制技术［M］．上海：同济大学出版社，2003.

［8］丁树模．液压传动．（第二版）［M］．北京：机械工业出版社，2004.

［9］雷天觉．液压工程手册［M］．北京：机械工业出版社，1990.

［10］赵家文．液压与气动应用技术．（第一版）［M］．江苏：苏州大学出版社，2004.

［11］姚新．液压与气动．（第一版）［M］．北京：高等教育出版社，2003.

［12］董林福，赵艳春．液压与气压传动［M］．北京：化学工业出版社，2005.

［13］贾铭新．液压传动与控制［M］．北京：国防工业出版社，2001.

［14］姜继海，宋锦春，高常识．液压与气压传动（第 2 版）［M］．北京：高等教育出版社，2009.

［15］章宏甲．液压与气压传动［M］．北京：机械工业出版社，2003.

［16］徐瑞银．液压传动技术［M］．山东：山东科学出版社，2009.

［17］孙成通．液压传动［M］．北京：化学工业出版社，2005.

［18］张群生．液压与气压传动［M］．北京：机械工业出版社，2008.

［19］李芝．液压传动［M］．北京：机械工业出版社，2008.

［20］王美姣．液压与气压传动［M］．北京：清华大学出版社，2009.

［21］张安全．液压气动技术与实训［M］．北京：人民邮电出版社，2007.

［22］李军．液压与气压传动［M］．北京：北京理工大学出版社，2009.

［23］刘延俊．液压与气压传动［M］．北京：机械工业出版社，2009.